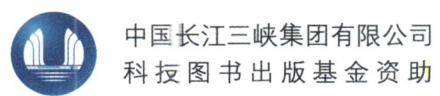

中国长江三峡集团有限公司
科技图书出版基金资助

规模化风光储电站局部放电监测技术研究与应用

李 伟 等 编著

中国三峡出版社

图书在版编目（CIP）数据

规模化风光储电站局部放电监测技术研究与应用 / 李伟等编著． — 北京：中国三峡出版社，2024．12．
ISBN 978-7-5206-0327-0

Ⅰ．TK02

中国国家版本馆CIP数据核字第20243NE003号

责任编辑：丁　雪

中国三峡出版社出版发行
（北京市通州区粮市街2号院　101199）
电话：（010）59401531　59401529
http://media.ctg.com.cn

北京中科印刷有限公司印刷　新华书店经销
2024年12月第1版　2024年12月第1次印刷
开本：787毫米×1092毫米 1/16　印张：19.75
字数：504千字
ISBN 978-7-5206-0327-0　定价：150.00元

编委会

主　　任：李　伟　齐　波　唐志国

副 主 任：孙　勇　郑书生　杨新志

委　　员：姚维为　李乐颖　朱柯翰　胡德鹏
　　　　　杨　静　李春立　任原超　张连根

前　言

2022年1月，习近平总书记在中央政治局第三十六次集体学习中明确提出，要加大力度规划建设以大型风光电基地为基础、以其周边清洁高效先进节能的煤电为支撑、以稳定安全可靠的特高压输变电线路为载体的新能源供给消纳体系。2022年5月，国务院办公厅转发国家发展改革委、国家能源局《关于促进新时代新能源高质量发展的实施方案》时指出：创新新能源开发利用模式，加快推进以沙漠、戈壁、荒漠地区为重点的大型风电光伏基地建设。至此，以习近平新时代中国特色社会主义思想为指导，完整、准确、全面地贯彻新发展理念，坚持先立后破、通盘谋划，更好地发挥新能源在能源保供增储方面的作用，成为新型电力系统建设发展的蓝图，也为我国如期实现碳达峰、碳中和目标指明了方向。

中国长江三峡集团有限公司（以下简称"三峡集团"）作为国内领先的清洁能源企业，主动践行习近平总书记重要指示，积极开拓新能源市场。随着风电、光伏发电平价上网渐成为主流，建设运营更具竞争力的大规模新能源发电基地的需求将更加迫切。当前，规模化风光储电站一般地点偏远，场域辽阔，交通不便，气候条件十分恶劣；电站内输变电设备是汇集新能源发电和电能外送的关键核心设备，长期经受风沙、极寒、高温及温度剧烈变化等严苛环境的影响，安全稳定运行面临严峻挑战。然而，现有运维技术存在手段单一、运营成本高昂、检修不及时、技术经济性差等一系列突出问题，急需梳理、总结和探究最新技术，服务规模化风光储电站降本增效。

本书系统总结了三峡乌兰察布新一代电网友好绿色电站示范项目建设运营经验，详细介绍了局部放电在线监测与前沿技术应用情况，希望对未来规模化风光储电站输变电设备智慧运维工作有所帮助。全书共分为7章，第1章介绍规模化风光储电站输变电设备运行工况、输变电设备局部放电检测技术现状和特征；第2章介绍规模化风光储电站输变电设备局部放电传感技术与应用；第3章介绍规模化风光储电站输变电设备局部放电监测中的抗干扰技术与应用；第4章介绍规模化风光储电站输变电设备局部放电谱图；第5章介绍规模化风光储电站输变电设备局部放电诊断与预测技术；第6章介绍规模化风光储电站输变电设备局部放电监测系统研制与应用；第7章对规模化风光储电站输变电设备局部放电检测技术进行了总结和展望。

本书在编写过程中，得到了三峡集团科学技术研究院各级领导的亲切关怀和华北电力大学高电压与绝缘技术研究所老师们的大力支持，以及编写组成员的全力配合，在此一并致谢。

鉴于编者经验水平有限，书中难免存在遗漏和不妥之处，诚望读者批评指正。

编者
2023年4月

目 录

前言

第1章 绪论 ··· 1
1.1 规模化风光储电站输变电设备运行环境 ·· 1
1.1.1 极端自然环境 ·· 1
1.1.2 强电磁干扰环境 ··· 2
1.2 规模化风光储电站局部放电检测技术特征 ·· 2
1.2.1 高可靠感知终端接入 ··· 2
1.2.2 状态信息演变规律全面认知 ·· 3
1.2.3 设备状态诊断及预测准确判断 ··· 3
1.3 输变电设备局部放电检测技术发展与应用现状 ·································· 4
1.3.1 常规脉冲电流法 ··· 4
1.3.2 高频脉冲电流法 ··· 4
1.3.3 特高频法 ·· 5
1.3.4 超声波法 ·· 6
1.3.5 气相色谱法 ··· 7

第2章 规模化风光储电站输变电设备局部放电传感技术与应用 ················ 9
2.1 220kV 变压器中 UHF 电磁波传播特征与传感器设计 ·························· 9
2.1.1 变压器中电磁波传播特性 ··· 9
2.1.2 变压器中 UHF 传感器研制 ·· 17
2.1.3 变压器中 UHF 传感器性能校验 ·· 22
2.2 220kV GIS 设备中 UHF 电磁波传播特征与传感器设计 ····················· 27
2.2.1 GIS 中电磁波传播特性 ··· 27
2.2.2 GIS 中 UHF 传感器研制 ··· 36
2.2.3 GIS 中 UHF 传感器性能校验 ··· 43
2.3 35kV 集电电缆中 HF 电流传播特征与传感器设计 ···························· 50
2.3.1 35kV 集电电缆中电流传播特性 ·· 51
2.3.2 35kV 集电电缆中 HF 传感器研制 ··· 53
2.3.3 35kV 集电电缆中 HF 传感器性能校验 ····································· 54
2.4 35kV 开关柜中 HF 电流传播特征与传感器设计 ······························· 62
2.4.1 35kV 开关柜中电流传播特性 ··· 62

2.4.2　35kV 开关柜中 HF 传感器研制 ·· 68
　　2.4.3　35kV 开关柜中 HF 传感器性能校验 ·· 71

第3章　规模化风光储电站输变电设备局部放电监测中的抗干扰技术与应用 ······· 74
　3.1　规模化风光储电站电磁波干扰源与统计特征 ·· 74
　　3.1.1　电磁波干扰源现场测量方法 ·· 75
　　3.1.2　电磁波干扰信号特征分析 ·· 75
　3.2　规模化风光储电站 UHF 监测中的抗干扰技术与应用 ····························· 83
　　3.2.1　内外信号对比法 ·· 83
　　3.2.2　信号多周期分析法 ··· 88
　　3.2.3　随机性脉冲干扰的排除方法 ·· 91
　3.3　规模化风光储电站脉冲电流干扰源与统计特征 ···································· 99
　　3.3.1　脉冲电流干扰源现场测量方法 ··· 100
　　3.3.2　脉冲电流干扰信号特征分析 ·· 101
　3.4　规模化风光储电站 HF 监测中的抗干扰技术与应用 ······························ 107
　　3.4.1　基于小波分解的抗干扰方法 ·· 107
　　3.4.2　基于模糊 C 均值算法的脉冲聚类分类抗干扰方法 ······················ 119
　　3.4.3　基于频带能量特性的抗干扰方法 ·· 121
　　3.4.4　基于时频分析聚类分离抗干扰方法 ··· 125

第4章　规模化风光储电站输变电设备局部放电谱图 ······································· 130
　4.1　变压器油纸绝缘局部放电 UHF 谱图 ··· 131
　　4.1.1　变压器典型故障局部放电试验方法 ··· 131
　　4.1.2　变压器局部放电 UHF 谱图库 ··· 136
　4.2　GIS 中 SF_6 气体绝缘局部放电 UHF 谱图 ·· 147
　　4.2.1　GIS 典型故障局部放电试验方法 ··· 147
　　4.2.2　GIS 局部放电 UHF 谱图库 ··· 152
　4.3　集电电缆绝缘局部放电 HF 谱图 ·· 163
　　4.3.1　集电电缆典型故障局部放电试验方法 ······································ 163
　　4.3.2　集电电缆局部放电 HF 谱图库 ·· 171
　4.4　开关柜气固绝缘局部放电 HF 谱图 ··· 186
　　4.4.1　开关柜典型故障局部放电试验方法 ··· 186
　　4.4.2　开关柜局部放电 HF 谱图库 ··· 188

第5章　规模化风光储电站输变电设备局部放电诊断与预测技术 ······················· 195
　5.1　局部放电模式识别算法 ·· 195
　　5.1.1　基于分层式辨识的局部放电模式识别技术 ································ 195
　　5.1.2　基于迁移学习的局部放电模式识别技术 ··································· 201
　　5.1.3　基于多信息融合的局部放电模式识别技术 ································ 207
　5.2　输变电设备状态评估算法 ·· 217

        5.2.1 局部放电 UHF 灰度特征参数的差异度分析 ································ 217
        5.2.2 基于灰评估方法的局部放电严重程度的诊断方法 ························ 224
        5.2.3 基于相似度计算的局部放电严重程度的诊断方法 ························ 231
        5.2.4 基于 K-means 聚类及最小距离原则的局部放电严重程度的诊断方法 ·· 233
    5.3 输变电设备状态预测算法 ·· 236
        5.3.1 局部放电发展趋势 ARMA 模型预测方法 ····························· 236
        5.3.2 局部放电发展趋势短期预测结果 ···································· 240

第 6 章 规模化风光储电站输变电设备局部放电监测系统研制与应用 ·· 244
    6.1 局部放电监测装置 ·· 245
        6.1.1 输变电设备状态感知与故障诊断预测系统总体架构 ················· 245
        6.1.2 组件主要技术参数 ·· 246
        6.1.3 工程实施与安装 ·· 247
    6.2 局部放电诊断高级应用模块 ··· 263
        6.2.1 状态评价模块 ··· 263
        6.2.2 缺陷严重程度诊断模块 ·· 270
        6.2.3 健康状态预测模块 ·· 278
    6.3 局部放电监测系统现场测试 ··· 282
        6.3.1 状态感知装置测试 ·· 282
        6.3.2 总汇集节点监测软件测试 ·· 283
        6.3.3 状态诊断预测高级应用模块功能测试 ······························ 288

第 7 章 总结与展望 ··· 296
    7.1 总结 ··· 296
    7.2 展望 ··· 297

附表 ·· 298

参考文献 ··· 299

第 1 章 绪 论

规模化风光储电站输变电设备长期运行于发电装备频繁投切工况下，且气候环境极其恶劣，这严重威胁着输变电设备的绝缘性能。同时，电力电子器件频繁投切操作中产生的电磁脉冲给状态感知引入了持久强烈的干扰，给故障信号的识别、诊断、预测带来极大困扰。如何实现高可靠性、高准确性绝缘状态感知，是规模化风光储电站输变电设备状态检修中面临的棘手问题。为此，本书阐明了规模化风光储电站输变电设备故障诱因，以及强电磁脉冲对状态感知装置的安全威胁，提出了高可靠性、高灵敏度绝缘状态感知技术与高准确性状态信号识别与诊断预测技术。本书所阐述的绝缘状态感知与诊断技术处于国内外领先水平，对于开展规模化风光储电站输变电设备的状态感知、故障诊断预测，实现设备状态检修、智能运维以及提升企业效益具有重要的指导意义。

1.1 规模化风光储电站输变电设备运行环境

1.1.1 极端自然环境

规模化风光储电站地处偏远地区，场域辽阔，交通不便，气候条件十分恶劣，电站内输变电设备长期经受风沙、极寒、高温及温度剧烈变化等严苛环境的影响，其长期可靠运行面临严峻的挑战。现有常规的人工巡视、预防性试验和事故后抢修的运维方式，存在员工工作生活环境恶劣、运营成本高昂、运维难度大、检修不及时、经济效益差等一系列突出问题。电站所处地区极端最低气温可达-39℃，极端最高气温可达40℃以上，昼夜温差大。极端温度及剧烈温度变化会导致设备内部材料的绝缘性能下降，在高电压下极易导致设备内部发生放电故障，造成停运检修甚至设备爆燃，给电能稳定传输及电网安全可靠运行带来了极大挑战。此外，可再生能源发电量与气候环境状况高度耦合，例如，在高温热浪和静风环境下，风机无风驱动，风能发电量骤减；在极寒和阴雨条件下，光伏元件发电效率降低，风机叶片和输电线路冷冻覆冰，不仅会引起负荷在短时间内激增，突然恶化的气象条件还会造成风电、光伏出力骤降，伴随的自然灾害还可能导致电站内物资供应受阻、电力设施损毁、电力供需严重失衡，电站甚至区域电网长期可靠运行面临严峻的挑战。

中国部分地区处于地震的活跃地带，而一般的规模化风光储电站所选取的空旷地带地震发生频率更高。地震会导致光伏、风电等大规模新能源发电设备损坏，造成电能损失及变电站停运，从而威胁电网的安全稳定运行。此外，规模化风光储电站一般建在空旷的野外，周围无任何建筑及树木，其高大的构架和设备、良好的接地，极容易遭受雷电袭击，较强的雷电冲击电压可能会损坏电站内的变电设备，造成严重的经济损失。

1.1.2　强电磁干扰环境

规模化风光储电站往往位于偏远地区，现场复杂的电磁环境将产生强烈的电磁干扰信号，严重影响状态感知器件的稳定性，造成状态数据异常，制约缺陷信号的辨识。规模化风光储电站中使用大量的逆变器、整流器等电子器件，这些器件在工作时将直流电转换成交流电，并输出到电网中，这个过程中会产生很多高频谐波信号。这些信号不仅会超过电网正常工作的频率范围，引起电网中的共模噪声和差模噪声，还会对周围的电子设备产生辐射和传导干扰。规模化风光储电站中的高压输电线路也是电磁干扰的重要源头。由于高压输电线路的特殊工作原理和电磁场的存在，特别是规模化风光储电站的输电线路一般较长，而且需要经过山区、森林等地形复杂的地区，会对周围的电子设备产生电磁辐射和电磁感应干扰，影响电子设备的正常工作。规模化风光储电站中的电力设备和线缆存在互感和电容耦合，造成电能的传导和漏电，这也会对周围的电子设备产生干扰。外部电磁场也是光伏和风力发电站产生电磁干扰的原因之一，如附近的雷电等自然电磁干扰源，以及无线电、广播电视等其他人为电磁干扰源。此外，电站内设备接地系统的不良接触、接地电阻过高、高压端对空气产生电晕放电等因素都可能导致电磁干扰的产生。

规模化风光储电站的电子系统，尤其是逆变器和控制系统，对电磁干扰非常敏感，在高强度电磁干扰环境中，不仅输电线路会发生间歇性故障，从而导致规模化风光储电站停机，增加生产成本和对系统稳定性的影响，还会出现电感耦合、电容耦合、串扰、谐波等现象，损坏设备内的电子元件，导致设备无法正常运行，使得信号传输出现错误、丢失等问题，严重影响监测系统的可靠性及准确性，甚至造成严重事故。此外，规模化风光储电站输配电设备在受外界电磁场干扰时也会导致变压器核心饱和，电感变小，产生过电流现象，极大威胁输配电设备运行安全。

1.2　规模化风光储电站局部放电检测技术特征

基于现有变压器、GIS、开关柜、集电电缆的检测技术手段在规模化风光储电站局部放电监测工程应用中的不足，包括在线装置在长期运行中可靠性不足、灵敏度低、抗电磁干扰能力差，设备状态检测数据误报漏报问题突出，设备故障发展全过程中特征规律尚不明晰，故障诊断和状态预测系统尚不完善，缺乏准确的输变电设备绝缘状态诊断、预测方法与判据，本书提出了规模化风光储电站局部放电检测技术特征要求。

1.2.1　高可靠感知终端接入

规模化风光储电站往往位于偏远地区，极端恶劣的气象条件和规模化风光储电站现场复杂的电磁环境将严重影响状态感知器件性能的稳定性，甚至使其产生故障，停止运行。而现有在线监测装置对于规模化风光储电站恶劣严苛环境的耐受性不足是其失效的根本原因。环境因素要求规模化风光储电站的监测系统中的状态感知终端需满足高可靠性及高灵敏度要求。故障信号在设备内部传播过程复杂，传感器类型、安装部位选择不当，会造成空间上的监测盲区。现场强烈的电磁干扰信号，会严重影响缺陷信号的辨识，造成监测系统的误判和漏判。这要求状态感知终端在强电磁干扰环境下仍能保证正常工作，避免监测系统对于设备状态误判和漏判情况的发生。

1.2.2 状态信息演变规律全面认知

目前，针对规模化风光储电站35kV集电电缆、35kV开关柜、220kV气体绝缘开关设备和220kV电力变压器等输变电设备主要采用计划检修模式，仅开展停电预防性试验与检修、事故后检修。对绝缘劣化过程研究较少，缺乏状态信息特征，没有掌握输变电设备绝缘劣化过程中的状态信息演变规律，从而在绝缘状态诊断、严重程度评估、状态预测工作中缺乏理论依据和方法支撑。局放检测是电网设备状态检测领域的关键核心技术，普遍适用于各类高压电力设备。然而，由于长期以来，行业内对于局部放电故障的现象、发展过程和规律认识存在不足，特别对于涉及固体绝缘缺陷在长期运行电压下的放电间歇性缺乏认知，市场上现有的绝大多数局放监测装置因灵敏度不足和不具有实时检测能力，导致故障检测和诊断失败。华北电力大学的研究表明，现有局放监测因实时性差或分析的时间尺度不足，将偶发放电误作为干扰予以忽略，对于此类高风险的放电，常规局放检测的有效性甚至不足4%。试验获得设备故障发展全过程中的特征规律，建立完善的状态特征样本库，是实现准确故障诊断的根本所在。

1.2.3 设备状态诊断及预测准确判断

目前，电力设备的状态感知尚且无法实现对设备故障的发展态势进行有效预测。回顾该领域已有研究工作，通过对不同感知结果进行严重程度分类，并对不同感知参量赋值影响因子，最终通过加权的方式对设备各个部件及整体完成了评估。由于此前对故障机理的理解尚不完备，主观经验不可避免地带有偏差，即便将二者结合用于故障诊断，仍然难以获得令人满意的结果。而传统的阈值比较法、模式识别法、预设模型法等均存在误差大、漏判误判率高等问题。近年来，研究人员通过引入更多的诊断参量、细化阈值判据、构建预设模型等方法来对传统方法进行改进。但该类方法要求对被监测设备建立精细准确的数学模型来表征其故障机理。此外，由于现场存在大量的干扰、噪声，不同绝缘系统、不同设备制造工艺、不同工况的设备在同一监测项目中的监测结果往往存在较大差异，难以建立完善的评估模型，无法实现设备状态的个性化评估，缺乏准确的输变电设备绝缘状态诊断、预测方法与判据，不能满足全面掌握设备真实健康状态与运行风险的需要。随着电网对规模化风光储电站的需求越来越大，监测系统中对于设备状态的诊断及预测需要采用完善的评估模型及准确的预测方法。

1.3 输变电设备局部放电检测技术发展与应用现状

作为电站汇集新能源发电和电能外送的关键核心设备，输变电设备一旦发生故障，将给整个电站甚至是区域电网的安全运行带来巨大威胁，造成重大的经济损失。但是，输变电设备运维技术比较落后，仍以人工巡视、停电预试和事故后抢修为主，不仅人力成本居高不下，而且存在检修不及时、设备可靠性差、技术经济性不佳等问题。另外，规模化风光储电站通常处于偏远地区，相比于电网系统，风电场设备缺乏运行维护，缺少设备健康度评价指标体系等行业标准和规范，缺少有效的监管。

电网企业针对输变电设备的绝缘状态感知与诊断预测开展了大量研究工作，积累了较多运行经验。根据不同设备的运行工况、绝缘结构和材料特点以及设备的故障特征，发展了油中溶解气体、SF_6 气体分解产物、局部放电、红外测温、紫外成像、可见光、振动声纹、接地电流、微水含量等一系列物理化学检测技术，并广泛应用于电网设备的带电检测中，电力行业也颁布了 100 余项带电检测和状态运维相关的标准和规范。自 20 世纪 90 年代至今，我国引进了大量国外先进的带电检测产品，如英国 DMS 的特高频局放检测，意大利 Techimp 的高频局放检测，美国 GE 的光声光谱检测、物理声学的超声检测和 FLIR 的红外测温等。与此同时，我国带电检测技术的研究和应用也取得了长足的进步，一些高校和研究院所都聚焦相关领域的研究，如华北电力大学、清华大学、西安交通大学、重庆大学等。此外，数十家从事带电检测技术推广应用的企业相继诞生。凭借国家政策的引导、巨大的国内市场、庞大的人力资源优势和大规模的投入，目前我国在电力设备检测方面的研究应用已经达到国际先进水平。

1.3.1 常规脉冲电流法

常规脉冲电流法通过阻抗或电流互感器，检测变压器套管末屏接地线、外壳接地线、中性点接地线、铁心接地线以及绕组中由于局部放电引起的脉冲电流，获得视在放电量。IEC 60270 规定的常规脉冲电流法是目前应用最广泛的一种局部放电检测方法。该方法通过测量放电时回路电荷变化所引起的脉冲电流来实现对高压电力设备局部放电的检测。常规脉冲电流法采用的传感器为耦合电容（如变压器套管末屏）或电流传感器，其测量频带一般为脉冲电流信号的低频段部分，通常为数千赫兹至 1MHz。目前，常规脉冲电流法广泛用于变压器型式试验、交接试验、变压器局部放电试验研究，其特点是测量灵敏度高、放电量可以标定等。

常规脉冲电流法的缺点在于：①由于运行现场干扰严重，导致该法无法有效应用于检测；②对于变压器这类具有绕组结构的设备，由于局部放电在绕组内的传播导致该法在标定时产生很大的误差；③当试样的电容量较大时，受耦合电容的影响，测试仪器的测量灵敏度随着试品电容增加而下降；④测量频率低，频带窄，包含的信息量少。

1.3.2 高频脉冲电流法

传统脉冲电流法是用耦合电容和检测阻抗采集放电信号，分析其起始放电电压、视在放电量、放电相位、放电能量等特征量，测量信号的响应频率一般不超过1MHz。由于电力设备绝缘系统的局部放电，其放电持续时间很短，脉冲宽度多为纳秒级，因而相应的频域十分宽广，可达到1GHz，甚至更高。如果仅测量和分析1MHz以下的放电信号，就会损失大量的局部放电信息，因此传统的检测方法不能全面地反映放电的本质特征，有必要在更宽频带范围内采集原始放电信号，分析相应的波形特征。

高频（High Frequence，HF）脉冲电流法是在足够宽的检测频带范围内检测局部放电产生的脉冲电流信号，局部放电信号一般通过安装在被测设备接地线上的穿心式电流互感器或钳型电流传感器来获得。在实验室条件下也可在放电模型接地回路中串入无感电阻来获得真实的局部放电信号，一般检测频带为3~30MHz。

意大利的Montanari等人在高频局部放电检测方面的研究取得了显著效果，他们通过研究宽带局部放电信号的波形特征，将采集到的时域波形进行等效时频变换，进行了信号与噪声的分离，在此基础上对不同特征的脉冲信号进行分类统计，得到变压器、电缆和旋转电机等高压电气设备内部不同放电类型各自的放电特征，并实现现场抗干扰和多放电模式的区分。清华大学在这方面也进行了有益的探索，通过在实验室建立数字化实时高速局部放电波形测量系统，利用简单实验室模型和工业仿真模型取得了不同类型局部放电的脉冲电流波形，用分段的时域数据压缩法提取了脉冲波形特征，并采用分级的人工神经网络进行放电模式识别，取得较好效果。西安交通大学司文荣等人利用获取的宽带脉冲波形时间序列，提出分别使用幅值参数法、等效时频法和时频熵法对局放脉冲波形的特征参数进行提取。在对人工设置的多局放源产生的脉冲群数据进行波形特征提取后，使用模糊聚类对脉冲群波形特征提取结果进行了对比，分析结果表明：三种波形特征提取方法均能在一定程度上很好地分离干扰源而提取出局放数据。西安交通大学李彦明等人还研究了模糊C均值聚类算法（Fuzzy C-Means，FCM）的特性及其在局部放电脉冲波形特征向量参数处理中的应用，使用等效时频法提取了局部放电脉冲群的波形特征参数。研究结果表明：由等效时频特征提取和模糊C均值聚类分析组成的局部放电脉冲群快速分类技术可以对多个局部放电源构成的脉冲群进行准确分类。

1.3.3 特高频法

特高频（Ultra High Frequence，UHF）法是目前局部放电检测的一种有效手段。研究认为，每一次局部放电过程都会出现陡度很大的电流脉冲，同时向周围辐射电磁波。局部放电所辐射的电磁波的频谱特性与局部放电源的几何形状以及放电间隙的绝缘强度有关。当放电间隙比较小、放电间隙的绝缘强度比较高时，放电过程的时间比较短、电流脉冲的陡度比较大，辐射的电磁波信号的特高频分量比较丰富。目前实验已经证明，变压器、GIS内部局部放电能够激发出很高频率的电磁波，最高可达数吉赫兹。通过天线传感器接收局部放电过程辐射的UHF电磁波，可以实现局部放电的检测。

在20世纪80年代末，UHF法首先应用在GIS设备局部放电测量中。该技术的特点在于：检测频段较高，可以有效地避开常规局部放电测量中的电晕、开关操作等多种电气干扰；检测频带宽，所以其检测灵敏度很高，而且可识别故障类型和进行定位。

特高频技术在最近几年得到了较快的发展，在以GIS为代表的电力设备中得到了成功的应用。对变压器而言，局部放电通常发生在变压器内的油-纸绝缘中，由于绝缘结构的复杂性，电磁波在其中传播会发生多次折返射及衰减。因此，变压器特高频局部放电检测技术还处于试用阶段。

21世纪初，荷兰KEMA实验室的Rutgers等人在实验室中对变压器特高频局部放电检测技术进行了初步研究。研究结果表明，油中放电上升沿很陡，脉冲宽度多为纳秒级，能激起1GHz以上的特高频电磁波；通过在一台充油变压器上开展的实验证实了UHF方法进行局部放电检测和放电分类的可行性，其灵敏度不大于20pC。英国Strathclyde大学的Judd等人在GIS的特高频局部放电检测技术研究的基础上，也对变压器进行了实验室研究，并在现场进行了初步实验。国外的研究一般将传感器制成盘式耦合器，在变压器顶部靠近高压侧的箱体上开一窗口，传感器通过介质窗提取局部放电信号，并通过频谱分析仪进行分析。此外，还采用最小路径法对变压器局部放电的定位进行了探讨。法国ALSTOM输配电研究中心的K. Raja等人在实验室内研究了各种典型局部放电模型的特高频特性，提出了选择干扰最小的频段进行检测的方式，并据此建立了模式识别方法。

近年来，国内有关研究机构对特高频局部放电检测技术进行了广泛的研究。西安交通大学等建立了检测频带可调的实验室检测系统及局部放电系统。清华大学试图通过在变压器内部引出线的附近安置特高频天线的方法来测量变压器的内部放电，并在实验室进行了一些等效模型基础实验研究。华北电力大学建立了实体变压器放电模型，开发出基于油阀和人/手孔的局部放电监测系统，研制出了变压器局部放电检测装置，并多次在现场安装测试且监测到了放电故障。

现场实验表明，变电站现场噪声水平通常低于200MHz，UHF检测技术的检测频率范围一般为500~1500MHz，可最大限度避开干扰信号。特别是在特高频法实施中，传感器安置在变压器箱体内，由于变压器壳体的屏蔽作用，使这一方法的抗干扰能力大大优于目前传统局部放电监测方法，这对于实现变压器局部放电的检测是非常有利的。

作为一种局部放电检测的新兴方法，特高频法以其检测频带高、抗干扰能力卓著以及灵敏度高而迅速发展。此外，特高频法采取天线空间耦合的方式使监测系统与被监测对象之间没有电气连接，对操作人员及监测设备而言都具有更高的安全性。特高频法已在国外的GIS检测中得到成功的应用和推广。

UHF检测的特点使其在局部放电检测领域具有其他方法无法比拟的优点，因而在近年来得到了迅速的发展和广泛的应用。目前，特高频法的研究也面临着一些问题，由于测量机理与脉冲电流法不同，因此无法进行视在放电量的标定，而且大多数工程人员已经习惯于通过视在放电量来反映局部放电的严重程度，IEC规定有关局部放电的变压器产品出厂标准中，其所采用的指标也是视在放电量阈值。目前的研究表明，即使在局部放电源到传感器之间的传播路径不变的情况下，脉冲电流法的视在局放量与特高频法所测得的脉冲信号幅值之间也没有确定的对应关系，这就加大了应用该方法进行局部放电量标定的难度；再者，由于变压器内部绝缘结构的复杂性，局部放电产生的电磁波在内部的传播将存在大量的散射、折反射以及衰减，因而传播特性研究工作将注定是难度很大而且充满挑战的。

1.3.4 超声波法

在超声波法中，通过检测变压器局部放电产生的超声波信号来测量局部放电的大小和位置。国际上较早对超声波检测技术进行研究的是美国的 E. Howells 等人，他们对变压器绝缘局部放电的声发射信号进行了频谱分析，得出声发射频谱主要集中在 100~150kHz，并且可以实现对在线运行的电力变压器内部局部放电点进行定位。日本的 H. Kawada 等人则提出用超声波法检测变压器局部放电的监测频带为 180~230kHz。澳大利亚新南威尔士大学的 B. T. Phung 和 T. R. Blackburn 等人利用谐振超声波传感器和宽带超声波传感器对局部放电的超声检测进行了详细的研究，并提出用小波方法分析超声波信号。美国物理声学公司（PAC）研制出一套成熟的基于声发射的局部放电检测装置，利用该装置可实现在役变压器局部放电检测、放电源定位及安全性评估。

国内方面，清华大学、西安交通大学、东南大学、武汉大学、华北电力大学，以及中国电力科学研究院、武汉高压研究所等科研院所都对超声波检测技术进行了广泛的研究和探索。清华大学的金显赫、朱德恒等人对电力变压器绝缘局部放电的声发射频谱进行了研究，得出放电的声发射频谱峰值频率分布在 70~150kHz，并推荐检测变压器局部放电声发射的监测频带为 70~180kHz。清华大学的张蕾、高胜友等人对油中局部放电超声信号的模式识别进行了研究，主要是基于超声信号的时域、频域特征和时域压缩波形数据等特征提取方法，采用人工神经网络进行了局部放电的模式识别，获得了较好的模式识别效果。东南大学的袁易全等人研制了适用于变压器局部放电超声波的 PZT 传感器，并对局部放电超声特性进行了实验研究，论述了局部放电超声发射强度、频谱、等值声速、层介质衰减和透射以及声速与温度、杂质的关系等。武汉高压研究所研制了 JFD-2 型局部放电超声波自动测量定位系统，能对放电点所发出的信号进行处理，并对定位算法进行了详细的探讨。华北电力大学的李燕青等人研究了局部放电超声信号在变压器模型中的传播，利用非线性和非平稳的方法对超声波信号进行了分析处理，研制了一套变压器局部放电测量系统。

超声波法的优点在于可以有效避免现场的电磁干扰，但目前的超声传感器灵敏度较低，无法在现场有效地测到信号，因此超声检测主要用于定性地判断局放信号的有无，以及结合脉冲电流法或直接利用超声信号对局部放电源进行空间定位。在电力变压器的离线和在线监测中，它是主要的辅助测量手段。

1.3.5 气相色谱法

当设备内部发生热故障、放电性故障，或者油、纸老化时，会产生多种气体。这些气体会溶解于油中，不同类型的气体及其浓度可以反映不同类型的故障。对油中溶解气体的监测和分析是充油电气设备绝缘诊断的重要内容。自 1952 年由 A. T. James 和 Martin 开发气、液色谱法以来，气相色谱法（Dissolved Gas Analysis，DGA）被广泛用于石油、化工研究和生产部门。20 世纪 60 年代初，Pugh 和 Wagener 等人根据气体组分的相似性提出了用气相色谱仪检测变压器故障气体的方法。气相色谱仪一般由载气系统、色谱柱和检测器等组成。利用载气（N_2）将已经油气分离后的气体样品带入汽化室与色谱柱接触，根据不同气体和色谱柱间气相和固相吸附力的不同将各气体分离，通过氢离子火焰检测器计算得到溶解气体的数值。气相色谱检测方法具有对目标气体分离效能高，可实现七种特征气体全组分的高灵敏度稳定测量（H_2 检测下限为 2μL/L，烃类可燃气体检测下限为 0.1μL/L）及稳定性高等优点。主要缺点包括：色谱柱易被污染，需要定期标定甚至更换；需要定期更换载气，运行和维护费用较高；测量耗时较长（检测过程>1h）。由于测量过程步骤复杂，测量结果受人为因素影响较大，测量误差较大。

20世纪70年代初，我国开始将DGA法用于变压器潜伏性故障的检测，并在电力部门迅速推广。DGA法是通过检测变压器油分解产生的各种气体的组成和浓度来确定故障（局部放电、过热等）状态。在大量实践的基础上，国家标准GB/T 7252—2001《变压器油中溶解气体分析和判断导则》规定了不同类型故障产生的气体成分，分析了油过热、油和纸过热、油纸绝缘中的局部放电、油中火花放电、油中电弧以及油和纸中电弧等故障的主要产气成分和次要产气成分。不同性质的故障所产生的油中溶解气体的组分是不同的，据此可以判断故障的类型，国际电工委员会和我国国家标准推荐用C_2H_2/C_2H_4、CH_4/H_2、C_2H_4/C_2H_5三个比值来判断故障的性质。该方法目前已广泛应用于变压器的在线故障诊断中，并且建立起故障诊断的专家系统。目前，气相色谱分析方法已经成为最常见、应用最广泛的变压器油中气体检测方法。

第 2 章 规模化风光储电站输变电设备局部放电传感技术与应用

本章根据规模化风光储电站内输变电设备中局部放电信号的传播特征对传感器的参数及安装位置进行优化设计，以达到最优的性能及布置方式，主要内容包括220kV变压器中UHF电磁波传播特征与传感器设计、220kV GIS设备中UHF电磁波传播特征与传感器设计、35kV集电电缆中HF电流传播特征与传感器设计、35kV开关柜中HF电流传播特征与传感器设计。

2.1 220kV变压器中UHF电磁波传播特征与传感器设计

在220kV变压器的局部放电传感技术与应用中，应根据变压器故障时电磁波传播特征对传感器的参数及安装位置进行优化设计，以达到最优的性能及布置方式。本节首先根据变压器人/手孔、油阀的结构和尺寸在仿真软件中分别建立了UHF电磁波传播模型，对UHF电磁波的传播过程进行了分析，并对这两种结构中的UHF电磁波强度进行了对比分析。之后根据仿真结果研制了螺旋天线UHF传感器并提出了UHF传感器安装方式。最后进行了传感器的性能校验，为变压器局部放电监测提供了设备基础。

2.1.1 变压器中电磁波传播特性

2.1.1.1 电磁波传播特性的仿真方法

分析脉冲电磁场的方法可分为两大类，即变换频域法（简称频域法）和直接时域法（简称时域法）。在频域法中，基于复频域解析分析的拉氏变换反演已形成相对独立的一种方法，即奇点展开法。

频域法首先在频域求得解析解或数值解，再经逆变换得时域解。对于脉冲电磁场问题，频域法需要在大量取样频率上计算频域解结果，因而受到计算机存储和计算时间的限制，而且该方法在揭示瞬态响应机理方面不如新发展起来的时域法和奇点展开法。例如，频域法不像时域法那样能够提供瞬态响应随时间推进的演变过程，也不像奇点展开法那样能反映瞬态响应与目标特征参量的直接联系。

奇点展开法（Singularity Expansion Method，SEM）是分析电路系统瞬态响应方法的扩展，首先求出问题的频域解，然后在复频域利用围线积分和柯西定理，把复频域解表示为奇点留数项之和的形式。由此展开式可直接把时域解表示成指数项之和，故取名奇点展开法。SEM 法最突出的优点是，奇点在复平面上的分布与外加激励无关，而仅由系统本身的性质（物体的形状、尺寸、材料以及周围媒质）所决定。SEM 法是一种处理瞬态问题的新方法，在数理基础方面还有待完善。此外，受数值法的限制，只能求出对应谐振区和低频区的准确的极点，而不能得到准确的高频区极点。至今，SEM 法处理过的问题还仅限于比较简单的物体。

时域法是直接在时域—空间域求解电磁场问题的一种方法，包括时域积分方程法和时域有限差分法。时域积分方程法是基于问题的格林函数和边界条件建立时域积分方程，通过把空间变量的积分区域和时间变量都离散化，将积分方程化成线性方程组来进行求解。在外加激励没有到达的空间中，场和物体上的感应电流均为零。又由于场的传播速度有限，因此空间中某点在某一时刻的响应，仅仅受比该时刻早些时候存在并满足时间延迟关系的那些源的影响。这一特性使得人们可以从 $t=t_0$ 的已知初值开始计算，按时间步进的方式，逐步求出各时间取样点的响应值。

时域有限差分方法（Finite Difference of Time Domain，FDTD）首先把空间域划分成一定形式的网格，然后将时域微分方程用有限差分方程组代替，把时间离散化后，加上初始条件和边界条件，即可按时间步进法求解。在此方法中，不必求解问题的格林函数，对处理复杂散射体和源分布问题是一种有效的方法。

油浸变压器内部局部放电的电磁波信号的频谱很宽，采用频域法需要在大量的频率采样点上进行计算，对计算机的性能要求高，计算时间长，效率低下；SEM 法目前还难以对变压器这样的复杂传播模型进行计算；采用时域积分方法也同样难以建立该问题的格林函数。而 FDTD 法是瞬态电磁场分析的一种有效方法，具有广泛的适用性，而且易于实现。通过采用脉冲源做激励，结合傅里叶变换只需通过一次计算，便可获得脉冲所包含的各种有效频率的响应，同频域方法相比将节省大量的计算时间。因此，在电磁波传播特性分析中，采用 FDTD 法对变压器内 UHF 局部放电信号的辐射和传播特性进行仿真计算和理论研究是最优的选择。

2.1.1.2　电磁波传播特性的仿真模型

UHF 电磁波不能穿透油箱直接向外辐射，在对规模化风光储电站输变电设备局部放电辐射出的 UHF 电磁波信号的监测中，可以选择在充放油管道内或预设人/手孔处安装 UHF 传感器。本节利用基于时域有限差分方法的仿真软件建立放油阀和人/手孔仿真模型，其仿真模型结构尺寸如图 2-1、图 2-2 所示。

按照内径大小放油阀与放油管道一般分为三种标准规格，即 ϕ 分别为 50mm、80mm、150mm。按照结构方式放油阀可分为蝶阀、球阀、闸阀、截止阀。一般进油阀采用蝶阀，安装在变压器侧面的顶部；放油阀采用球阀，安装在变压器侧面的底部；进油阀和放油阀在变压器油箱上对角布置，连接放油阀与变压器油箱之间的管道的长度一般不超过 200mm。当油阀为球阀、闸阀时，阀门完全打开后可将 UHF 传感器推进到变压器油箱内表面位置；当油阀为蝶阀、截止阀时，即使阀门打开，UHF 传感器仍然无法通过阀门。因此本书将仿真分析油箱内壁表面、进入油管道 100mm、进入油管道 300mm 处的电磁波强度，即图 2-1 中的 V_0、V_1、V_2 三点。

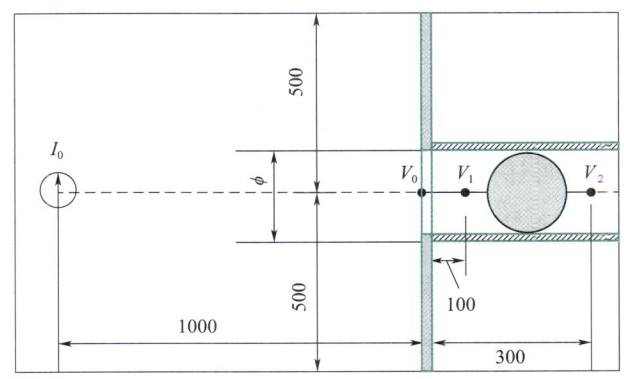

图 2-1 放油阀仿真模型结构尺寸（单位：mm）

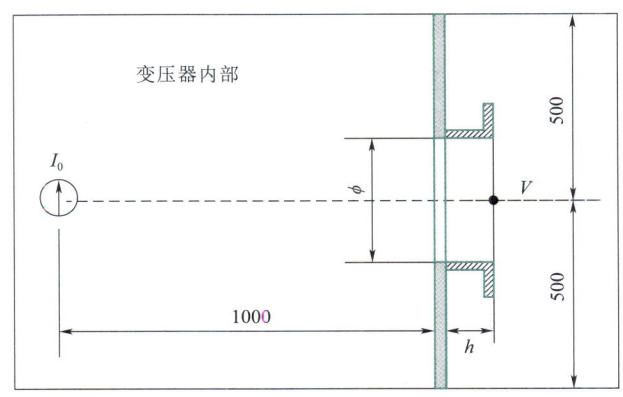

图 2-2 人/手孔仿真模型结构尺寸（单位：mm）

在基于时域有限差分方法的仿真模型中，仿真空间为长方体，其尺寸为 1600mm×1000mm×1000mm，油箱壁的厚度为 10mm，充油管道的厚度也是 10mm。在此模型中，放油管道接口位于油箱壁的中间位置，其长度为 0.5m。脉冲电流源 I_0 与油箱壁的垂直距离为 1000mm，脉冲电流源与上下边界之间的距离为 500mm。

在仿真参数设置中，变压器油箱和充油管道设置为理想导体，变压器油箱内部和充油管道中的材料相对介电常数按照变压器油通用值取值，为 2.2。仿真空间的六个界面为全吸收界面，网格尺寸为 5mm×5mm×5mm。

在变压器上节油箱的侧壁上有人/手孔，其内径（ϕ）为 450mm 左右，其法兰外表面相对于油箱磁屏蔽内表面的高度（h）为 50~100mm，本仿真中分别设置 h 为 50mm、100mm。观测点 V 在人/手孔法兰外表面的中心点。

在基于时域有限差分方法的仿真模型中，仿真空间为长方体，大小为 1600mm×1000mm×1000mm，油箱壁的厚度为 10mm，人/手孔及法兰的厚度也是 10mm。在此模型中，人/手孔位于油箱壁的中间位置，脉冲电流源 I_0 与油箱壁的垂直距离为 1000mm，脉

11

冲电流源与上下边界之间的距离为 500mm。

脉冲电流源 I_0 为仿真变压器局部放电的脉冲电流。通过研究发现典型变压器油纸绝缘缺陷的局部放电 UHF 信号的主要能量在 0.5~1.5GHz 频率范围内，且随着频率的增高能量逐渐减弱。本节采用高斯脉冲电流源模拟局部放电，参数设置如下：波形幅值为 1A，脉冲宽度为 2ns，如图 2-3（a）（b）所示。在自由空间中距离脉冲电流源 1m 处的电磁波信号的主要能量集中在 0.2~1.5GHz 频率范围内，如图 2-3（c）（d）所示。

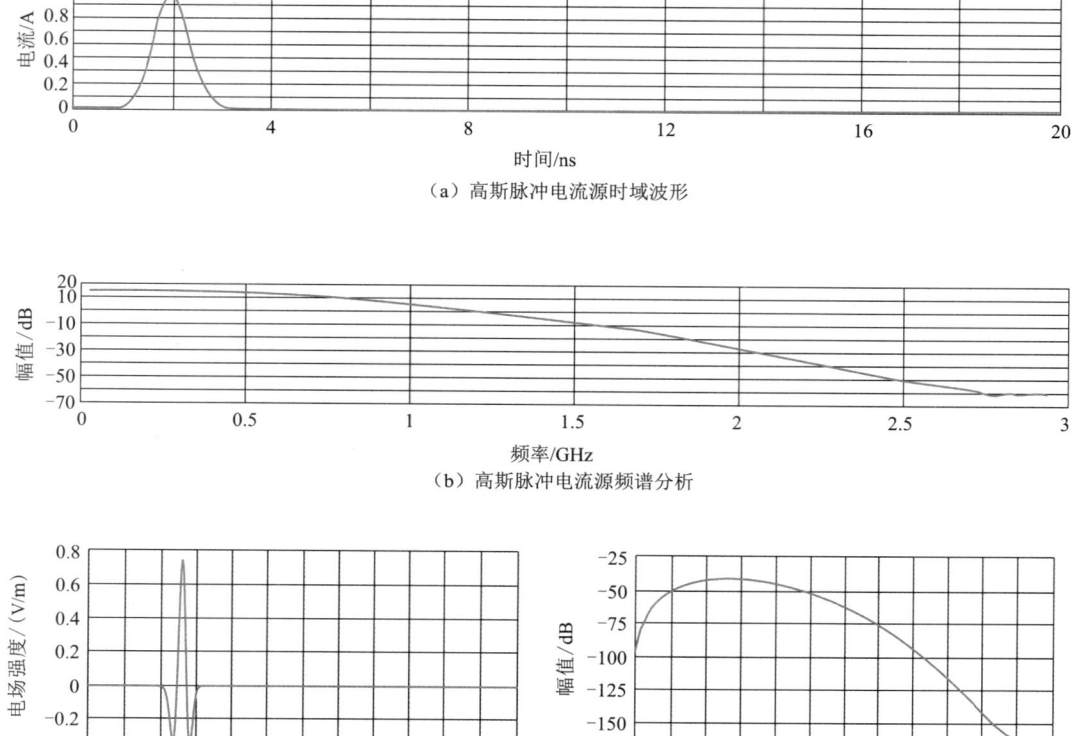

（a）高斯脉冲电流源时域波形

（b）高斯脉冲电流源频谱分析

（c）电场强度时域波形

（d）电场强度频谱分析

图 2-3 脉冲宽度为 2ns 的高斯脉冲电流及其辐射出电磁波的时频域波形

2.1.1.3 UHF 电磁波在油管道内的传播特性

在基于时域有限差分方法的仿真软件中，通过获得某一时刻观测面上的电场强度分布情况展示 UHF 电磁波传播过程。图 2-4 展示出了 UHF 在 ϕ150mm 变压器放油管道内的传播过程。在图 2-4（a）~（c）中，脉冲电流源向外辐射出 UHF 电磁波，电磁波以球面波的形式在油中向外扩散，在 4.8ns 时到达油箱内表面；在图 2-4（d）中，一部分 UHF 电磁波进入管道向前传播，大部分反射进入变压器内部，在变压器油箱内表面附近反射波与入射波迭加，电场强度增加；在图 2-4（e）~（h）中，进入管道内的电磁波继续向前传播，而反射波则进一步向反方向传播。

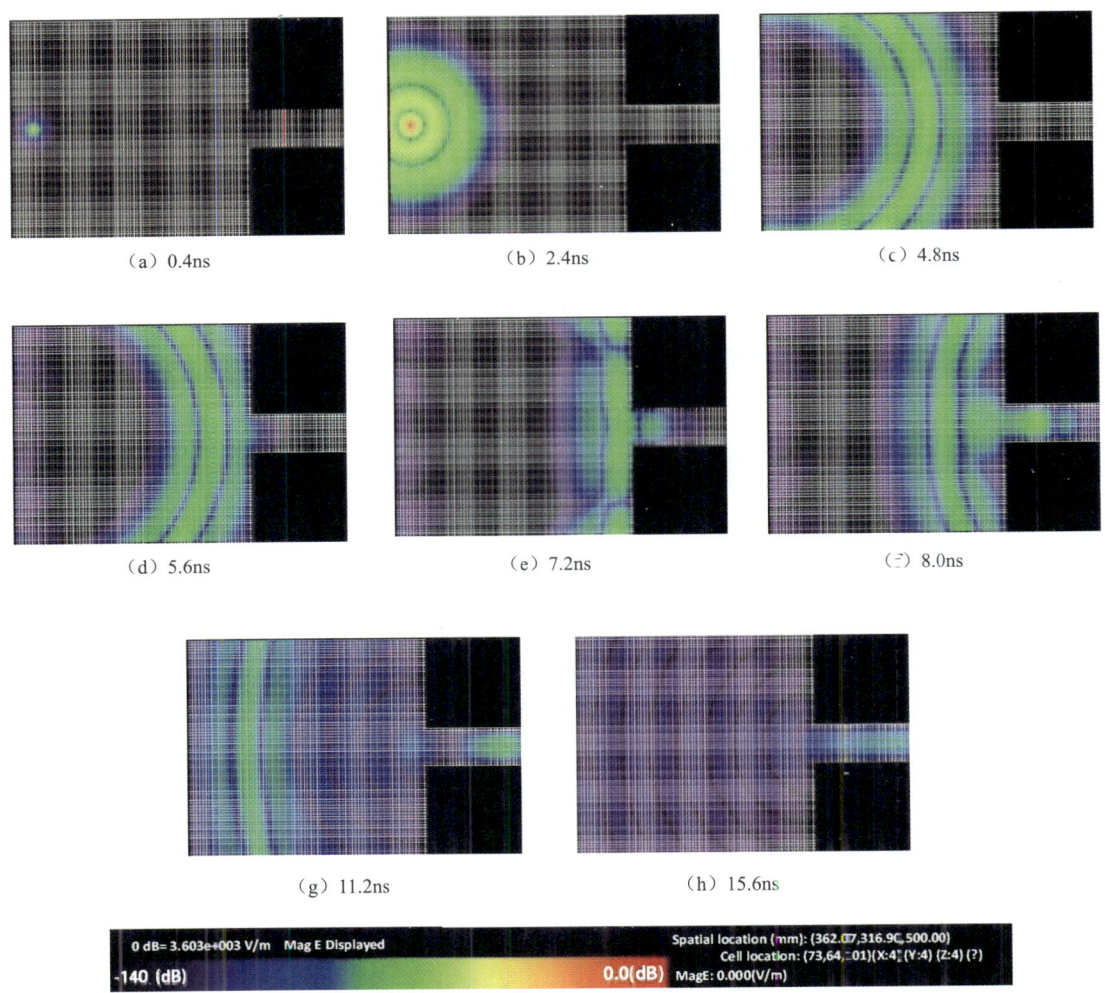

图 2-4 UHF 在 φ150mm 变压器放油管道内的传播过程

本节在图 2-1 所述的 V_0、V_1、V_2 3 个观测点记录了 UHF 电磁波信号波形,从而定量分析 UHF 经过变压器放油阀及管道传播的衰减情况,如图 2-5、图 2-6 所示。

由图 2-6 可知,在自由空间内观测点的电场强度波形振荡次数较少,总共有 3 次振荡,振荡持续时间较短,仅为 2.5ns。而在 φ150mm 管道中,各观测点振荡次数大大增加,振荡持续时间增长到 15ns 以上。这是由于 UHF 电磁波进入油管道后反复反射迭加造成的。这种反射迭加不仅延长了电磁波存在的时间长度,还有可能增加电场强度。比如在 φ150mm 管道中 V_0、V_1 观测点的电场强度最大幅值大于自由空间,但是在 φ80mm 管道中 V_0、V_1 观测点的电场强度最大幅值小于自由空间,可见反射迭加造成的电场强度最大幅值与管道内径有关。

在图 2-5、图 2-6 中可获得每个点的电场强度最大幅值 V_{max},将此幅值与自由空间中距离脉冲电流源 1m 处的电场强度最大幅值相比较,计算出衰减程度(dB)。油管道内各

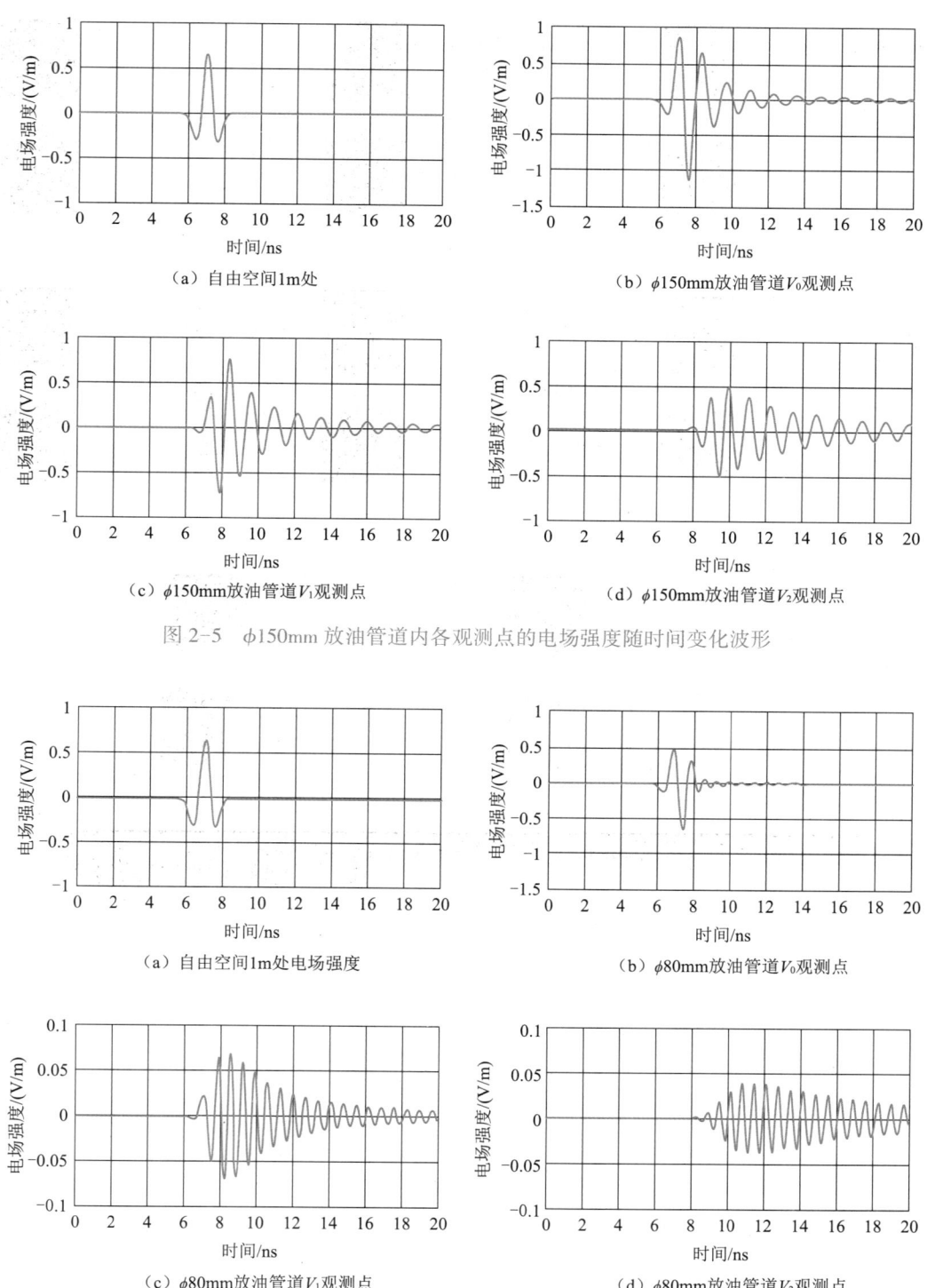

图 2-5 ϕ150mm 放油管道内各观测点的电场强度随时间变化波形

图 2-6 ϕ80mm 放油管道内各观测点的电场强度随时间变化波形

观测点电场强度最大幅值与衰减程度见表 2-1。由表可见，在 φ150mm 和 φ80mm 管道中各观测点的最大幅值随着观测点与油箱内壁距离的增大而逐渐减小，尤其是在 φ80mm 管道中衰减程度非常严重，电磁波一旦进入管道就开始迅速衰减，在 100mm 处就衰减了 20dB，在 300mm 处将衰减 26dB。

表 2-1 放油管道内各观测点电场强度最大幅值与衰减程度

观测点	观测点与油箱内壁的垂直距离 /mm	电场强度最大幅值与相对于自由空间的衰减倍数			
		管道内径 150mm		管道内径 80mm	
		最大幅值/(V/m)	衰减倍数/dB	最大幅值/(V/m)	衰减倍数/dB
自由空间	0	0.67	0	0.67	0
V_0	0	0.88	+2.37	0.48	-2.89
V_1	100	0.75	+0.98	0.070	-19.62
V_2	300	0.47	-3.08	0.035	-25.64

我国 110kV 和 220kV 的变压器大多采用 DN80 的放油阀及管道，由上述研究可以预见当 UHF 传感器安装在放油管道内时，其检测灵敏度将比安装在变压器内部低 20dB 及以上。尤其当放油阀为蝶阀时，UHF 传感器只能安装在蝶阀以外，此时检测灵敏度将比在变压器内部的 UHF 传感器低 25dB 以上。

2.1.1.4 UHF 电磁波通过人/手孔的传播特性

图 2-7 展示出了 UHF 在 D450 变压器人/手孔内传播过程中的电场强度云图。在 0~4.8ns 时，脉冲电流源向外辐射出 UHF 电磁波，电磁波以球面波的形式在油中向外扩散，在 4.8ns 时到达油箱内表面；在 5.6ns 时，UHF 电磁波的首波部分进入人/手孔内，这部分电磁波比较微弱；在 6.0ns 时，UHF 电磁波中能量较强的部分进入人/手孔，并与从传感器腔体反射回来的首波迭加，此时的 UHF 电磁波比较强；在 6.8ns 时，UHF 电磁波完全进入人/手孔，与反射波迭加，此时人/手孔内的 UHF 信号达到最强；在 8.8~11.2ns 时，大部分 UHF 电磁波被油箱反射，聚集在人/手孔内的 UHF 电磁波在其内部不断反射，同时也向变压器油箱内部辐射，直到能量完全消散。

在图 2-1 所述的 h 分别为 0mm、50mm、100mm 处的 3 个观测点记录了电场强度随时间变化的波形，如图 2-8 所示。引用此波形可以定量分析 UHF 电磁波经过人/手孔传播的衰减情况。

由图 2-8 可见，由于反射波与入射波的迭加，造成波形振荡时间增长和幅值增加，振荡持续时间增长到 15ns 以上。在图中可获得每个观测点的电场强度最大幅值 V_{max}，将此幅值与自由空间中距离脉冲电流源 1m 处的电场强度最大幅值相比较，计算出衰减倍数（dB），见表 2-2。

由表 2-2 可知，在 D450 人/手孔中各观测点的最大幅值随着观测点与油箱内壁距离的增大而逐渐增大，在 h 分别为 0mm、50mm、100mm 处的信号分别增长 0.26dB、0.37dB、0.70dB。

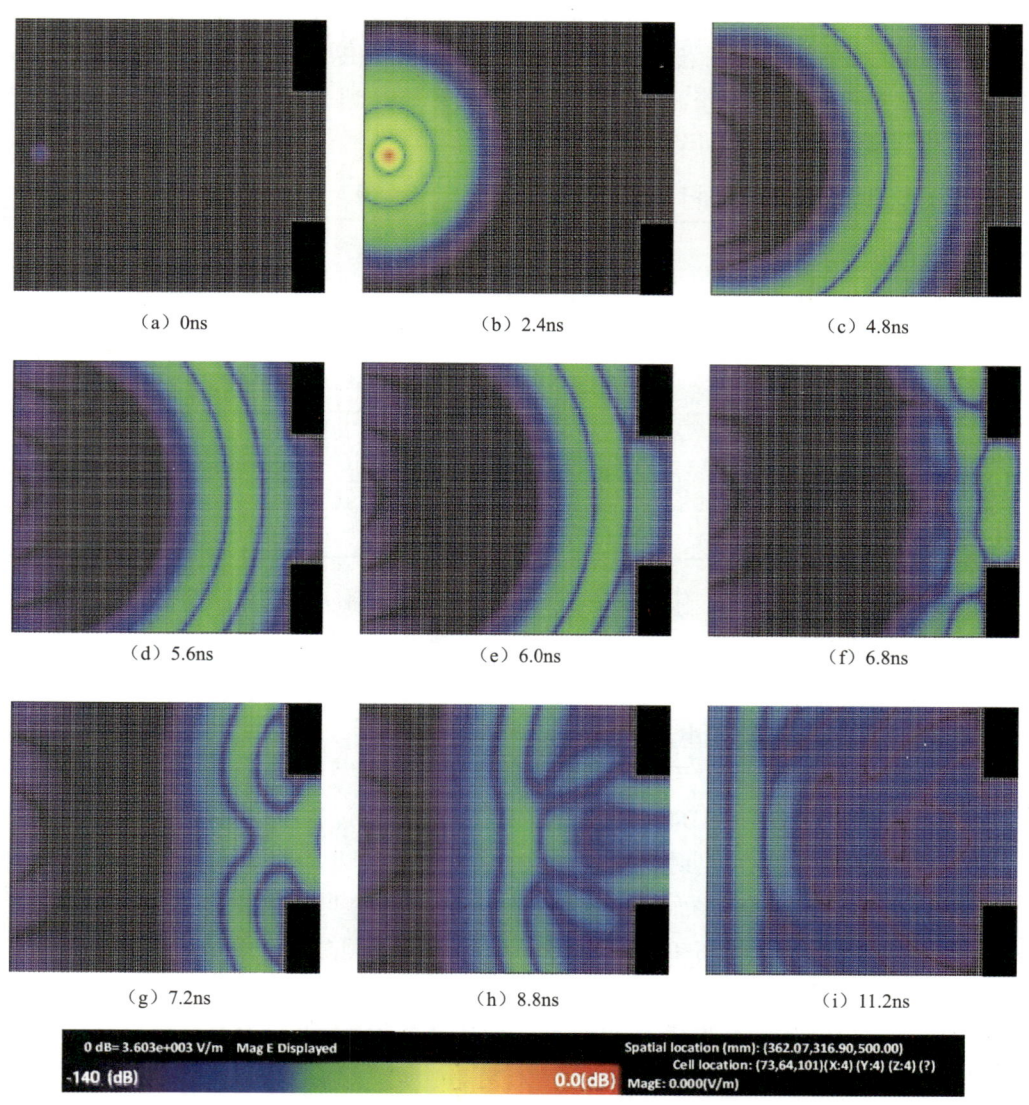

图 2-7　UHF 在 D450 变压器人/手孔内传播过程中的电场强度云图

表 2-2　D450 人/手孔内各观测点电场强度最大幅值与衰减倍数

观测点	观测点与油箱内壁的垂直距离/mm	电场强度最大幅值与相对于自由空间的衰减倍数	
		最大幅值/(V/m)	衰减倍数/dB
自由空间	0	0.67	—
$h = 0mm$	0	0.69	+0.26
$h = 50mm$	50	0.72	+0.37
$h = 100mm$	100	0.78	+0.70

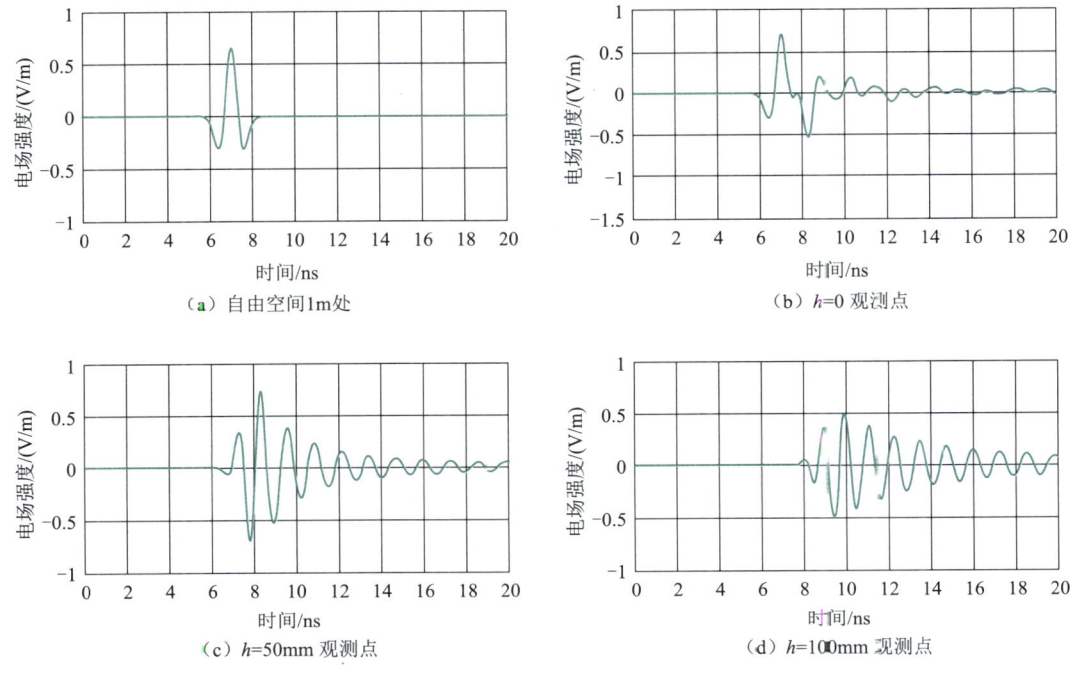

图 2-8 D450 人/手孔各观测点的电场强度随时间变化波形

2.1.2 变压器中 UHF 传感器研制

2.1.2.1 螺旋天线研制

现有研究表明,局部放电脉冲信号的能量几乎与频率宽度成正比,当只考虑检测元件的热噪声对灵敏度的影响时,采用宽频带一般具有更高的灵敏度。因此,变压器局部放电检测用特高频传感器选用宽频带是有利的。在研究中,选择天线的下限截止频率为 500MHz,从而避开变电站背景噪声和空气中的电晕干扰。另外,选择天线的上限截止频率为 1500MHz,这样使得放电信息的获取更为全面。研制过程中考虑变压器实际运行情况,当天线的工作频率变化时,天线的尺寸也应随之变化,即保持电尺寸不变,满足角度条件可实现非频变特性。本节选择具有非频变特性的平面等角螺旋天线作为局部放电检测用 UHF 传感器,如图 2-9 所示。

实际的平面等角螺旋天线的每一条臂总有一定的宽度,因而它的每一条臂由两条起始相差 δ 的等角螺旋线构成。两臂的 4 条边缘分别为 4 条等角螺旋线,它们可看成是变形的传输线,四条边缘线由下述关系确定:

$$r_1 = r_0 e^{a\varphi}, \quad r_1' = r_0 e^{a(\varphi-\delta)}, \quad r_2 = r_0 e^{a(\varphi-\pi)}, \quad r_2' = r_0 e^{a(\varphi-\pi-\delta)} \quad (2-1)$$

式中:r_1、r_2 分别是两臂的内边缘;r_1'、r_2' 分别是两臂的外边缘。

工程上可使用的天线不是无限长的,实际的天线必须在适当的长度上截断两臂,使其臂长为有限值。天线臂的末端做成尖削形状,是为了减小天线臂上电流的终端反射,以减

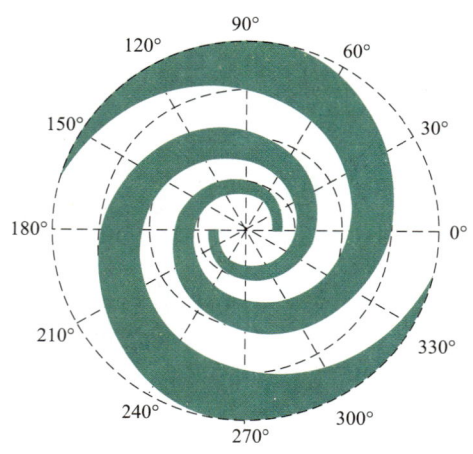

图 2-9 平面等角螺旋天线示意图

小"截尾"效应。

根据天线的最高工作频率和最低工作频率计算螺旋线起始点和末端到原点的距离，公式如下：

$$r_0 = \lambda_{\min}/4, \quad r_t = \lambda_{\max}/4 \tag{2-2}$$

式中：r_0 为螺旋臂起始点到原点的距离；r_t 为螺旋臂末端到原点的距离；$\lambda_{\min}$ 为上限工作频率对应的波长；$\lambda_{\max}$ 为下限工作频率对应的波长。

由式（2-2）可得到天线的相对工作带宽如下：

$$f_{\max}/f_{\min} = r_t/r_0 \tag{2-3}$$

在工作频段内，天线臂越宽，也就是 δ 越大，天线的频率特性就越好。并且 a 适当选择得小一些，也就是螺旋线的曲率半径小一些，螺旋线旋绕得紧一些，其频率特性也好一些。为了能够很好地测量到特高频信号，有效地避开空气中的电晕干扰，并考虑到天线的尺寸不能过大，故合理地选择了决定天线工作频率的参数 a、φ、r、δ，其中，$a = 0.22$，平面等角螺旋天线采用了 1.5 匝，即 $\varphi = 3\pi$，$r_0 = 15\text{mm}$，$r_t = 150\text{mm}$，$\delta = 90°$ 的自补结构天线。通过巴伦（Balun）馈电装置进行馈电使天线的阻抗和馈线的阻抗相匹配。

2.1.2.2 UHF 传感器安装方式与密封结构的设计

用于变压器局部放电特高频检测的介质窗口示意图如图 2-10 所示。介质封板是该窗口的关键部件，它不但起到密封作用，而且能够使得变压器内部局部放电特高频信号辐射出来被外部的天线所接收。

介质窗口结构相当于安装在变压器油箱外的一段短波导管。腔体内部的电磁波通过此短波导管传播，可以被固定在中间的天线接收。如果波导管填充介质的介电常数越大，截止频率越低，那么波导管内可传播电磁波的频率成分越多，其衰减也就越小，经过腔体上的波导管向外辐射的电磁波能量也就越多，因此提高填充介质的介电常数，可增加天线耦

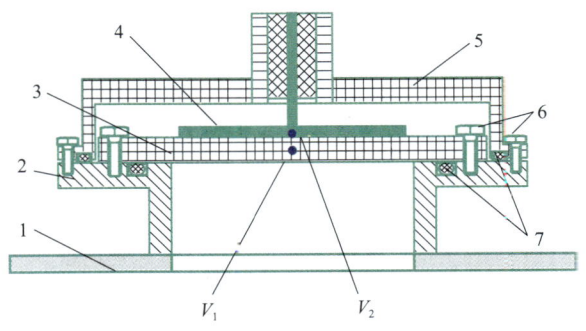

图2-10 介质窗口示意图
1—油箱壁；2—法兰；3—介质封板；4—UHF传感器；
5—屏蔽盒；6—螺钉；7—O型圈；
V_1—介质板内观察点；V_2—介质板外观察点

合的能量。但是介质板的介电常数过高，会消耗入射的电磁波能量，反而使得天线的耦合能量减小，并且这种效果将随着介质板厚度的增加而增加，因此介质板的介电常数和厚度与天线耦合能量密切相关。

考虑到机械强度、耐电、耐腐蚀、耐油、耐水等性能，并通过仿真比较不同的介电常数和厚度两个因素，最终选取了层压玻璃布板作为介质板，其相对介电常数在5左右，厚度选取为2cm。层压玻璃布板的密度为$1.7 \sim 1.9 g/cm^2$；耐受温度不低于200℃；抗弯强度为：纵向不低于392MPa、横向不低于294MPa；抗拉强度为：纵向不低于343MPa、横向不低于245MPa；黏合强度不小于$5688N/m^2$；表面电阻率和体积电阻率不低于1011Ω；介电损耗正切为0.05；垂直层向击穿场强不低于22kV/mm；平行层向击穿场强不低于30kV/mm。可见层压玻璃布板具有很高的机械强度，电气性能好，耐水和耐热性能好，并可在变压器油中使用，非常适合于制作介质板。

在变压器套管底座下方的油箱侧壁上设有人/手孔以便检修和安装。一般情况下，采用金属平板将人/手孔封上。在某220kV变压器上应用了人/手孔传感器设计方式。此变压器人/手孔法兰的型号为D-450，为圆环形平面结构，如图2-11所示。法兰表面带密封圈凹槽和不通螺栓孔，钢质材料。法兰外径为560mm、内径为450mm，厚度为24mm，螺栓孔所在圆直径为520mm，O型密封圈凹槽的内径为470mm、宽度约8mm、深度约5mm。不通螺栓孔的规格为M12，共12个，深度为12mm。

采用图2-12所示介质板替代原有的钢质人/手孔封板。介质板的材质推荐使用层压玻璃布板，该板为实心圆板结构，边缘带有螺栓通孔。与人/手孔尺寸相对应，介质板外径为560mm、厚度为25mm；螺栓通孔共12个，孔所在圆直径为520mm。介质板螺栓通孔分两部分，即螺栓部分和螺母部分。螺栓部分直径为13mm、深度为15mm；螺母部分直径为34mm、深度为10mm。安装时，螺母完全嵌入绝缘封板，用于固定传感器，包裹绝缘封板。

传感器壳体的结构如图2-13所示，其外观如图2-14所示。壳体的材质为钢板，圆盘形结构。壳体边沿环形圈的内径为562mm，略大于人/手孔法兰和绝缘封板的直径（560mm），其宽度为30mm，厚度为3mm。圆盘外径为568mm，厚度为6mm。在直径为520mm的同心圆上均匀分布着12个M13螺栓通孔。在直径为264mm的同心圆上开孔安装了天线盒。

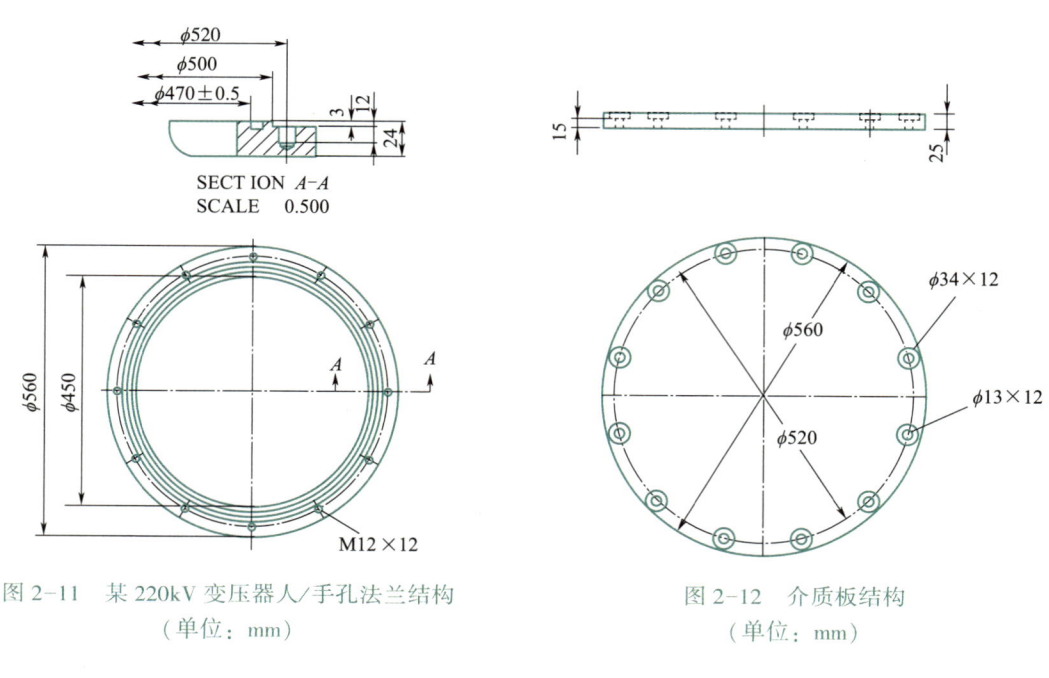

图2-11　某220kV变压器人/手孔法兰结构（单位：mm）

图2-12　介质板结构（单位：mm）

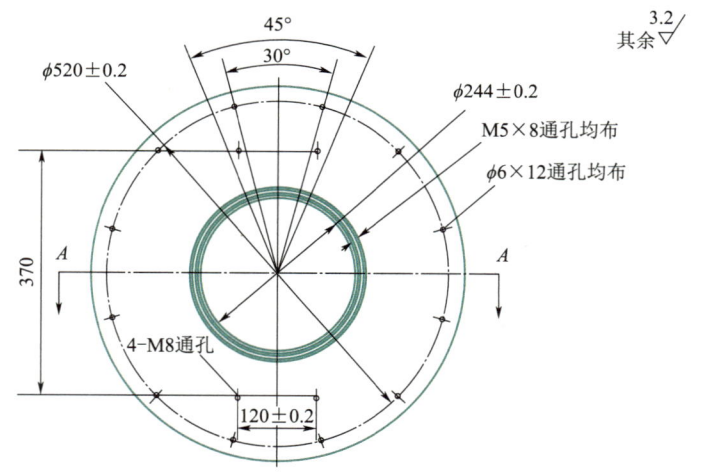

图2-13　人/手孔传感器设计图纸（单位：mm）

传感器壳体的环形圈宽度为30mm，超过了绝缘封板的厚度（25mm），可以完全遮住绝缘封板，有效地防止紫外线照射，同时屏蔽变电站强电磁环境对UHF监测系统的干扰。

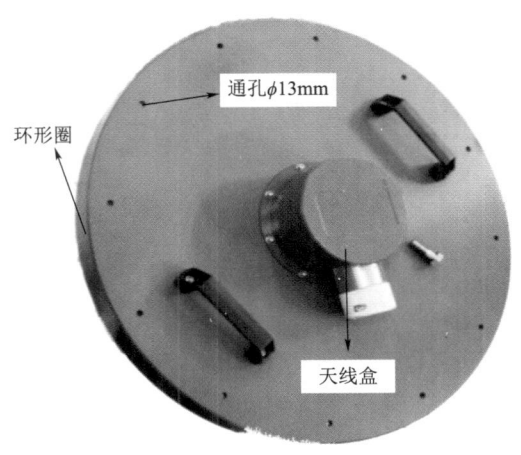

图 2-14 人/手孔传感器壳体外观

介质板与人/手孔法兰之间、传感器壳体与绝缘封板之间都是靠螺钉连接的，螺纹孔与螺栓的材质保持一致，从而保证连接的可靠性。介质板固定用螺钉结构如图 2-15 所示。该螺钉有三个关键部分，即外螺纹、螺母、内螺纹。通过外螺纹和螺母将绝缘封板与人/手孔法兰连接起来，外螺纹的规格为 M12，螺栓长度为 35mm，螺纹长度为 21mm。螺母为六边形，对边直接距离为 20mm。在螺母内部设计了内螺纹，用于将传感器壳体与绝缘封板连接起来。此内螺纹的规格为 M5，深度为 12mm。

根据上述设计，本节研制出了人/手孔式介质窗口和 UHF 传感器，并安装于两台 220kV 变压器上，如图 2-16 所示。

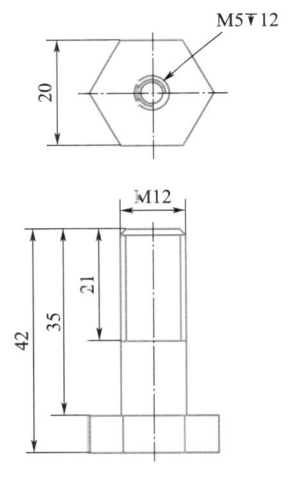

图 2-15 介质板固定用螺钉结构
（单位：mm）

磁屏蔽以及介质窗口金属管道对 UHF 电磁波的衰减影响会引起 UHF 绕射以及时间误差，这些因素会导致传感器灵敏度下降，需要对嵌入式介质窗口进行合理设计，以便传感器接收面位于磁屏蔽的内表面。在此采用如图 2-17 所示的嵌入式介质窗口。

本节巧妙地设计了定位传感器结构，从而使定位天线接收面伸入变压器壳体内表面，如图 2-18 所示。结构自内而外，由以下几个部件组合而成：天线、灌封筒、天线罩、挡板、螺母以及 O 型圈。

天线为圆柱体，直径约 62mm，高度为 43mm。其本身不具备耐腐饲和密封能力，需要在其表面灌封绝缘材料（形成灌封筒）对其进行防护。灌封筒为空心圆柱形结构，其内、外径分别为 52mm、66mm，其内、外高度分别为 43mm、48mm。

（a）介质窗口　　　　　　　　　　　　　　（b）UHF传感器

图 2-16　人/手孔式 UHF 传感器安装位置

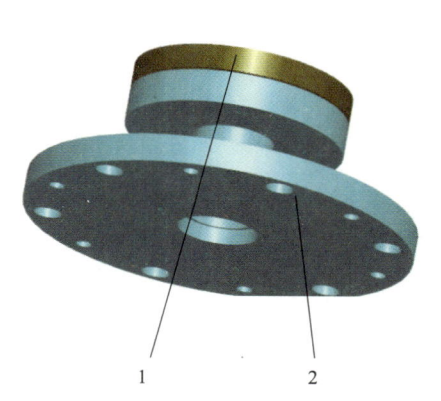 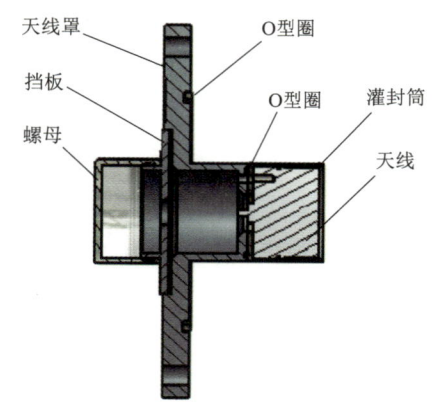

图 2-17　嵌入式介质窗口　　　　图 2-18　定位传感器安装结构示意图
1—介质板；2—转接法兰

天线罩用于支撑传感器灌封筒，并与介质窗口连接，是整个定位天线结构的骨架。天线罩一端与传感器灌封筒通过三个内六角螺栓连接，另一端采用内六角螺栓与传感器安装盒连接，在两端平面上有 O 型圈凹槽，起到密封油的作用。天线罩大法兰的直径为 250mm，厚度为 16mm。

挡板起到方便接线的作用。传感器在天线罩的深处，难以接线，为此增加一段过渡信号线，将接线头引到挡板外侧。挡板通过螺栓固定在天线罩上，其法兰外径为 110mm。

螺母起到封堵防护的作用。将天线引出线的接头封在其内部，避免外界污染和腐蚀。

2.1.3　变压器中 UHF 传感器性能校验

为了检验安装在变压器上的局部放电 UHF 传感器的性能，需要在现场开展 UHF 传感器检测灵敏度校验。现场校验包括两个步骤：第一步，在结构参数相近的变压器上开展调试，获得与一定视在放电量相当的等效脉冲幅值；第二步，在现场利用等效脉冲与发射天线向变压器内部注入 UHF 电磁波信号（注入位置选择为低压套管），检验待测 UHF 传感器的检测灵敏度。在此针对 220kV 电力变压器开展 UHF 传感器现场校验。

2.1.3.1 等效脉冲调试

为了获得等效脉冲，首先在信号注入位置附近设置局部放电缺陷，开展局部放电试验，并记录局部放电的 UHF 信号波形；然后，利用脉冲源与信号发生器注入脉冲，通过调整脉冲源幅值，使得 UHF 信号幅值与局部放电相等，将此时获得的脉冲幅值视作与上述局部放电量等效的脉冲信号源。

在变压器低压套管 50pC 局部放电 UHF 信号测试中，为了使得等效脉冲具有广泛适用性，在变压器典型部位安装 8 支 UHF 传感器。在低压套管下部设置金属尖端放电模型。采用谐振加压方式，对设置缺陷的单相进行局部放电试验。采用示波器记录 8 支局部放电缺陷的波形，读取波形最大幅值。

在某三相三绕组油浸式 220kV 电力变压器上开展调试。该变压器额定容量为 240MV·A，额定电压为 220/110/35kV。变压器油箱的规格尺寸（长×宽×高）为 8.6m×2.5m×3.4m。在变压器油箱制作过程中，根据设计方案在箱壁上开孔，焊接法兰，并安装介质封板，在变压器高、低压侧各安装 4 个介质窗口式 UHF 传感器，安装位置如图 2-19 所示。高压侧传感器编号为 $S_{H1} \sim S_{H4}$，低压侧传感器编号为 $S_{L1} \sim S_{L4}$。在 C 相低压套管下方设置局部放电缺陷，如图 2-20 所示。

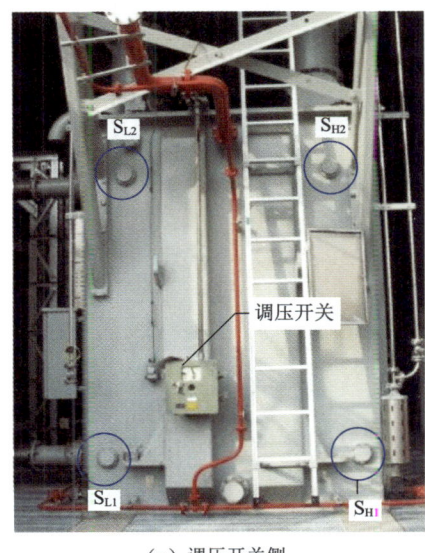
（a）调压开关侧

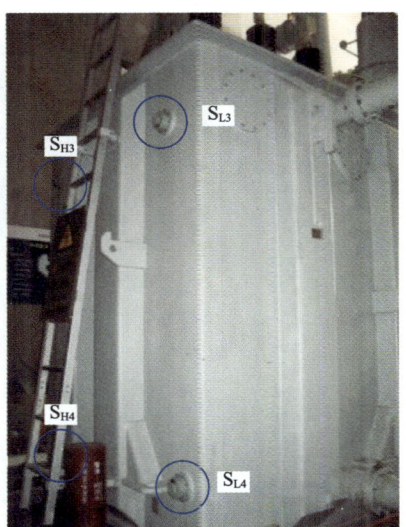
（b）低压侧

图 2-19　介质窗口式传感器安装位置

按照 IEC 60270 标准，采用感应加压法开展单相局部放电试验，接线方法如图 2-21 所示。局部放电检测仪的检测阻抗与被试相高压套管末屏相连。介质窗口式 UHF 传感器输出接口与高速数字示波器相连,如图 2-22 所示。

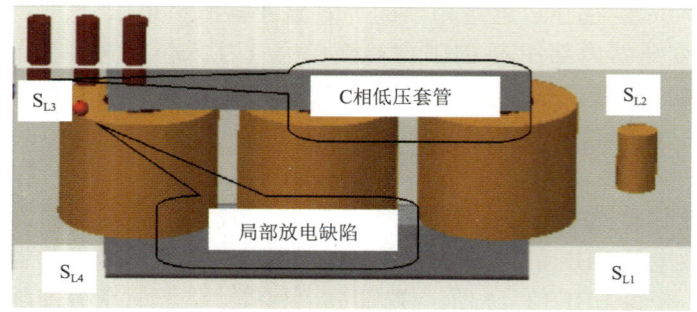

图 2-20　变压器低压套管下部设置局部放电缺陷

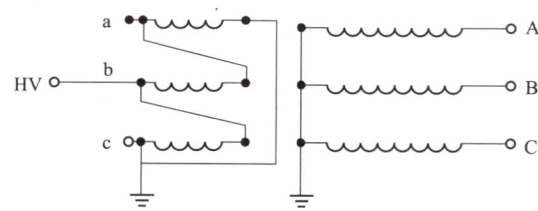

图 2-21　C 相局部放电试验感应加压接线方法

图 2-22　UHF 介质窗口传感器输出接口与高速数字示波器相连

在对 C 相的试验中,当试验电源频率为 170Hz,试验电压为 1.1 倍和 1.5 倍额定电压时,视在放电量分别为 20pC 和 50pC。当视在放电量为 50pC 时,测量低压侧四个 UHF 传感器的输出信号,检测到的典型信号如图 2-23 所示。由图 2-23 可见,电磁波首先到达 S_{L3} 传感器,然后依次到达 S_{L4}、S_{L2}、S_{L1},S_{L3} 信号的峰峰值达到 4000mV,其他信号的峰峰值依次为 700mV、85mV、50mV。

UHF 电磁波信号源等效发射装置采用纳秒级陡脉冲信号发生器(见图 2-24)与探针天线组合。脉冲模拟信号发生器采用型号为 INS-4040 的信号发生装置。调试过程中关键

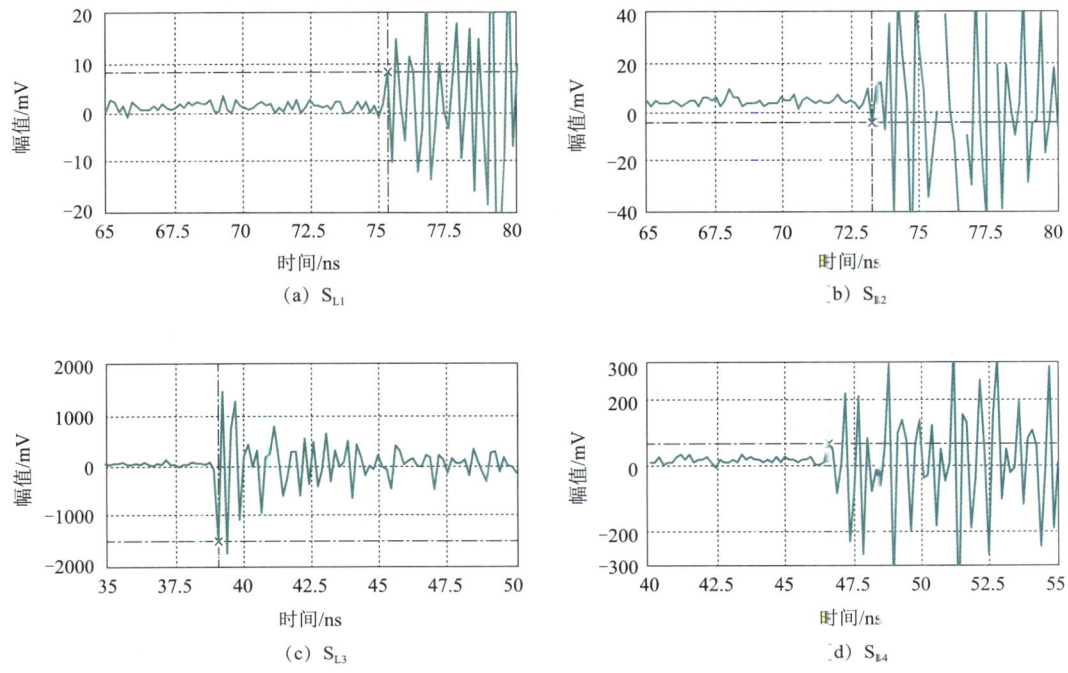

图 2-23 低压侧传感器检测到的典型 UHF 信号

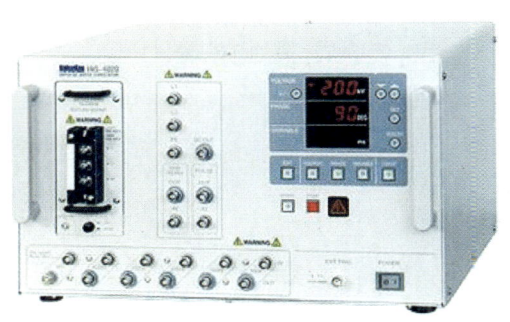

图 2-24 纳秒级陡脉冲信号发生器

参数设置如下：上升沿小于 1ns，脉冲宽度为（10±3）ns，脉冲周期（频率）为 20ms（50Hz），脉冲电压为 1~100V 可调。

单极子天线长度为 3.5mm，在 300~1500MHz 频率范围内增益平坦，波动范围为 3dB。

当纳秒级陡脉冲发生器输出的脉冲幅值为 100V 时，S_{L1} 传感器测得的 UHF 信号波形如图 2-25 所示，其峰值为 85mV，与 C 相低压套管 50pC 局部放电信号的幅值相同。在此情况下，将 100V 视作等效脉冲幅值。

2.1.3.2 现场测试

在三峡乌兰察布新一代电网友好绿色电站示范项目 3 号升压储能站开展现场测试。在

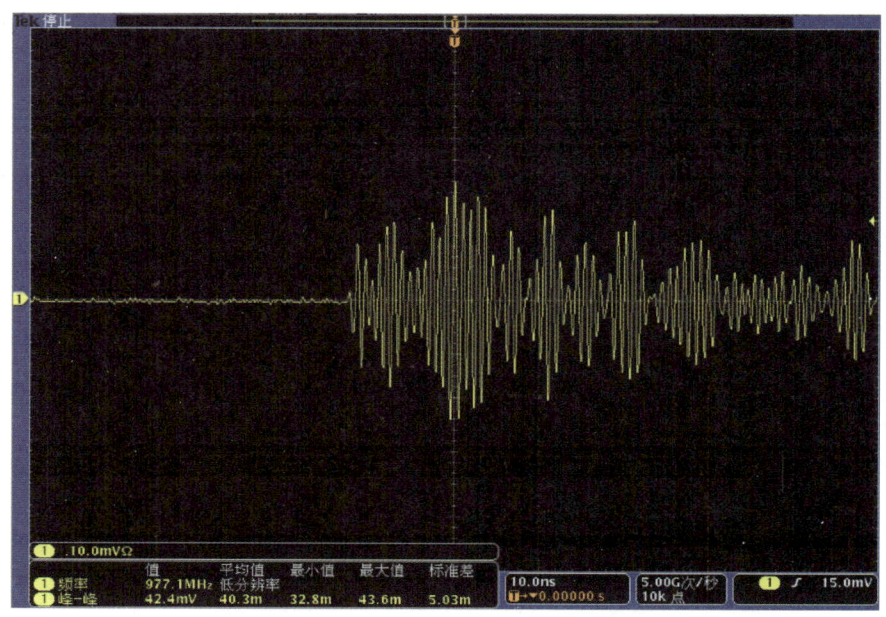

图 2-25 纳秒级陡脉冲发生器输出 100V 时 S_{L1} 传感器测得的 UHF 信号波形

1号、2号主变压器上各安装了 1 支介质窗口式 UHF 传感器，安装位置在变压器侧面下方。利用陡脉冲发生器与单极子天线在 C 相低压套管注入 UHF 信号。等效脉冲注入时，两个 UHF 传感器测得的波形如图 2-26 所示，其峰峰值分别为 64.1mV、59.8mV，证明该传感器可有效测得低压套管处 50pC 的局部放电信号。

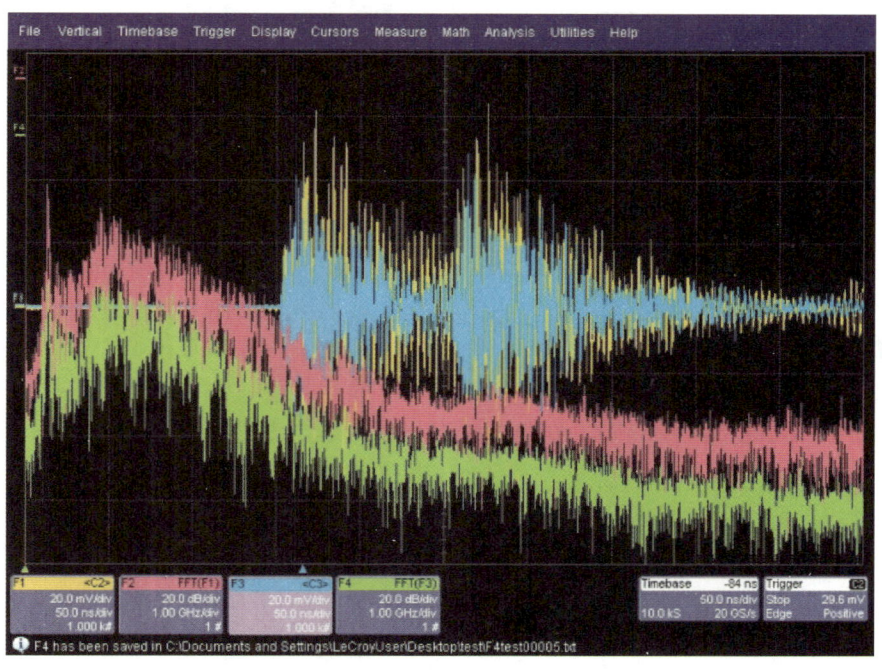

图 2-26 等效脉冲注入时传感器测得的 UHF 信号波形

2.2 220kV GIS 设备中 UHF 电磁波传播特征与传感器设计

GIS 是由多种结构和部件构成的开关系统,结构分为直线型、L 型、T 型,本节针对以上结构进行建模并进行仿真分析,以得到不同结构对 GIS 局部放电 UHF 电磁波传播的影响。基于仿真结果,研制了圆盘天线式 UHF 传感器,并进行了灵敏度优化设计,最后进行了传感器的性能校验,为 GIS 局部放电监测提供了强有力的支撑。

2.2.1 GIS 中电磁波传播特性

2.2.1.1 UHF 电磁波在同轴直腔体中的传播特性

按照 220kV GIS 结构尺寸建立直腔体仿真模型,设定模型包含导杆(外径 90mm)、腔体(内径 360mm、外径 380mm)两个部分,全长为 5m,局放源设置在距离边界 1m 处。在导杆上设置 15cm 长细线以模拟 GIS 中局部放电的放电长度。沿腔体轴向每隔 50cm 布置一个检测组,每个检测组包含三个角度的检测点,分别为 0°、90°、180°,每个检测点均位于腔体内壁附近,GIS 直腔体仿真模型如图 2-27 所示。在腔体外边界设置 7 层 PML 层对传播到边界的电磁波进行吸收,防止电磁波在边界反射影响仿真结果。

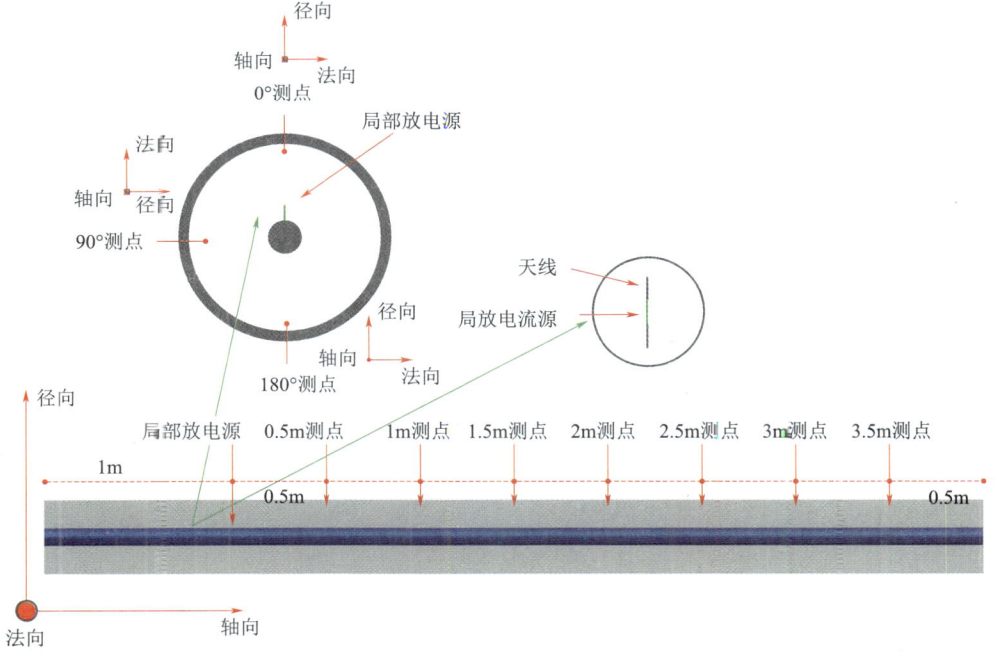

图 2-27 GIS 直腔体仿真模型

根据相关参考文献及现场实际检测结果,局部放电具有高斯脉冲波形且上升时间小于 300ps。本仿真中设置局部放电源为脉宽 1ns、幅值 10mA 的高斯电流脉冲。

时域仿真方面,直腔体中径向、轴向、法相三个方向的场强峰值和电场累积能量对比如图 2-28 所示。

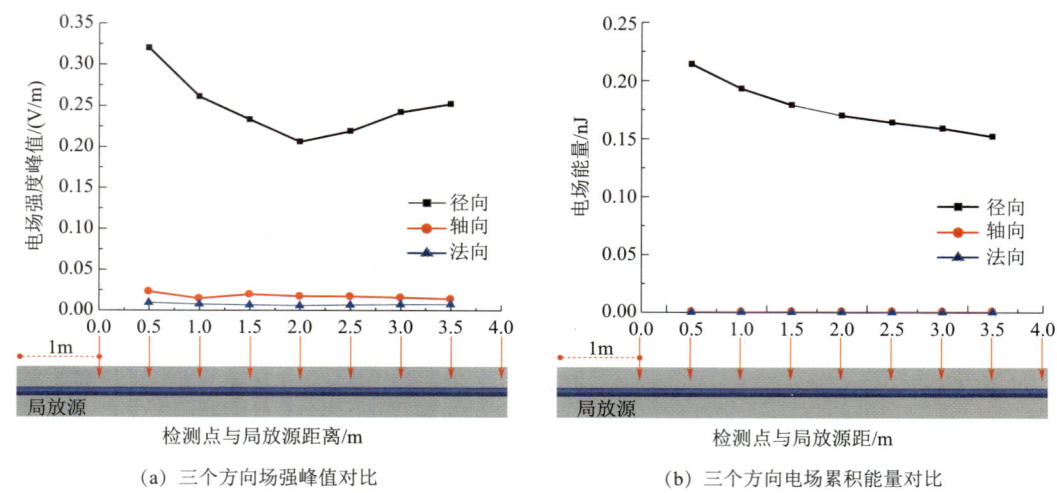

(a) 三个方向场强峰值对比　　(b) 三个方向电场累积能量对比

图 2-28　直腔体中三个方向场强峰值和电场累积能量对比

由图 2-28 可知，在直腔体中，检测点的径向电场无论在电场强度峰值还是电场能量方面均远大于轴向及法向电场。

对比直腔体中不同角度上检测点的径向信号强度，如图 2-29 所示。由图 2-29 可知，在距离源 0.5m 处，180°测点径向场强峰值大于 0°和 90°测点。在距离源 1m 的检测范围内，信号场强峰值衰减非常剧烈。经过 1m 的传播距离以后，90°测点径向场强峰值呈现稳定状态，基本不再衰减，而 0°和 180°测点径向场强峰值仍呈现较强的下降趋势。经过 2m 距离后，0°测点径向场强峰值开始逐步上升，而 180°测点径向场强峰值仍继续下降。3m 距离时，0°测点径向场强峰值超过 180°测点。通过对比各角度上检测点能量的变化可见，90°测点能量变化不大。同时，能量衰减不如场强峰值那般剧烈，在经过 1m 的传播距离之后，三个角度上径向电场能量基本不再衰减。

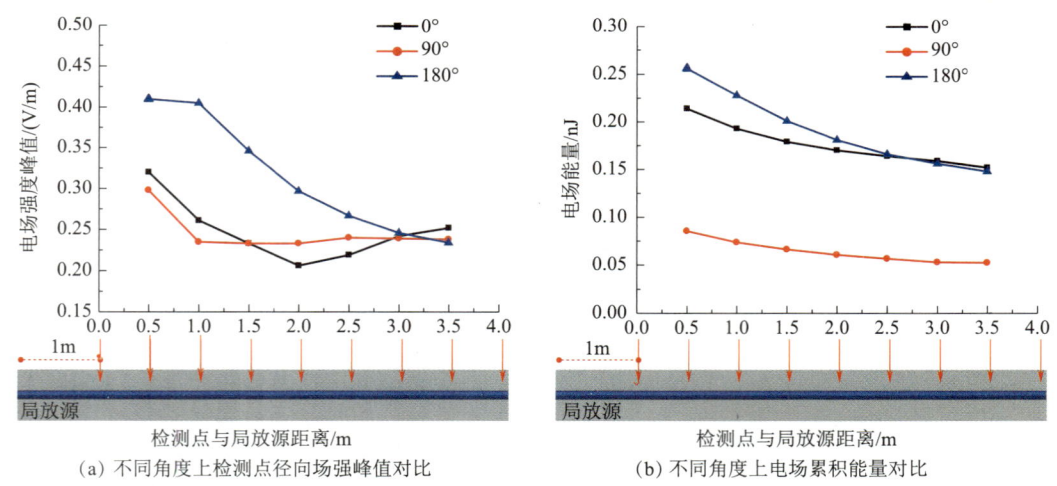

(a) 不同角度上检测点径向场强峰值对比　　(b) 不同角度上电场累积能量对比

图 2-29　直腔体中不同角度上检测点的径向信号强度对比

频域仿真结果方面，首先对直腔体中距离源 1m 测点组不同方向接收点的电场强度频谱进行对比，如图 2-30 所示。

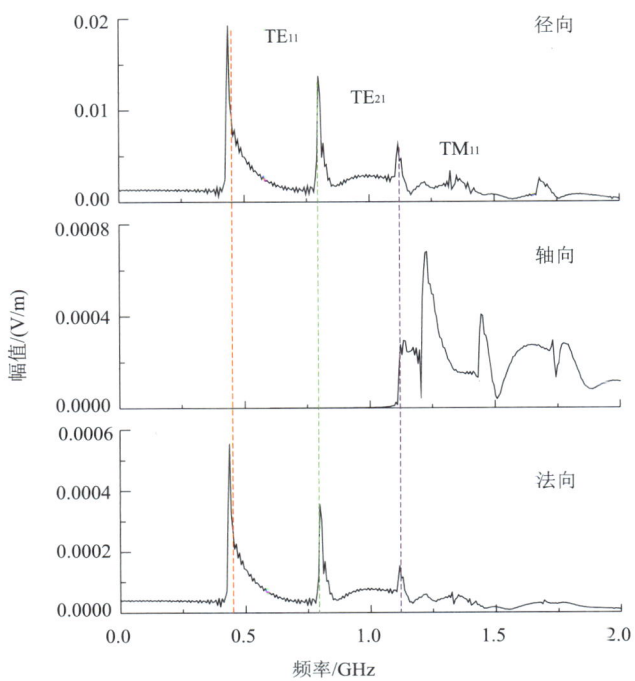

图 2-30 直腔体中距离源 1m 测点组不同方向接收点的电场强度频谱对比

由图 2-30 可知，在径向和法向方向，均存在 TEM 及 TE_{11}（450MHz 频段）、TE_{21}（800MHz 频段）等高次模波，其中，TEM 波为主要频率成分，而轴向方向仅有 TE_{11}、TE_{21} 波等更高次的模波且不存在 TEM 波，该结果符合电磁波在同轴腔体中的分布规律。从幅值上看，径向方向频谱幅值远大于轴向和法向。

分析与局放源不同夹角、不同传播距离条件下测点径向电场强度频谱，如图 2-31 所示。由图 2-31 纵向对比可知，0°及 180°径向频谱相对于 90°含有更为丰富的高次模波成分，主要由 TEM、TE_{11} 构成，90°径向频谱主要由 TEM 及 TE_{21} 构成，180°径向频谱幅值大于其他两个角度。横向对比，各角度测点径向场强频谱中 TEM 波基本无变化，TE_{11}（450MHz 频段）和 TE_{21}（800MHz 频段）峰值衰减可达 3dB。

2.2.1.2 UHF 电磁波经过 L 型结构的衰减特性

建立全长 5m 的 L 型结构腔体。在距离边界 1m 处设置 15mm 长局放电流源。激励源设置同上节源的设置保持一致（即采用高斯电流脉冲，幅值为 10mA、脉宽为 1ns）。模型检测点及局部放电脉冲电流源设置如图 2-32 所示。

时域仿真方面，根据上述结论，径向场强峰值及能量远大于轴向及法向，因此，从本章开始仅针对各角度径向场强同直腔体中相同检测点的径向场强进行对比。L 型中各角度径向场强峰值沿长度方向衰减情况同直腔体相应检测点对比如图 2-33 所示。

由图 2-33 可知，由于 L 型结构对电磁波的反射，使得拐角前 UHF 电磁波场强峰值略有增强。经过转角后，UHF 电磁波大幅衰减，径向场强峰值衰减可达 4dB。

分别在 0°、90°、180°三个角度进行对比观测，将 L 型与直腔体径向电场的累计能量进行对比，如图 2-34 所示。由图 2-34 可知，由于在 L 型腔体转角处发生了电磁波反射，

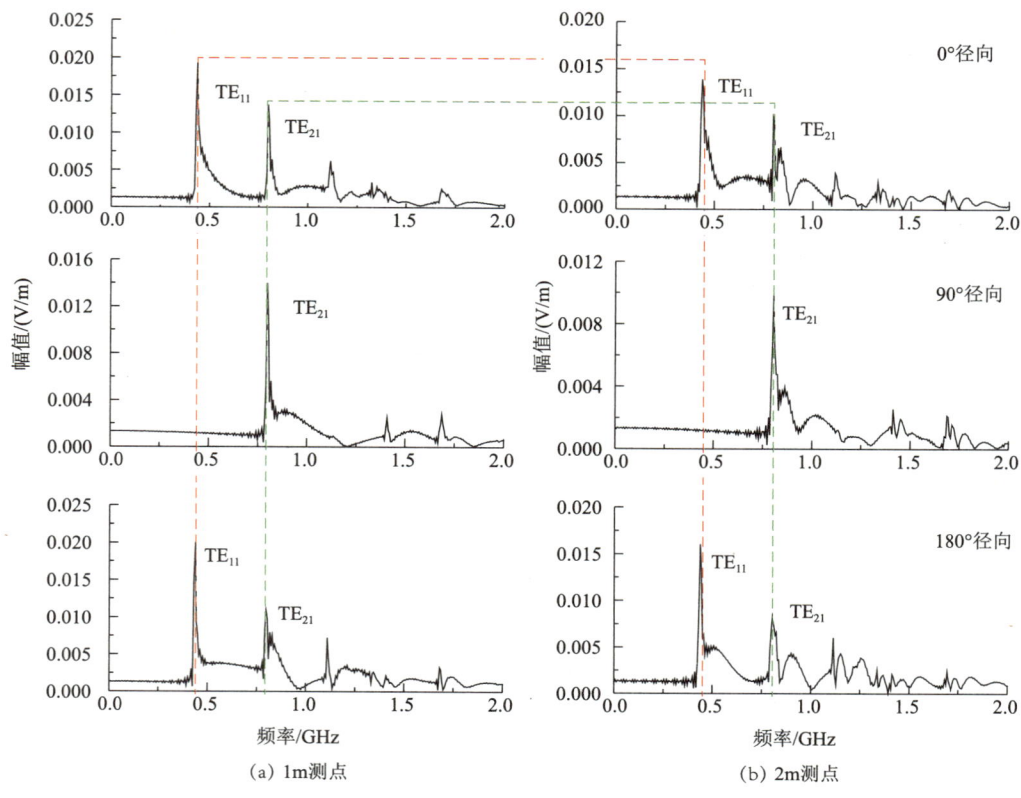

图 2-31 直腔体中 0°、90°、180°三个角度上 1m、2m 测点径向电场强度频谱对比

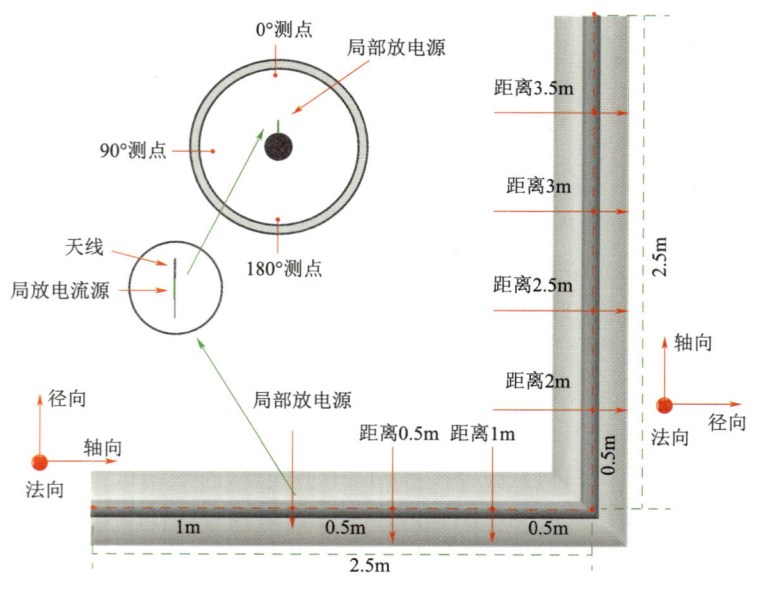

图 2-32 L 型结构模型检测点和局部放电脉冲电流源设置

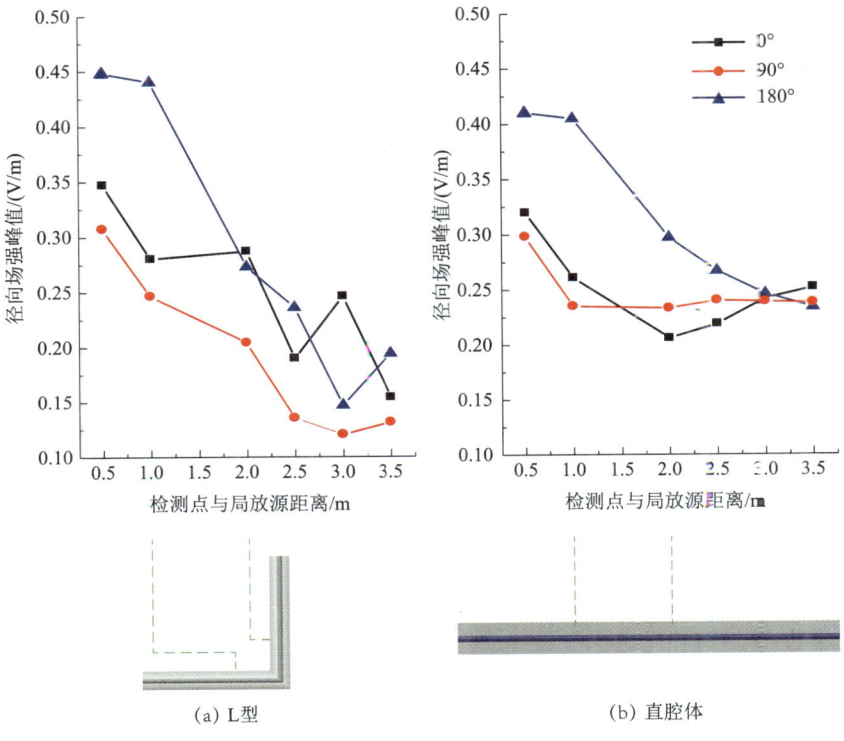

图 2-33　L 型与直腔体不同角度的径向电场强度峰值对比

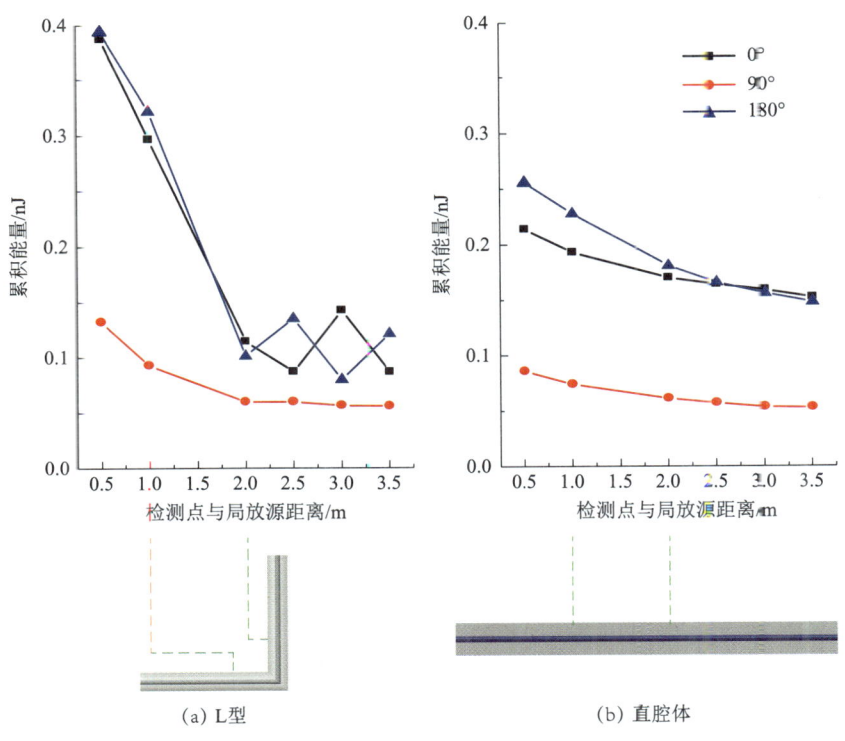

图 2-34　L 型与直腔体径向电场累积能量对比

转角前各测点的累积能量变大，转角后0°及180°测点累积能量明显衰减，90°测点累积能量变化不明显，并呈现0°测点能量变大180°测点即变小，0°测点能量变小180°测点即变大的现象。转角前后，UHF电磁波累积能量衰减最大可达5dB。

频域分析方面，对L型三个角度上1m、2m两个测点组进行频谱分析，从而深入分析L型结构对UHF电磁波传播的影响，并同直腔体相应点进行频谱对比。如图2-35所示为L型直腔体0°方向1m、2m测点径向电场强度频谱对比。

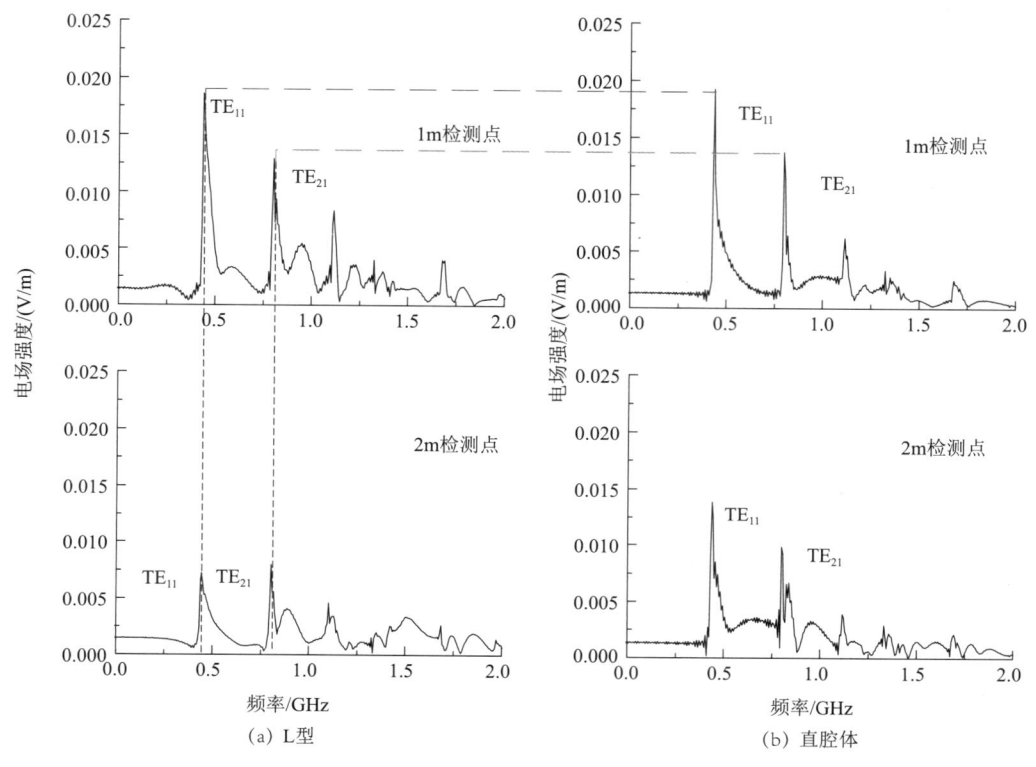

图2-35 L型直腔体0°方向1m、2m测点径向电场强度频谱对比

由图2-35可知，对于1m检测点，L型腔体TE_{11}（450MHz频段）及TE_{21}（800MHz频段）波等高次模波同直腔体相比基本无变化，但TEM波幅值增大了。对于2m检测点，相较于转角前及直腔体中相应测点，各高次模波幅值均大幅衰减，TE_{11}（450MHz频段）衰减可达8dB，TE_{21}（800MHz频段）衰减可达4dB。

分别在0°、90°、180°三个角度对比分析L型腔体1m、2m测点径向的电场强度频谱曲线，如图2-36所示。由图2-36可知，三个角度上各高次模波含量均呈现剧烈减少。L型结构对于TE_{11}（450MHz频段）波影响明显大于TE_{21}（800MHz频段）波。在转角前0°测点径向在转角后变为轴向，而其轴向变为径向，根据2m距离检测点所示，少量TE_{11}（450MHz频段）波在L型结构处发生了径向频谱与轴向频谱之间的转换，传播一段距离后重新形成了同轴波导中标准的高次模波分布。转角前后，TE_{11}（450MHz频段）衰减最大可达12dB，TE_{21}（800MHz频段）衰减最大可达8dB。

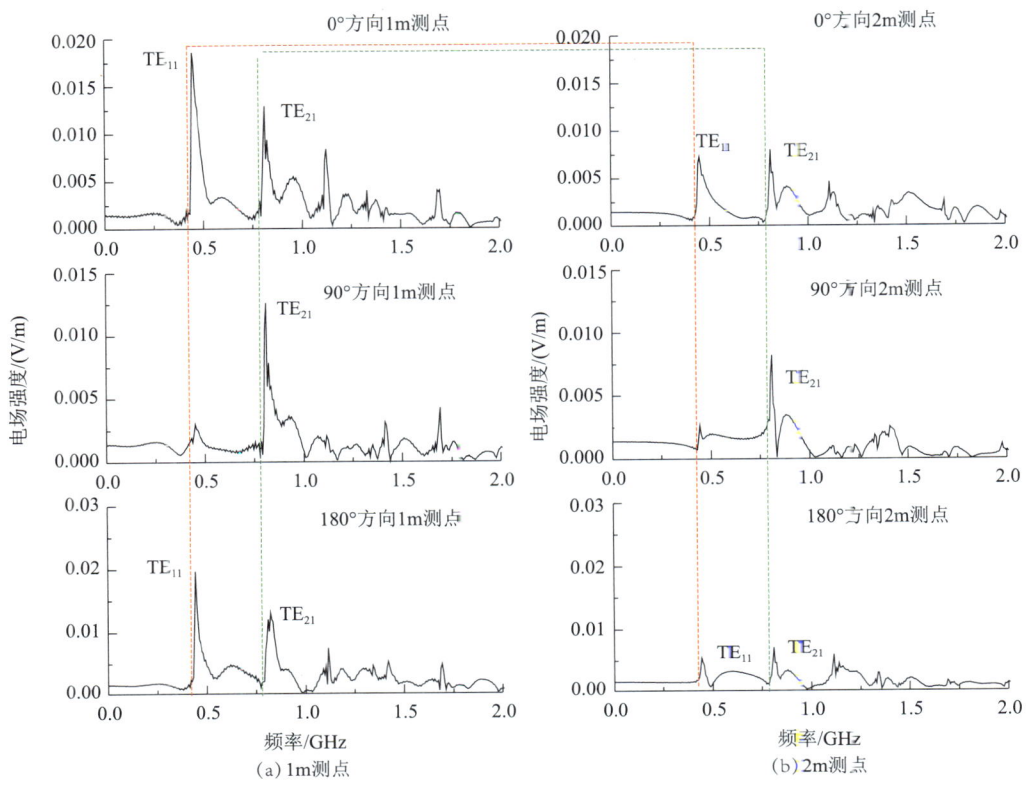

图 2-36 L 型腔体中 0°、90°、180°三个角度上 1m、2m 测点径向电场强度频谱对比

2.2.1.3 UHF 电磁波经过 T 型结构的衰减特性

建立全长 5m 的 T 型结构腔体,于距离腔体左侧边界 2.5m 处设置 T 型结构。在距离腔体左侧边界 1m 处设置 15mm 长局放电流源。为方便对比,源设置同上述源设置保持一致(幅值 10mA、脉宽 1ns)。T 型结构模型检测点及源设置如图 2-37 所示。

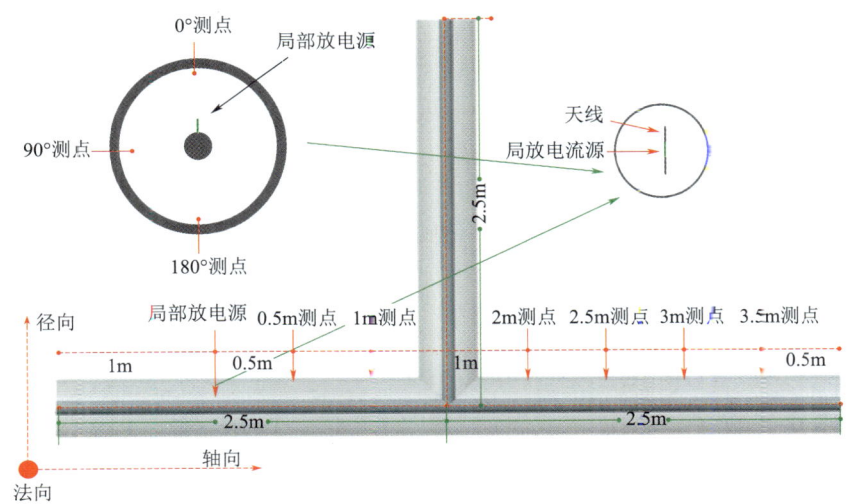

图 2-37 T 型结构模型检测点及源设置

时域仿真分析方面，选取距离源 1m、2m 两个测点组作为对比点，分析其相对于直腔体相应点在径向场强峰值、累积能量方面存在的差异。T 型与直腔体径向场强峰值对比如图 2-38 所示。

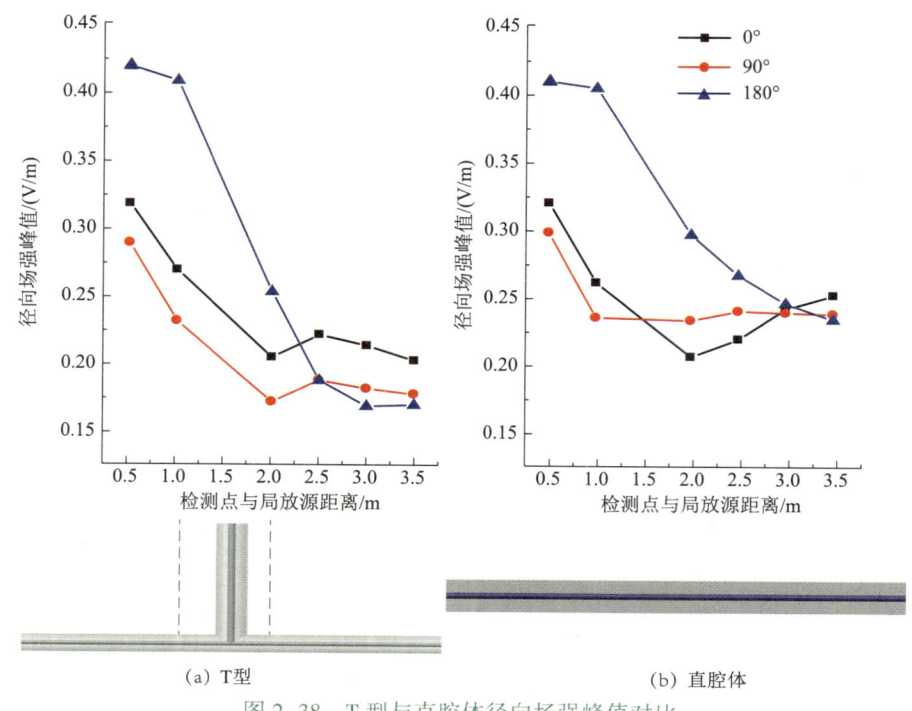

图 2-38　T 型与直腔体径向场强峰值对比

由图 2-38 可知，在 T 型结构前的各角度测点径向场强峰值相较于直腔体相应点基本无变化。经过 T 型结构后，90°和 180°测点径向场强峰值衰减明显，0°测点衰减不明显。T 型结构前后，UHF 电磁波场强峰值衰减可达 4dB。T 型与直腔体累积能量对比如图 2-39 所示。

由图 2-39 可知，由于 T 型结构对电磁波的反射，T 型结构前测点累积能量整体大于直腔体相应测点。经过 T 型结构后，各测点组能量均大幅下降，主要有以下两个原因：T 型结构对电磁波发生反射；一部分电磁波沿 T 型结构竖直腔体传播，经过计算该部分能量约为总能量的 40%。T 型结构前后，UHF 电磁波累计能量衰减可达 7dB。

频域分析方面，为深入理解 T 型结构对电磁波传播及分布的影响，选取 T 型仿真模型中 1m、2m 检测点组同直腔体相同检测点进行径向场强频谱对比。图 2-40 所示为 T 型结构中 0°方向 1m、2m 检测点频谱同直腔体相同点的对比。

由图 2-40 可知，相对于直腔体 1m 检测点，T 型结构 1m 检测点频谱中，TE_{11} 波的幅值（450MHz 频段）略有下降，但 TEM 及 TE_{21} 波的幅值（800MHz 频段）有所增大。经过 T 型结构后，TE_{11}（450MHz 频段）波和 TE_{21}（800MHz 频段）波均大幅衰减，相对于 T 型结构前，TE_{11}（450MHz 频段）和 TE_{21}（800MHz 频段）波分别衰减了 11dB、12dB。

从 0°、90°、180°三个角度分析经过 T 型结构后电磁波传播模式的衰减变化，如图 2-41 所示。由图 2-41 可知，经过 T 型结构后，各角度检测点上 TEM 波及高次模波均大幅衰减。其中，180°方向衰减最为明显，TE_{11}（450MHz 频段）波衰减了约 20dB，TE_{21}（800MHz 频

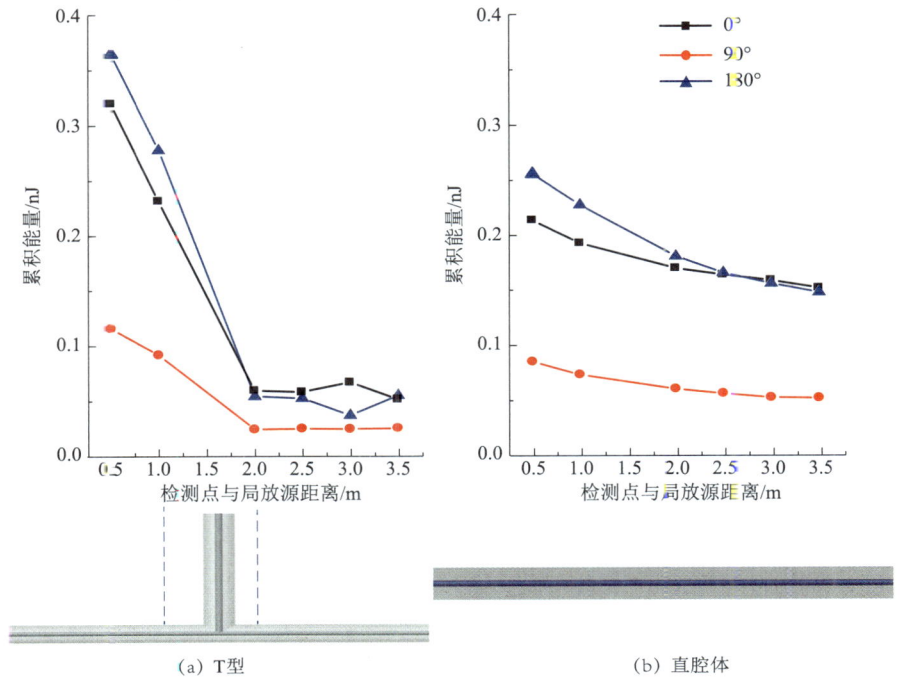

图 2-39 T型与直腔体累积能量对比

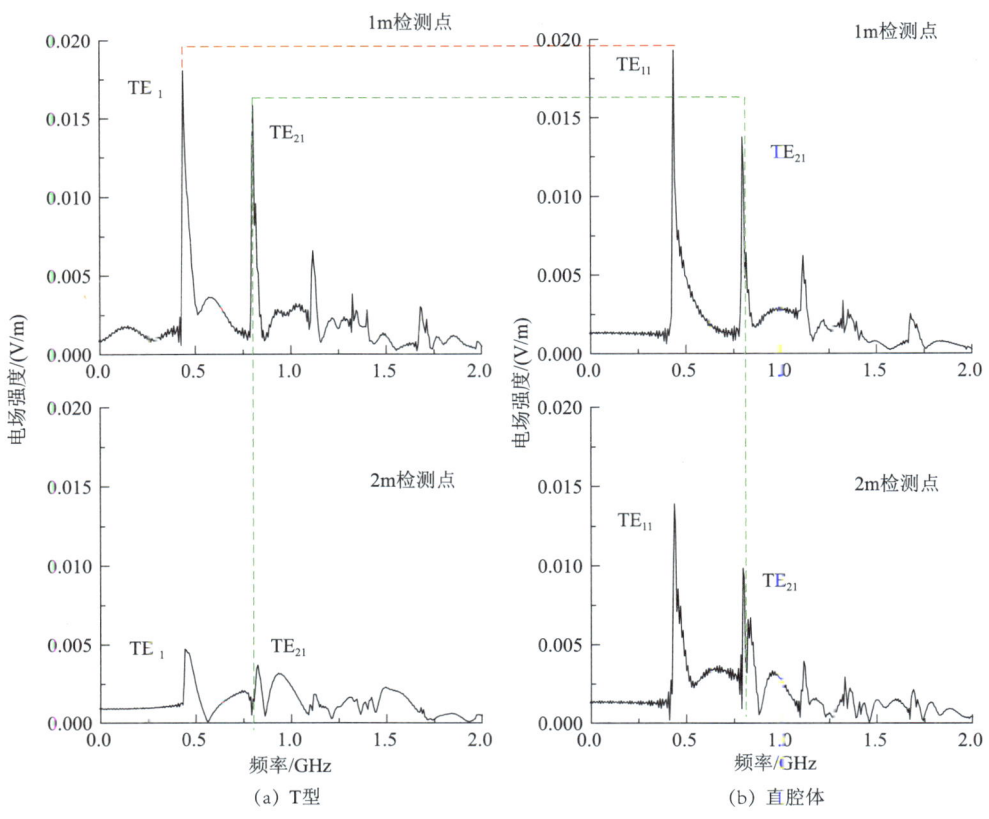

图 2-40 T型与直腔体 0°方向 1m、2m 测点径向场强频谱对比

段）波衰减了约8dB；90°方向TE_{21}（800MHz频段）波衰减了11dB。

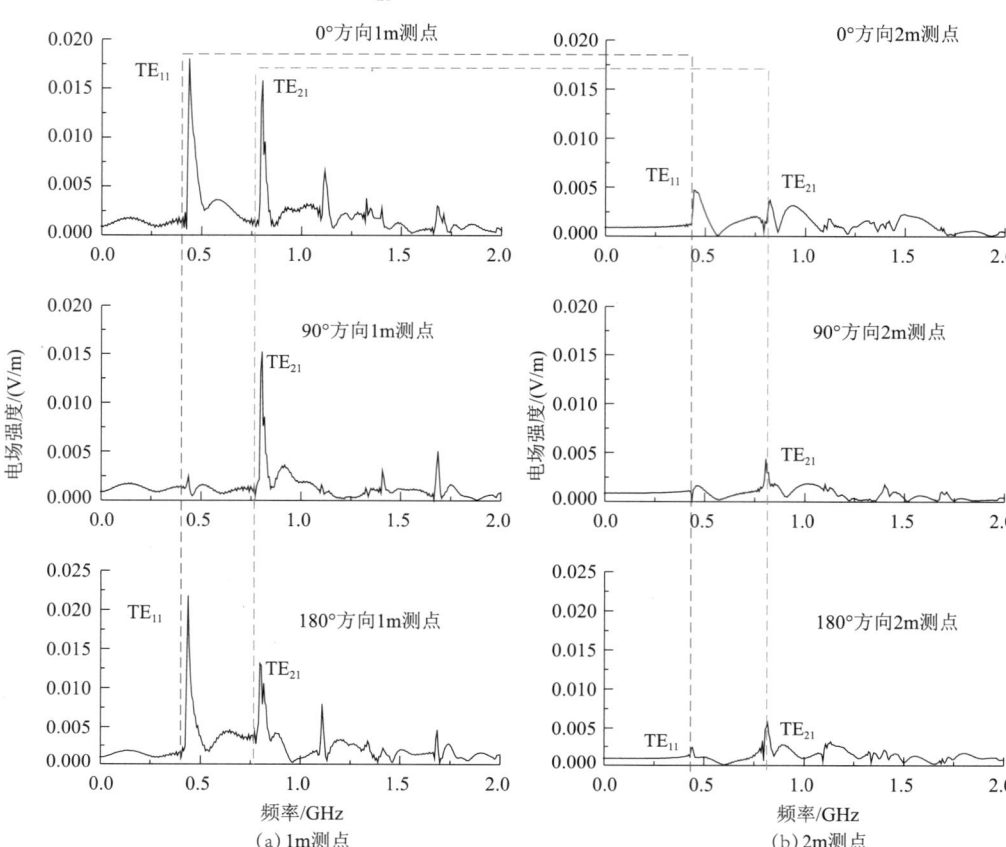

图2-41　T型腔体中0°、90°、180°三个角度上1m、2m测点径向电场强度频谱对比

2.2.2　GIS中UHF传感器研制

圆盘形天线由两块圆形金属板构成，通过耦合金属板边缘的电场并将其转换成为电压信号，从而实现对UHF电磁波的检测。金属板边缘的电场强度的大小直接决定着输出信号的大小。该场强取决于两个方面，一方面是到达此处的UHF电磁波强度，另一方面是法兰孔和圆盘形天线的直径。前者是由局部放电强度、位置和GIS结构决定的，本节重点研究后者，即天线和法兰孔直径对电场强度和输出电压的影响。

各GIS生产厂家提供的法兰孔的规格尺寸大不相同，本节主要对现有常见的法兰孔进行仿真分析和实验研究。通过对比仿真和实验的研究结果，确定仿真方法与模型的可行性，并针对特定法兰孔结构进行仿真和设计。

2.2.2.1　圆盘形天线灵敏度研究平台

以锥形腔体为研究平台进行仿真和测试，如图2-42所示。锥形腔体全长为2500mm，两端圆锥长500mm，中间圆柱腔体长1500mm；圆柱部分内直径400mm，中心导杆的直径为175mm。金属法兰孔位于锥形腔体的中间部位，其内径为200mm，伸出高度为82mm。

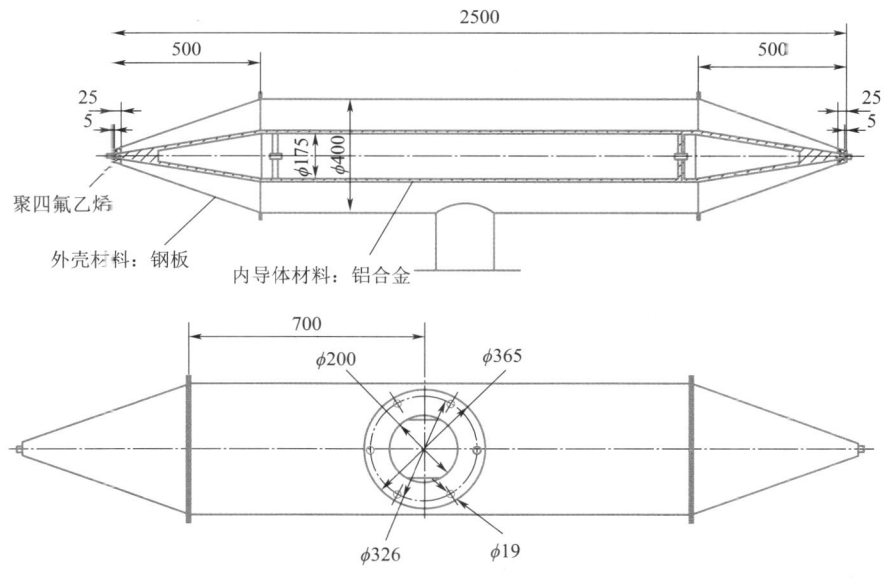

图 2-42 锥形腔体研究平台（单位：mm）

在圆盘形天线直径对检测灵敏度的影响研究中，设计并制作了三种规格尺寸的圆盘形天线，其结构示意图如图 2-43 所示，其高度（H）为 82mm，直径（D）分别为 90mm、135mm、180mm。

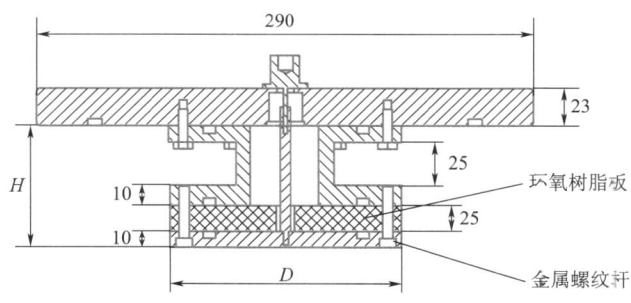

图 2-43 圆盘形天线结构示意图（单位：mm）

2.2.2.2 圆盘形天线接收性能仿真分析

按照 1:1 的尺寸比例建立锥形腔体及圆盘形天线仿真模型，如图 2-44 所示。在锥形腔体的左端设置辐射天线及脉冲电压源。辐射天线设置在中心导体上，采用长度为 6mm 的细长线，如图 2-45 所示。脉冲电压源并联设置在辐射天线两端，其等效电路如图 2-46 所示，电阻值为 50Ω，脉冲电压波形为高斯波，电压幅值为 100V，上升时间为 500ps，峰值时刻为 1.63ns，其波形如图 2-47 所示。

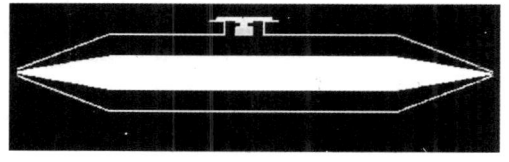

图 2-44 锥形腔体及圆盘形天线仿真模型

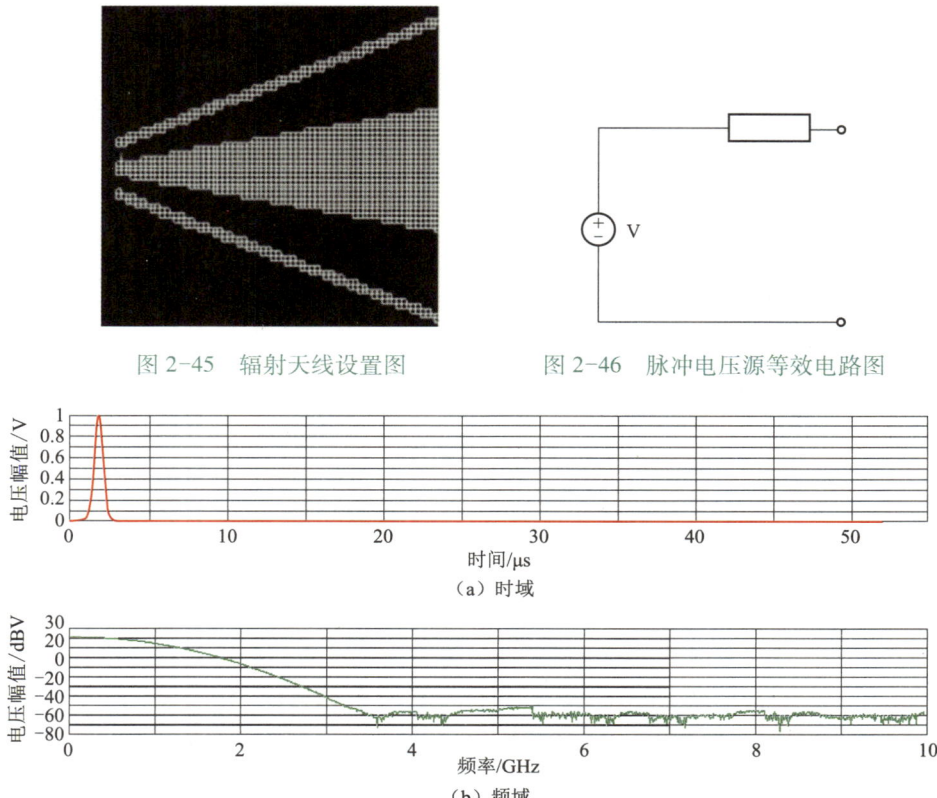

图 2-45　辐射天线设置图　　　　图 2-46　脉冲电压源等效电路图

（a）时域

（b）频域

图 2-47　脉冲电压波形

在绝缘介质板的一个侧面选取 7 个电场强度观测点，如图 2-48 所示。相邻两个观测点与圆心的两条连线的夹角为 30°。在这 7 个观测点处观测与圆板垂直方向的电场强度。在传感器中心导杆与接地体之间并联 50Ω 的电阻，观测电阻两端的输出电压，输出电压观测点如图 2-49 所示。

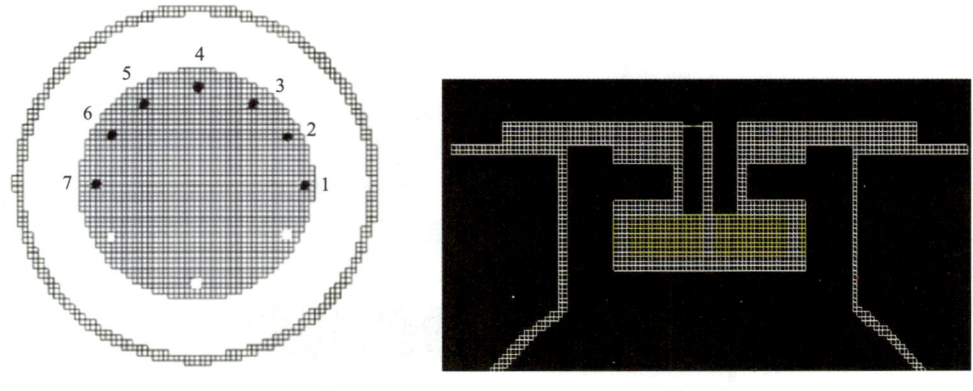

图 2-48　介质板周围电场强度观测点　　　图 2-49　输出电压观测点

在仿真中，网格尺寸设置为 3mm×3mm×3mm。

介质板侧面 7 个观测点的电场分布见表 2-3，电场强度变化的趋势如图 2-50 所示。可见沿同轴腔体长度方向的两个点（即 0°、180°处）的电场强度最强，90°方向的电场强度最弱。

表 2-3 介质板侧面 7 个观测点的电场分布

观测点		不同直径的天线侧面的电场强度/(V/m)		
编号	偏移角度/(°)	φ90mm	φ135mm	φ180mm
1	0	3.170	3.069	1.562
2	30	3.049	2.415	1.343
3	60	2.224	1.821	0.937
4	90	1.321	1.580	0.956
5	120	2.265	2.354	1.021
6	150	3.002	3.315	0.955
7	180	3.178	4.155	1.323

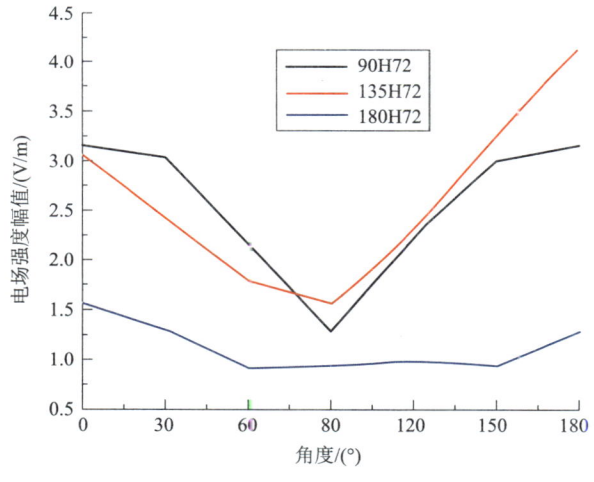

图 2-50 介质板侧面 7 个观测点的电场强度变化趋势

在图 2-50 中对比三种天线的电场强度发现，直径为 180mm 的天线侧面的电场强度明显小于其他天线，仅相当于其他天线的二分之一；直径为 90mm 的天线侧面的电场与 135mm 的天线接近，观测点所在角度为 0°~60°时，前者大于后者，观测点所在角度为 90°~180°时，后者大于前者。

如图 2-51 所示为各种天线在 0°观测点的电场强度频谱分布。由图 2-51 可知，90mm 天线的强度与 135mm 天线接近，两者明显优于 180mm 天线。各种天线都有几个谐振峰，但是峰值点对应的频率不同，其随着天线直径的增大而逐渐降低。

综上所述，当天线直径接近于 GIS 手孔直径时，其侧面电场强度将大大降低，这是由于两者之间的间隙太小，电磁波难以传播到此位置引起的。天线尺寸对于介质板侧面电场强度的频谱分布有明显的影响，直径越大，谐振频率越高。

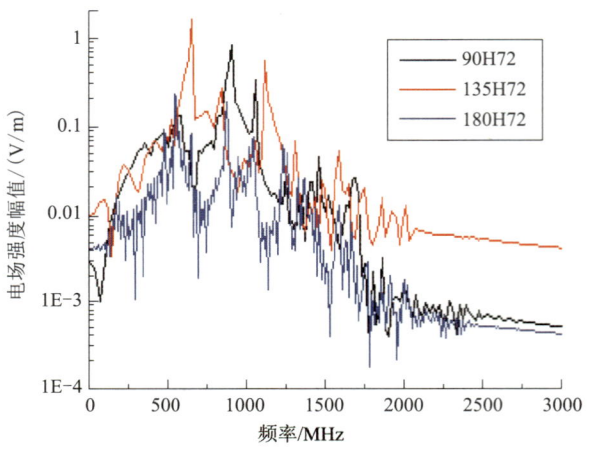

图 2-51 0°观测点的电场强度频谱分布

图 2-52 所示为三个圆盘形天线的输出电压波形。可见，直径为 90mm 的天线的输出电压幅值最高，180mm 天线输出电压幅值最低。这与上一小节得到的电场强度与天线直径的关系基本类似。略有不同的是，90mm 天线的输出电压幅值明显高于 135mm 天线，这可能是由于侧面不同点的电场强度的作用互相抵消造成的。

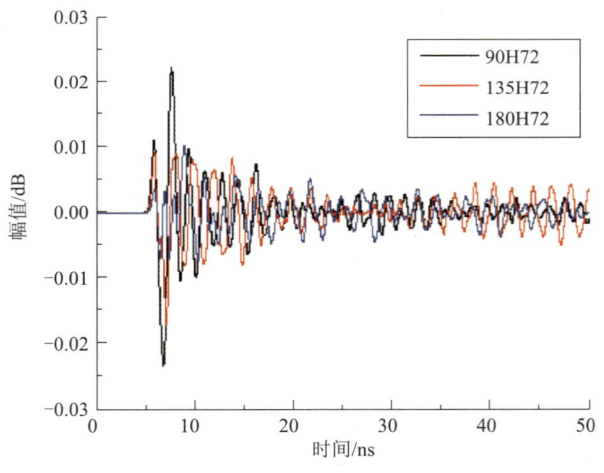

图 2-52 三个圆盘形天线的输出电压波形

图 2-53 所示为三个圆盘形天线输出电压的频谱分布。可见在 1GHz 以下的频率范围内，信号幅值随着天线直径的增大而逐渐降低。这与上一小节的电场分布的结果是不同的。

从以上分析可以看出，圆盘形天线的输出电压是由侧面各点的电场强度综合决定的。在对圆盘形天线的接收性能进行分析时，应着重分析其电压输出波形的变化情况。

2.2.2.3 圆盘形天线接收效果测试

圆盘形天线接收效果测试原理如下：利用脉冲信号源向锥形腔体内注入标定信号，在锥形腔体内建立脉冲电磁场。被测传感器置于锥形腔体法兰孔处。设 $E(t)$ 为锥形腔体内

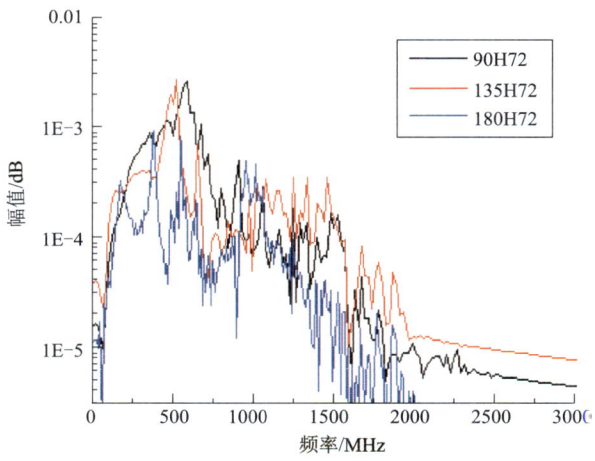

图 2-53　三个圆盘形天线输出电压的频谱分布

被测天线所在位置处的电场，$u(t)$ 为天线输出的电压信号。天线的作用是将入射电场转换为电压信号输出，根据入射电场和输出电压的关系，即可得到天线的传递函数 $H(f)$，见式（2-4），该参数反映了天线的接收能力的大小。

$$H(f)=\frac{U(f)}{E(f)} \tag{2-4}$$

式中：$U(f)$ 为输出电压 $u(t)$ 的 FFT 变换；$E(f)$ 为入射电场 $E(t)$ 的 FFT 变换。

由于电压的单位为 V，电场强度的单位为 V/mm，$H(f)$ 的量纲为 mm，故此也可称天线的传递函数为频域有效高度。对于同样的入射电场而言，天线输出信号的电平越高，表示其耦合能力越强，即有效高度越大。天线的频域有效高度是表征其性能的关键指标。

考虑到锥形腔体中的电场并非完全是均匀分布的，且任一点的电场也难以精确测量，使得直接依据式（2-4）来准确测量传感器频域有效高度尚且存在一定难度。为此本节提出了时域参考测量法以解决这一难题，其原理示意图如图 2-54 所示。

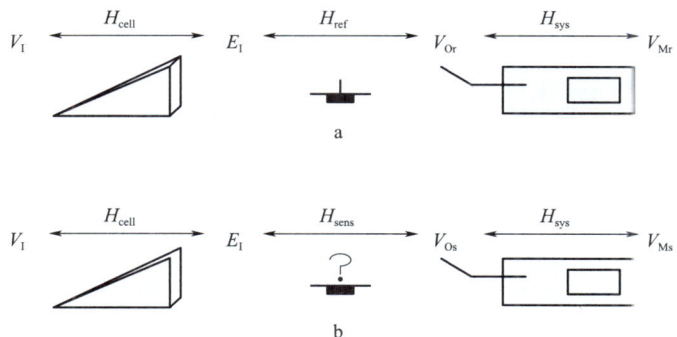

图 2-54　采用锥形腔体的时域参考测量法原理示意图

所谓时域参考测量法，即通过参考传感器特性来间接表示被测传感器特性的一种方法。具体步骤为：采用脉冲电压源向锥形腔体内注入信号 V_I，分别采用参考传感器和被测传感器测量锥形腔体内部产生的电场 E_I，产生的电压输出分别为 V_{Or} 和 V_{Os}。设锥形腔体的传递函数为 H_{cell}，单极标准探针传感器的传递函数为 H_{ref}，待测传感器的传递函数为 H_{sens}，测量系统的传递特性为 H_{sys}，则参考传感器和待测传感器的测量输出可分别表示为：

$$\begin{cases} V_{Mr} = V_I \cdot H_{cell} \cdot H_{ref} \cdot H_{sys} \\ V_{Ms} = V_I \cdot H_{cell} \cdot H_{sens} \cdot H_{sys} \end{cases} \quad (2-5)$$

将式（2-5）中的上下两式左右相除，可得到用参考传感器的传递函数来表示待测传感器传递函数的表达式：

$$H_{sens} = \frac{V_{Ms}}{V_{Mr}} H_{ref} \quad (2-6)$$

由式（2-6）可知，利用参考传感器的传递函数、参考传感器和被测传感器对于注入脉冲信号的电压响应，即可求得待测传感器的传递函数特性。参考法的好处在于不必知道锥形腔体的传输特性 H_{cell} 和测量系统的频响 H_{sys}，因为其对于所有测量的影响都是一样的，并且在取比值时被约掉了。

依据此方法的 UHF 天线灵敏度测试平台如图 2-55 所示。为了减小反射信号，避免其带来的复杂性，在锥形腔体的末端设置 50Ω 的匹配阻抗。脉冲信号源为双指数波形的电压源，其幅值在 0~100V 范围内可连续调节，其上升沿时间（幅值从最大的 10% 升高至 90% 所需的时间）为 0.94ns，波长为 20ns。

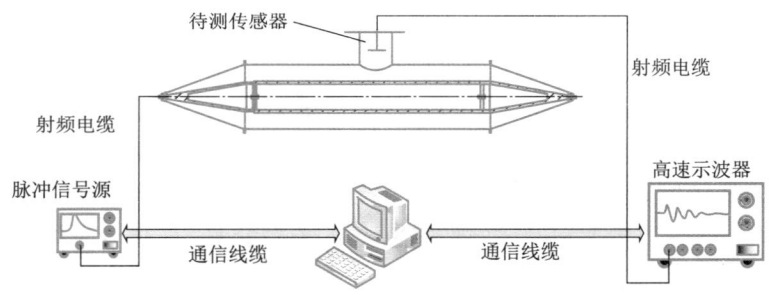

图 2-55　UHF 天线灵敏度测试平台

参考传感器的选择至关重要，要求其对被测电场影响小，且接收特性已知。这里选择短单极探针作为单极标准探针，其规格参数为：半径 $r=0.65$mm，高度 $h=25$mm，接地平板厚度 $d=2$mm，直径 $\phi=150$mm。示波器采用美国力科公司的 WaveMaster 8620A 高速数字示波器，其模拟带宽为 DC-6GHz，采样速率可达到 20GS/s。

直径分别为 90mm、135mm、180mm 的圆盘形天线在 300MHz~2GHz 频率范围内的平均有效高度分别为 7.92mm、6.79mm、4.64mm。可见天线灵敏度与直径成反比，这与仿真结果一致。

从图 2-56 所示的 UHF 天线有效高度测试结果来看，随着圆盘天线尺寸的增大，其谐振频率逐渐降低。在 300MHz~1GHz 频率范围内，90mm 圆盘形天线的有效高度值高于其他天线。此结果与仿真结果一致。

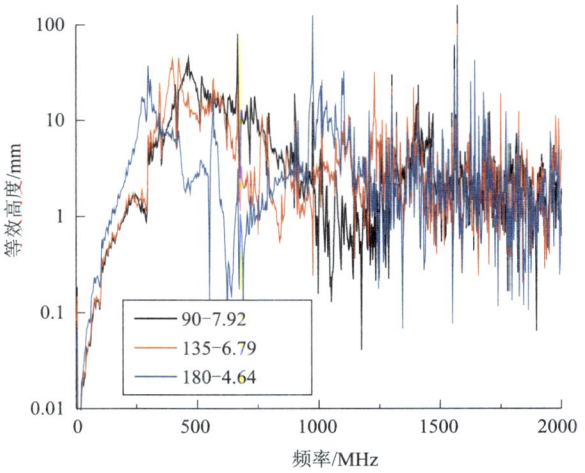

图 2-56 UHF 天线有效高度测试结果

由此可见，仿真结果与测试结果所反映的规律是一致的，证明了仿真分析方法的有效性。在天线的选取中，可以针对 GIS 及法兰孔的实际结构对天线性能进行仿真，根据仿真结果确定天线的最优规格尺寸。

2.2.3 GIS 中 UHF 传感器性能校验

基于时域宽带测量的现场校核方法，虽能有效模拟局放，实现对 UHF 传感器的现场校核，但其等效注入电压与注入脉冲源有关，且注入 UHF 信号衰减特性与局放 UHF 信号衰减特性相差较大。为排除注入源的影响，提出基于传递函数的局部放电 UHF 监测系统校核方法。

对于基于等效注入脉冲的现场校核方法，其测试示意图如图 2-57 所示。注入源输出一定幅值的脉冲波形 $V_i(t)$，通过传感器 C_1 向 GIS 腔内激发 UHF 信号，另一侧传感器 C_2 耦合经 GIS 腔体传播衰减后的 UHF 信号，输出电压信号 $V_o(t)$。用数学公式表示这一物理过程，见式（2-7）。

$$U_o(f) = U_i(f) \cdot H_1(f) \cdot H_G(f) \cdot H_2(f) \tag{2-7}$$

式中：$U_i(f)$ 为注入信号时域波形 $V_i(t)$ 的傅里叶变换；$U_o(f)$ 为检测传感器时域输出信号 $V_o(t)$ 的傅里叶变换；$H_1(f)$、$H_2(f)$、$H_G(f)$ 分别为注入传感器、检测传感器及注入传感器与检测传感器间 GIS 腔体的传递函数。

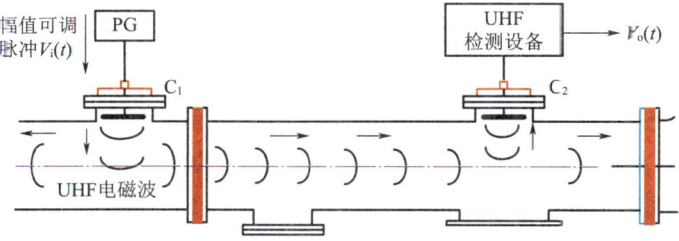

图 2-57 基于等效注入脉冲的现场校核方法测试示意图

实际工程中，注入和检测传感器的传递函数可通过基于 GTEM 小室的局部放电 UHF 传感器标定平台测得，而两传感器间 GIS 腔体的传递函数难以测量。

对式（2-7）进行变化后得式（2-8），其中，$H_S(f)$ 为待校核传感器间的传递函数。

$$H_S(f)=\frac{U_o(f)}{U_i(f)}=H_1(f)\cdot H_G(f)\cdot H_2(f) \tag{2-8}$$

由于 $H_G(f)$ 很难直接测量而得，故 $H_S(f)$ 很难直接通过 $H_1(f)$、$H_2(f)$、$H_G(f)$ 计算而得，只能利用传感器输出与注入脉冲计算而得。$H_1(f)$、$H_2(f)$、$H_G(f)$ 分别为传感器及 GIS 腔体固有特性，与其他因素无关，而通过间接方式计算的 $H_S(f)$ 是否一致有待进一步分析。

分析不同注入脉冲宽度下计算得到的两传感器间的传递函数，如图 2-58 所示。由图 2-58 可知：三种情况下计算出的两传感器间的传递函数 $H_S(f)$ 几乎一致。定量分析三种情况下计算的 $H_S(f)$ 差异，以注入脉冲宽度为 1ns 时计算得到的 $H_S(f)$ 为参考，计算另两种情况下与其归一化的相似度，计算结果表明脉冲宽度为 40ns 和 50ns 时的相似度分别为 95.6% 和 97.8%，即注入脉冲宽度对计算两传感器间的传递函数 $H_S(f)$ 没有影响。

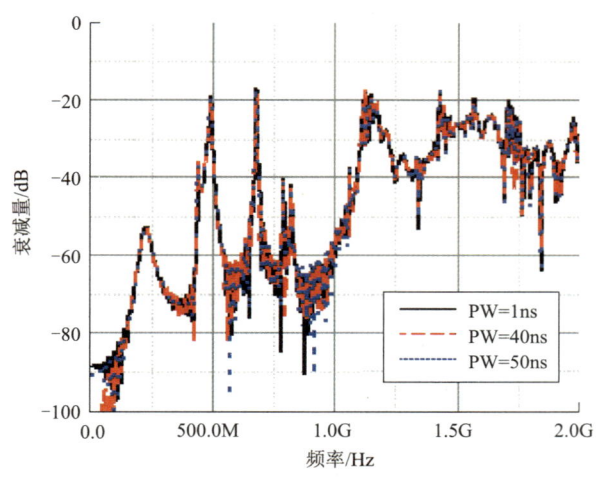

图 2-58　不同注入脉冲宽度下计算得到的两传感器间的传递函数

对于注入不同上升沿时间脉冲信号的情况，同样通过式（2-8）计算两传感器间的传递函数，计算结果如图 2-59 所示。

由图 2-59 可知：不同上升沿时间的注入脉冲计算的 $H_S(f)$ 结果不同；在 300MHz～2GHz 内，注入脉冲上升沿时间分别为 300ps 和 500ps 时，计算出来的传递函数几乎一致，相似度计算结果高达 97.2%；在 300MHz～1.2GHz 内，注入脉冲上升时间为 800ps 时计算得到的传递函数与上升沿时间为 300ps 和 500ps 时的几乎一致，与其相似度计算结果均高达 95% 以上；在 300～700MHz 内，注入脉冲上升时间为 1200ps 时计算出的传递函数与上升沿时间为 300ps、500ps、800ps 时的几乎一致，与其相似度计算结果均高达 96% 以上。因此，由于注入脉冲上升沿时间的限制，在不同注入上升沿时间的情况下，通过间接方式

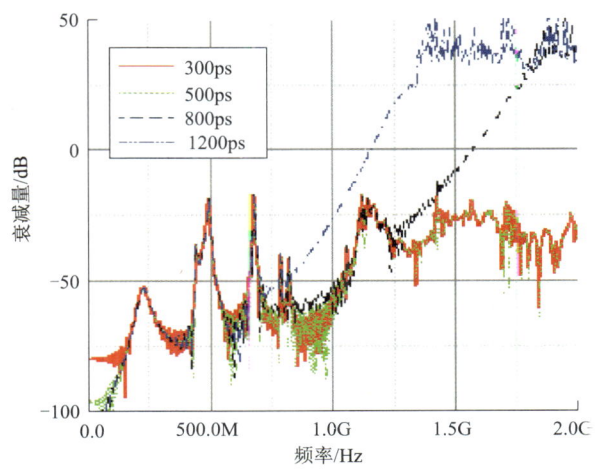

图 2-59 不同注入上升沿时间下计算得到的两传感器间的传递函数

计算出的 $H_s(f)$ 频谱分布范围不同，但在相同的频谱范围内，计算出的 $H_s(f)$ 几乎一致。

在 252kV GIS 真型平台上进行测试验证该方法的有效性，利用网络分析仪测试各传感器间的 S_{21} 参数。设备连接图如图 2-60 所示。

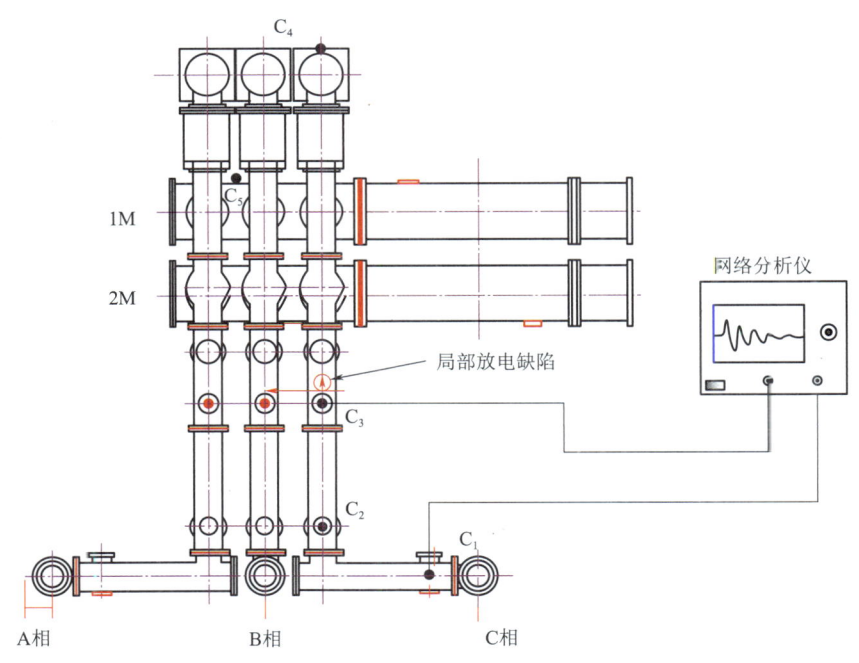

图 2-60 测量传感器间 S 参数的设备连接

网络分析仪为安捷伦 E5071C，工作频带为 9kHz~4.5GHz，测试中的输出功率为 0dBm，测试前应对网络分析仪进行校准。C_1、C_2、C_3、C_4、C_5 为内置传感器编号，内置式 UHF 传感器的实物及有效高度频响曲线如图 2-61 所示。检测局部放电时，示波器采集传感器 C_1、C_2 经 20dB 放大后的信号，采集传感器 C_4、C_5 经 40dB 放大后的信号。示波器采集局放信号的设备连接如图 2-62 所示。

（a）UHF传感器实物

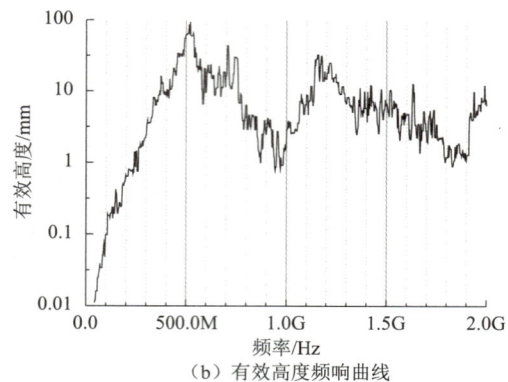
（b）有效高度频响曲线

图 2-61　内置式 UHF 传感器实物及有效高度频响曲线

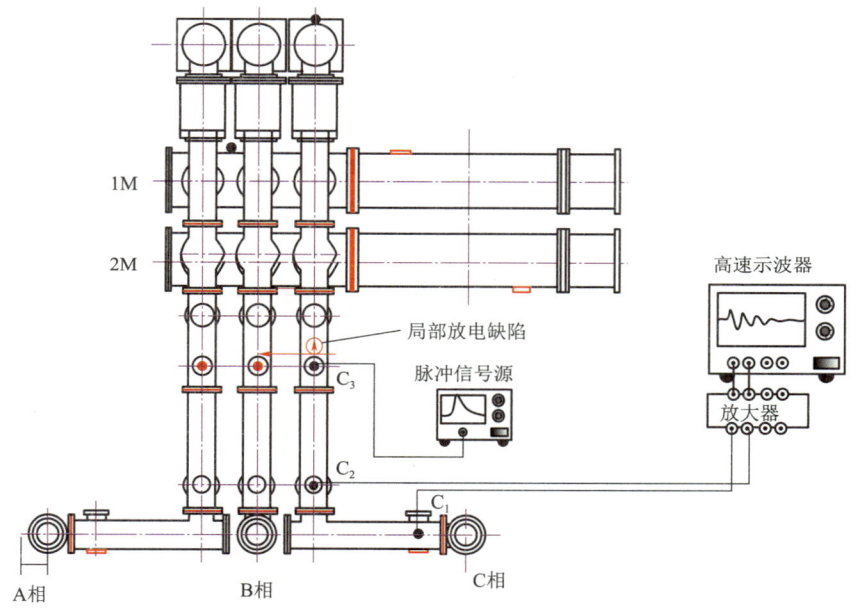

图 2-62　示波器采集局放信号的设备连接

采用上升时间为 400ps，脉冲宽度为 20ns 的注入脉冲，注入幅值为 5V，注入传感器为 C_3，通过式（2-8）计算注入方式下两传感器间的传递函数 S_{21}，将实测传递函数与网络分析仪测得的结果进行对比，如图 2-63 所示。由图可知，采用网分测试 C_{13}、C_{23}、C_{34} 间的 S_{21} 参量频谱与计算得到的传递函数频谱基本一致，在 300MHz～1.5GHz 内的归一化相似度计算结果均大于 80%，而 C_{53} 间的传递函数计算结果与测试结果差异较大，这是由于注入信号经 GIS 腔体后衰减较大，导致计算结果出现较大偏差。

在上述分析基础上研究 S_{21} 参量与不同缺陷局部放电 UHF 频谱的相似度，局部放电模型实物如图 2-64 所示，测试前对网络分析仪进行校准。

C_1C_3 间测得的 S_{21} 参量与 C_1 检测到的 5pC 缺陷放电 UHF 频谱曲线如图 2-65 所示，

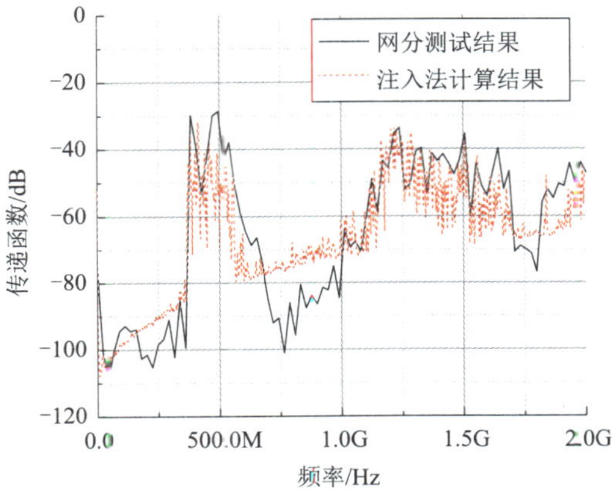

(a) C_{13}

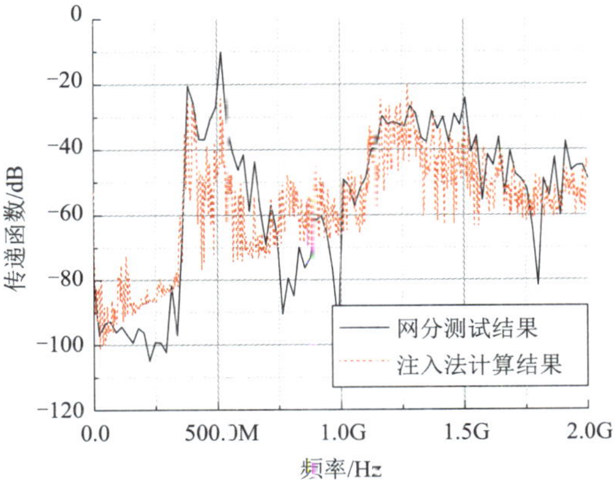

(b) C_2

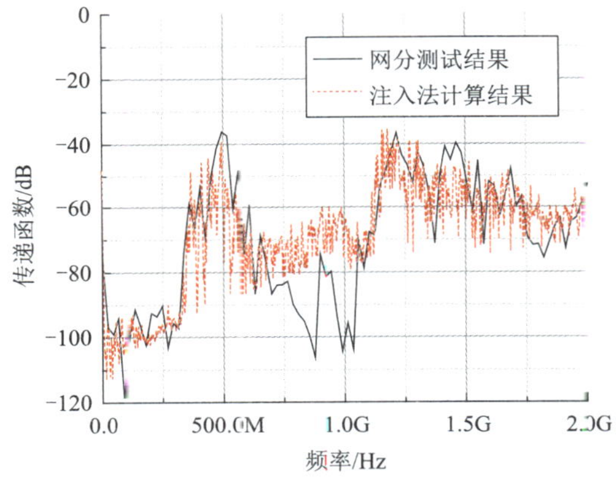

(c) C_{43}

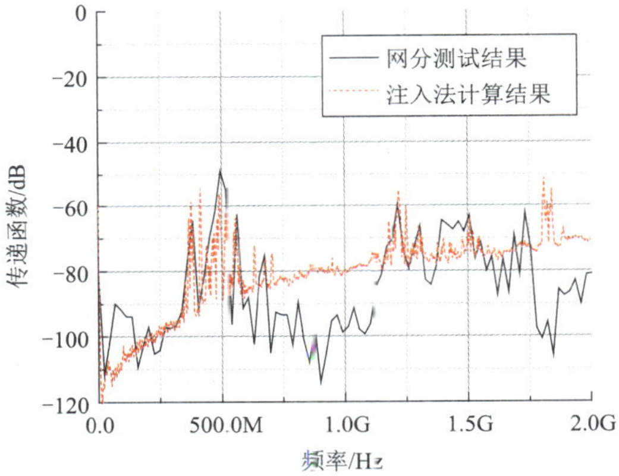

(d) C_{58}

图 2-63 网络分析仪测试的 S_{21} 参量与实测传递函数计算结果对比

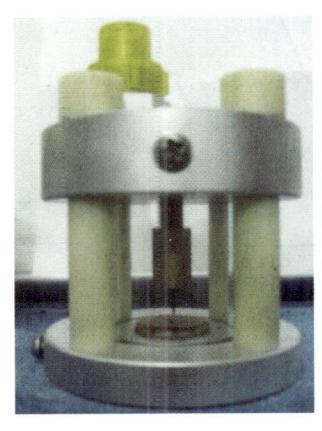

(a) 高压电极故障

(b) 沿面放电故障

(c) 气隙放电故障

图 2-64 局部放电模型实物

由图可知，在各缺陷频谱的有效频段内（金属尖端放电为 300MHz~2GHz，沿面放电为 300MHz~1.7GHz，气泡放电为 300~600MHz），网络分析仪测得的两传感器间的 S_{21} 参数在相同频段内的分布基本一致。计算 S_{21} 参数与各缺陷频谱有效频段内归一化的相似度，计算结果均高于 80%，即传感器间的 S_{21} 参数能有效反映局部放电 UHF 信号的频谱，可作为校核传感器性能的指标。

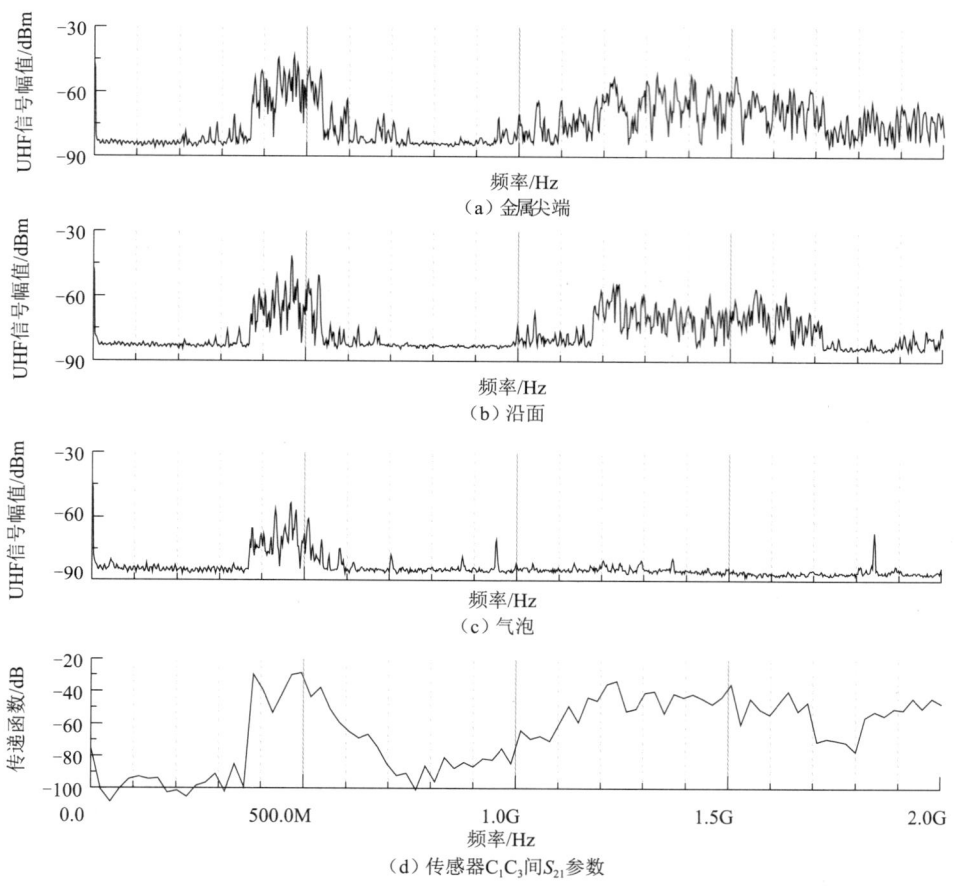

图 2-65　C_1C_3 传感器间的 S_{21} 参数与 C_1 测得的 5pC 缺陷放电 UHF 频谱曲线

下面研究 GIS 单元对检测到的缺陷放电 UHF 频谱以及对应结构传感器间的 S_{21} 参数的影响。此处以金属尖端 5pC 放电 UHF 频谱为例，分析 C_2、C_4、C_5 传感器检测到的金属尖端放电 UHF 频谱与 C_2C_3、C_4C_3、C_5C_3 间 S_{21} 参数对比，如图 2-66 所示。由图可知，局部放电 UHF 信号从传感器 C_4 处经断路器、电流互感器（CT）、隔离开关后进入母线到达传感器 C_5 时，1.1~2GHz 内的信号完全衰减；在不同检测位置传感器输出的局部放电 UHF 信号有效频谱内，检测位置传感器和放电位置传感器间的传递函数在相应范围的分布基本一致，即不同结构间传感器的传递函数能有效反映局部放电 UHF 信号经不同结构衰减后的频谱。

通过分析 S_{21} 参量可以判断一定放电量的局放 UHF 信号能否被检测到，从而实现对所安装传感器进行校核的目的，该方法即为基于 S 参量的局放 UHF 监测系统校核方法。

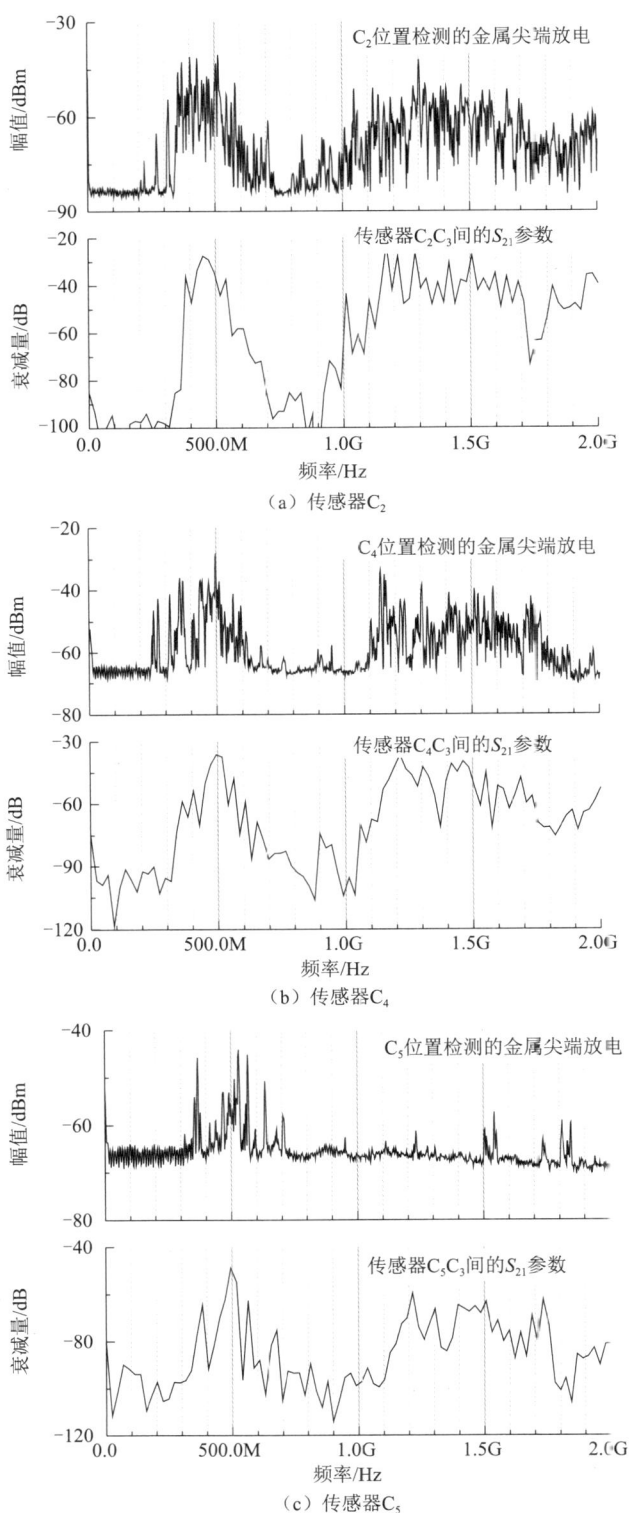

图 2-66 C_2、C_4、C_5 传感器检测到的金属尖端放电 UHF 频谱与 C_2C_3、C_4C_3、C_5C_3 间 S_{21} 参数对比

对于 UHF 传感器灵敏度时域宽带现场校核方法，国际大电网会议（International Council on Large Electric systems，CIGRE）工作组推荐的合格阈值是视在放电量 5pC。对于此阈值的确定方法，此处不再赘述。下面主要研究基于传递函数的 UHF 监测系统现场校核方法阈值的确定方法。

S_{21} 参量表征的是信号在微波系统中的损耗，即该系统对不同频点信号的衰减能力。两传感器间的衰减量（单位为 dB）的计算公式见式（2-9），即为 S_{21} 参量：

$$S = 20\log|S_{21}| = 20\log|H_1 \cdot H_G \cdot H_2| \tag{2-9}$$

式中：H_1 为传感器 C_1 的传递函数；H_2 为传感器 C_2 的传递函数；H_G 为传感器 C_1C_2 间 GIS 腔体的传递函数。

两传感器间在 300MHz~1.5GHz 内的平均衰减量 S_{av}（单位为 dB）的计算公式如下：

$$S_{av} = \frac{1}{N}\sum_{i}^{j} S_{21}(i) \tag{2-10}$$

式中：$S_{21}(i)$ 为第 i 个采样点的幅值；i 为 300MHz 对应的采样点；j 为 1.5GHz 对应的采样点；N 为 300MHz~1.5GHz 间的总采样点数，即等于 $j-i$。

采用式（2-9）计算出的衰减量不仅包含了传感器间 GIS 对 UHF 电磁波的衰减，还包含传感器 C_1、C_2 对 UHF 电磁波的衰减。实际检测到的 5pC 放电是经过从放电源至传感器的传播路径的衰减和经过一只传感器的衰减之后测得的信号，故可以用网分检测到的两传感器间在 300MHz~1.5GHz 内的平均衰减量 S_{av} 来表征传感器能否检测到两传感器间任意位置的缺陷放电。

当 C_3 位置处的金属尖端放电的视在放电量为 5pC 时，传感器 C_5 位置处的内置传感器检测到的 UHF 信号为 -67dBm（去除放大器作用后的结果，以下分析均去除放大器作用），网分测得的传感器 C_3C_5 间在 300MHz~1.5GHz 内的平均衰减量 S_{av} 为 -82dB，而对于一个灵敏度为 -70dBm 的检测系统，当两传感器间在 300MHz~1.5GHz 内的平均衰减量 S_{av} 不小于 -85dB 时，任一传感器仍能检测到两传感器间任意位置金属尖端 5pC 放电。而相同放电量下，气隙缺陷辐射的 UHF 信号幅值最低，自由金属颗粒辐射的 UHF 信号最强，而气隙 UHF 信号幅值比金属尖端低约 10dBm。所以，要使两传感器间能有效检测到 5pC 的各类缺陷放电，两传感器间在有效检测频带内的平均衰减量 S_{av} 应不小于 -75dB。

2.3　35kV 集电电缆中 HF 电流传播特征与传感器设计

现有集电电缆局部放电脉冲电流 Rogowski 线圈（罗氏线圈）测量频带从十几千赫兹至 30MHz 不等，能够超过 30MHz 的很少。由于测量频带的限制，局放信号中所蕴含的大量信息被丢失。无论是空心还是带磁芯 Rogowski 线圈对电气设备的局部放电进行检测时都要求具有较宽的频带和较好的方波响应，以尽可能采集到完整的局放信号，且采集到的信号畸变尽可能小。随着高速数据采集和处理技术的普及，以及局部放电诊断技术的发展，越来越需要测量更宽频带的局部放电脉冲电流信号，这就对 Rogowski 线圈的频带提出了更高的要求。本节首先从 35kV 集电电缆电流传播特性入手，分析了集电电缆中电流的传播规律，为传感器的研制奠定了研究基础。其次分析不同模型下 Rogowski 线圈的传输特性并进行了材料选择，提出了以锰锌作为磁芯、漆包线直径为 0.45mm、屏蔽壳内侧开缝的 HF 宽带传感器的研制方案，最后对宽频带 HF 传感器进行了性能校验。

2.3.1 35kV 集电电缆中电流传播特性

2.3.1.1 理想传输线模型下的传输特性

在线圈匝间容抗远大于线圈感抗、线圈电阻远小于线圈感抗的频率范围内，匝间电容和线圈电阻可以忽略不计，此时线圈分布参数模型简化成为理想的传输线模型。线圈的传播常数、线圈单位长度阻抗和波阻抗分别简化为：

$$\gamma = j\omega\sqrt{L'C'} \tag{2-11}$$

$$Z_s = j\omega L' \tag{2-12}$$

$$Z_0 = \sqrt{\frac{L'}{C'}} \tag{2-13}$$

系统的转移阻抗为：

$$Z_t = \frac{\dot{U}_5}{\dot{I}_2} = \frac{1}{\frac{L'}{M'}\left[\frac{1}{Z_m} + \frac{1}{Z_c} - j\frac{\cot(\omega\sqrt{LC})}{Z_0}\right]e^{\gamma_c l_c}} \tag{2-14}$$

式中：L 和 C 分别为线圈的总电感和总的对地电容。

若取消输出电缆，则式（2-14）进一步简化为：

$$Z_t = \frac{1}{\frac{L'}{M'}\left(\frac{1}{Z_m} - j\frac{\cot(\omega\sqrt{LC})}{Z_0}\right)} = \frac{M'}{L'} \times \frac{Z_m}{1 - j\frac{Z_m}{Z_0}\cot(\omega\sqrt{LC})} \tag{2-15}$$

鉴于式（2-15）中只有 $\cot(\omega\sqrt{LC})$ 随频率的变化而周期性变化，因此线圈的高频转移阻抗 Z_t 总体上不会随着频率的增大而增大或者减小，而是进行周期性变化，特别是当 $\cot(\omega\sqrt{LC})$ 周期性地达到 $\pm\infty$，Z_t 随之周期性地达到零值时。而 Z_t 的最大值如下：

$$Z_{t-max} = \frac{M'}{L'} \times Z_m = \frac{Z_m}{N} \tag{2-16}$$

式中：N 为线圈匝数。

由于在 2π 范围的大约 80% 区间上，$\cot(\omega\sqrt{LC})$ 的绝对值小于 10，因此当积分阻抗 Z_m 远小于线圈的波阻抗 Z_0 时，绝大部分区间上有：

$$\left\|\frac{Z_m}{Z_0}\cot(\omega\sqrt{LC})\right\| \ll 1 \tag{2-17}$$

因此，当积分阻抗 Z_m 远小于线圈的波阻抗 Z_0 时，在绝大多数区间上，由式（2-15）可得线圈的转移阻抗为：

$$Z_{t} \approx \frac{M'}{L'} \times Z_{m} = \frac{Z_{m}}{N} \qquad (2\text{-}18)$$

由此可见，线圈在高频保持恒定的转移阻抗，并不存在高频截止频率，这与集中参数的线圈模型的结论不同。

当积分阻抗 Z_m 接近或者大于线圈的波阻抗 Z_0 时，在 2π 范围的大部分区间上，Z_t 将明显反映出 $\cot(\omega\sqrt{LC})$ 随频率的变化。此时，积分电阻越大，转移阻抗随频率的变化曲线越不平坦。例如，当 $Z_m = Z_0$ 时，式（2-15）简化为：

$$Z_{t} = \frac{M'}{L'} \times \frac{Z_{m}}{1-j\cot(\omega\sqrt{LC})} = k \times \frac{\sin(\omega\sqrt{LC})}{\sin(\omega\sqrt{LC}) - j\cos(\omega\sqrt{LC})} \qquad (2\text{-}19)$$

式中，k 和 Z_t 的幅值为：

$$k = Z_m M'/L' \parallel Z_t \parallel = k \times \parallel \sin(\omega\sqrt{LC}) \parallel \qquad (2\text{-}20)$$

从式（2-20）可知，当 $Z_m = Z_0$ 时，线圈的幅频特性曲线近似为一个全波整流的正弦信号波形。

此外，由式（2-15）可知，当 $\cot(\omega\sqrt{LC}) = \pm\infty$ 时，Z_t 达到零值。该零值所对应的频率与积分电阻的大小无关。这种现象也不会因为积分电阻的变化而消失，是线圈的固有特性。$\cot(\omega\sqrt{LC}) = \pm\infty$ 的条件是：

$$\omega\sqrt{LC} = n\pi \quad (n=1,2,3\cdots) \qquad (2\text{-}21)$$

其中：

$$\sqrt{LC} = l_w \sqrt{L'C'} = \frac{l_w}{v} \qquad (2\text{-}22)$$

式中：v 是电磁波在线圈中的波速。

将式（2-22）代入式（2-21）可得：

$$l_w = \frac{n\pi v}{\omega} = \frac{n}{2} \times \frac{2\pi}{\omega} \times v = \frac{n}{2} \times f \times v = \frac{n}{2}\lambda \quad (n=1,2,3\cdots) \qquad (2\text{-}23)$$

式中：f 是电磁波的频率；λ 是电磁波的波长。

当线圈的周长是电磁波的半波长的整数倍的时候，线圈积分电阻上的输出电压等于零。

还可以从式（2-21）得到

$$2T_w = 2\frac{l_w}{v} = 2\sqrt{LC} = n \times \frac{2\pi}{\omega} = \frac{n}{f} = nT \quad (n=1,2,3\cdots) \qquad (2\text{-}24)$$

式中：T_w 为电磁波在线圈中的传播时间；T 为电磁波的周期。

可见，当电磁波在线圈中来回传播一次所需时间是电磁波的周期的整数倍时，线圈积分电阻上的输出电压达到零值。这可以理解为，在由首端短路、终端接积分电阻的线圈组成的传输线中，感应电动势一方面直接传向终端的积分电阻，另一方面传向首端，经过首端全反射（电压反射系数为-1）后传向积分电阻，当这两方面电磁波到达积分电阻的时间差正好等于感应电动势的周期的整数倍时，两者正好相互抵消，从而积分电阻上的电压为零。

2.3.1.2 考虑匝间电容时的传输特性

当线圈的绕线比较密集时，匝间电容将显著增大，其作用不容忽视。匝间电容将影响线圈的传播常数和波阻抗,因而对转移阻抗的零值频率也能产生影响。当匝间电容的容抗远大于线圈的感抗时,线圈的转移阻抗并无显著变化。但是,当匝间容抗接近感抗时,线圈的高频特性将发生巨大变化。首先,当两者相等时,产生并联谐振,线圈输出电压为零。但是由于实际中导线电阻的阻尼作用,线圈输出电压不会完全降到零点。其次,当容抗小于感抗时,线圈不再是传输线,而是阶梯电容网络。当匝间容抗远小于感抗时,忽略感抗,同时忽略线圈电阻,可得:

$$Z_s = \frac{1}{j\omega C'_{str}} \tag{2-25}$$

$$\gamma = \sqrt{C'/C'_{str}} \tag{2-26}$$

$$Z_0 = j\frac{1}{\omega\sqrt{C'C'_{str}}} \tag{2-27}$$

$$Z_t = \frac{-\omega^2 M'C'_{str}}{\left(\frac{1}{Z_m} + \frac{1}{Z_c} - k \times j\omega\sqrt{C'C'_{str}}\right) \times e^{\gamma_c l_c}} \tag{2-28}$$

其中:

$$k = \cosh(\gamma l_w)/\sinh(\gamma l_w) \tag{2-29}$$

由式(2-29)可知,当匝间容抗远小于感抗时,随着频率的增大,线圈的转移阻抗增大,并且最终变成线性增大。

2.3.2 35kV 集电电缆中 HF 传感器研制

2.3.2.1 骨架材料的选择

要使输出电压正比于被测电流,线圈就必须满足自积分条件,即 ωL 远大于 R_S+R。ω 比较小,要满足自积分条件,L 必须足够大;对于高频信号,ω 比较大,容易满足自积分条件,所以通常空心骨架就可以满足要求。因此,若采用空心线圈,由于其相对磁导率为 1,要使测量低频信号时满足自积分条件,就必须增大绕线的匝数,但这样的话线圈的灵敏度就会大大降低,而局放本身的信号就比较小,需加放大器对信号放大。一方面宽频带放大器制作较为困难,另一方面,放大器接入电路中引起的各种噪声对局放信号影响较大,因此,采用空心的线圈灵敏度达不到规模化风光储电站检测要求。在匝数不变,即保证有较大灵敏度的情况下,采用磁性材料的骨架可以增大 L,在测量低频信号时也能够满足自积分的条件,从而使电流传感器的下限频率降低,所以本节采用磁性材料作为骨架。

根据所测局放信号的要求以及接地线的尺寸,骨架选择了型号为 NXO-100 的镍锌铁氧体材料,其尺寸为 60mm×38mm×10mm。铁氧体及线圈实物如图 2-67 所示。镍锌铁氧体材料的初始磁导率为 100H/m,工作频率为 15MHz。以往研究中提

图 2-67 铁氧体及线圈实物

到，磁芯的工作频带在一定程度上决定了传感器的频带，所以要制作宽频带的电流传感器，必须选用宽频带的磁芯。但是，磁芯的工作频带对电流传感器的幅频特性影响不大，只要满足自积分条件即可，并不需要宽带的磁芯。试验中采用的是工作频率为 15MHz 的镍锌铁氧体磁芯和初始磁导率为 6000H/m、工作频率为 1.5MHz 的锰锌铁氧体磁芯。

2.3.2.2 线圈材料和直径的选择

制作线圈所用的绕线是一种具有绝缘层的导电金属，其作用是通过电流产生磁场，实现电能和磁能的相互转换。由于铜具有高的导热性和导电性、足够的机械强度、良好的耐腐蚀性，无低温脆性，便于焊接，所以试验中常采用铜漆包线。

绕线的直径直接影响线圈的内阻，在测量高频信号时线圈的趋肤电阻比直流电阻大得多。趋肤电阻的计算公式如下：

$$Z_{skin} \approx \frac{l_w}{2\sqrt{2}\pi r_w}\sqrt{\frac{\omega\mu}{\gamma}} \qquad (2-30)$$

式中：γ 为导线电阻率。

r_w 越大，即导线半径越大，趋肤电阻越小，因此，应选择绕线半径较大、电阻率低的导线来绕制线圈。但是较大的绕线会增加线圈匝间电容的影响，所以绕线半径也不能过大，在此采用的漆包线直径为 0.45mm。

2.3.2.3 屏蔽壳

电流传感器是通过电磁耦合感应信号的，为了减少外界干扰磁场的影响，必须采取屏蔽措施，在此采用铜制圆形屏蔽壳，厚度为 5mm。

屏蔽壳实物如图 2-68 所示，其外径为 84mm，内径为 21mm，高度为 30mm，满足接地线具体尺寸需求。在屏蔽壳的内侧开 1mm 的缝以切断环流，防止主磁通在屏蔽壳内产生环流（阻止主磁通进入测量线圈）。金属屏蔽盒上安装一个 BNC 接头，积分电阻上的电压信号经 BNC 接头输出。

图 2-68　屏蔽壳实物

2.3.3　35kV 集电电缆中 HF 传感器性能校验

试验中输入信号由信号发生器（Agilent 33250A，80MHz）产生，该信号发生器可以输出频率为 80MHz 以下的正弦波等信号。试验中使用该信号发生器输出频率可调的正弦波信号。输出信号通过示波器（TektronixTPS2014，100MHz）采集。

由于高频电缆线对高频信号的衰减比较小，而且其屏蔽层具有对高频电场和高频磁场的屏蔽作用，既可减少外来信号的干扰，又可减小电缆中高频电流对外界的干扰，所以输入输出信号均采用波阻抗为 50Ω 的双屏蔽高频电缆线。

在测试中，还应该减小输入电缆的长度，以减小输入电缆导致的一次侧电流的变化。Rogowski 线圈校验测试接线示意图和 Rogowski 线圈响应特性测试实物图如图 2-69 和图 2-70 所示。在屏蔽壳的两侧安装 BNC 头，并用电缆芯线将其连接，其中一侧的 BNC 头接信号发生器，另一侧接 50Ω 负载电阻，这样电缆芯线、线圈的屏蔽壳和负载电阻构成电流回路，即产生一次侧电流。这种情况下一次侧的输入电缆做到了尽量小，排除了输入电流带来的影响。输出采用高频电缆线，终端接 50Ω 电缆专用电阻以和电缆的波阻抗相匹配。

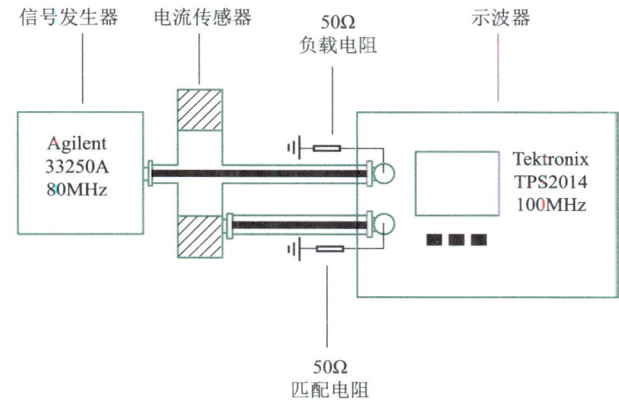

图 2-69 Rogowski 线圈校验测试接线示意图

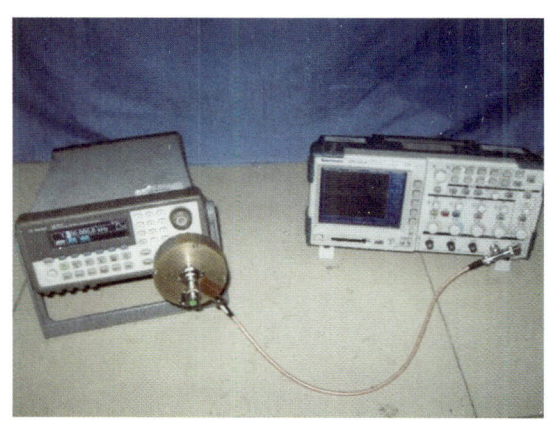

图 2-70 Rogowski 线圈响应特性测试实物图

调节信号发生器的输出信号的频率，通过测 50Ω 负载电阻上的电压可以得到一次侧的输入电流，通过测量积分电阻上的电压可以得到输出电压。根据获取的数据绘制成曲线，从而得到电流传感器的幅频特性曲线。

2.3.3.1 Rogowski 线圈高频特性的正弦波试验验证

当线圈匝数 $N=60$，对地距离 $H=7\mathrm{mm}$，磁芯的初始磁导率 $\mu=100\mathrm{H/m}$，输出电缆长度为 50cm 时，输出电缆终端匹配和不匹配情况下线圈转移阻抗幅频特性的测量结果如图 2-71 所示。

从图 2-71 所示的测量结果中可以看出，在输出电缆为 0.5m 时，输出电缆终端匹配和不匹配情况下线圈转移阻抗幅频特性曲线在高频时出现零点的频率是一致的。输出电缆终端不匹配情况下线圈的转移阻抗是匹配情况下的两倍，这是由于输出电缆终端匹配时，线圈的积分电阻由原来的 50Ω 变为 25Ω，从而导致输出信号减半。同时，输出电缆终端不匹配时，线圈转移阻抗幅频特性曲线在高频会出现振荡。

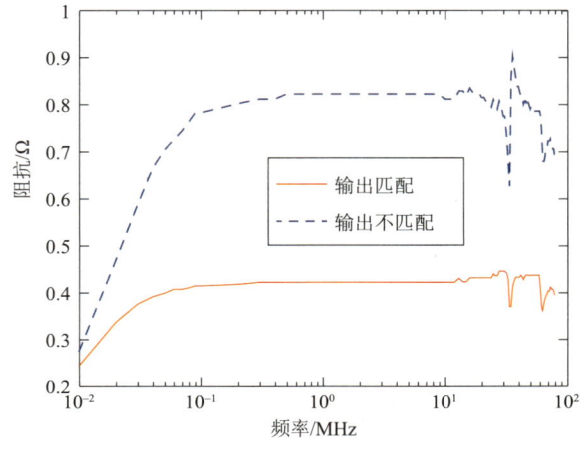

图 2-71　输出电缆终端匹配和不匹配情况下线圈转移阻抗幅频特性测量结果

当线圈匝数 $N=60$，对地距离 $H=7\mathrm{mm}$，磁芯的初始磁导率 $\mu=100\mathrm{H/m}$，输出电缆终端匹配且长度分别为 0m、0.2m 和 0.5m 时，不同输出电缆长度的线圈转移阻抗幅频特性的测量结果如图 2-72 所示。

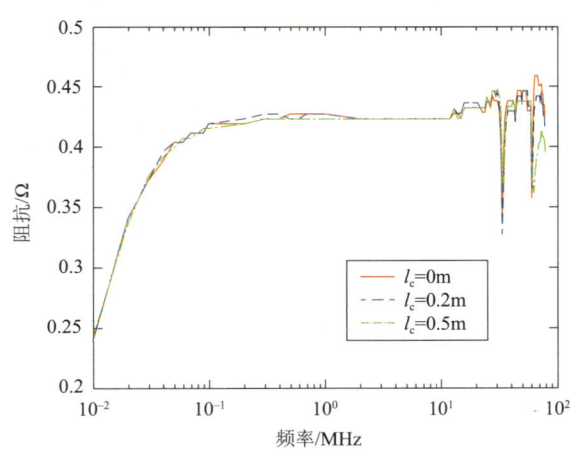

图 2-72　不同输出电缆长度的线圈转移阻抗幅频特性测量结果

从图 2-72 所示的测量结果中可以看出，当输出电缆终端匹配时，线圈的幅频特性曲线不受输出电缆长度的影响。线圈的灵敏度和低频截止频率与仿真中相同，线圈转移阻抗幅频特性曲线在高频时出现和仿真中相似的极小值（在仿真中，该极小值应该达到零，而在实际中由于扫频间隔以及实际元件有损耗等问题，使得所测到的线圈转移阻抗幅频特性曲线的极小值未达到零值）。

由于输出电缆终端匹配时采用 0.5m 并不影响线圈自身的幅频特性，为了试验中接线的方便，后续的试验输出电缆均采用 0.5m。

当线圈对地距离 $H=7$mm，磁芯的初始磁导率 $\mu=100$H/m，输出电缆长度为 50cm 且终端匹配时，匝数分别为 20、40 和 60 时线圈转移阻抗幅频特性的测量结果如图 2-73 所示。

从图 2-73 所示的测量结果中可以看出，当线圈的匝数分别为 20、40 和 60 时，其转移阻抗在高频时出现了极小值。匝数为 20 匝时，80MHz 以内未出现极小值；匝数为 40 匝时，80MHz 以内出现一个极小值；而匝数为 60 匝时，80MHz 以内出现两个极小值。当线圈的匝数增大时，其幅频特性曲线出现极小值的频率减小，和仿真中匝数越大零值频率越小的规律一致。

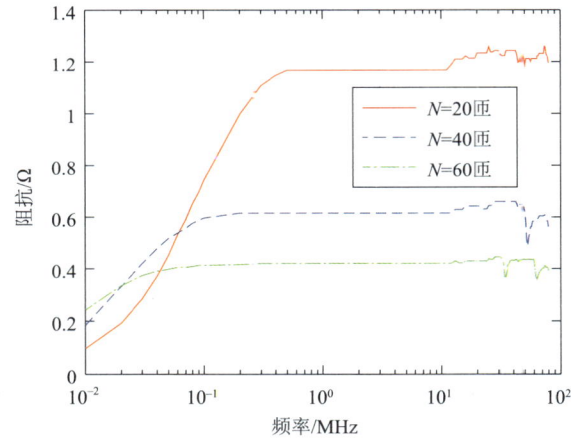

图 2-73 不同匝数时的线圈转移阻抗幅频特性测量结果

当线圈匝数 $N=60$，线圈对地距离 $H=7$mm，磁芯的初始磁导率 $\mu=100$H/m，输出电缆长度为 50cm，线圈对地距离分别为 7mm 和 1mm 时，不同对地电容时线圈转移阻抗幅频特性的测量结果如图 2-74 所示。

从图 2-74 所示的测量结果中可以看出，当对地距离增大时，线圈的转移阻抗的大小和线圈的低频截止频率没有变化，但是线圈幅频特性曲线出现极小值的频率降低。

当线圈匝数 $N=60$，线圈对地距离 $H=7$mm，磁芯的初始磁导率 $\mu=100$H/m，输出电缆长度为 50cm 时，因为 50Ω 电缆专用匹配电阻的电感相对普通的金属膜电阻小一些，所以分别采用两种电阻对比来观察积分电阻残余电感带来的影响，不同积分电阻电感线圈转移阻抗幅频特性的测量结果如图 2-75 所示。

从测量结果中可以看出，采用普通的金属膜电阻和 50Ω 电缆接头专用匹配电阻作为积分电阻时的线圈转移阻抗幅频特性曲线基本一致，在高频段没有出现明显的升高，分析其

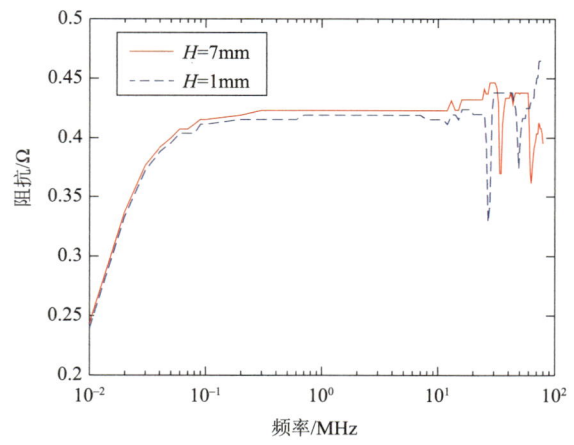

图 2-74　不同对地电容时线圈转移阻抗幅频特性测量结果

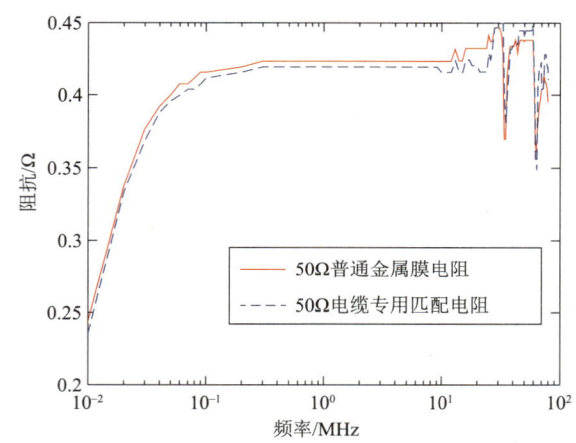

图 2-75　不同积分电阻电感线圈转移阻抗幅频特性测量结果

原因是普通金属膜电阻和 50Ω 电缆专用匹配电阻的电感很小，在测量频率范围 80MHz 内还没有起到明显的作用。所以，在测量 80MHz 以内的信号时，采用普通的金属膜电阻作为积分电阻基本可满足要求。但这两条曲线仍然存在微小的差异：使用 50Ω 的金属膜电阻，幅频曲线从大约 10.5MHz 起开始增大，直到 60MHz，在此区间转移阻抗大于 1MHz 时的幅值；而使用 50Ω 电缆专用匹配电阻，幅频曲线从大约 20MHz 起开始增大，直到 60MHz，在此区间转移阻抗大于 1MHz 时的幅值。由此可见，积分电阻的残余电感的确使得高频转移阻抗随频率升高而增大，并且金属膜电阻的电感要大一些。

前文所述内容采用的骨架均是 NXO-100 的镍锌铁氧体材料，工作频率为 15MHz，仿真和试验均表明磁芯的工作频带对电流传感器的转移阻抗幅频特性影响不大，只要满足自积分条件即可，并不需要宽带的磁芯。所以考虑采用工作频率更低的磁芯，因其磁导率更大，线圈的低频特性明显变好。在此采用型号为 R6K 的锰锌铁氧体磁芯，磁芯的初始磁导率 $\mu=6000H/m$，工作频率为 0.1MHz，尺寸为 31mm×20mm×15mm。将二者的幅频特性进行对比分析。

当线圈匝数 N 为 20 匝和 40 匝、对地距离 H=7mm、输出电缆长度为 50cm 且终端匹配时，镍锌和锰锌材料的转移阻抗幅频特性曲线如图 2-76 所示。

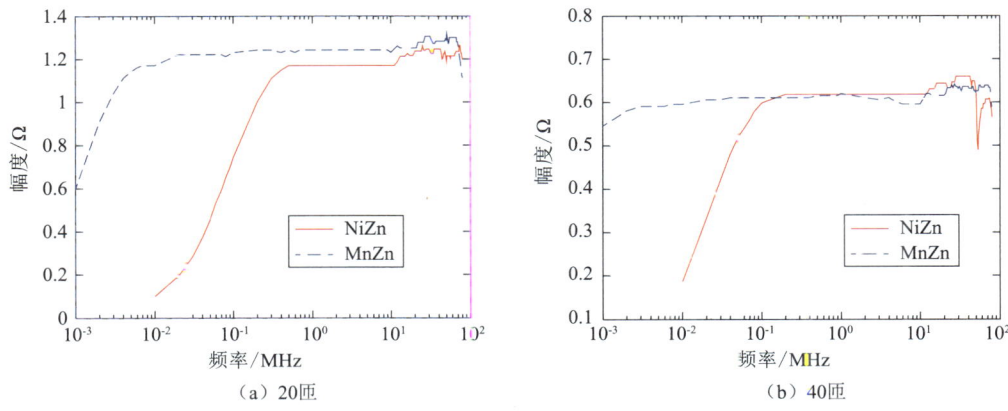

(a) 20匝　　　　　　　　　　　(b) 40匝

图 2-76　不同磁导率线圈转移阻抗幅频特性曲线

从图 2-76 所示的测量结果中可以看出，在 80MHz 范围内镍锌和锰锌线圈的高频特性都较好，比较一致，这进一步说明了磁芯的磁导率和工作频率并不影响线圈的高频特性。但是在相同匝数下，锰锌线圈的低频特性比镍锌线圈好得多，分析其原因是锰锌材料的磁导率很大使得低频时线圈的电感很大，线圈在低频时更容易满足自积分条件。所以，制作高频宽带传感器，锰锌磁芯是更好的选择。

2.3.3.2　Rogowski 线圈高频特性的方波试验验证

图 2-77～图 2-79 分别给出了几种线圈的方波下降沿。图中蓝色曲线（位于图片上部）为方波发生器输出的电压波形，红色曲线（位于图片下部）为线圈输出的电压波形。测试分析的几种线圈包括：锰锌磁芯 40 匝线圈、镍锌磁芯 20 匝线圈、镍锌磁芯 60 匝线圈。根据测量结果，线圈输出电压的下降沿普遍在 1～1.23ns（来自示波器读数）之间，说明这些线圈的高频至少达到 285MHz（图 2-77 测量线圈输出方波的下降沿约为 0.8ns，所对应的频率为 350/0.8=437.5MHz）。更为重要的是，上述测量结果表明磁芯和匝数对线圈的高频性能不会产生影响。

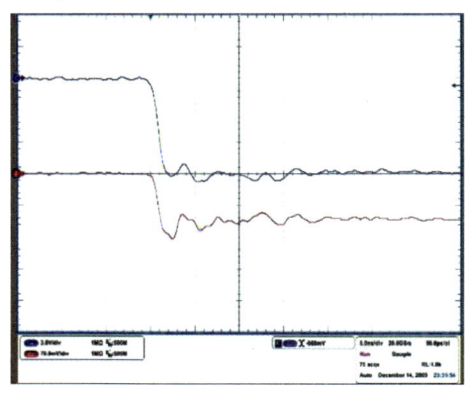

图 2-77　锰锌磁芯 40 匝线圈方波下降沿

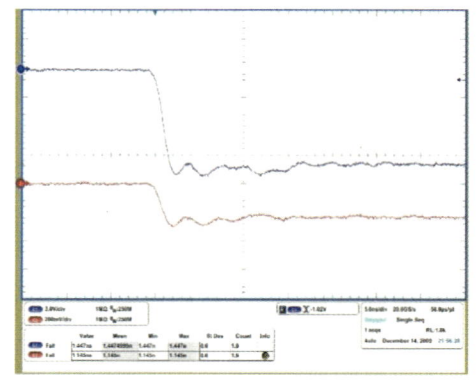 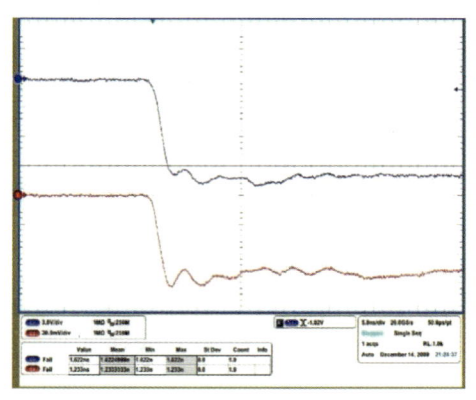

图 2-78　镍锌磁芯 20 匝线圈方波下降沿　　　图 2-79　镍锌磁芯 60 匝线圈方波下降沿

图 2-80 给出了镍锌磁芯 20 匝线圈和镍锌磁芯 60 匝线圈的方波响应全波。利用图中数据可以计算波形的频谱，从而推导出线圈在 80MHz 以上的幅频特性。因为由上升沿估算的原始信号的最高频谱仅达到 300MHz 左右，而且高频分量非常微弱，因此由方波获得的线圈的高频特性在 100MHz 以上存在较大误差。

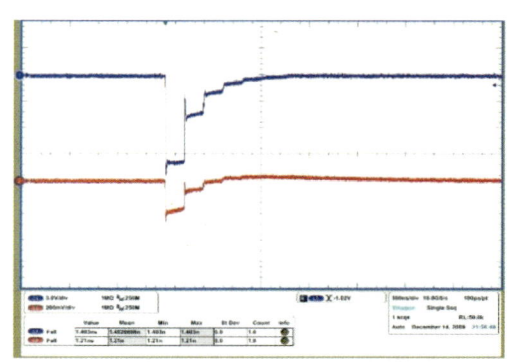 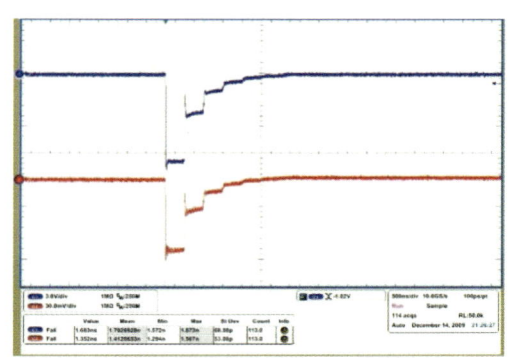

(a) 镍锌磁芯20匝线圈　　　　　　　　　(b) 镍锌磁芯60匝线圈

图 2-80　线圈的方波响应全波

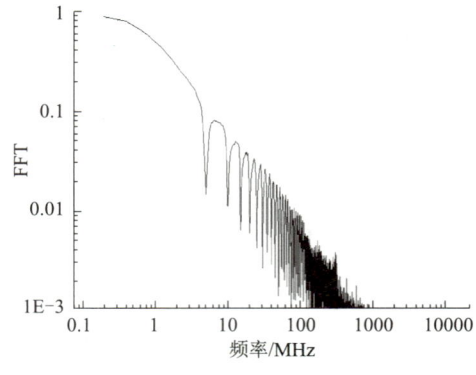

图 2-81　被测方波频谱

根据信号与系统基本理论，被测方波频谱（见图 2-81）经过传感器时与传感器的脉冲响应相卷积，而函数的时域卷积等于频域相乘，因此，传感器的脉冲响应的傅里叶变换等于输出信号的傅里叶变换除以被测信号的傅里叶变换。而脉冲响应的傅里叶变换就是传感器的频谱。按照上述方法获取线圈的幅频特性，如图 2-82 所示。

将图 2-82 与图 2-75 对比，可知时域波形傅里叶变换分析与扫频测量这两种方法得到的线圈幅频特性均在 20~60MHz 区间内显现了上升趋势,是积分电阻的残余电感的体现。而且对于镍锌磁芯 60 匝线圈,曲线分别在 30MHz 和 60MHz 的位置出现下陷,与图 2-82 中的下陷位置相一致,这说明了这种获取幅频特性的方法具有一定的有效性。

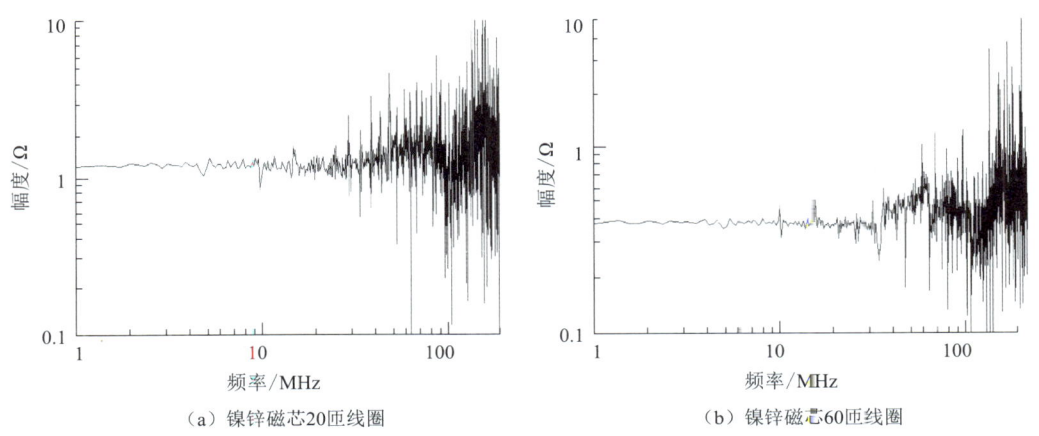

图 2-82 线圈的幅频特性

上述研究表明,磁芯磁导率和线圈匝数对线圈的高频特性几乎没有影响,而对低频特性有显著影响。对比锰锌磁芯 40 匝线圈和镍锌磁芯 60 匝线圈在输出电缆 1m 并且终端匹配的情况下的方波输出波形,得出了同样的结论。图 2-83 给出了锰锌磁芯 40 匝线圈的输出波形全波;图 2-84(a)(b)分别给出了锰锌磁芯 40 匝、镍锌磁芯 60 匝线圈输出波形的细节。由图可知这两种线圈高频性能相近,均能很好地反映原始波形。锰锌磁芯 40 匝、镍锌磁芯 60 匝线圈的幅频特性曲线的形状也很相似,线圈的幅频特性曲线如图 2-85 所示。但是,从幅频特性曲线可知,锰锌磁芯 40 匝线圈的转移阻抗较大,因而灵敏度较高,优于镍锌磁芯 60 匝线圈。后者的输出波形中还存在振荡,可能与匝间电容有关,而前者的输出波形与原始波形完全一致,说明该线圈针对这种方波具有足够的带宽。因此,制作高频宽带传感器,低频磁芯是更好的选择。

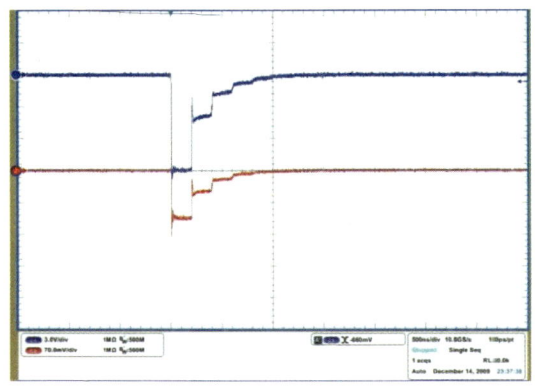

图 2-83 锰锌磁芯 40 匝线圈输出方波整体波形

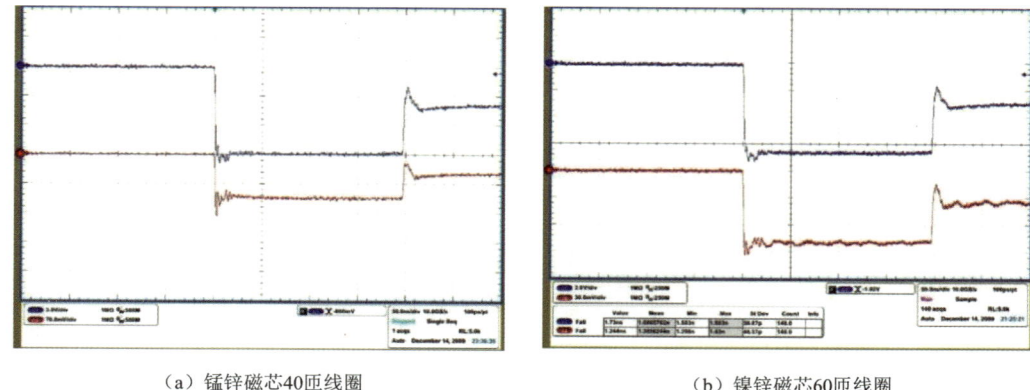

(a) 锰锌磁芯40匝线圈　　　　　　　(b) 镍锌磁芯60匝线圈

图 2-84　线圈输出方波局部波形

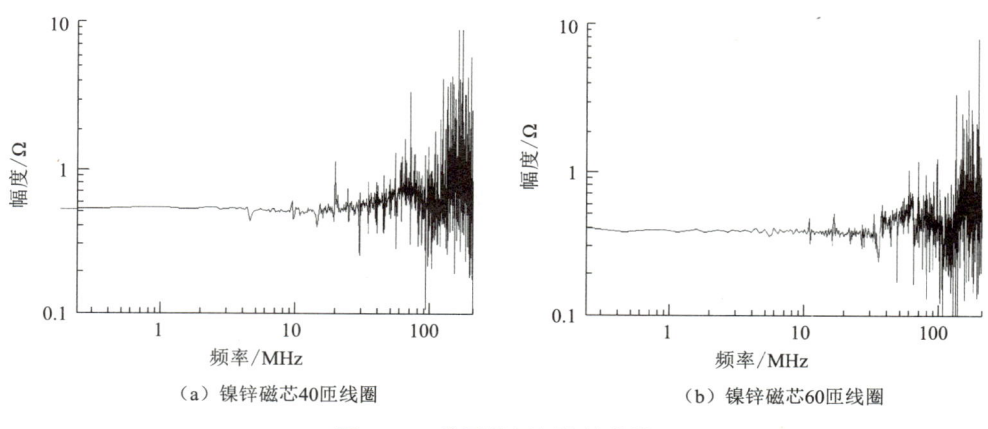

(a) 镍锌磁芯40匝线圈　　　　　　　(b) 镍锌磁芯60匝线圈

图 2-85　线圈的幅频特性曲线

2.4　35kV 开关柜中 HF 电流传播特征与传感器设计

现有 35kV 开关柜中 HF 传感器灵敏度不足,无法满足规模化风光储电站开关柜检测需求。本节首先从 35kV 开关柜电流传播特性入手,分析了单个开关柜不同放电类型、不同放电位置以及多个开关柜间高频脉冲电流信号的传播特性;其次设计了一种适用于高压开关柜的三相带电检测耦合阻抗装置和高灵敏度耦合电路,最终基于耦合电路进行了传感器性能校验。

2.4.1　35kV 开关柜中电流传播特性

2.4.1.1　单个开关柜不同放电类型的传播特性

对不同脉冲信号在单个高压开关柜内相同位置的传播进行研究。在高压开关柜内相同位置处放置四种不同类型的典型缺陷,加压使其放电后,并联电容进行测量,研究所测量的脉冲电流信号特征。

在实验室对高压开关柜进行局部放电试验,试验接线如图 2-86 所示。测量时,在电容后串联 50Ω 的电阻,用来检测信号,每种缺陷类型采集 100 组数据,求平均后得到测量结果。测量结果的幅频曲线如图 2-87 所示。

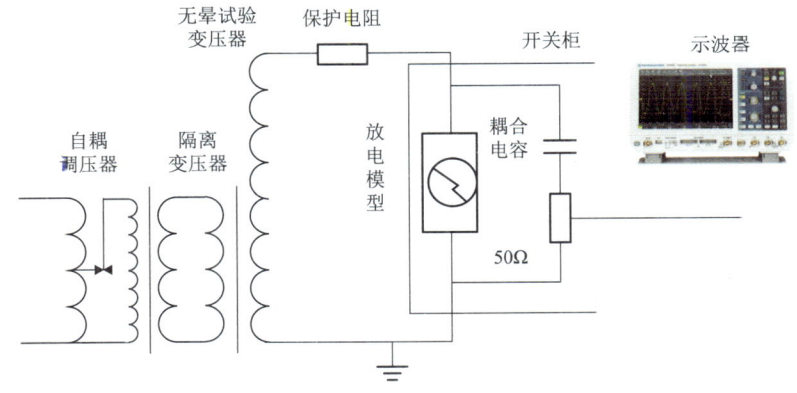

图 2-86 高压开关柜局部放电试验接线

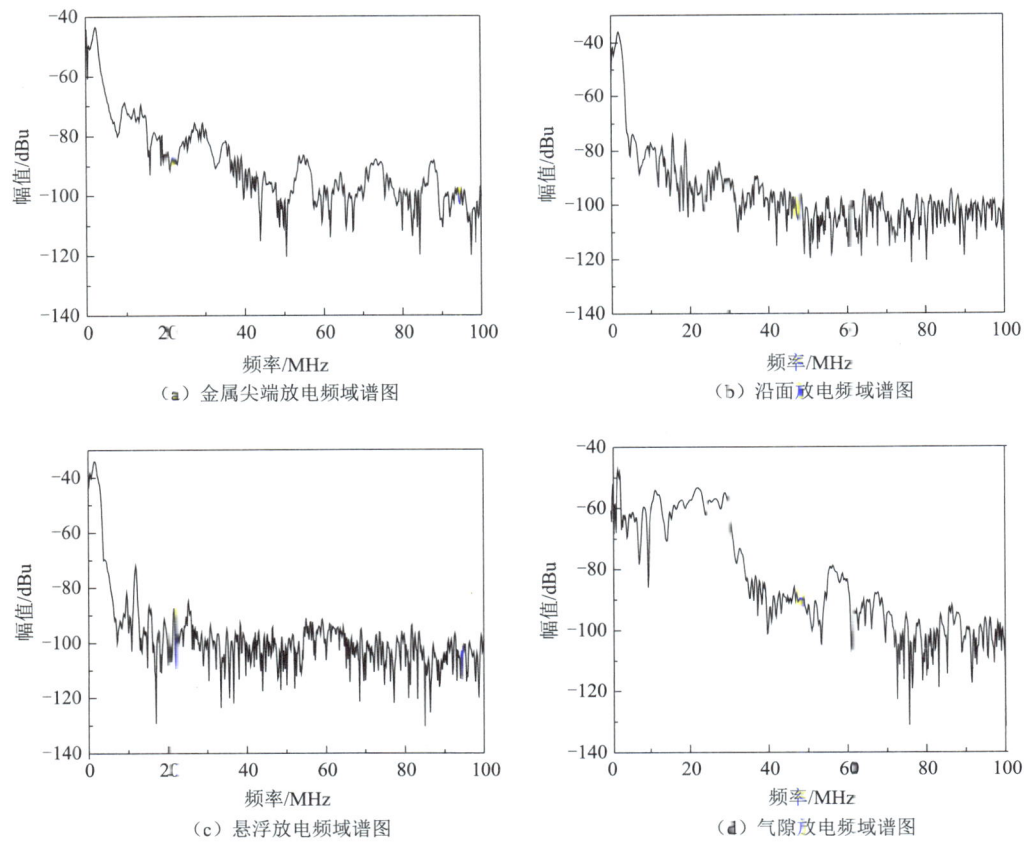

图 2-87 典型局部放电的幅频曲线

从图 2-87 中可以看出,金属尖端放电信号传播至带电显示器处的信号能量主要集中在 1~20MHz;沿面放电的信号传播至带电显示器处的信号能量主要集中在 1~10MHz;悬浮放电的信号传播至带电显示器处的信号能量主要集中在 1~10MHz；气隙放电的信号传播至带电显示器处的信号能量主要集中在 1~30MHz。综上所述，各类放电信号传播至带电显示器处的信号能量主要集中在 1~30MHz。

2.4.1.2 单个开关柜不同放电位置的传播特性

在高压开关柜内不同位置处施加信号，研究所测量的脉冲电流信号特征。使用标定源作为信号源，标定源的时域和频域谱图如图 2-88 所示。

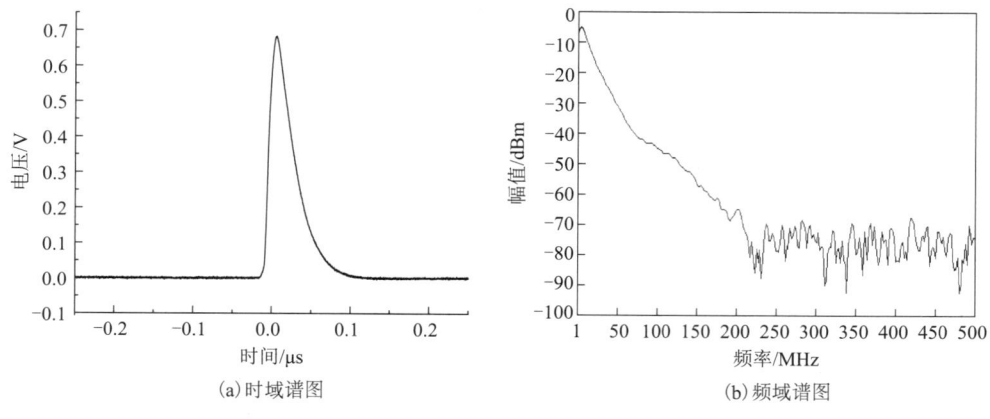

图 2-88　标定源的时域和频域谱图

在实验室开展高压开关柜局部放电脉冲电流传播特性试验。标定源施加位置及检测回路图如图 2-89 所示，在回路中，依次在母排处（1 号位置）、断路器处（2 号位置）、电流互感器处（3 号位置）、避雷器处（4 号位置）、隔离开关处（5 号位置）和高压传感器（6 号位置）注入脉冲信号。测量时，在带电显示器核相孔处并联 50Ω 的电阻，用来检测核相孔处的信号，每个位置采集 100 组数据，求平均后得到测量结果。从 6 个位置注入脉冲时测得的时域、频域图如图 2-90 所示。

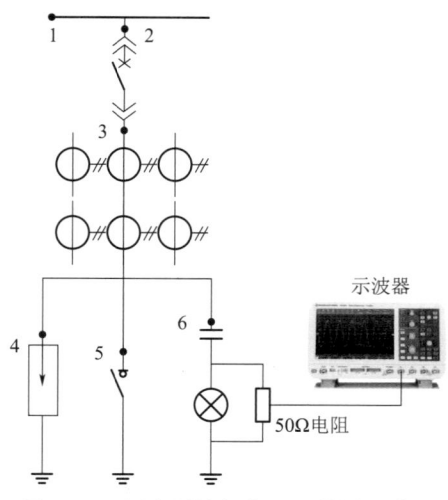

图 2-89　标定源施加位置及检测回路图

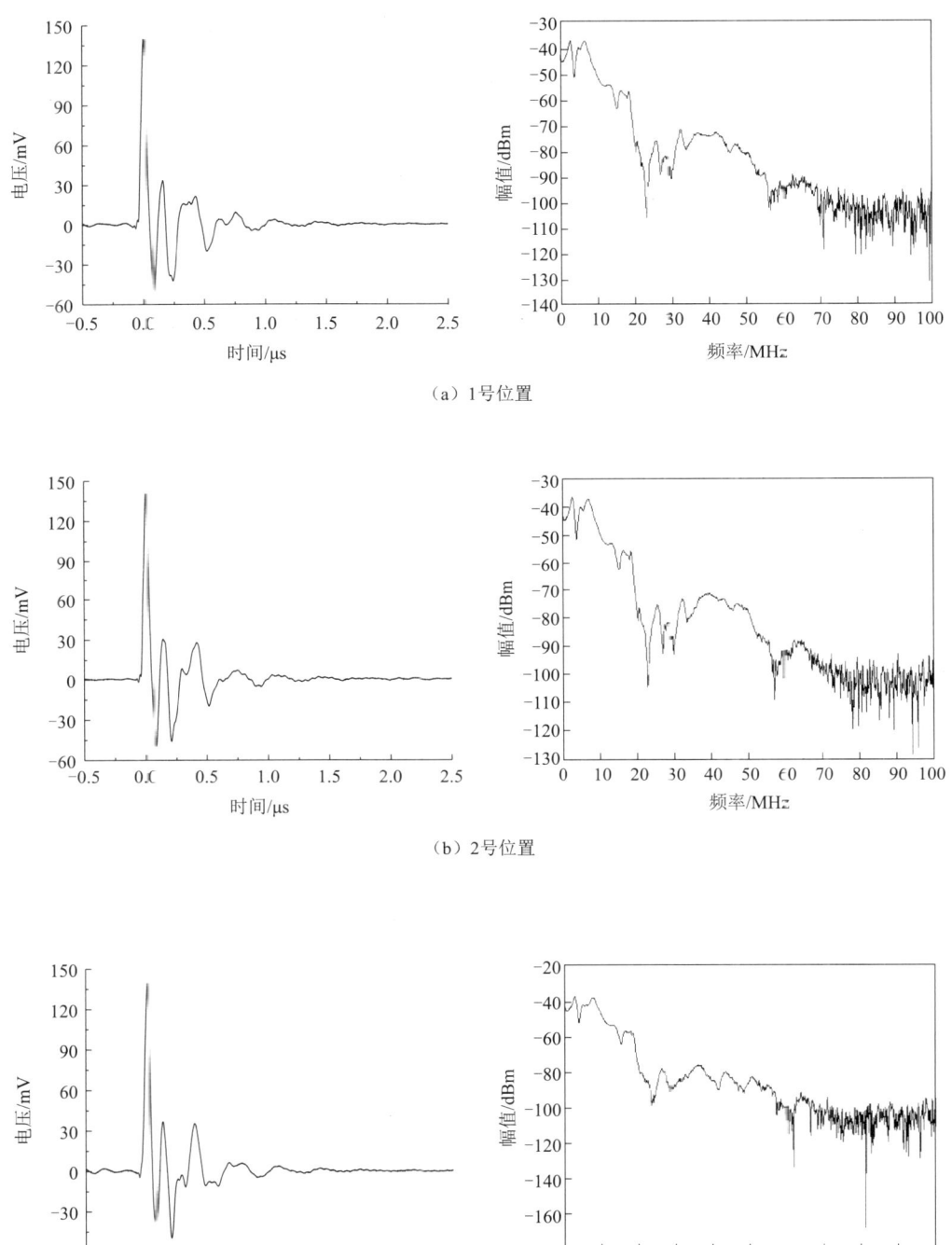

(a) 1号位置

(b) 2号位置

(c) 3号位置

图 2-90 从 6 个位置注入脉冲时测得的时域、频域图（一）

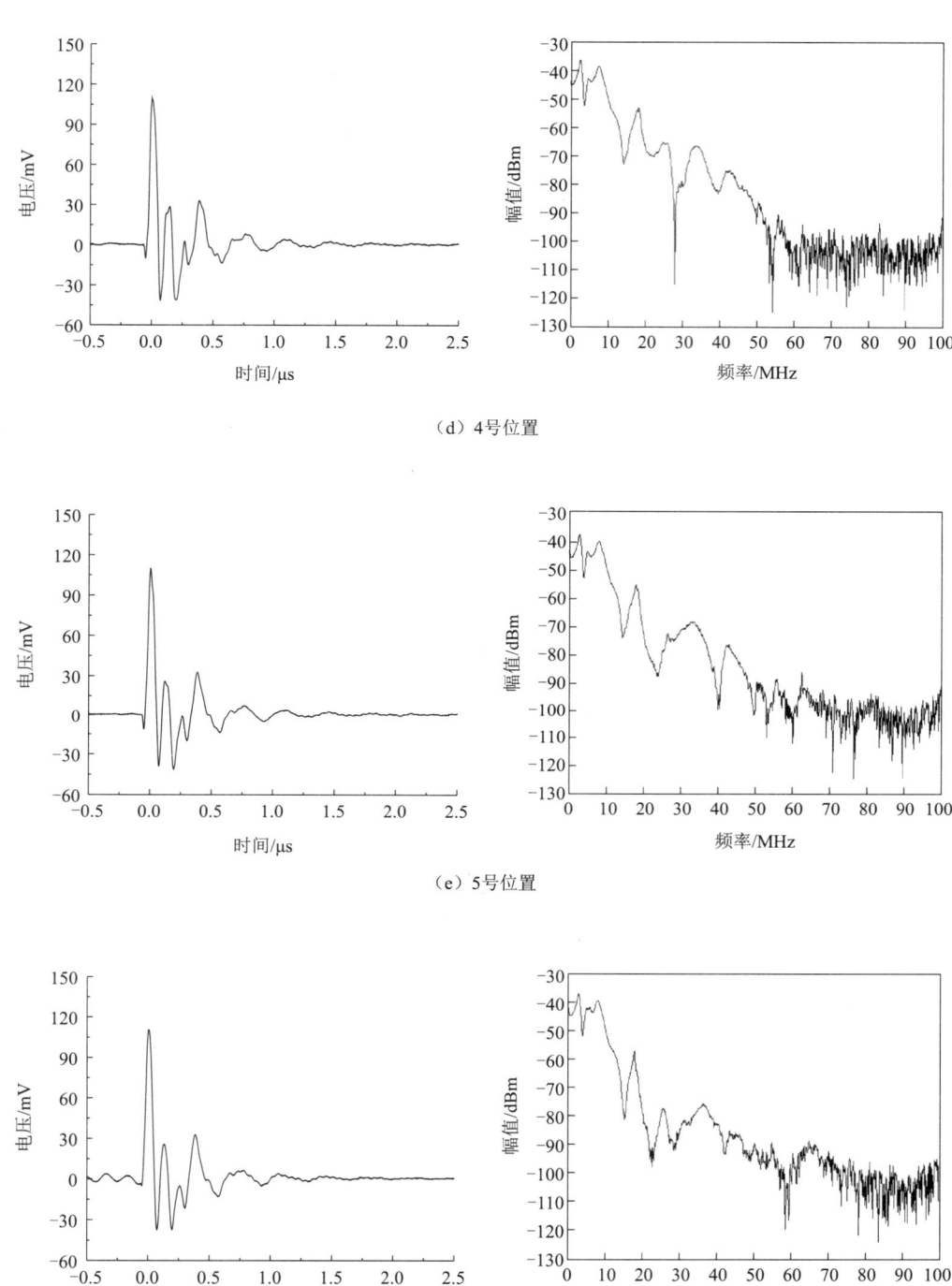

图 2-90 从 6 个位置注入脉冲时测得的时域、频域图（二）

从图 2-90 中可以看出：从 6 个不同位置注入脉冲，0~10MHz 频段的信号变化趋势相同，10~50MHz 频段的信号随着频率的增高均迅速衰减。在此，选取检测频带为 1~30MHz。

2.4.1.3 多个开关柜间的传播特性

针对脉冲信号在多个高压开关柜内的传播特性进行研究。在多个高压开关柜内相同位置处施加信号，并联电容进行测量，研究测量到的脉冲电流信号特征。为了系统研究脉冲信号的传播特性，仅仅改变信号源的施加位置，所以同样使用标定源来当作信号源。

标定源施加位置图及检测回路图如图 2-91 所示，选择在四个柜子的相同位置处施加信号（电流互感器出线处）。测量时，在最右侧高压开关柜母排上并联耦合电容，并在电容后端串联 50Ω 的电阻，用来检测该支路上的信号，每个位置采集 100 组数据，求平均后得到测量结果。不同柜子注入脉冲时信号的时域波形和频谱波形如图 2-92 所示。

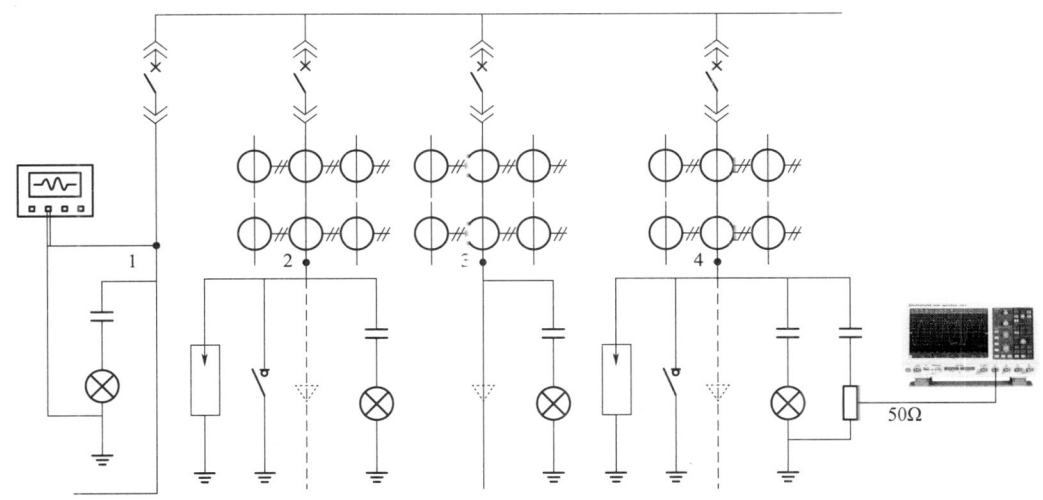

图 2-91 标定源施加位置图及检测回路图

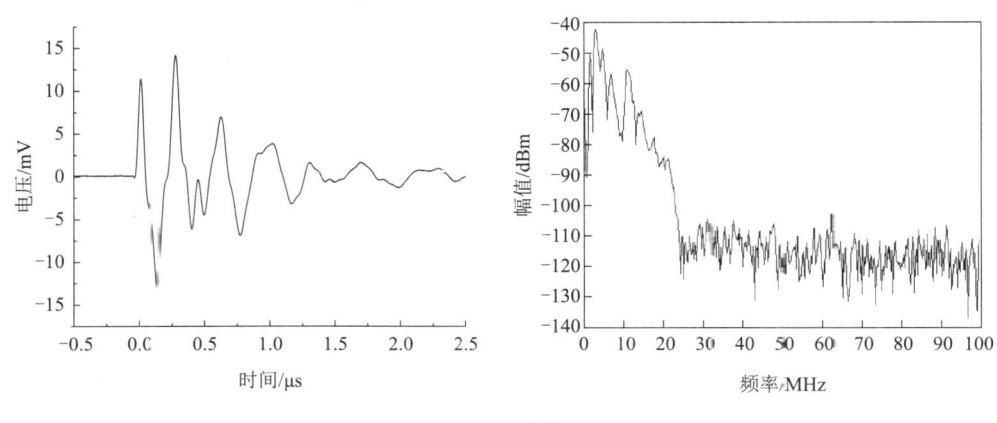

(a) 1号位置

图 2-92 不同柜子注入脉冲时信号的时域波形和频谱波形（一）

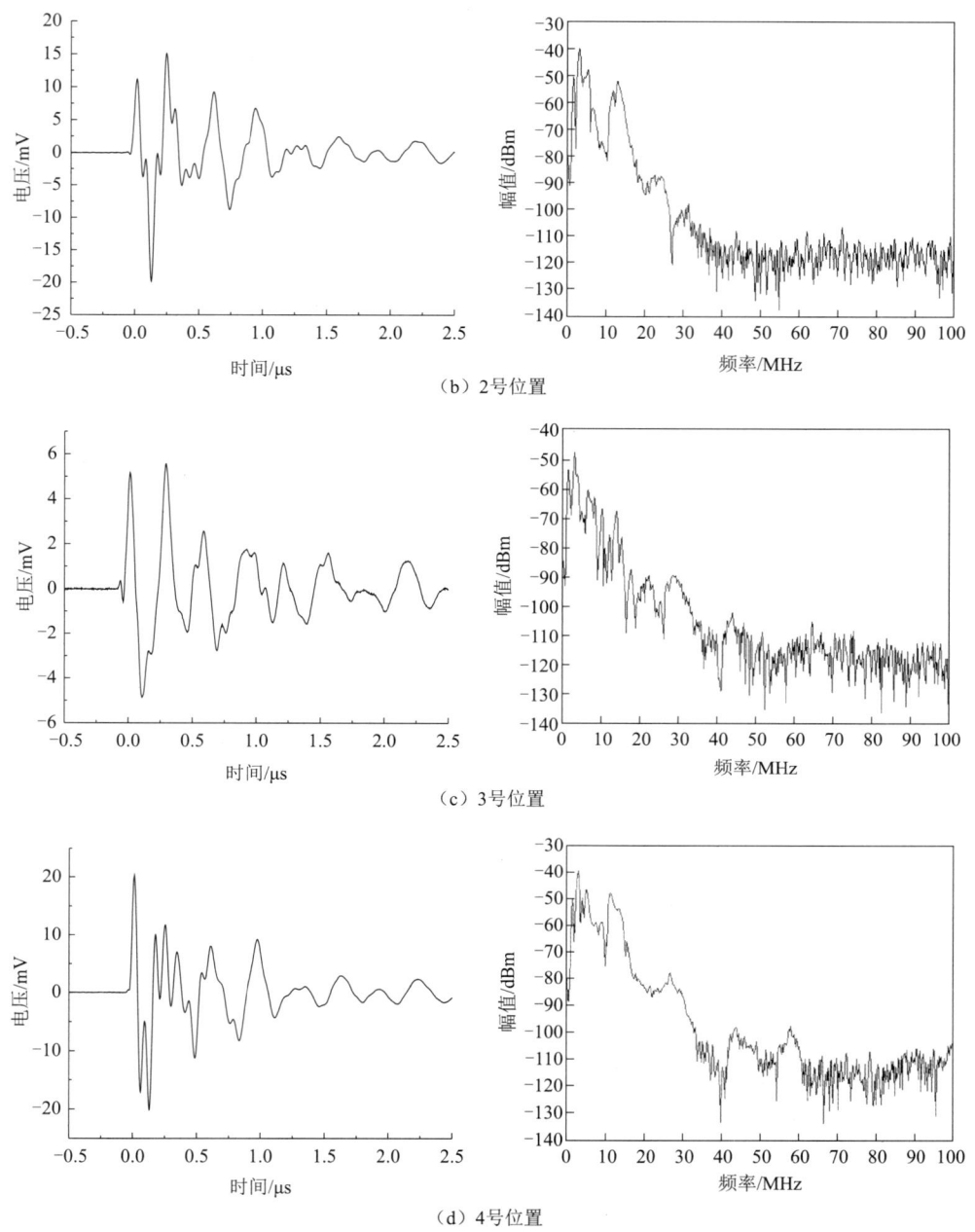

图 2-92 不同柜子注入脉冲时信号的时域波形和频谱波形（二）

从图 2-92 中可以看出，1 号位置的信号能量主要集中在 1~25MHz；2 号位置的信号能量主要集中在 1~30MHz，3 号位置的信号能量主要集中在 1~40MHz，4 号位置的信号能量主要集中在 1~35MHz。

2.4.2 35kV 开关柜中 HF 传感器研制

不同类型、不同发生部位的局部放电信号传输至检测支路后，其能量主要分布在 1~

30MHz，所以选取检测频带为 1~30MHz，并由此对传感器进行设计。

局部放电信号的耦合原理为：当高压开关柜内产生局部放电时，将在耦合电容支路中产生局部放电脉冲电流，此时，在耦合电容与地之间放置高频传感器，在高频传感器的输出端同时产生脉冲电压信号，利用检测与处理单元获取局部放电信息，并进行显示和报警。图 2-93 所示为高压开关柜局部放电脉冲电流检测原理图。在高压母排与接地体之间，并联局部放电耦合支路，由耦合支路输出局部放电信号给采集单元，最后经过信号处理之后显示局部放电状态。局部放电监测装置如蓝色部分所示，包括耦合支路、信号连接线、采集与处理单元。

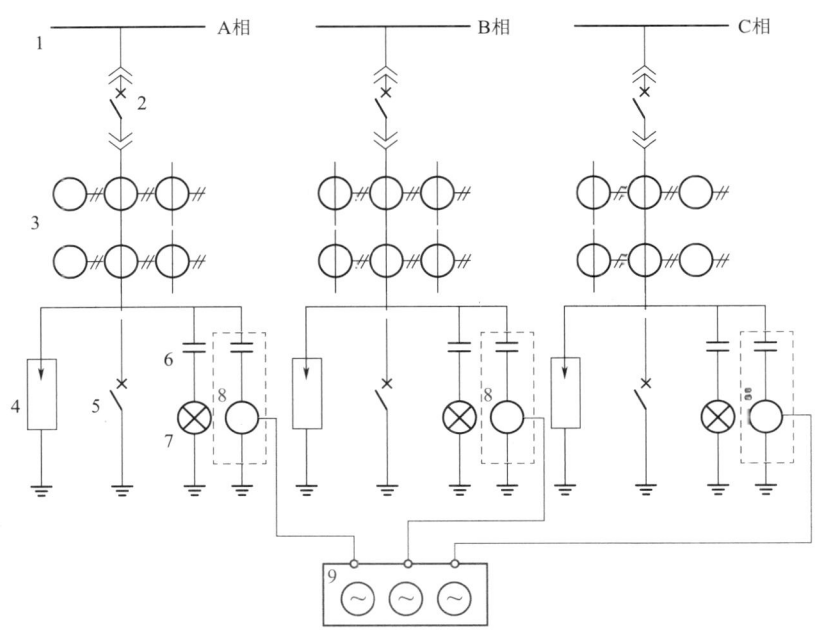

图 2-93　高压开关柜局部放电脉冲电流检测原理图
1—母线；2—断路器；3—电流互感器；4—避雷器；5—隔离开关；6—高压传感器；
7—带电显示器；8—局部放电耦合单元；9—采集与处理单元

为了保证长期运行中的安全可靠性，采用高频电流互感器（High Frequency Current Transformer，HFCT）作为检测装置，不仅可以保证高安全性，也使检测灵敏度有了一定的保证。

高频电流传感器作为高频电流检测法检测局部放电的传感器部件，内部一般使用 Rogowski 线圈，并在环状的磁芯材料上围绕多匝导电线圈，其原理为高频电流穿过磁芯中心引起的高频交变磁场会在线圈中产生感应电流。高频电流互感器实物与其传输阻抗如图 2-94、图 2-95 所示。从图 2-94 和图 2-95 中可以看出，电流互感器在 1~30MHz 上的传输阻抗不低于 20mV/mA，具有较高的检测灵敏度。

为了保证在恶劣工况冲击电压下，耦合支路不会发生短路，能够承受相应的冲击电压，所以在实验室对检测耦合支路进行了雷电冲电压试验。在实验室搭建的雷电冲击电压试验场景如图 2-96 所示。

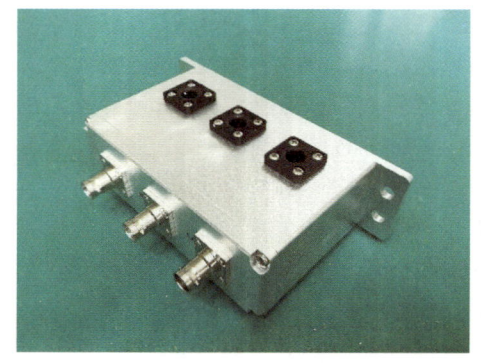

图 2-94　高频电流互感器实物

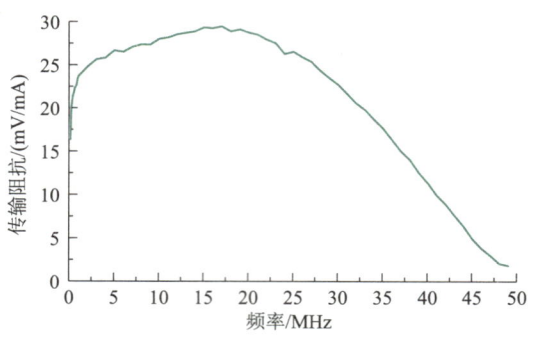

图 2-95　高频电流互感器的传输阻抗

图 2-96　雷电冲击电压试验场景

使用实验室冲击电压发生器模拟雷电冲击电压，模拟的雷电冲击电压波形如图 2-97 所示，波形的上升沿为 $1.30\mu s$，下降沿为 $56.23\mu s$。

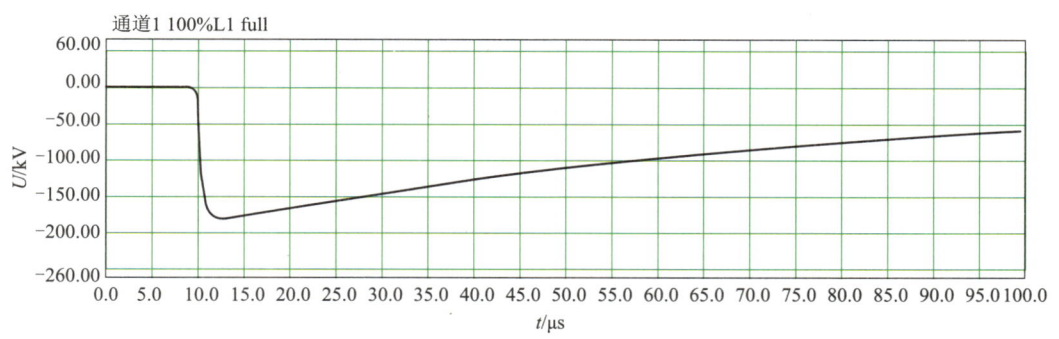

图 2-97　雷电冲击电压波形
$U_p = -1812kV\quad t_1 = 130\mu s\quad t_2 = 56.23\mu s$

对检测耦合支路进行 50 次雷电冲击电压试验，每次间隔 10s 左右。50 次试验后，对耦合支路进行灵敏度检验。检验后发现，多次雷电冲击电压试验对耦合支路并无影响，确保了检测耦合支路的高安全性。

2.4.3 35kV 开关柜中 HF 传感器性能校验

在实验室环境下开展高压开关柜局部放电试验，对比各类检测方法的检测灵敏度。开关柜局部放电试验接线如图 2-98 所示。采用逐级升压法对局部放电缺陷模型加高电压，当检测阻抗、高频 CT、TEV 和 UHF 四种检测方法同时探测到稳定的信号时开始同步采集信号波形。图 2-99 所示为高压开关柜局部放电试验及局部放电模型实物。试验变压器型号为

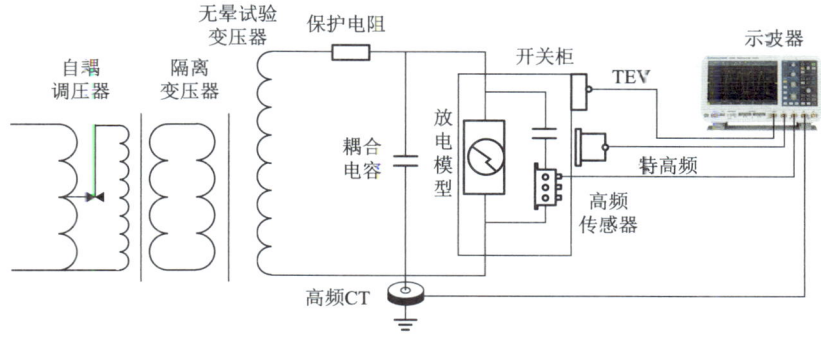

图 2-98 开关柜局部放电试验接线

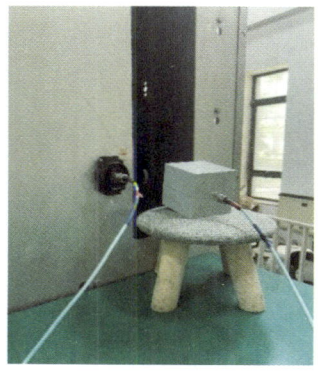

图 2-99 高压开关柜局部放电试验及局部放电模型实物

YD120/10，示波器型号为 PICO-6407A，高频 CT 及其传输阻抗图如图 2-100（a）所示；TEV 传感器及其增益曲线如图 2-100（b）所示；特高频传感器及其有效高度曲线如图 2-100（c）所示，其在 300~1500MHz 频率范围内的平均有效高度为 3.2mm。

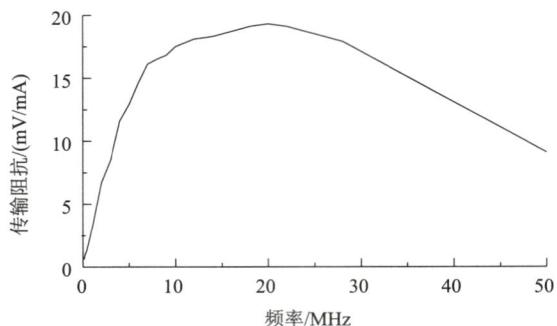

（a）高频CT及其传输阻抗

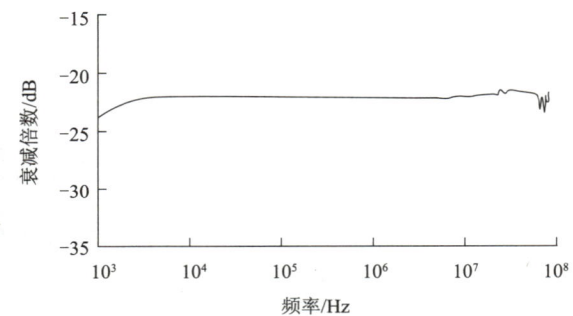

（b）TEV传感器及其增益曲线

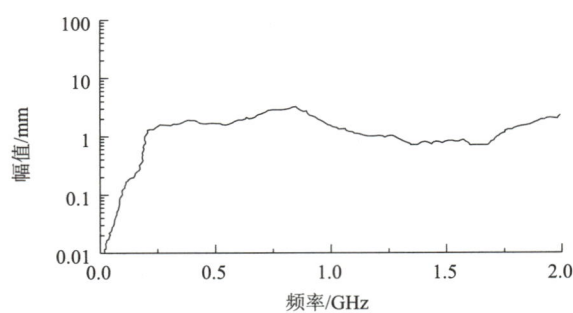

（c）特高频传感器及其有效高度曲线

图 2-100 各类传感器及其性能曲线

放电模型以金属尖端放电为例，电压升至 3kV 时，高频传感器和高频 CT 可以检测到稳定的放电信号；电压升至 4kV 时，TEV 可以检测到稳定的放电信号；电压升至 5.5kV

时，特高频可以检测到稳定的放电信号。图 2-101 所示为在 6kV 试验电压下用三种方法检测到的电压波形图，由图 2-101 可以看出，设计的高频传感器具有较高的灵敏度。其他缺陷模型的检测效果与金属尖端放电一致。

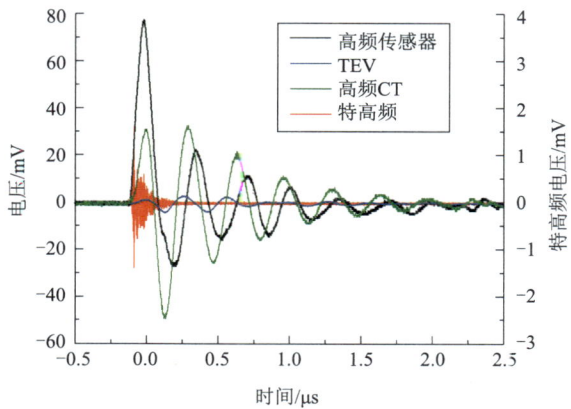

图 2-101　在 6kV 试验电压下用三种方法检测到的电压波形图

第 3 章 规模化风光储电站输变电设备局部放电监测中的抗干扰技术与应用

本章对规模化风光储电站内电磁波以及脉冲电流的干扰源和干扰信号特征进行测量并分析，提出适用于规模化风光储电站中 UHF 监测和 HF 监测的抗干扰技术，并对抗干扰技术进行了实测，为第 4 章新能源输变电设备局部放电谱图的获取提供了可靠的数据支撑。

3.1 规模化风光储电站电磁波干扰源与统计特征

现有的规模化风光储电站干扰测量系统如图 3-1 所示。目前针对干扰信号的测量主要通过 UHF 传感器与采集装置测量得到。其中，采集装置分为三种：数字示波器、频谱仪和 UHF 传感器。利用数字示波器可以记录 UHF 干扰信号的时域波形及其频谱变换波形；利用频谱仪可以逐点扫频记录干扰信号的频谱分布波形；利用 UHF 传感器可以统计干扰信号的相位分布谱图。

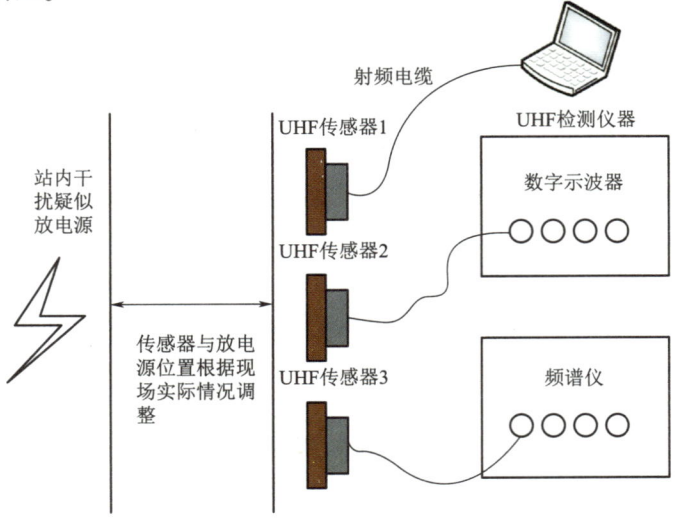

图 3-1 规模化风光储电站干扰测量系统

干扰源与干扰信号的对应性是保证干扰测试工作有效性、全面性的关键所在。由于观测和定位手段的不充分，导致现有的干扰因素分析不充分、对干扰的认识不深入、干扰库不全面，本书将基于现场测量方法对电磁干扰信号特征进行分析。

3.1.1 电磁波干扰源现场测量方法

无线电波（Radio Waves）或赫兹波（Hertzian Waves）是频率在3000GHz以下，不用人造波导而在空间传播的电磁波。无线电通信（Radio Communication）包括两种：①空间无线电通信（Space Radio Communication），包括利用一个或多个空间电台，或者利用一个或多个反射卫星，或者利用空间其他物体所进行的任何无线电通信；②地面无线电通信（Terrestrial Radio Communication），即除空间无线电通信或射电天文以外的任何无线电通信。无线电波的极化方式包括：右旋（或顺时针）极化波［Right-Hand（Clockwise）Polarized Wave］，即在任何一个垂直于传播方向的固定平面上，顺着传播方向看去，其电场向量随时间向右（顺时针方向）旋转的椭圆极化波或圆极化波；左旋（或逆时针）极化波［Left-Hand（Anticlockwise）Polarized Wave］，即在任何一个垂直于传播方向的固定平面上，顺着传播方向看去，其电场向量随时间向左（逆时针方向）旋转的椭圆极化波或圆极化波。测量方法如下所述。

3.1.1.1 扫频测量

扫频测量即利用天线和频谱仪扫频测量无线电波。扫频测量仪器如图3-2所示，频谱仪采用泰克3303A频谱测量仪器，天线采用双锥型天线、喇叭天线或领结型UHF天线。

图3-2 扫频测量仪器

3.1.1.2 时域波形测量

时域波形测量即利用成套UHF传感器和UHF局放仪测量信号并利用天线和示波器测量时域波形。天线采用以下三种：双锥型天线、双脊喇叭天线或领结型UHF天线。示波器可以采用两种类型：①Lecory 640Zi型，模拟带宽4GHz，设置采样率为20GS/s；②PICO 6000型，模拟带宽1GHz，设置采样率为5GS/s。

3.1.2 电磁波干扰信号特征分析

在规模化风光储电站中，电磁干扰的主要来源为手机移动通信信号、其他无线电通信信号、屏蔽环或金属尖端的电晕放电、绝缘子串沿面放电、屏蔽环接触不良放电以及变压器风扇信号,需要对不同干扰信号进行特征分析。

3.1.2.1 手机移动通信信号分析

规模化风光储电站内工作人员的手机移动通信信号会产生电磁波,这会对检测设备的信号感知及信号传输产生极大的影响。本书首先对不同频率信号的上、下行类别进行划分,分析上、下行信号的占比;其次对上、下行信号的幅值进行对比分析;最后分析并总结手机移动通信信号的 PRPD(Phase Resolved Partial Discharge)谱图特征,从而对手机移动通信信号特征进行统计分析,进而为后续检测装置的抗干扰方法选择提供特征参考。

1. 上下行信号频率与信号统计

通信的时候在逻辑上需要两条链路:上行和下行。上行是指信号从手机到基站再到基站控制器(Base Station Controller,BSC);下行是指信号从 BSC 到基站再到手机。这两条链路必须要分开,否则通信无法正常进行,由此产生了双工模式。双工模式有 2 种:时分双工(Time Division Duplexing,TDD)和频分双工(Frequency Division Duplexing,FDD)。在 TDD 中,上、下行链路靠时隙来区分,频率是一样的,比如 TD-SCDMA。在 FDD 中,上、下行链路靠不同的频率来区分,同时首发,比如 WCDMA。为了有效地区分上行频率和下行频率,上行频率和下行频率必须有一定的间隔(保护带)。一般来说,下行频率高于上行频率。现在常用的 2~4G 信号的上行频率和下行频率罗列如下(单位:MHz):

(1)2G 上行:825~835、885~890、890~909、909~915、1710~1735、1735~1755。

(2)2G 下行:870~880、930~935、935~954、954~960、1805~1830、1830~1850。

(3)3G 上行:1880~1900、1920~1940、1940~1965。

(4)3G 下行:2010~2025、2110~2130、2130~2155。

(5)4G 上行:1745~1765、1765~1780。

(6)4G 下行:1840~1860、1860~1875。

(7)4G/LTE(Long Term Evolution,长时演进)上下行:1880~1900、2320~2370、2575~2635、2300~2320、2555~2575、2370~2390、2635~2655。

综上所述,手机移动通信的上行与下行信号起止频率(单位:MHz)为:825~835、870~960、1710~1965、2010~2025、2110~2155、2300~2390、2555~2655。单独就下行信号而言,其起止频率(单位:MHz)为:870~880、930~960、1805~1900、2010~2025、2110~2155、2300~2390、2555~2655。

除了 4G/TD-LTE 之外,其他频分方式都分为上行和下行,双工模式的频率都是不一样的。对 2G、3G、4G/FDD-LTE 等双工模式的上行、下行频率进行统计分析,测到的频段总数为 60 段次。其中,上行频段总数为 14 段次,占比为 23.3%;下行频段总数为 46 段次,占比为 76.7%。上行频段主要集中在 3G 模式。产生这种差异的主要原因是上行信号微弱,站外的上行信号传播到站内时衰减严重,从而对 UHF 测量构成的干扰相对较少。

2. 信号幅值统计

每次测量过程中,在频谱仪和示波器图形上分别读取各频段的最大信号幅值,为了便于观测和分析,按照频率从小到大的顺序对各频段的信号进行统计。统计结果显示,下行信号的强度明显高于上行信号,下行信号不仅数量多,而且幅值相对较高。

通常在市区内通信信号较强，位于郊区、农村的规模化风光储电站内的通信信号较弱。在利用 UHF 局放仪器检测的通信信号幅值统计中，规模化风光储电站的通信干扰信号都比较强，在 -64~39dBm 范围内，严重干扰了局放测量。

3. 相位相关谱图分析

PRPS（Phase Resolved Pluse Sequence）谱图是与放电幅值、相位与时间三者相关的三维谱图，能全面反映三者之间一一对应的关系，更能形象地反映当前设备放电的特征，结合 PRPD 谱图可以更加方便地分析出当前放电属于何种放电类型。采用 UHF 局放检测仪器统计通信信号的相位统计谱图主要有以下四种形式，如图 3-3 所示。

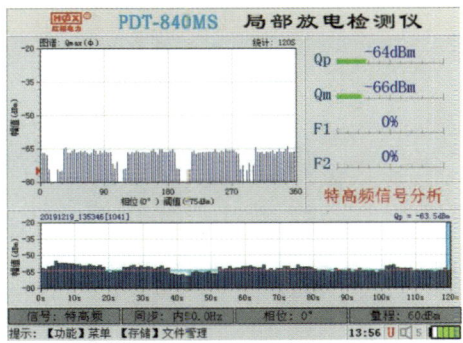

（a）四簇信号

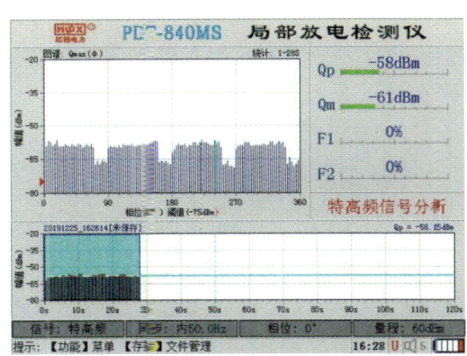
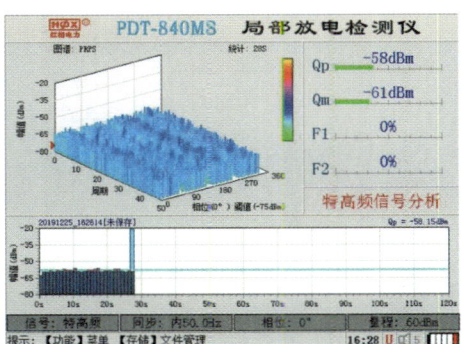
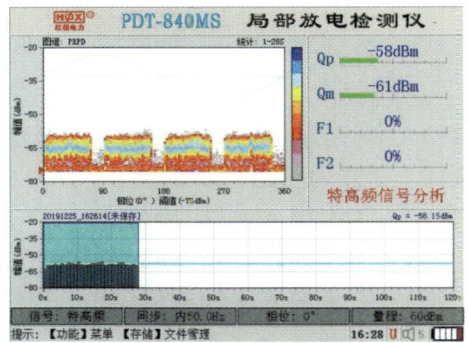

（b）四簇强弱信号+四簇弱信号

图 3-3　通信信号典型相位统计谱图（一）

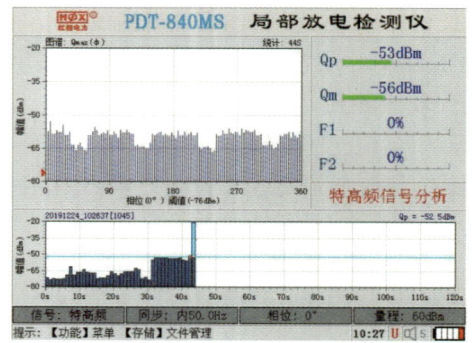 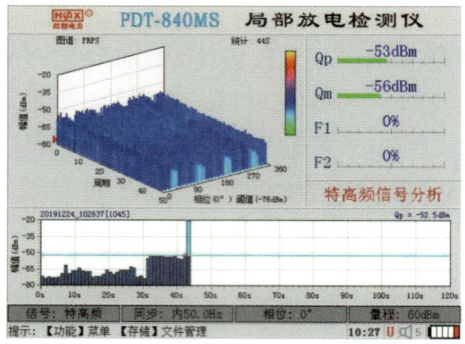

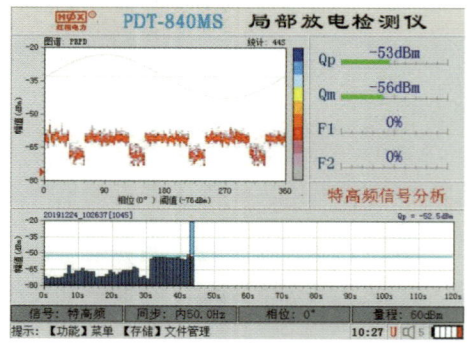

（c）四簇强信号+四簇弱信号

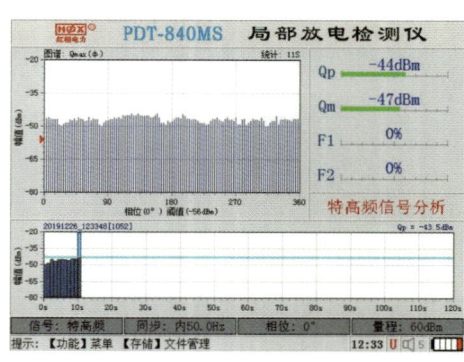 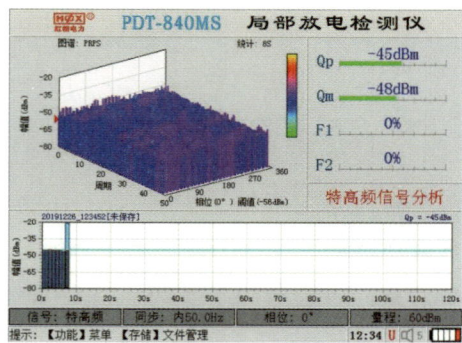

（d）全相位空间信号

图 3-3　通信信号典型相位统计谱图（二）

（1）四簇信号。如图 3-3（a）所示，在变电站内通信信号比较弱的地方，手机通信信号的相位分布特征是四簇的，每簇的相位宽度基本相等，在 66°~84°范围内。在同一个相位空间或一个工频周期内，信号幅值基本相同。

（2）四簇强弱信号+四簇弱信号。如图 3-3（b）所示，图中的手机通信信号分为两种，一种幅值较大，相位宽度约 72°；另外一种幅值较小，相位宽度约 18°。对于第一簇信号，在灰度图中，信号强度会发生变化，从而在不同幅值下都有信号分布。

（3）四簇强信号+四簇弱信号。如图 3-3（c）所示，图中的手机通信信号分为两种，一种幅值较大，相位宽度约 72°；另外一种幅值较小，相位宽度约 18°。在这两簇信号中，信号幅值都相对比较稳定和集中。

（4）全相位空间信号。如图3-3（c）所示，图中的手机通信信号分布在整个360°相位空间，且信号幅值基本稳定不变。

从现有测试结果统计来看，图（b）类与图（d）类信号居多。

3.1.2.2 其他无线电通信信号

除了手机移动通信信号之外，还有一些其他频率的无线电信号会产生电磁波信号，从而给在检测装置带来干扰。在实际现场测量中，无线电信号分布不均，不同位置测得的信号频率范围重复性较差，无规律性。

1. 常见的无线电信号

在规模化风光储电站内大部分观测点均测到了358~365MHz频段的信号，幅值在-74~-52dBm范围内。针对此干扰，在现场测试中可以设置25dB的阻带滤波器。

2. 其他未知来源无线电信号

在规模化风光储电站内多个观测点测试中，获取了电站内电力无线专网信号，测量频段为223~235MHz。同时在长时间运行工况测试中，监测到了多种频段范围但重复性较低的无线电波信号，信号幅值在-68~-54dBm范围内。

3.1.2.3 屏蔽环或金属尖端的电晕放电

规模化风光储电站内设备电压等级均较高，在曲率半径很小的尖端且极附近，由于局部电场强度超过气体的电离场强，使气体发生电离和激励，产生电磁波。电晕放电是电力设备局部放电检测的主要干扰源。下面以规模化风光储电站内一次巡检过程中监测到电晕放电为例研究电晕放电UHF典型信号特征。

在隔离刀闸下部利用双锥天线（无放大器）可观测到极少数的电磁波信号，如图3-4所示。UHF信号的幅值仅为10mV左右。信号能量主要分布在8~156MHz频率范围内。

3.1.2.4 绝缘子串沿面放电

1. 杆塔绝缘子串沿面放电的UHF信号

采用UHF检测仪器测量规模化风光储电站内沿面放电的UHF信号。示波器采用Pico Technology公司€401型，带宽为500MHz。经过定位，探测到信号源位于站外杆塔上，分析可能是玻璃绝缘子放电，放电源位于站外杆塔上。C相高抗特高频信号时频域波形如图3-5所示。时域波形幅值约为400mV，波形持续时间短，没有明显的折返射波形。从频谱分析来看，能量主要集中在300~600MHz。

2. 绝缘子沿面放电的UHF信号

以新能源站内某次绝缘子沿面放电为例，悬式支柱绝缘子高压端的伞群下方有剧烈的放电。B相放电最强烈，C相较强烈，A相较弱。

经过设备检测与分析，判断是来自B相的UHF信号。图3-6是B相UHF信号的时频域信号波形。经过滤波和20dB的放大器放大之后，UHF信号的幅值仅为10mV左右，信号能量主要分布在300~800MHz范围内，在1~1.5GHz频率范围内有较弱的能量。

3.1.2.5 绝缘子屏蔽环接触不良放电UHF信号

由于屏蔽金属环表面粗糙，或者金属环金具不紧固，在金属环外表面、中心部位极易发生局部放电，产生电磁波信号。放电过程中发出啪啪的声音。绝缘子屏蔽环接触不良放

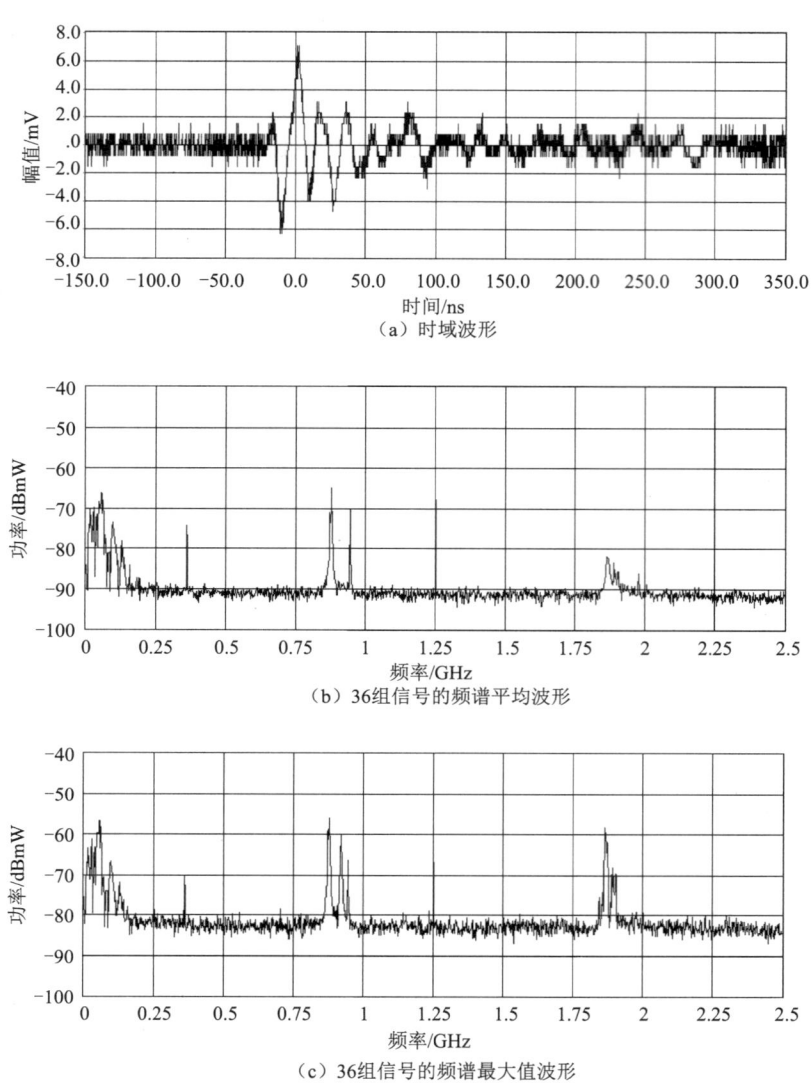

图 3-4 电晕放电电磁波信号

电 UHF 信号时频域波形如图 3-7 所示。由图可见，时域信号幅值约为±30mV，信号波形振荡时间长度为 40ns，每次脉冲信号中有两个凸起。放电重复率较高，每 1ms 出现 4 个以上信号，每 32ms 出现 10 个以上信号。频域波形的频率分布范围与幅值为：300~800MHz，−40dBmW；1~1.4GHz，−65dBmW。

3.1.2.6 变压器风扇 UHF 信号

变压器风扇在正常运行过程中会产生电磁波信号，对检测设备产生干扰。以规模化风光储电站内某变压器为例，在对主变压器 A 相进行测量时，首先面对此设备在其右侧进行测量，此时探测到 UHF 信号。然后重新在左侧进行测量，此时发现信号在右侧。这两次测量后，天线支架都指向左侧风扇方向。然后再按照俯仰角测量方法测量信号源的高低位置，发现放电源位于上方的风扇。

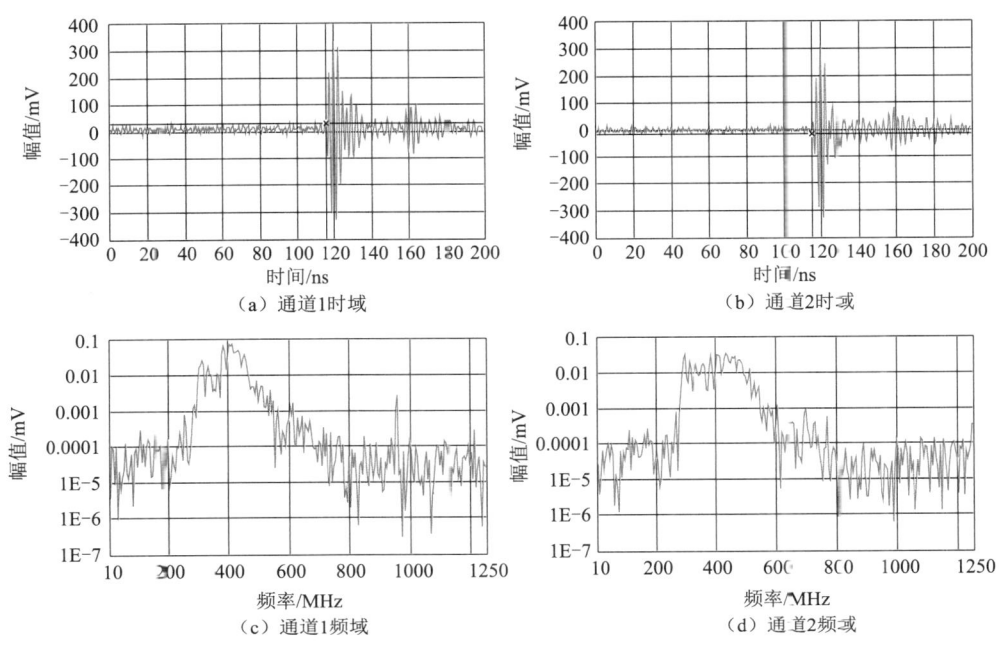

图 3-5　C 相高抗特高频信号时频域波形

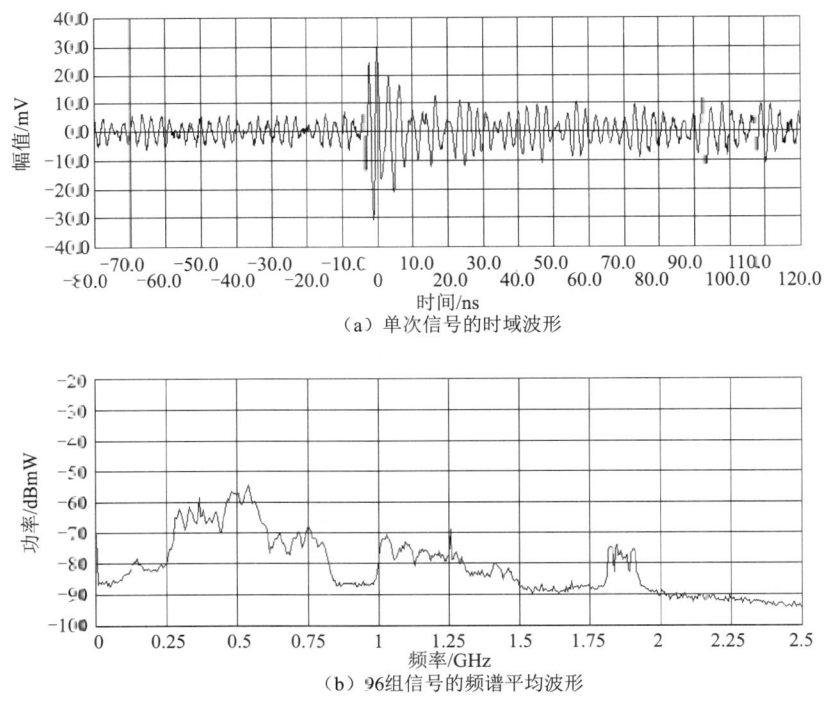

图 3-6　B 相 UHF 信号的时频域信号波形（一）

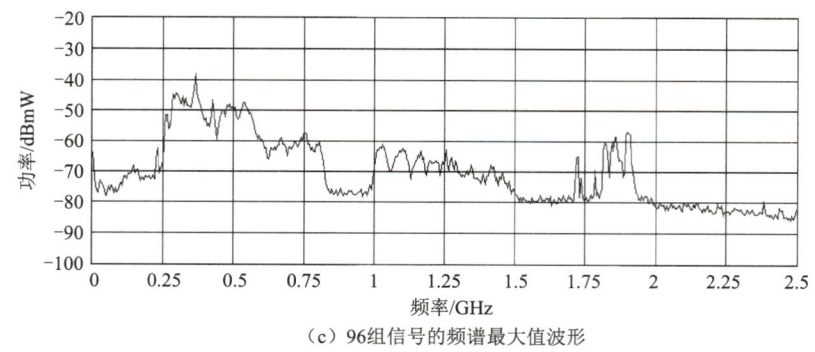

（c）96组信号的频谱最大值波形

图 3-6　B 相 UHF 信号的时频域信号波形（二）

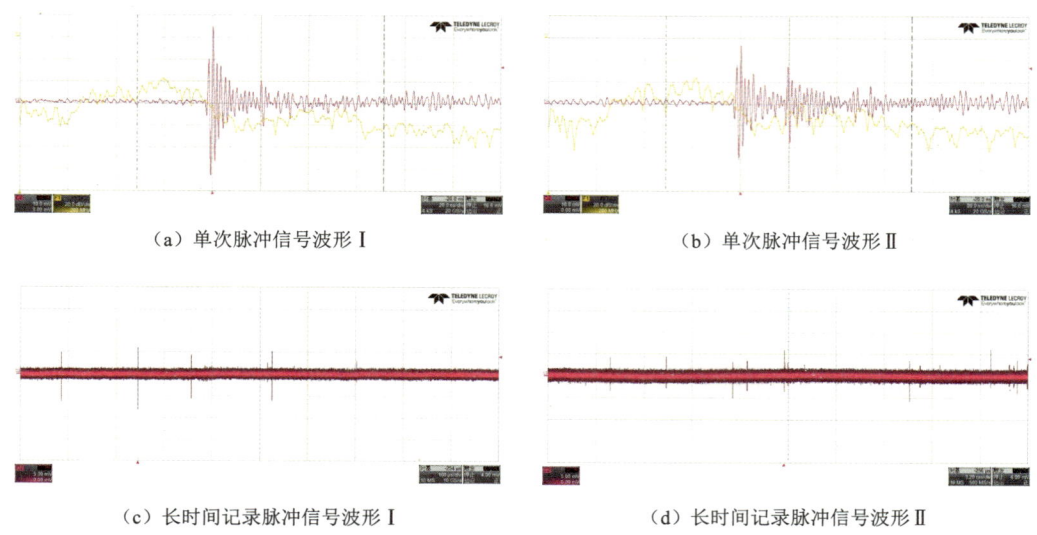

（a）单次脉冲信号波形Ⅰ　　　　　　　　（b）单次脉冲信号波形Ⅱ

（c）长时间记录脉冲信号波形Ⅰ　　　　（d）长时间记录脉冲信号波形Ⅱ

图 3-7　绝缘子屏蔽环接触不良放电 UHF 信号时频域波形

变压器风扇 UHF 信号的时频域波形如图 3-8 所示。时域波形幅值约为 400mV，波形持续时间短，没有明显的折返射波形。根据波形持续时间初步判定放电位置为设备外部。从频谱分析来看，能量主要集中在 400~700MHz。

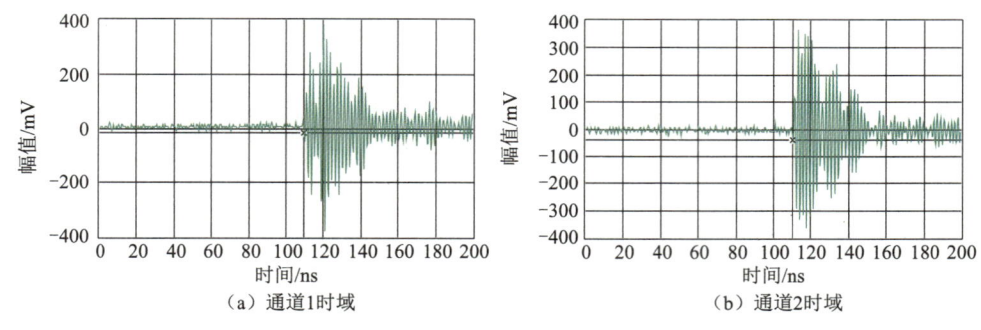

（a）通道1时域　　　　　　　　　　　（b）通道2时域

图 3-8　变压器风扇 UHF 信号的时频域波形（一）

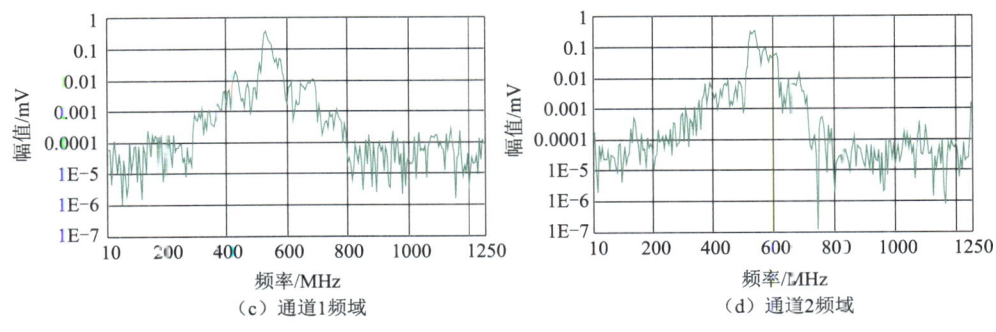

图 3-8 变压器风扇 UHF 信号的时频域波形（二）

3.2 规模化风光储电站 UHF 监测中的抗干扰技术与应用

基于对规模化风光储电站内电磁波干扰信号的分析，由于特高频局部放电监测系统检测的局部放电信号经过滤波、检波、放大后，信号只保留了峰值、相位、脉冲间隔信息，利用时频分析、数字滤波、自适应滤波、程控带通滤波、小波分析等方法来识别剔除干扰显然已不再适合。因此，针对现场特高频监测系统的软硬件特点提出了以下几种抗干扰方法。

3.2.1 内外信号对比法

内外信号对比法是通过将同步采集的内置、外置传感器的检测信号进行对比排除外部干扰信号的方法。干扰的抑制总是从干扰源、干扰途径、信号后处理三方面来考虑。直接消除干扰源或切断相应的干扰路径是解决干扰问题最有效、最根本的方法。对于变压器而言，现场 UHF 局部放电监测系统的传感器安装于变压器箱体内部，变压器箱体对 UHF 信号起到屏蔽的作用，因此变压器箱体外部的干扰信号进入变压器箱体内部会有极大衰减。同样，变压器箱体内部的局部放电信号传到箱体外侧也会有极大的衰减。因此，通过比较变压器油箱内外部信号幅值的大小就可以将外部信号排除。

内外信号对比法判别干扰的原则如下：①对于只有内部传感器接收到的信号，判定为放电。②对于只有外部传感器接收到的信号，判定为干扰。③对于内外传感器同时接收到的脉冲，如果外部信号明显强于内部信号的，判定为干扰；如果内部信号明显强于外部信号，判定为放电信号。

3.2.1.1 现场试验

规模化风光储电站内内外信号对比抗干扰法的现场试验系统示意图如图 3-9 所示。该系统由 8m 长和 1m 长的射频信号线各 2 根、2 个工作频带 500~1500M 增益 40dB 的放大器、PCI9812 采集卡以及一台便携式工控机组成。将噪声传感器置于变压器体外接近内置传感器的位置，两路信号经过性能参数相同的信号调理装置后，分别接到采集卡通道 1 和通道 2 上，工控机同时采集内置传感器和外置传感器接收的两路信号进行比较。

现场试验的数据采集软件界面如图 3-10 所示。主变压器特高频局部放电监测系统传感器安装方式如图 3-11 所示。

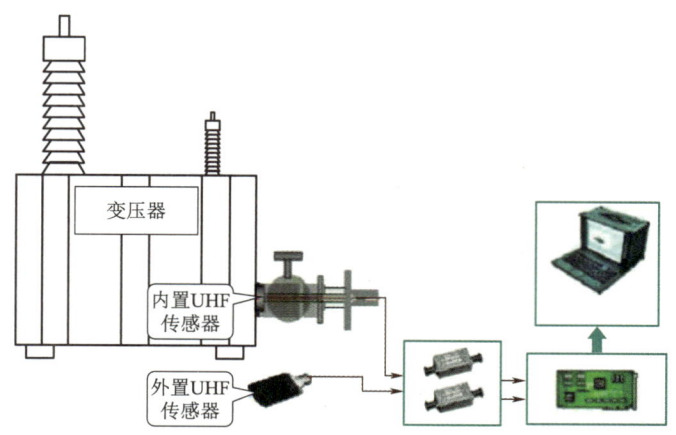

图 3-9 现场试验系统示意图

图 3-10 数据采集软件界面

图 3-11 主变压器特高频局部放电检测系统传感器安装方式

图 3-12 所示为现场试验的检测结果。红色波形为内置传感器接收到的信号，粉色波形为外置传感器接收到的信号。依据内外信号对比法判别干扰的原则，图 3-12（a）为仅有内置传感器接收到信号的情况，因此将此信号判定为放电信号；图 3-12（b）为仅有外置传感器接收到信号的情况，因此将此信号判定为干扰信号；图 3-12（c）为内外传感器同时接收到信号的情况，从图中可以看出内置传感器接收到的信号要明显强于外置传感器接收到的信号，因此将此信号判定为放电信号。

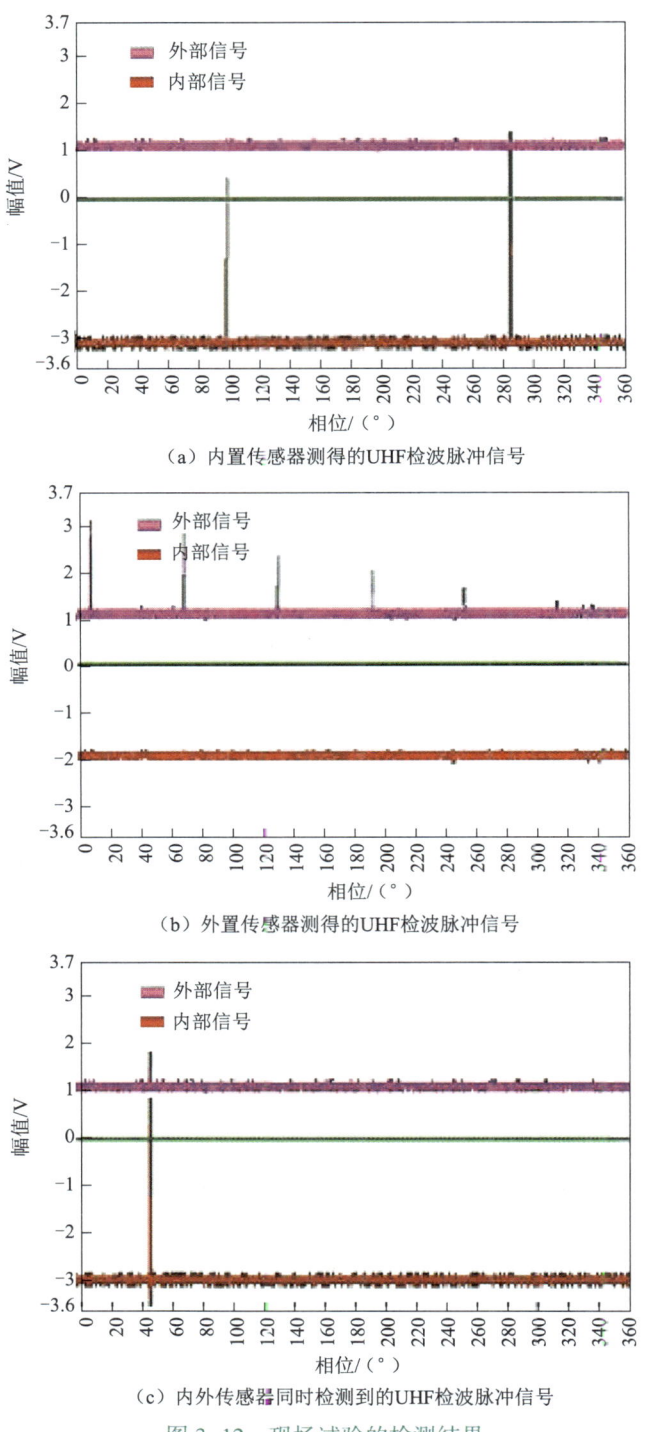

(a) 内置传感器测得的UHF检波脉冲信号

(b) 外置传感器测得的UHF检波脉冲信号

(c) 内外传感器同时检测到的UHF检波脉冲信号

图3-12 现场试验的检测结果

3.2.1.2 内外信号对比法的算法设计

为了实现外部干扰信号的自动判别与排除，本节设计了内外信号数字算法。算法的具体实现步骤如下（S_1 和 S_2 表示同时采集到内置传感器和噪声传感器的信号，S_1X、S_2X、S_1Y、S_2Y 表示信号 S_1、S_2 的每个采样点对应的相位和幅值）。

（1）根据设定的阈值和脉冲宽度提取信号 S_1 和 S_2 脉冲序列：脉冲相位序列为 $[S_1X_1, S_2X_2, S_2X_3, \cdots]$ 与 $[S_2X_1, S_2X_2, S_2X_3, \cdots]$；脉冲幅值序列为 $[S_1Y_1, S_2Y_2, S_2Y_3, \cdots]$ 与 $[S_2Y_1, S_2Y_2, S_2Y_3, \cdots]$。

（2）计算 $|S_1X_i - S_2X_j|$ 与 $S_1Y_i - S_2Y_j$（$i = 1, 2, 3, \cdots, n$；$j = 1, 2, 3, \cdots, n$），n 为脉冲的个数，如果 $|S_1X_i - S_2X_j| \le \theta$，而且 $S_1Y_i - S_2Y_j < 0$（$\theta < 0.5$），则令 $S_1Y_i = 0$。

（3）将判定为干扰的脉冲（S_1X_i，S_1Y_i）赋为空值。

依据上述算法编写了内外信号对比法排除外部干扰信号程序，程序界面如图 3-13 所示。

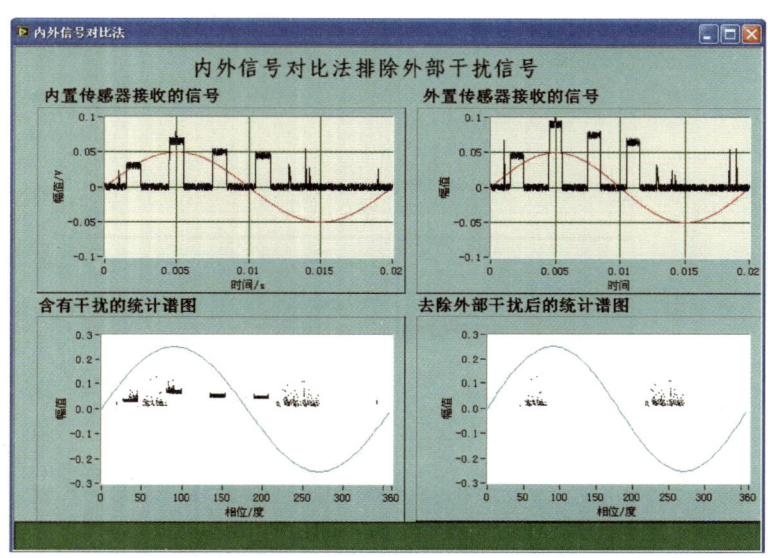

图 3-13　内外信号对比法排除外部干扰信号程序界面

3.2.1.3　仿真验证

通过建立故障放电和信号干扰的仿真模型，验证所设计的内外信号对比法的数学算法是否能够有效完成内部故障放电信号和外部干扰信号的自动区分。

根据气泡放电和手机信号的局部放电特高频检波信号的波形特征，通过 LabVIEW 仿真环境建模，仿真生成气泡放电信号迭加手机干扰信号和外部放电干扰脉冲信号的特高频检波信号波形。如图 3-14（a）（b）所示分别为仿真内置传感器和外置传感器接收的信号。设定外置传感器接收的手机信号和外部干扰信号的幅值大于内置传感器接收到的相应信号的幅值。提取超过阈值的放电脉冲的相位和幅值信息，按照上述设计的数学算法采用软件自动排除外部干扰信号，如图 3-14（c）所示为排除外部干扰后保留的真实放电脉冲信号。

对排除干扰后的波形进行统计分析，得到了放电信号的统计谱图，从而说明排除干扰后的波形经过统计分析不会导致局部放电信号的统计特征发生变化，含有气泡放电和手机干扰的统计谱图和排除手机干扰后的统计谱图如图 3-15 和图 3-16 所示。与未经过排除干扰的统计谱图相比，排除干扰后的统计谱图能够有效地保留气泡放电的放电特征，并且剔除了手机干扰信号。

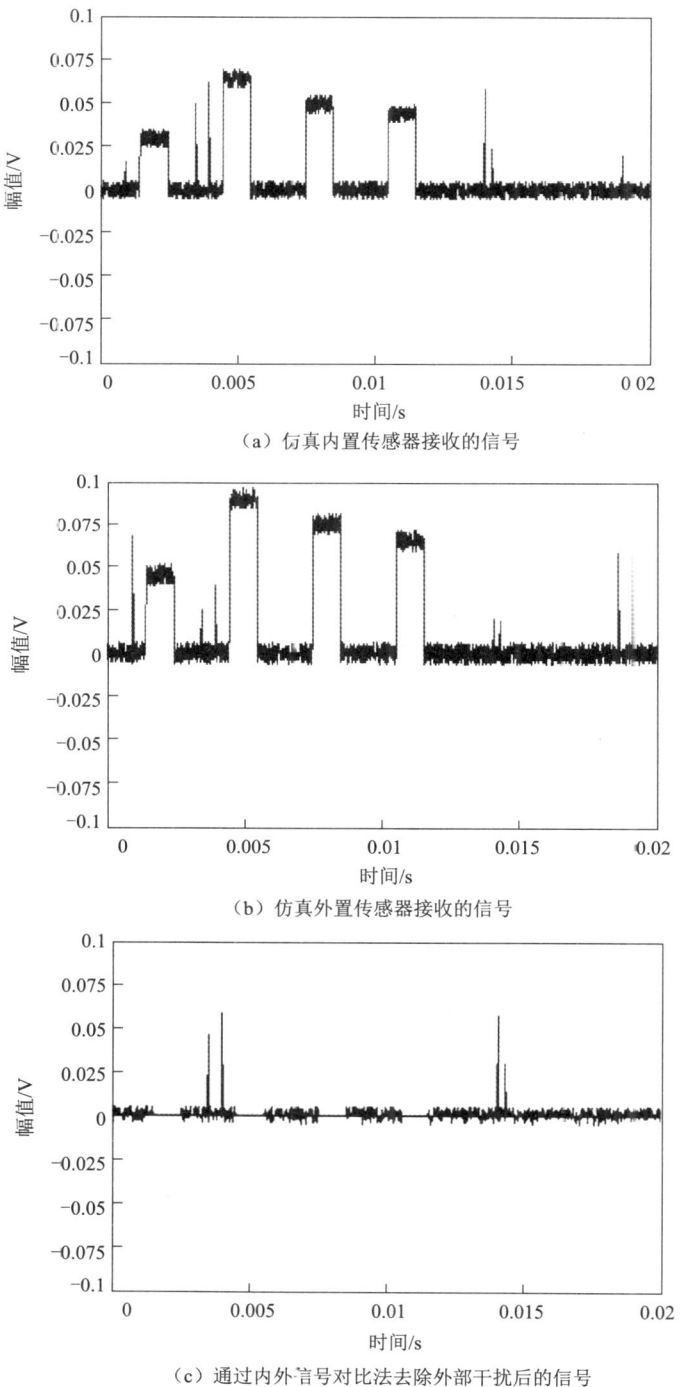

图 3-14　内外信号与应用对比法排除干扰后的信号

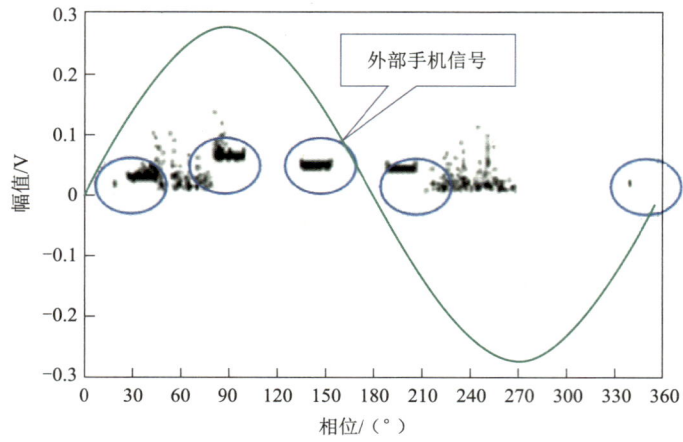

图 3-15　含有气泡放电与手机干扰的统计谱图

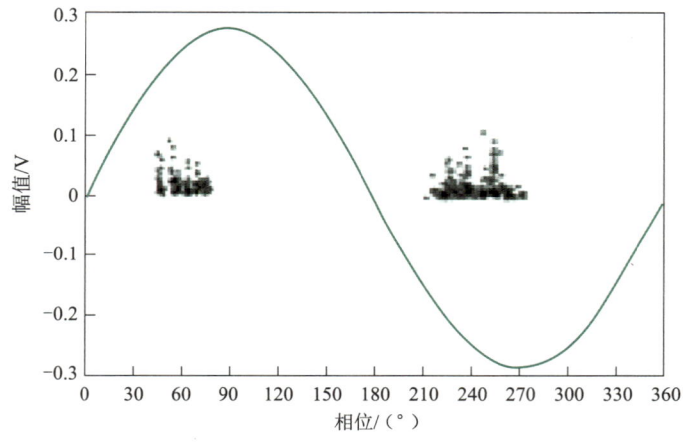

图 3-16　排除手机干扰后的统计谱图

3.2.2　信号多周期分析法

　　信号多周期分析法是用于排除连续的周期性脉冲干扰的一种方法。周期性脉冲干扰在一个工频周期上出现的相位相对固定且变化幅度很小，如由电弧炉变压器中的拉弧、熄弧产生的放电干扰、周期性火花放电干扰等，而局部放电信号的幅值和相位都具有一定的随机性，在某段相位范围内以概率形式出现。另外，周期脉冲干扰比局部放电信号的持续时间长，图 3-17 所示为对规模化风光储电站内随机一台变压器进行局部放电检测时测得的周期性脉冲干扰信号。信号多周期分析方法就是利用周期性干扰的这些特点，判断在连续几个工频周期内，脉冲信号是否在固定的相位位置出现，幅值和波形是否几乎不变，来检测周期脉冲干扰信号，最后在采集信号中把它剔除。

3.2.2.1　排除周期性脉冲干扰的算法设计

　　为了实现周期性干扰信号的自动判别与排除，本节设计了信号多周期分析方法的数学

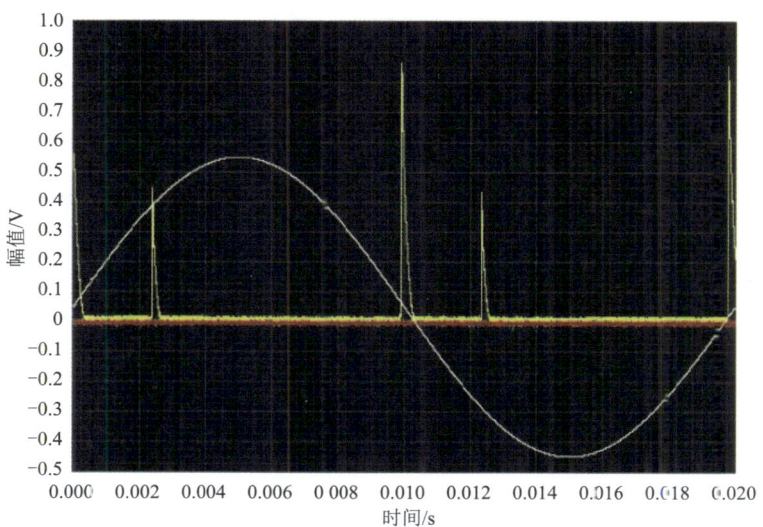

图 3-17 变压器局部放电检测中测得的周期性脉冲干扰信号

算法。算法的具体实现步骤如下：

（1）对于连续采集到的 5 个工频周期内的特高频信号，根据一定的阈值和脉宽提取 5 个周期内所有脉冲的相位。

（2）以 S_iX_j、S_iY_j 表示位于第 i 个工频周期内的第 j 个脉冲的相位和幅值（$i=1, 2, 3, 4, 5$；$j=1, 2, 3, \cdots, n$）。令 $\phi<0.5$，如果每个周期都存在一个脉冲，满足式（3-1）~ 式（3-5）：

$$|S_1X_{j1}-S_iX_j|<\phi \tag{3-1}$$

$$|S_2X_{j2}-S_iX_j|<\phi \tag{3-2}$$

$$|S_3X_{j3}-S_iX_j|<\phi \tag{3-3}$$

$$|S_4X_{j4}-S_iX_j|<\phi \tag{3-4}$$

$$|S_5X_{j5}-S_iX_j|<\phi \tag{3-5}$$

（3）使 $S_1Y_{j1}=S_2X_{j2}=S_3X_{j3}=S_4X_{j4}=S_5X_{j5}=0$。

依据上述算法编写了信号多周期分析法排除周期性干扰的程序，程序界面如图 3-18 所示。

3.2.2.2 仿真验证

通过建立故障放电和信号干扰的仿真模型，验证所设计的信号多周期分析方法的数学算法是否能够有效完成内部故障放电信号和外部干扰信号的自动判别。

为了验证所设计算法的有效性，根据周期性脉冲干扰信号与气泡放电的特点，在 LabVIEW 环境下仿真生成周期性脉冲干扰信号与气泡放电信号同时存在的特高频检波信号波形，如图 3-19 所示。

将图 3-19 中的数据经过上述数学算法处理后，发生在电压过零处的周期性干扰信号被排除，同时保留了气泡放电的放电脉冲信号，排除周期性脉冲干扰信号后的气泡放电特高频检波信号波形如图 3-20 所示。

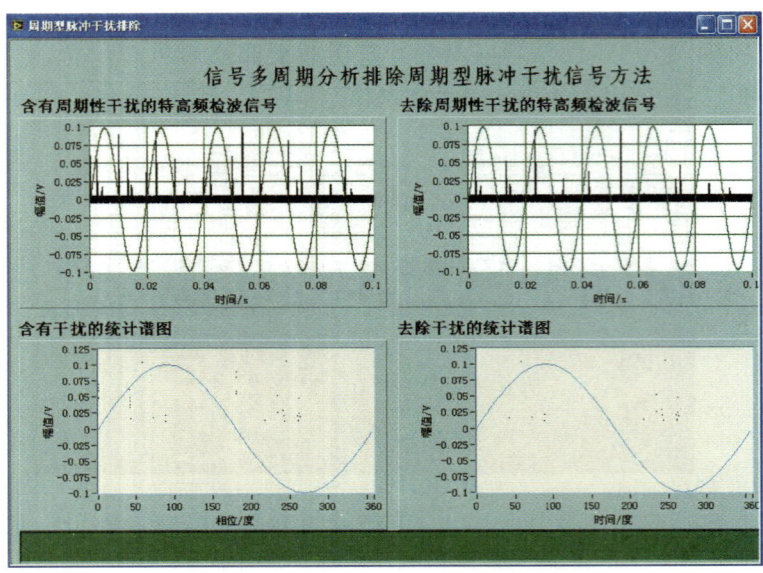

图 3-18 信号多周期分析法排除周期性干扰程序界面

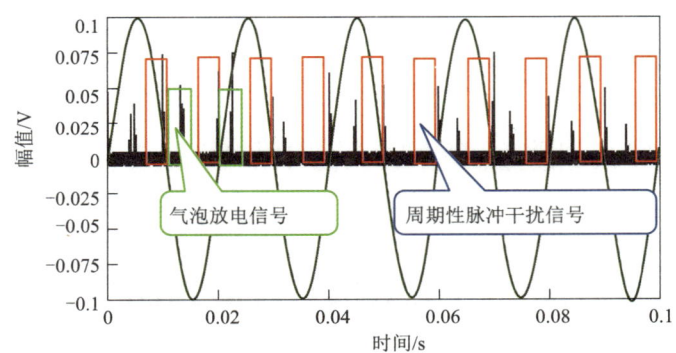

图 3-19 含有周期性脉冲干扰与气泡放电信号的特高频检波信号波形

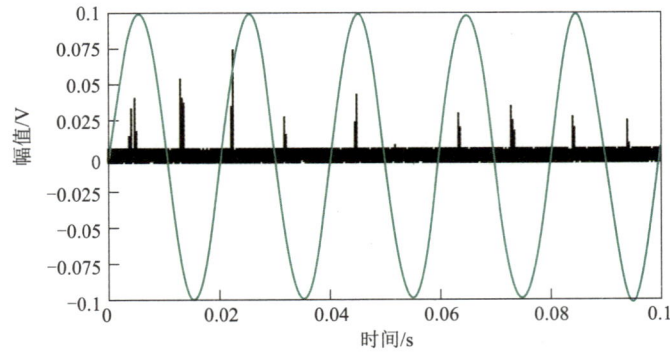

图 3-20 排除周期性脉冲干扰信号后的气泡放电特高频检波信号波形

对排除干扰后的波形进行统计分析,从放电统计谱图上看,也相应地消除了周期性脉冲干扰信号对统计结果的影响。含有周期性干扰的气泡放电统计谱图如图 3-21 所示,排除周期性干扰的气泡放电统计谱图如图 3-22 所示。

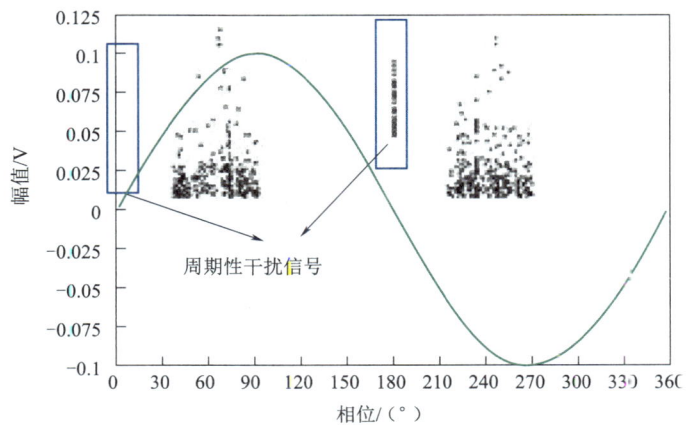

图 3-21 含有周期性干扰的气泡放电统计谱图

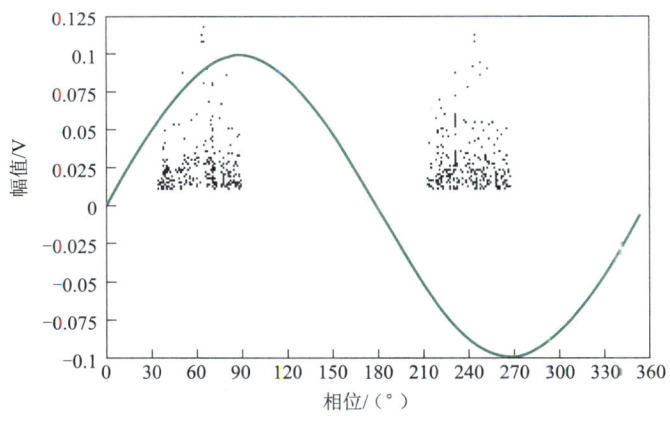

图 3-22 排除周期性干扰的气泡放电统计谱图

3.2.3 随机性脉冲干扰的排除方法

随机性脉冲信号是指偶发性的干扰脉冲信号,如变电站现场隔离开关操作引起的电弧放电信号、监测系统中的触发器开关动作信号以及变压器内部非放电故障引起的随机干扰信号等。这类干扰脉冲信号在相位分布以及幅值分布上比较分散,没有任何规律性。图 3-23 所示为现场检测到的两种随机脉冲干扰检波波形。针对这类干扰信号的特点,本节提出了以下两种聚类方法来剔除此类干扰。

3.2.3.1 基于网格和密度聚类算法的随机脉冲排除方法

局部放电信号在相位和幅值的分布上都具有一定的特征,在局部放电统计谱图上放电脉冲在相对稳定的区域范围内构成一个或几个密集的簇。而随机干扰脉冲信号具有偶发性

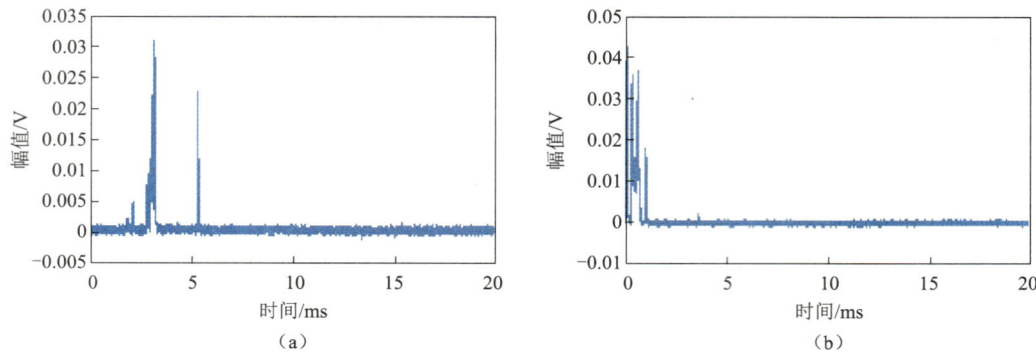

图 3-23　现场检测到的两种随机脉冲干扰检波波形

的特征，而且其相位、幅值分布分散，在统计谱图上则构成分布分散的稀疏区域。基于网格和密度的聚类算法可以将任意形状的簇聚集在一起，同时又能将分布分散的数据点剔除，因此本节采用基于网格和密度的聚类算法作为排除随机性脉冲干扰信号的一种方法。

1. 算法原理

基于网格和密度的聚类算法首先利用网格化的思想，对检测脉冲信号相位和幅值数据空间进行初始划分，以划分后的数据空间代替原始的数据空间。然后将数据点从原始数据空间中映射到网格化的数据空间中，同时进行必要的统计信息的记录和计算，作为相应网格单元的特征值。根据得到的网格单元统计信息，计算出网格单元密度属性的最优二划分，使得位于划分值两边的网格单元的密度差保证最大，最有利于区分网格单元。排除那些不具有脉冲信息的空白网格和稀疏的噪声网格，而后将那些具有较高密度的稠密网格单元聚类成原始的簇核心，得到簇标号。若待定网格单元中的数据点的邻居有可以扩展的簇核心，则进行归并，将之与已有的簇核心扩展成更加完整的簇，否则进行噪声处理。算法的具体步骤如下：

（1）划分数据空间。对有脉冲信号相位和幅值信息的数据空间根据网格单元间隔值进行数据空间转换，为算法的主体执行完成预处理工作。

（2）读取数据。将数据点映射到网格化的数据空间中，为数据点分配网格单元标号，并完成网格单元结构的统计信息，包括网格单元的密度等。保存数据点的网格单元隶属关系，完成数据空间的初始化过程。

（3）标记空白网格单元。经过数据空间初始化并计算网格单元统计信息之后，算法将对搜索空间进行优化，排除掉那些零密度的空白网格，可以在计算密度阈值之前减少算法的搜索空间，提高算法执行速度。

（4）计算网格单元的密度期望。计算网格单元的密度期望的目的同样是简化后续网格单元密度阈值的计算。稠密网格单元的密度一般大于整个数据空间的平均密度。计算这一值的好处是，在计算密度阈值时只需从平均密度值开始扫描即可，而不需要从记录起始位置开始，节省了算法的计算量。

（5）识别簇核心网格单元。对于一个密度大于 $cellds$（密度阈值）的网格单元，首先搜索其邻居是否有同样密度大于 $cellds$ 的网格单元。

若该网格单元没有核心网格单元为邻,则分配新的簇标号,表示发现一个新的簇核心,同时进行下一个核心网格单元的遍历。

若有核心网格单元为邻,则比较两者的簇标号。

当簇标号不同时,操作后的簇标号以较小的标号为准。也就是说,将标号较大的网格单元所对应的簇标号改成标号较小的网格单元所对应的标号;若相同,则表示之前已经进行过比较修改操作,此时无需再次修改。

这样按照广度优先遍历,直到没有未遍历的核心网格单元为止。

(6) 输出聚类结果。算法最终将随机干扰脉冲点从统计结果中排除,并把反映放电特征的脉冲信号提取出来。

2. 密度阈值的自适应选取

本节利用网格单元密度最优划分方法来确定网格单元的密度阈值,此方法可以取代相对主观的用户输入。密度阈值选取过小,很可能将位于簇边缘的包含了噪声点的网格单元选进核心网格单元集合,从而导致错误的簇合并;如果密度阈值选取过大,会产生大量孤立碎片,影响排除干扰脉冲信息的效果。最优密度阈值的计算步骤如下:①计算网格单元平均密度,公式为 $meands = N/n$,N 为总的脉冲点数,n 为所划分的网格数;②将各网格单元密度值 $cellds_i$ 进行升序排列;③从 $meands$ 开始,计算当前值与下一值之差,如果 $cellds_{i+1} - cellds_i > cellds_i - cellds_{i-1}$ 成立,则 $cellds_i$ 为最优的密度阈值 $opcellds$。

3. 算法实现与验证

本节基于 LabVIEW 编程实现了该算法,基于网格和密度聚类算法的程序框图如图 3-24 所示。程序的输入为从单次周期波脉冲信号中所提取的相位和幅值数组(φ_i 和 V_i)。

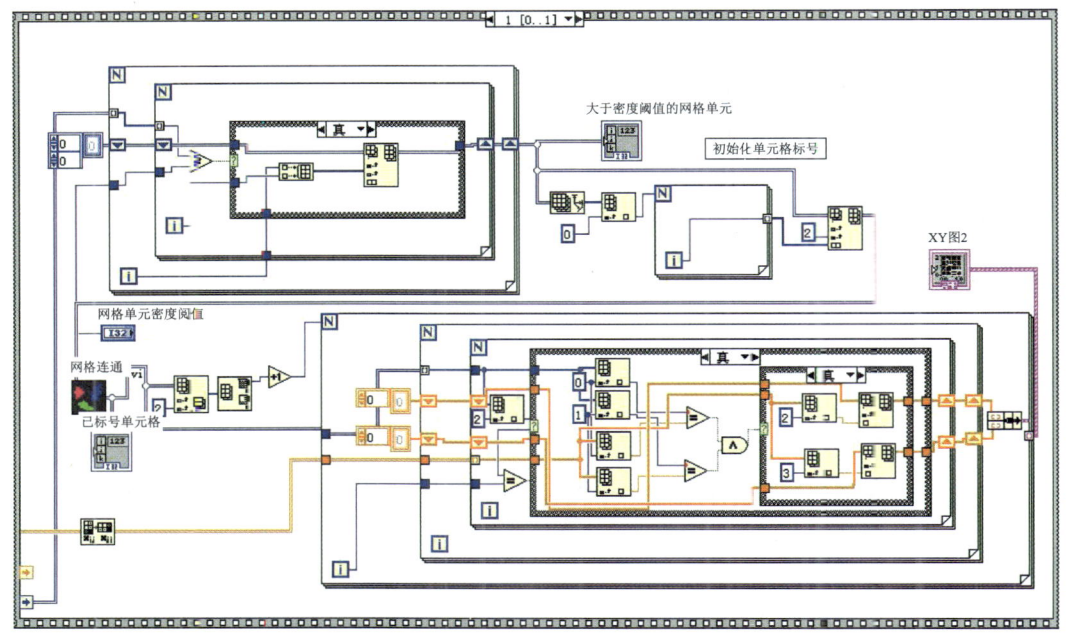

图 3-24 基于网格和密度聚类算法的程序框图

为了验证算法的有效性以及所编写的程序的正确性,将现场检测到的一些随机干扰信号与实验室局部放电试验检测的放电信号混合在一起,通过所编写的程序对其进行分析来考核此方法排除随机干扰信号的效果。

(1) 气泡放电信号夹杂随机脉冲干扰信号的情况。

验证数据来自天津干式变压器厂的干式变压器局部放电测试,测试设备如图 3-25 (a) 所示。试验检测证明其局部放电故障类型为浇注环氧树脂绝缘内部气泡放电,局部放电信号的统计谱图如图 3-25 (b) 所示。

(a) 干式变压器局部放电测试设备图

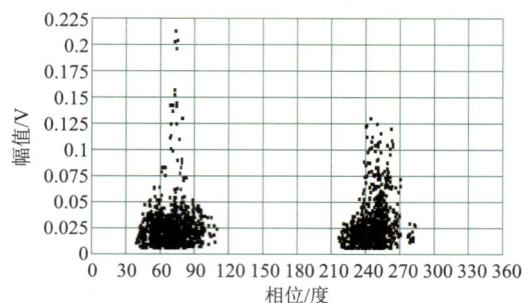
(b) 局部放电统计谱图

图 3-25　天津干式变压器特高频局部放电测试设备及局部放电信号的统计谱图

将现场检测到的随机脉冲干扰信号(见图 3-26)人为添加到上述试验局部放电信号当中,通过对含有随机干扰的信号进行脉冲提取,得到含有随机脉冲干扰的局部放电信号统计谱图,如图 3-27 所示。

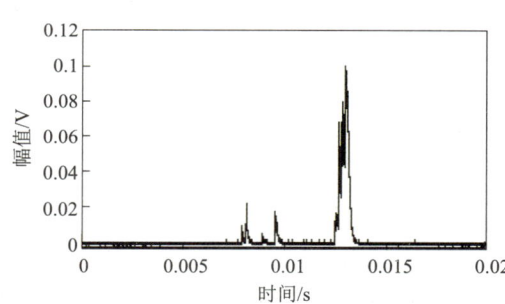

图 3-26　现场检测到的随机脉冲干扰检波波形

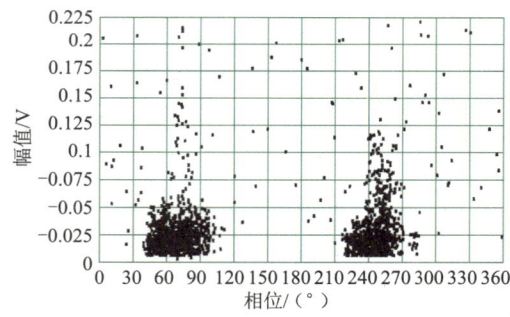

图 3-27　含有随机脉冲干扰的局部放电信号统计谱图

利用上述基于网格和密度的聚类算法,将含有随机性脉冲干扰信号的统计数据输入设计好的程序,排除随机脉冲干扰前后的局部放电统计谱图如图 3-28 所示。该算法可以有效地剔除相位和幅值分布分散的随机干扰脉冲,另外,该算法虽然可能将真实的放电脉冲剔除,但是可以最大限度保留放电脉冲的相位和幅值信息。排除随机脉冲干扰后的统计谱图同样能够反映局部放电故障的放电特征,不会影响到放电类型识别等后续的诊断效果。

(2) 悬浮放电信号夹杂随机脉冲干扰信号的情况。

为了进一步验证算法对其他任意形状的密集簇能够有效地提取,选取悬浮放电模型的

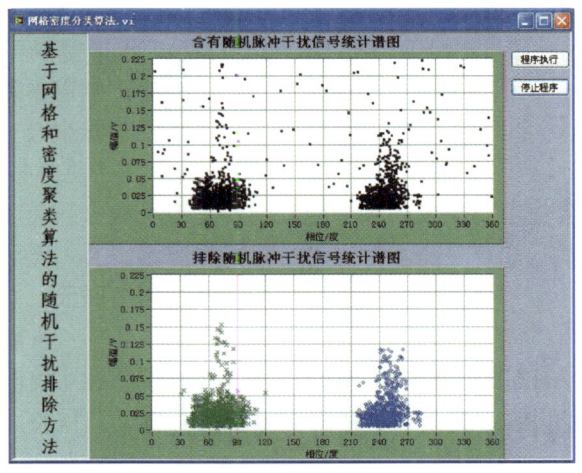

图 3-28　排除随机脉冲干扰前后的局部放电统计谱图

局部放电试验数据来检验算法的有效性。验证数据为空气中高压导体上的悬浮放电模型[见图 3-29（a）]的局放试验检测数据，图 3-29（b）为试验系统的数据采集软件界面。图 3-30 所示为试验测得的悬浮放电模型单周期特高频局部放电检波波形和悬浮放电信号统计谱图。

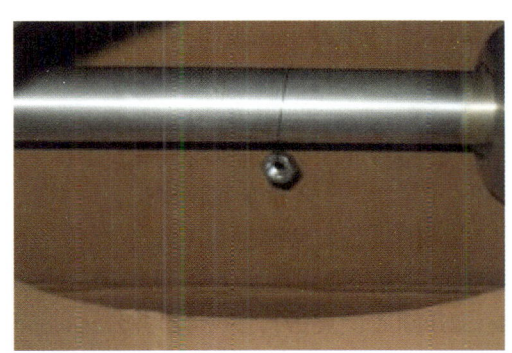
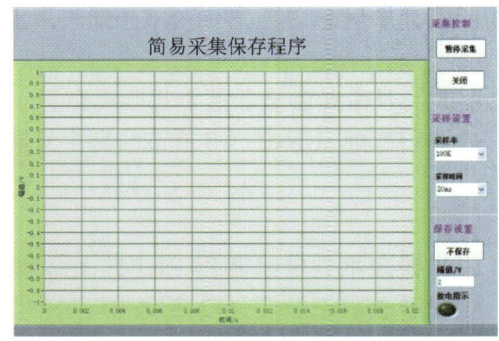

（a）高压导体上的悬浮放电模型　　　　　　（b）数据采集软件界面

图 3-29　悬浮放电模型与数据采集软件界面

同样将一些现场测得的随机干扰脉冲信号加入到放电模型产生的局放信号中，如图 3-31 所示为含有随机脉冲干扰的悬浮放电统计谱图。

将此包含脉冲信号相位和幅值信息的统计数据输入程序，剔除随机脉冲干扰。剔除随机脉冲干扰前后的悬浮放电统计谱图如图 3-32 所示。由图 3-32 可见，构成三个密集簇的脉冲数据被保留下来，而随机干扰脉冲数据则被剔除。

3.2.3.2　基于模糊聚类分析的随机脉冲干扰信号排除方法

1. 模糊聚类的原理与方法

模糊聚类即用模糊的方法来处理聚类问题，通过提取特高频信号波形特征，采用基于目标函数的方法通过优化迭代算法分成若干类，得到相应的聚类中心。具体的算法步骤

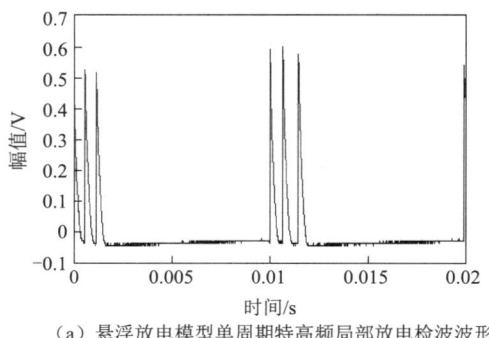
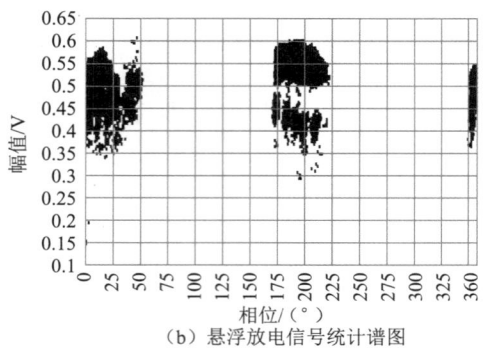

（a）悬浮放电模型单周期特高频局部放电检波波形　　（b）悬浮放电信号统计谱图

图 3-30　试验测得的悬浮放电模型单周期特高频局部放电检波波形和悬浮放电信号统计谱图

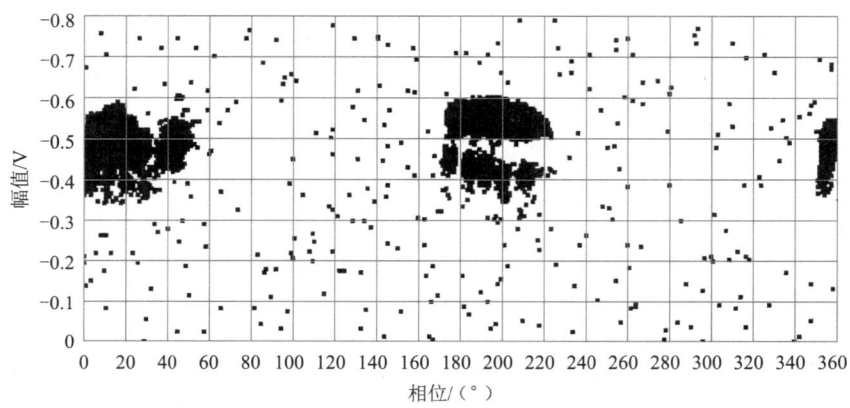

图 3-31　含有随机脉冲干扰的悬浮放电统计谱图

如下：

（1）确定聚类指标集 $J=(1,2,\cdots,a)$，J 为单周波脉冲信号的特征参数。

（2）令 $X=(x_1,x_2,\cdots,x_n)$ 为 n 个特高频信号样本的集合，建立样本矩阵并进行标准化使得数据 u_{ik} 在 [0, 1] 内。

$$u_{ik}=\begin{pmatrix} u_{11} & u_{12} & u_{1a} \\ u_{21} & u_{22} & u_{2a} \\ \vdots & \vdots & \vdots \\ u_{n1} & u_{n2} & u_{na} \end{pmatrix} \quad (3-6)$$

$p_i(i=1,2,\cdots,c)$ 表示第 i 类的聚类原型矢量，c 是需要划分的类数，模糊聚类目标函数 J_m 的表达式如下：

$$J_m(U,P)=\sum_{k=1}^{n}\sum_{i=1}^{c}(u_{ik})^m(d_{ik})^2 \quad (3-7)$$

式中：m 为加权指数。

在上述目标函数中，样本 x_{ik} 与 d 类的聚类原型 p_i 之间的距离为：

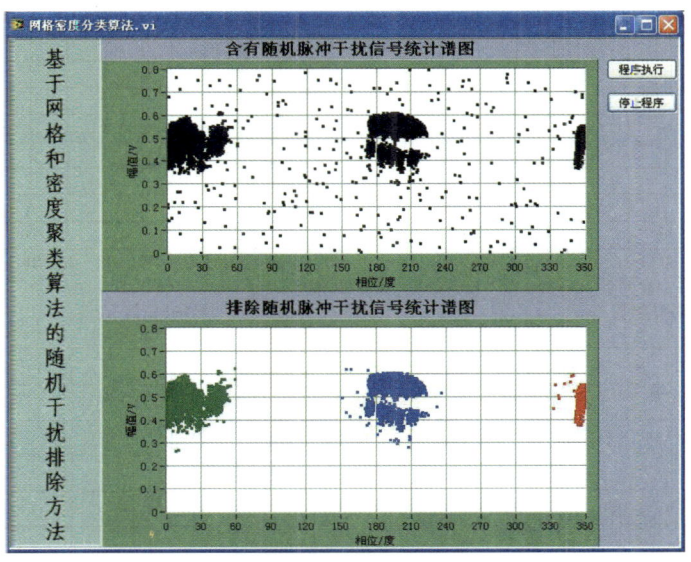

图 3-32　剔除随机脉冲干扰前后的悬浮放电统计谱图

$$(d_{ik})^2 = \| x_k - p_i \| \tag{3-8}$$

给定聚类类别数 c，初始化聚类原型 p 后，利用式（3-9）、式（3-10）迭代计算确定最佳模糊分类矩阵和聚类中心，根据最佳模糊分类矩阵将信号分成 c 类。

$$u_{ik} = \frac{1}{\sum_{j=1}^{c} \left(\frac{d_{ik}}{d_{jk}}\right)^{\frac{2}{m-1}}} \tag{3-9}$$

$$p_i = \frac{1}{\sum_{k=1}^{n} (u_{ik})^m} \sum_{k=1}^{n} (u_{ik})^m x \tag{3-10}$$

2. 聚类统计排除随机干扰信号的方法

利用模糊聚类排除随机脉冲干扰信号的方法不同于基于网格和密度聚类算法的随机干扰信号排除方法，基于网格和密度聚类算法的随机干扰信号排除方法是针对脉冲信号的相位和幅值数据，通过聚类将随机干扰信号排除并把真实放电脉冲的相位和幅值信息提取出来。而采用模糊聚类排除随机干扰是针对工频周期 20ms 内的脉冲信号波形，通过聚类将波形特征不同的工频周期内的波形分离开来，进而再通过判断每类波形数量的多少，根据随机脉冲信号发生次数较少这一特点来排除干扰。下面介绍具体的实现方法。

1）聚类指标的选取

为了提取能够有效表征局部放电特高频检波波形特点的特征参数，达到最优的聚类效果，针对图 3-33 所示的单个工频周期上的特高频检波脉冲波形，提取其脉冲信号的起始相位、平均幅值、最大幅值、正负半周幅值之比、脉冲信号最小时间间隔、脉冲次数等参数。

从变压器大量的现场特高频检测数据中，选取 1000 组数据作为模糊聚类样本，提取上述六个特征参数，采用模糊聚类的方法通过选择不同的特征参数组合对所有特高频检波

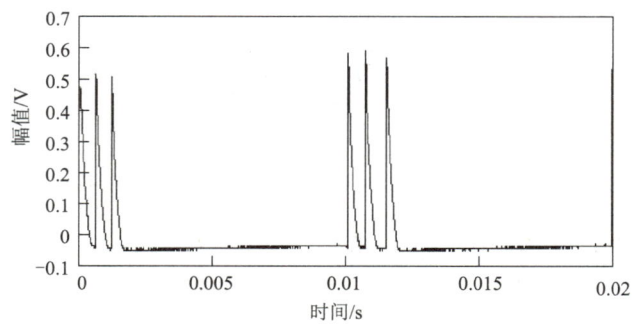

图 3-33　单个工频周期上的特高频检波脉冲波形

信号进行聚类，观察选取不同特征参数组合时的分类效果，如图 3-34 所示（在图 3-34 中，各参数值是以 1000 组数据中的最大值为基准的归一化值，无单位）。图 3-34（a）为选择脉冲最大幅值、脉冲时间间隔、脉冲次数作为聚类特征参数的分类情况；图 3-34（b）为选择脉冲起始相位、脉冲平均幅值、脉冲次数作为聚类特征参数的分类情况。从图中可以看出，选择脉冲最大幅值、脉冲时间间隔、脉冲次数作为聚类特征参数时，数据点成线性分布，不能构成密集簇，分类效果不理想；选择起始相位、脉冲平均幅值、脉冲次数作为聚类特征参数时，数据点构成密集的簇，分类效果明显，因此本节采用这三个特征参数作为聚类指标。

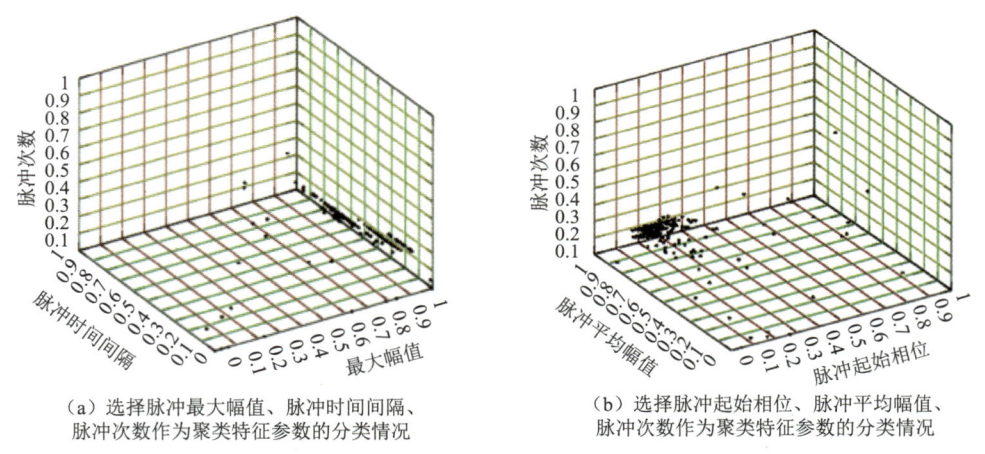

（a）选择脉冲最大幅值、脉冲时间间隔、脉冲次数作为聚类特征参数的分类情况

（b）选择脉冲起始相位、脉冲平均幅值、脉冲次数作为聚类特征参数的分类情况

图 3-34　选取不同特征参数组合时的脉冲分类效果

2）干扰信号排除方法

下面给出判别是否为随机干扰的原则：对于经过模糊聚类分析得到的各类信号，以 $N(P_i)$ 表示第 i 类的周波信号的数量，如果满足式（3-11），则判定此类信号为随机干扰。

$$N(P_i) \leqslant \sum_{m=1}^{c} \frac{N(P_m)}{1000} \tag{3-11}$$

式中：c 为类别数目。

在对一定时期内所采集的脉冲进行模糊分类,如图 3-35(a)所示。篮圈区域内构成密集簇的数据被分为一类,这一类信号的波形的脉冲出现的起始相位、幅值和放电次数具有规律性,而且出现次数较多,因此将其判断为放电信号。对这一类信号进行统计分析得到图 3-35(c)所示的放电模式谱图。

对于图 3-35(a)中红圈范围内的各类信号,其数据较少而且分布分散,波形特征与蓝圈范围内的波形特征相差较大,因此将其判定为奇异类,即随机的干扰信号。

图 3-35(b)为白红圈范围中提取的随机干扰信号的波形。

图 3-35(d)为试验测得的高压导体上金属尖端放电模型的放电波形,从波形特征上看与图 3-35(b)中随机干扰信号极为相似,由此可知此类随机干扰可能为变压器箱体外部高压导体上的金属尖端放电干扰串入监测系统的干扰信号。

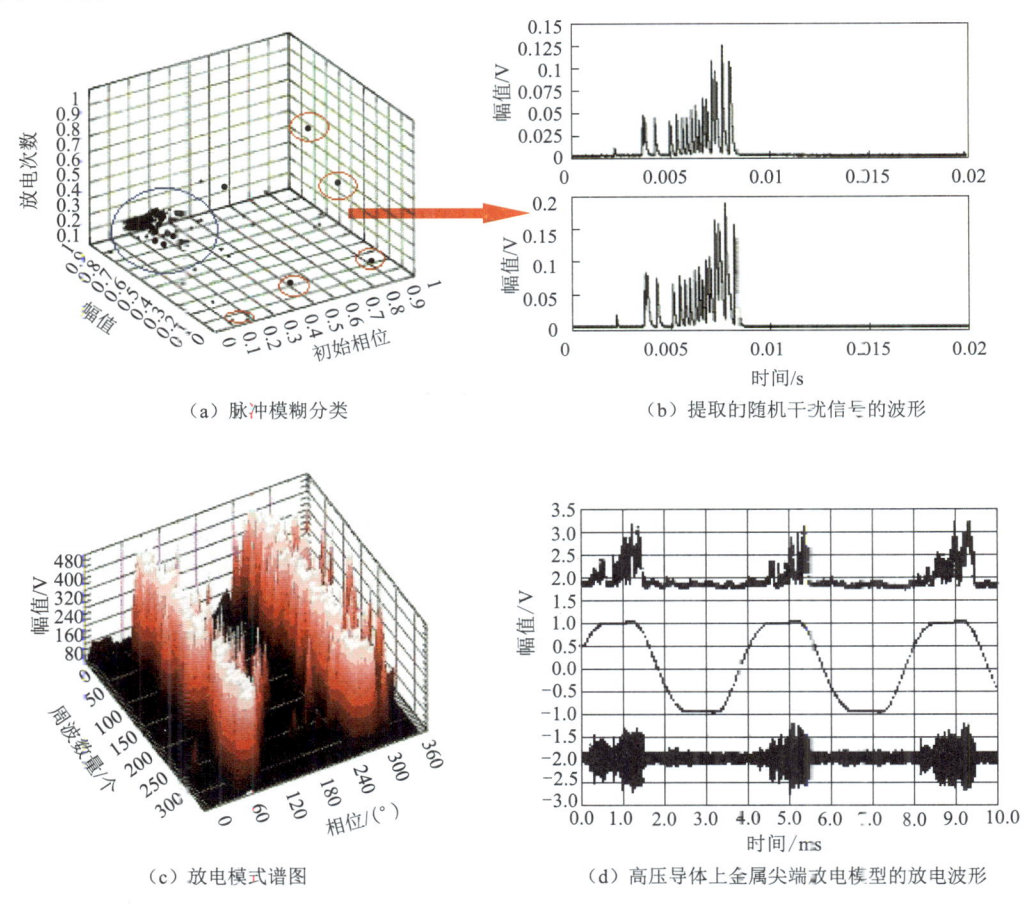

(a)脉冲模糊分类　　　　　　　　(b)提取的随机干扰信号的波形

(c)放电模式谱图　　　　　　　(d)高压导体上金属尖端放电模型的放电波形

图 3-35　随机脉冲干扰分类、判别与排除

3.3　规模化风光储电站脉冲电流干扰源与统计特征

实际测量中,局部放电信号往往表现出不同的特征,脉冲电流干扰信号更是多种多样。只有了解各类干扰的时频特征、来源和传播途径,才能有针对性地选取合适的去噪方

法，在有效抑制干扰的同时尽量减小信号失真，达到抗干扰的目的。本节通过选取规模化风光储电站内典型测试点，采用高频电流传感器，通过示波器和高频局部放电检测仪对变电站高频电磁干扰信号的特征和来源进行研究，积累相关数据，为后续采取针对性的抗干扰措施打下基础。

3.3.1 脉冲电流干扰源现场测量方法

根据规模化风光储电站现场实际情况选择测试点，主要包括以下几个区域。

（1）变压器区域：变压器的外壳接地、夹件接地和铁心接地。

（2）母线区域：主要包括电流互感器、支柱绝缘子、主变压器开关、接地开关等设备的接地线。

（3）GIS 区域：电缆出线终端接地。

（4）电缆区域：包括高压电缆的户外终端接地线和电缆中间接头接地箱。

采用高频电流法对试点变电站内的测试点进行测试，现场测试过程中用到的主要设备有数字示波器、高频局放仪、特高频传感器、宽带电流传感器、高频调理器、射频电缆、笔记本电脑等。高频电流法现场测试接线示意图如图 3-36 所示。当测试信号的幅值较大时，无需接入高频调理器，将钳式高频电流传感器（HFCT）卡接在待测设备的接地线上，通过射频电缆直接接入示波器、高频局放仪的相应通道。当测试信号十分微弱甚至完全被噪声信号淹没导致示波器无法有效触发时，需将调理器接入测试回路。高频局放仪自身带有信号调理模块，无须接入调理器，根据现场情况调整其放大倍数即可。

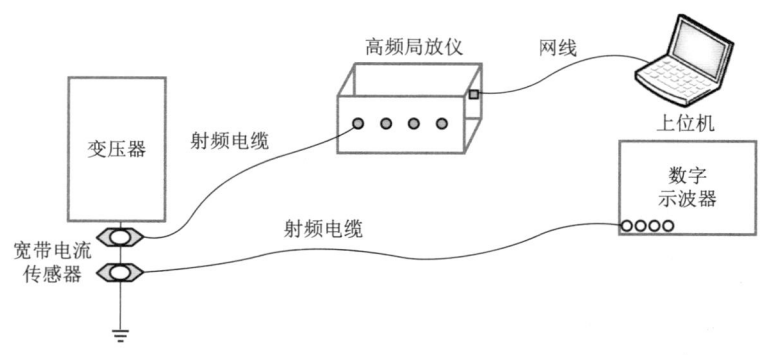

图 3-36　高频电流法现场测试接线示意图

现场测试所用的主要设备如图 3-37 所示。数字示波器是本测试中最重要的设备，用于保存现场各测点的时域波形数据，其模拟带宽为 2.5GHz，最大采样率为 20GSa/s，每个测点都保存两种数据，即单脉冲数据和序列数据。其中，单脉冲数据的个数为 100，序列数据为每屏 200。利用实验室开发的高频局放监测系统获取现场采集信号的谱图，高频检测系统主要包括便携式高频局放仪、高频电流传感器（罗氏线圈）以及射频电缆，其中高频电流传感器的检测频带为 100kHz~100MHz。特高频传感器在本测试中主要用来对干扰源进行辅助定位，其检测频带为 300MHz~2GHz，具有检测频带宽、灵敏度高的特点。

现场测试中分别对高频电流时域波形、频谱特性、统计特征进行分析。利用示波器采

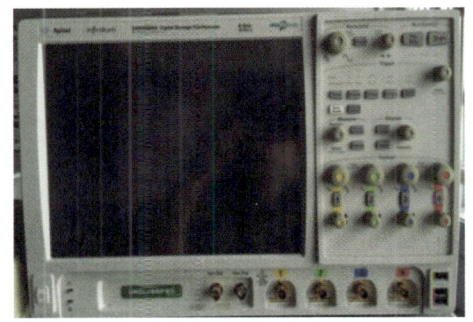
（a）数字示波器

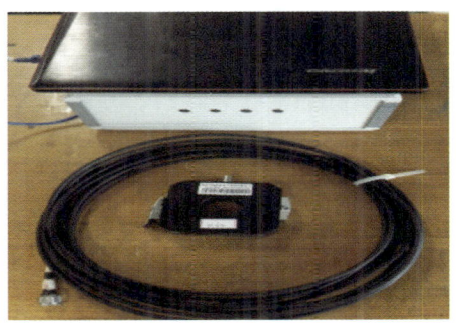
（b）高频局放检测装置

（c）特高频传感器

图3-37 现场测试所用的主要设备

集测点电气设备接地线上干扰信号的时域波形和频谱，包括周期性干扰信号的时域波形、最大幅值、强度范围和频谱分布。对于脉冲信号来说，时频特征包括信号的波形、脉冲宽度、上升沿时间、幅值以及频谱分布。统计特征主要包括不同变电站中各类干扰信号的最大峰值、强度均值、方差及分布规律，各种干扰信号的来源、类型及占比，以及信号发生时序的统计均值、峰值和方差。

3.3.2 脉冲电流干扰信号特征分析

3.3.2.1 周期性干扰信号

1. 时域特征及来源

现场测试结果表明，规模化风光储电站测点中均存在周期性干扰信号，其时域波形为连续的正弦波，选择3个测点的测试结果进行展示，分别如图3-38~图3-40所示。周期性干扰通常来自电力系统中产生的谐波、高频保护信号、载波通信及无线电广播通信等。

2. 频谱特征

我国目前有中波和短波两个大波段的调幅制（AM）无线电广播，其中，中波广播使用的频段为550~1600kHz，主要靠地波传播，也伴有部分天波；短波广播使用的频段为2~24MHz，主要靠天波传播，近距离内伴有地波。调频制（FM）无线电广播多用超短波

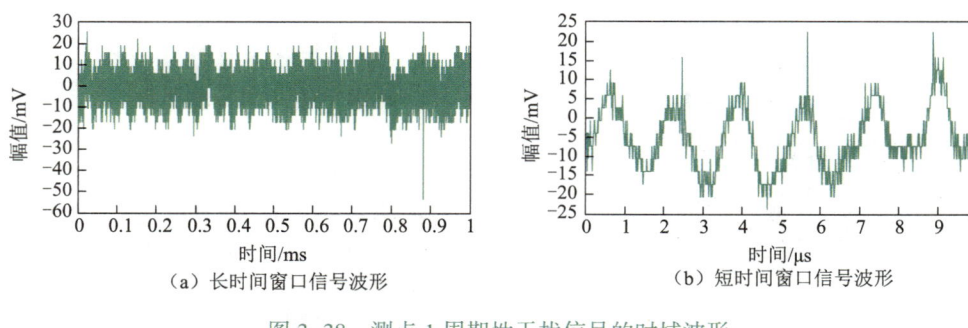

图 3-38 测点 1 周期性干扰信号的时域波形

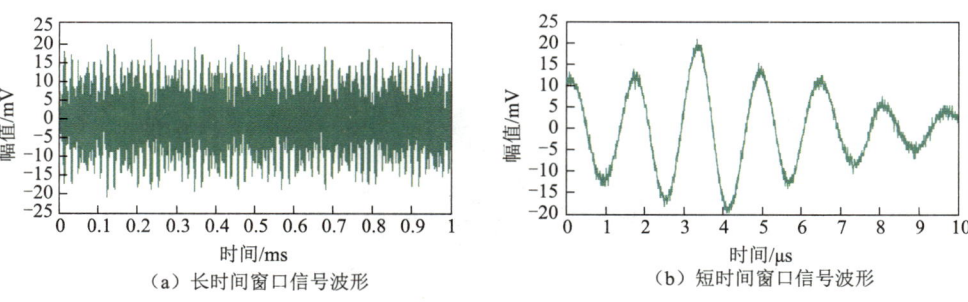

图 3-39 测点 2 周期性干扰信号的时域波形

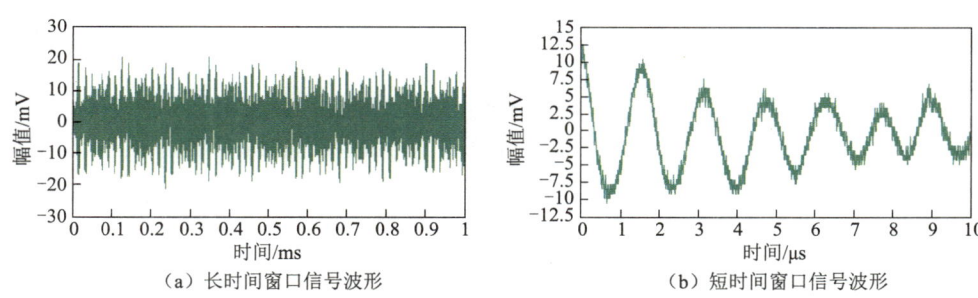

图 3-40 测点 3 周期性干扰信号的时域波形

（甚高频）无线电波传送信号，使用的频率为 88~108MHz，主要靠空间波传送信号。继电保护中的高频保护利用输电线路本身作为保护信号的传输通道，在输送 50Hz 工频电能的同时迭加输送 40~500kHz 的高频信号。经过测试发现，周期性干扰信号的能量主要分布在几个频带上，属于窄带信号，其频域波形往往是一些孤立的谱线，每条谱线对应着一个频率成分，故又称为离散谱干扰。图 3-41 所示为规模化风光储电站变压器铁心接地线上周期性干扰的频谱分布。由图 3-41 可以看出，该变电站中周期性干扰信号的频谱主要分布在 1MHz 以下，信号能量集中在 580kHz、630kHz 和 700kHz 三个频率成分上。

对规模化风光储电站内 23 个测点各取 50 个周期性干扰波形数据，对其做 FFT 变换后得到各个测点的周期性干扰信号的频带分布。可以发现，绝大多数测点的周期性干扰信号

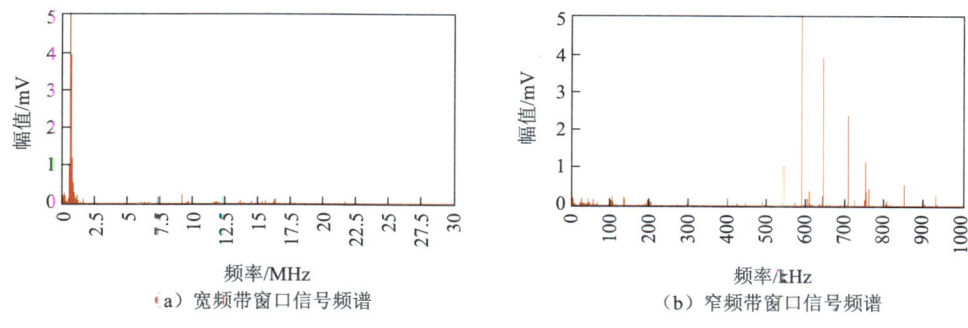

(a) 宽频带窗口信号频谱 　　　　(b) 窄频带窗口信号频谱

图 3-41　变压器铁心接地线上周期性干扰的频谱分布

的频谱分布在 1MHz 以下，个别测点的频谱在 1~2.5MHz 范围也有分布，但该频段内信号的能量较小。取各波形数据中能量最高的三个频率成分作为该变电站周期性干扰信号的分析特征，可以得到所有变电站中周期性干扰信号的频谱分布，如图 3-42 所示。

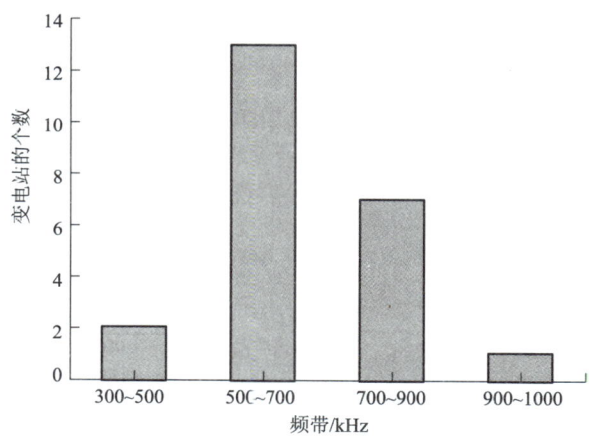

图 3-42　站内全部周期性干扰信号的频谱分布

3. 统计特征

对所有测点数据进行统计分析，可以发现周期性干扰信号的强度为 4.5~53.6mV，测试规模化风光储电站中所有测点的统计平均值为 16.5mV，各测点周期性干扰信号的幅值概率分布如图 3-43 所示。

3.3.2.2　脉冲型干扰信号

对高频电流局部放电检测来说，由于高频传感器通常套装在待测设备的接地线上，而设备以及接地引线可看作环形天线，可以耦合空间中的干扰信号，因此放电类干扰信号会对高频局放检测产生很大影响。在 23 个测点中共有 18 个测点检测到了放电类干扰信号，约占测点总数的 78.9%。这说明规模化风光储电站设备实际运行中均存在放电类的脉冲干扰信号，高频局部放电检测必须采取针对性的抗干扰措施，以实现真实局放信号与放电类干扰信号的有效分离。

通过现场测试以及后续处理分析可以发现，检测现场的放电干扰信号主要包括以下几

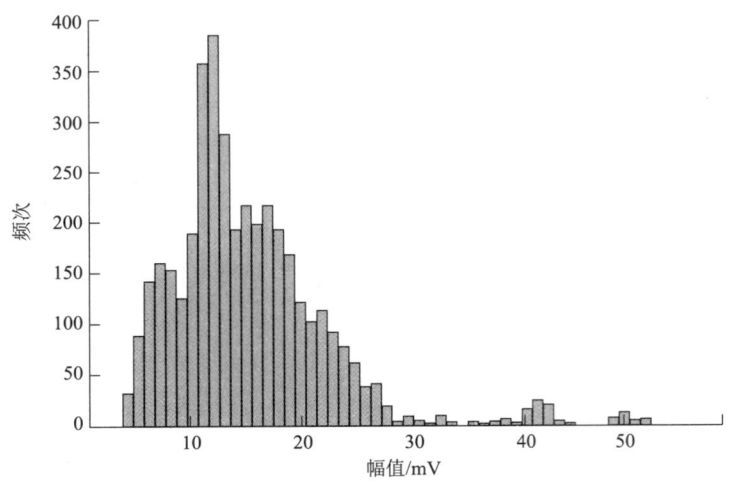

图 3-43 周期性干扰信号幅值概率分布图

种类型：电晕类放电干扰、悬浮类放电干扰和沿面类放电干扰。统计 23 个测点的实测结果，有 16 个测点存在沿面类放电干扰，占比 69.6%；10 个测点存在悬浮类放电干扰，占比 43.5%；8 个测点存在电晕类放电干扰，占比 34.8%。由此可见，沿面类放电干扰是变电站中脉冲干扰信号的主要形式。

(1) 放电干扰信号的时域和频域特征。

对同一种类型的干扰信号在每一个测试点取 20 个脉冲进行分析，得到几种典型放电干扰信号的时域统计特征，见表 3-1，表中各数据均为各测试点的所有脉冲的统计均值。

表 3-1 几种典型放电干扰信号的时域统计特征　　　　　　　　　　　　单位：ns

放电干扰类型	脉冲持续时间	上升沿	下降沿	半波宽度
沿面	38~496	11~112	15~128	33~342
电晕	45~531	23~128	43~187	46~207
悬浮	76~275	17~150	51~203	51~196

图 3-44 展示了几种典型脉冲干扰信号的时域波形和频谱，可以看出，脉冲干扰信号的上升沿一般都很小，从几十纳秒到几百纳秒不等，持续时间也较短，最长不超过几百纳秒；其频谱较窄，一般分布在 30MHz 以下，且信号能量主要集中在 5~20MHz，个别测试点也能检测到 30MHz 以上的信号。现场测试发现，一般在 220kV 及以上电压等级的变电站才会检测到电晕类放电干扰，且其幅值随电压等级的提升有一定程度的增加。

(2) 放电干扰信号的统计特征。

统计全部测试点来看，放电干扰信号的最大信号强度为 5.8~510.6mV，最大幅值均值约为 75.8mV。综合所有测试点的所有放电脉冲来看，其平均值为 24.7mV，信号的幅值

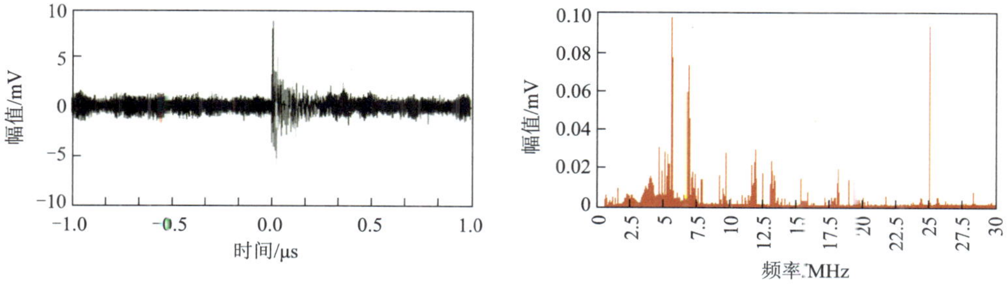

(a) 沿面类放电干扰

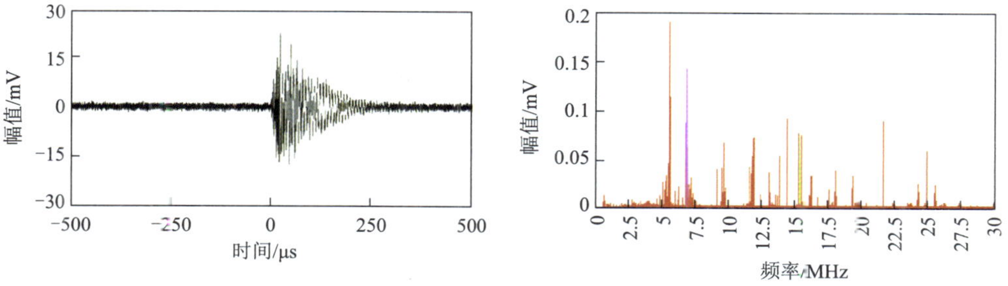

(b) 悬浮类放电干扰

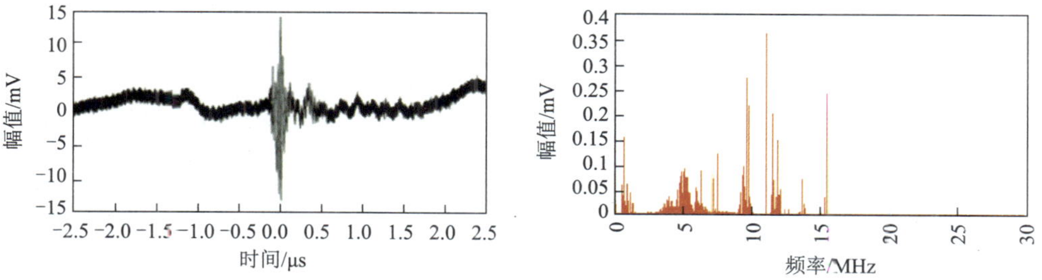

(c) 电晕类放电干扰

图 3-44 几种典型脉冲干扰信号的时域波形和频谱

概率分布如图 3-45 所示，由图 3-45 可以看出，信号幅值主要集中在 0~75mV 的范围内。

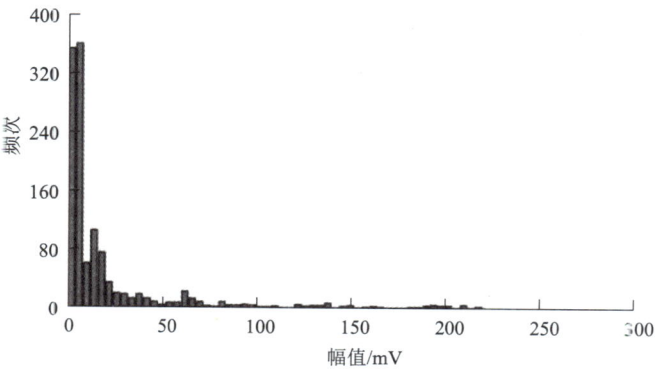

图 3-45 脉冲干扰信号的幅值概率分布

表 3-2 为典型脉冲干扰的时序统计表,其中包括最大值、最小值、均值和方差。由表中可以看出,放电干扰脉冲的时间间隔都比较短,一般在微秒级。

表 3-2 典型脉冲干扰时序统计表

放电干扰类型	最大值	最小值	均值	方差
沿面类	5.6ms	11.6μs	0.3ms	7.432×10^{-7}
电晕类	12.3ms	5.3μs	0.4ms	4.340×10^{-6}
悬浮类	7.2ms	1.1ms	2.6ms	2.796×10^{-6}

图 3-46 展示了现场测试过程中利用局部放电高频检测仪获得的几种放电干扰信号的 PRPD 谱图,其中图 3-46(a)(b)局部放电高频局放检测仪的信号调理模块具有 40dB 的增益。由图中可以看出,悬浮类放电干扰主要发生在工频相位的 0°~90°和 180°~270°,其谱图呈悬浮状;沿面类放电干扰发生在工频相位的 0°~90°和 180°~270°,其谱图呈山峰状;电晕类放电干扰发生在以 90°和 180°为中心的两个相位区间。

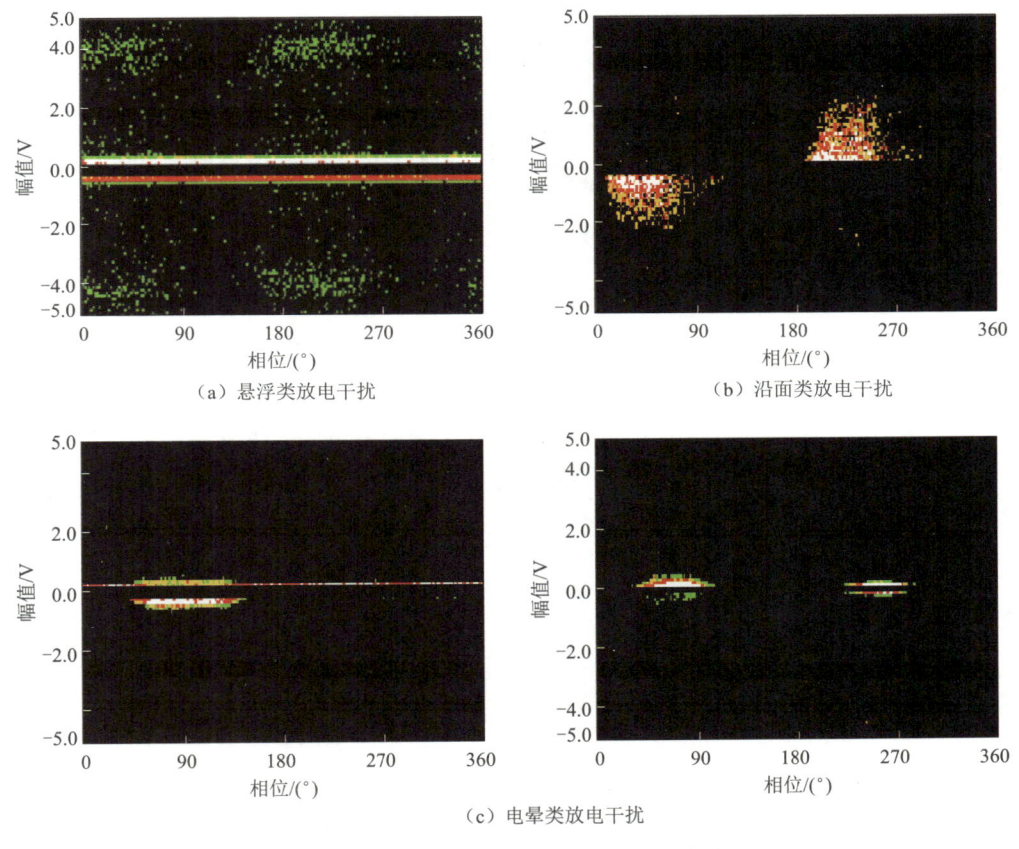

图 3-46 放电类干扰信号的 PRPD 谱图

(3) 放电干扰信号的来源。

通过现场定位测试可以发现,接地线中的沿面类放电干扰主要来源于高压设备的支柱绝缘子、出线套管等发生的沿面放电；悬浮类放电干扰主要来源于均压环与高压导体存在虚连接、高低压导体接触不良以及设备接地不良等；电晕类放电干扰主要来源于高压导体上的金属尖端放电或者高压母线的电晕放电等。

除上述周期性干扰、脉冲干扰外，检测现场还存在大量的白噪声，这种干扰通常包括各种随机噪声，如变压器绕组的热噪声，电子器件的热噪声，地网噪声，配电线路、变压器、继电保护信号线路中由于耦合进入的各种噪声以及监测系统中半导体器件的散粒噪声等。理论上，白噪声干扰的功率谱为恒定常数，分布在整个频段上。在实际应用中，若信号的频谱在较宽的频带上均为连续平缓的即可认为是白噪。图 3-47 所示是服从（0，0.52）分布的高斯白噪声的时域波形和频谱波形。

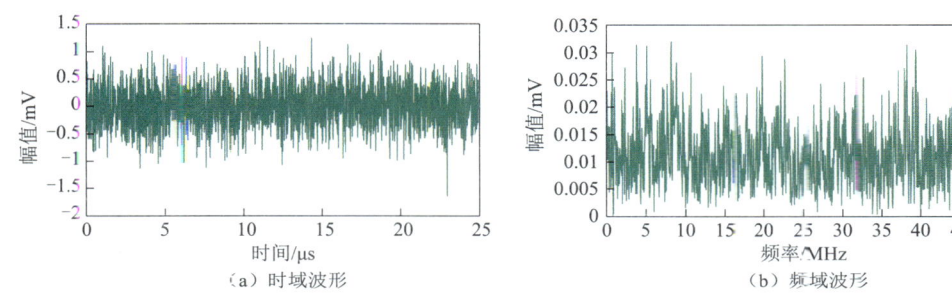

图 3-47　服从（0，0.52）分布的高斯白噪声的时域波形和频谱波形

3.4　规模化风光储电站 HF 监测中的抗干扰技术与应用

本节基于规模化风光储电站脉冲电流干扰源及统计特征，提出了基于小波分解的抗干扰方法、基于模糊 C 均值算法的脉冲聚类分类抗干扰方法、基于频带能量特征的抗干扰方法以及基于时频分析聚类分离的抗干扰方法，从算法原理、优化设计及算法验证等方面详细介绍了这四种抗干扰方法，在此基础上开展了规模化风光储电站输变电设备局部放电 HF 谱图的研究。

3.4.1　基于小波分解的抗干扰方法

小波变换是一种信号的时频分析方法，具有多分辨率分析（Multi-Resolution Analysis）的特点，在时域和频域都能很好地表征信号的局部特征。此外，小波变换对信号的突变点非常敏感，非常适合处理突变信号或非平稳信号。因此，小波变换在局部放电检测去噪研究中得到了广泛应用并取得了较好的效果。小波去噪的原理是根据信号和噪声的小波系数具有不同的尺度相关特性，采用一定的规则对含噪信号的小波系数进行选取、剔除、提取和切割等非线性处理。常用的小波去噪方法有模极大值法、小波系数相关法和阈值法。其中，阈值法因算法简单、易于实现、去噪效果好而实际应用较多。

设信号 $x(t)$ 平方可积，则其连续小波变换（Continuous Wavelet Transform，CWT）由式（3-12）给出。

$$CWT(\tau,a) = \frac{1}{\sqrt{a}} \int_{-\infty}^{\infty} x(t) \psi^* \left(\frac{t-\tau}{a} \right) \mathrm{d}t \tag{3-12}$$

式中：t 和 a 分别为平移参数和缩放参数；$\psi^*\left(\frac{t-\tau}{a}\right)$ 是 $\psi\left(\frac{t-\tau}{a}\right)$ 的共轭。

连续小波变换的离散形式是通过对时标平面进行采样获得的，离散小波变换（Discrete Wavelet Transform，DWT）由式（3-13）表示。

$$DWT(a,b) = \frac{1}{\sqrt{a}} \sum_n x(n) \psi^* \left(\frac{n-b}{a} \right) \tag{3-13}$$

基于小波变换的降噪过程主要分为以下步骤：①分解。首先选择合适的小波基和最大分解级别，然后计算每个层级的小波系数；②阈值。定义每个层级的阈值，并按选定的阈值函数对小波系数进行修正；③重构。利用修改后的小波系数，通过逆小波变换重构信号。

3.4.1.1 小波基的选择

利用小波变换对局部放电信号进行降噪所取得的去噪效果主要与三个因素有关，即小波基的选择、分解层级的确定以及阈值处理方式。其中，小波基的选择是决定去噪效果的首要因素。实际应用中大多数研究人员通过计算局部放电脉冲波形与各母小波波形之间的互相关系数来选择最佳的小波基。或者通过试错法改变小波基，依次消除噪声信号，以选择具有最佳去噪效果的小波基。互相关系数从统计角度给出了去噪信号与原始信号的相似程度，但是没有考虑小波去噪过程中引起的能量变化，因而无法正确地反映小波消噪的效果。如何在取得良好去噪效果的同时尽可能多地保留原始信号的丰富信息仍是关于小波基选择的热点与难点问题。为此，本节采用了一种改进算法，该方法使用互相关系数、能量差、方均根误差和信噪比共四个评价指标对小波降噪的效果进行量化，以选择用于局部放电信号去噪的最佳小波基。

适合局放信号消噪的小波基有 Haar 小波、Daubechies 小波（dbN，N 为小波的阶数）、Symlets 小波（symN）、Coiflets 小波（coifN）和 Biorthogonal 小波（biorNr.Nd，r 表示重构，d 表示分解）。其中，symN 小波和 dbN 小波具有较好的去噪效果，实际应用比较广泛。因此，本节将在 dbN 小波系和 symN 小波系中进行最优小波基的选择。

信噪比（Signal to Noise Ratio，SNR）的表达式如下：

$$SNR = 10\lg \frac{\sum_{i=1}^{n} f_i^2}{\sum_{i=1}^{n} (f_i - r_i)^2} \tag{3-14}$$

方均根误差（Root Mean Square Error，RMSE）的表达式如下：

$$RMSE = \sqrt{\frac{\sum_{i=1}^{n} (f_i - r_i)^2}{n}} \tag{3-15}$$

互相关系数（Cross-Correlation Coefficient，CC）的表达式如下：

$$CC = \frac{\sum_{i=1}^{n}(f_i - \bar{f}) \times (r_i - \bar{r})}{\left[\sum_{i=1}^{n}(f_i - \bar{f})\sum_{i=1}^{n}(r_i - \bar{r})\right]^{\frac{1}{2}}} \tag{3-16}$$

能量差（Energy Difference，ED）的表达式如下：

$$ED = \frac{\sum_{i=1}^{n}f_i^2 - \sum_{i=1}^{n}r_i^2}{\sum_{i=1}^{n}f_i^2} \times 100\% \tag{3-17}$$

式中：n 是待处理信号的长度；f 是原始局部放电（Partial Discharge，PD）信号；r 是去噪后的 PD 信号；f_i 是原始信号第 i 个信号点的幅值；r_i 是去噪信号第 i 个信号点的幅值；$\bar{f}$ 是原始信号的均值；$\bar{r}$ 是重构信号的均值。

基于变电站现场高频局放检测的实际需求，将采样率设置为 100MHz，并以 2500 个数据点长度作为样本数据。由于现场检测的实际放电信号成分复杂，无法确定其真实特征，为评判各小波基的去噪效果，本节采用仿真信号模拟局部放电完成小波基的筛选，并通过现场实测局部放电信号的去噪效果进行验证，最后选取最优小波基。考虑到检测现场中电气设备的接地线上可能含有多种局放信号，采用数学模型进行模拟，具体表达式如下。

单指数衰减形式：

$$f_1(t) = A_1 e^{-\frac{t}{\tau}} \tag{3-18}$$

双指数衰减形式：

$$f_2(t) = A_2(e^{-\frac{1.3t}{\tau}} - e^{-\frac{2.2t}{\tau}}) \tag{3-19}$$

单指数衰减振荡形式：

$$f_3(t) = A_3 e^{-\frac{t}{\tau}} \sin(f_c \times 2\pi t) \tag{3-20}$$

双指数衰减振荡形式：

$$f_4(t) = A_4(e^{-\frac{1.3t}{\tau}} - e^{-\frac{2.2t}{\tau}}) \sin(f_c \times 2\pi t) \tag{3-21}$$

式中：A 为信号幅值，4 个模型中信号幅值分别取 1mV、9mV、1mV 和 9mV；τ 为衰减系数，取 0.1μs；f_c 为振荡频率，取 10MHz。

根据现场实测结果，利用 4 个不同频率的正弦信号来模拟周期性窄带干扰，表达式如下：

$$g(t) = \sum_{i=1}^{4} B\sin(f_i \times 2\pi t) \tag{3-22}$$

式中：B 为窄带干扰信号的幅值；f 为干扰信号频率，分别为 300kHz、700kHz、800kHz 和 1.2MHz。另外在模拟信号上迭加分布为（0，0.52）的高斯白噪声，以模拟白噪声干扰，原始 PD 信号和迭加干扰后的 PD 信号分别如图 3-48 和图 3-49 所示。向局放信号中加入不同强度的白噪声，以生成信噪比分别为 -5dB、0dB 和 5dB 的染噪信号，并将其分别记为信号 S_1、S_2 和 S_3。

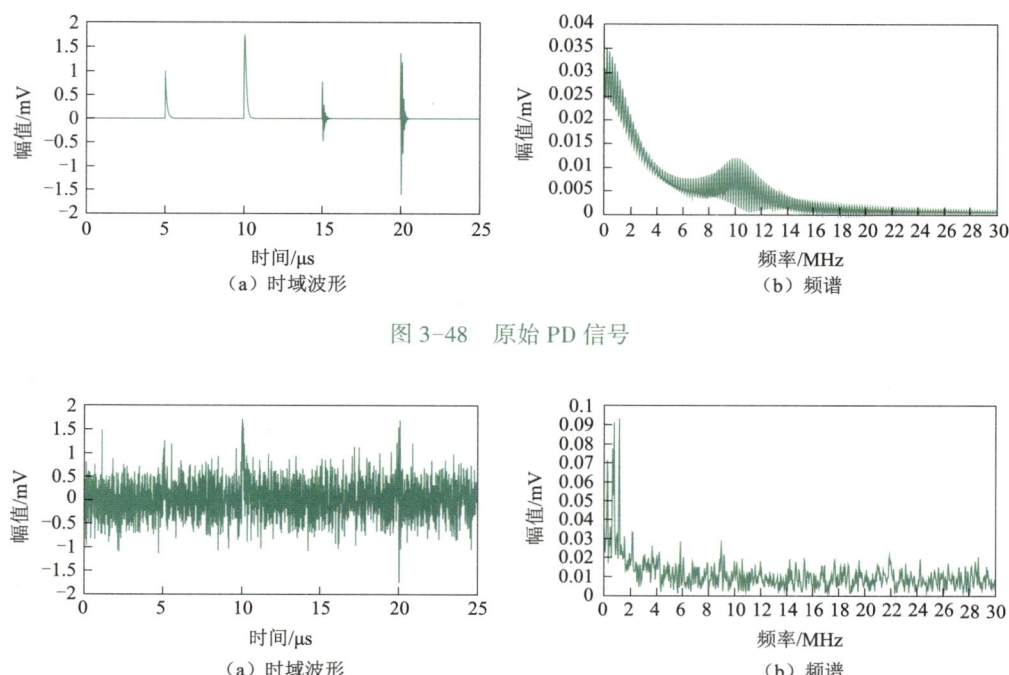

图 3-48 原始 PD 信号

图 3-49 迭加干扰后的 PD 信号

为了更准确地评估不同小波基的去噪性能，可暂时忽略分解层级和阈值处理对小波去噪效果的影响。结合已有经验，基于不同的小波基，将三个仿真信号 S_1、S_2 和 S_3 都进行 5 级分解，采用通用阈值并利用硬阈值函数对染噪的 PD 信号进行去噪，比较不同小波基的去噪效果。

表 3-3～表 3-5 分别列出了 S_1、S_2 和 S_3 三个染噪信号经过不同小波基分解降噪后所得到的四个特征参数值，粗体表示的值是最佳值。需要说明的是，为了弥补白噪声随机性对实验结果产生的影响，试验重复了 10 次，因此表 3-3～表 3-5 中所得结果均为平均值。

表 3-3 不同小波基对染噪信号 S_1 降噪后的特征参数值

小波基	CC	ED	RMSE	SNR
db2	0.7379	**27.3576**	0.0823	4.7895
db3	0.7234	27.4394	0.0931	4.6159
db4	0.7185	27.7648	0.0987	4.6624
db5	0.7381	27.5144	0.1023	4.6536
db6	0.7232	28.0846	0.0954	4.6421
db7	0.7245	27.6845	0.1009	4.5984
db8	0.7104	27.6134	**0.0814**	**4.8571**
db9	0.7127	28.5356	0.0976	4.4522

续表

小波基	CC	ED	RMSE	SNR
db10	0.7243	27.6174	0.1012	4.6043
sym2	0.7158	27.4762	0.1042	4.5867
sym3	0.7242	26.8994	0.0978	4.6479
sym4	**0.7419**	27.4179	0.0886	4.5987
sym5	0.7189	26.5674	0.0913	4.6172
sym6	0.7242	27.6217	0.0946	4.6336
sym7	0.7151	27.5895	0.1103	4.6612
sym8	0.7205	27.8136	0.1058	4.6052

表 3-4 不同小波基对染噪信号 S_2 降噪后的特征参数值

小波基	CC	ED	RMSE	SNR
db2	0.7647	**20.1576**	**0.0784**	7.7332
db3	0.7532	21.1824	0.0886	7.6128
db4	0.7414	22.1678	0.0958	7.5949
db5	**0.7859**	20.2104	0.0832	7.7312
db6	0.7375	22.1946	0.0946	7.5149
db7	0.7483	21.2275	0.0971	7.6987
db8	0.7712	20.2127	0.1018	**7.7607**
db9	0.7568	21.1966	0.1034	7.4682
db10	0.7631	21.3178	0.1123	7.5143
sym2	0.7432	20.1967	0.0985	7.4967
sym3	0.7481	20.2146	0.0976	7.4816
sym4	0.7715	20.3268	0.1072	7.5997
sym5	0.7687	21.2632	0.1107	7.6149
sym6	0.7364	20.3104	0.1038	7.6876
sym7	0.7593	21.2701	0.0989	7.7241
sym8	0.7527	20.2249	0.0976	7.7049

表 3-5 不同小波基对染噪信号 S_3 降噪后的特征参数值

小波基	CC	ED	RMSE	SNR
db2	**0.8569**	**16.3846**	**0.0728**	10.3249
db3	0.8243	16.5279	0.0819	11.1203

续表

小波基	CC	ED	RMSE	SNR
db4	0.8316	17.2147	0.0778	10.8946
db5	0.8557	16.4978	0.0751	**11.3142**
db6	0.8325	17.2524	0.0765	10.9425
db7	0.8410	17.0279	0.0827	10.5456
db8	0.8326	16.4875	0.0869	11.0124
db9	0.8217	18.7986	0.0834	10.8756
db10	0.8389	16.8564	0.0812	10.7289
sym2	0.8197	17.8749	0.0789	10.4326
sym3	0.8224	16.9126	0.0984	10.7682
sym4	0.8475	17.0849	0.0872	11.0413
sym5	0.8137	19.7557	0.0779	9.8146
sym6	0.8252	16.4529	0.0826	10.7247
sym7	0.8447	17.3852	0.0785	10.2989
sym8	0.8358	18.1134	0.0881	10.7542

3.4.1.2 最大分解层级确定

研究表明，分解层级（J）对小波滤波的去噪效果具有重要影响。若 J 选得太小，则噪声信号所对应的模极大值不能足够衰减，使得有用信号与噪声的区分变得困难；若 J 选得过大，则会失去信号的某些重要细节信息。事实上，J 越大，有用信号与噪声表现的不同特性越明显，越有利于信噪分离；但从另一方面，对于信号重构来说，分解层级越多，重构信号的失真越严重，即重构误差越大。此外，从局部放电检测所要求的数据实时监测与处理的要求出发，分解层级也不宜过多。因此，必须选择适当的 J，以兼顾上述因素。

表 3-6～表 3-8 分别列出了 S_1、S_2 和 S_3 三个染噪信号利用 db2 小波基分解降噪后所得到的四个特征参数值，以粗体表示的是最佳值。为了弥补白噪声随机性对实验结果产生的影响，表 3-6～表 3-8 中所列结果均为 10 次试验的平均值。

表 3-6 染噪信号 S_1 经不同分解层级降噪的四个特征参数值

分解层级	CC	ED	RMSE	SNR
3	0.6232	33.1824	0.1091	1.7986
4	0.6884	29.1678	0.0953	3.4592
5	0.7379	27.3576	**0.0887**	**4.7895**
6	0.7487	26.1946	0.0894	4.7013

续表

分解层级	CC	ED	RMSE	SNR
7	0.7528	26.2075	0.0893	4.6579
8	0.7516	**25.9727**	0.0898	4.3285
9	**0.7534**	26.1966	0.0905	3.9879

表 3-7 染噪信号 S_2 经不同分解层级降噪的四个特征参数值

分解层级	CC	ED	RMSE	SNR
3	0.6912	27.4716	0.0986	3.2574
4	0.7553	23.4697	0.0852	5.8681
5	0.8047	20.1576	0.0784	7.7332
6	0.8127	19.9474	**0.0781**	**7.7542**
7	0.8144	20.0249	0.0789	7.5268
8	0.8182	**19.8695**	0.0793	7.1684
9	**0.8217**	19.9052	0.0804	6.7988

表 3-8 染噪信号 S_3 经不同分解层级降噪的四个特征参数值

分解层级	CC	ED	RMSE	SNR
3	0.7273	23.7592	0.0879	6.8746
4	0.8092	20.4173	0.0774	8.8527
5	0.8569	16.3846	**0.0728**	**10.3249**
6	0.8642	15.9857	0.0733	10.1064
7	0.8681	15.8782	0.0736	9.8976
8	0.8724	16.0123	0.0740	9.4681
9	**0.8740**	**15.7452**	0.0746	8.7986

从取得最佳去噪效果的角度出发，利用最佳小波基进行信号降噪时，相应的 SNR 和 CC 的值应尽可能大，而 RMSE 与 ED 的值应尽可能小，且针对不同的测试环境或不同染噪程度的 PD 信号其去噪效果应具有一定的稳定性。由表 3-6 可以看出，对于染噪信号 S_1 来说，以 sym4 作为小波基时重构信号和原始信号具有最高的互相关系数，即两者的相似程度最大；而以 db2 作为小波基时具有最小的能量损失，且均方差也最小；以 db5 作为小波基时具有最高的信噪比，即不同特性指标的最优值往往在不同的小波基下取得，对信号 S_2 和 S_3 也可得到相同的结论。研究发现，没有一个小波基能够在各种情况下都能获得更好的去噪效果。此外，测试现场的电磁环境十分复杂，电压等级、负荷水平、地理位置以及

气候条件都会对信号的干扰特性产生一定影响,现场环境的干扰特征往往是动态变化的。PD 脉冲由故障点经不同的传输路径传播至检测点,其波形会发生不同程度的畸变,同一局放源经不同路径传输至检测点其波形特征往往不同。因此,很难找到一个适用于所有测试环境的最优小波基。由表 3-6~表 3-8 可以看出,针对不同噪水平的模拟信号,db2 小波均具有较好的去噪效果,故本节选择其作为小波分解降噪的小波基。

图 3-50 为 S_1、S_2 和 S_3 经不同小波分解层级降噪后的去噪效果对比,由图 3-50 中可以看出,随分解层级增加,CC 的值逐渐增大,并在 $J=5$ 以后趋于稳定;而 ED 的值随分解层级的增加而迅速减小,并在 $J=5$ 以后逐渐趋于稳定;在 $J>5$ 的范围内 RMSE 随分解层级的增加而迅速减小,在 5~7 范围内 RMSE 仅在小范围内变化,在 $J>7$ 以后呈现逐渐增大的趋势;SNR 在 $J=5$ 时取得最大值。结合上述分析,同时考虑到局放检测的实时性要求,本节选择 $J=5$ 作为小波分解降噪的最佳分解层级。

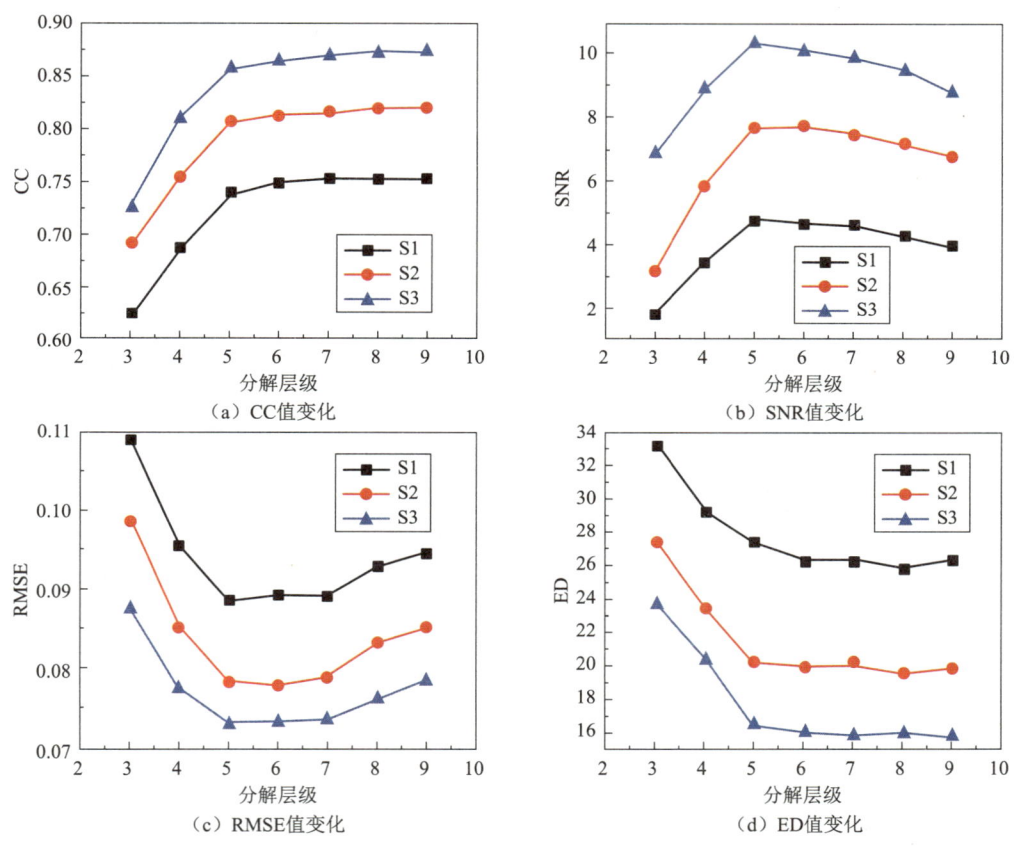

图 3-50 S_1、S_2 和 S_3 经不同小波分解层级降噪后的去噪效果对比

3.4.1.3 阈值及阈值函数的选取

在小波阈值降噪法中,阈值的选取对去噪效果具有重要影响,常用的阈值选取规则有以下几种。

Sqtwolog 规则:也称为通用阈值选择规则,由 Donoho 和 Johostone 提出,它采用的是一种固定阈值,也是最早的小波去噪阈值规则,见式(3-23)。

$$\lambda = \sigma\sqrt{2\log_2 N} \tag{3-23}$$

式中：N 为待处理信号的长度；σ 为噪声的方差。

Rigrsure 规则：是一种以 Stein 的无偏似然估计原理为基础的自适应阈值选择。对一个给定的阈值 t，首先得到它的似然估计，然后再将非似然 t 最小化，即可得到所选的阈值，见式（3-24）。

$$\lambda = \sigma\sqrt{2\log_2(N\log_2 N)} \tag{3-24}$$

Hirsute 规则：是 Rigrsure 规则和 Sqtwolog 规则的综合，所选择的是最优预测变量阈值，也称启发式 SURE 阈值。

Minimaxi 规则：此准则产生一个最小方均根误差的极值，是一种固定阈值，见式（3-25）。

$$\lambda = \begin{cases} \sigma(0.3936+0.1829\log_2 N), & N \geq 32 \\ 0, & N < 32 \end{cases} \tag{3-25}$$

Level Dependent Threshold（LDT）规则，即级别相关阈值，由通用阈值改进而来，由两部分构成，式（3-26）中右侧项是基本阈值，左侧项是缩放系数。

$$\lambda_j = \frac{m_j}{0.6745}\sqrt{2\log_2 n_j} \tag{3-26}$$

式中：λ_j 为第 j 级的阈值；m_j 为第 j 级小波系数的中值；n_j 为第 j 级小波系数的长度。

阈值函数是对小波系数进行修正时所遵循的规则，不同的阈值函数体现了处理小波系数时的不同策略。最常用的阈值函数有以下两种：

1. 硬阈值函数

硬阈值处理也称为门控，其处理数据的方式是保留绝对值大于阈值的小波系数，而将小于或等于阈值的那些小波系数设置为零。

$$w_j = \begin{cases} w_j, & |w_j| \geq \lambda \\ 0, & |w_j| < \lambda \end{cases} \tag{3-27}$$

2. 软阈值函数

软阈值处理的方式是将小于或者等于阈值的小波系数全部置零，而将大于阈值的系数保留，并使其趋向于零。

$$w_j = \begin{cases} \text{sgn}(w_j) \times (w_j - \lambda), & |w_j| > \lambda \\ 0, & |w_j| \leq \lambda \end{cases} \tag{3-28}$$

式中：w_j 为第 j 级小波系数；λ 为相应的阈值。

通常来说，软阈值处理方式可以得到比较平滑的去噪信号，但去噪信号的信噪 SNR 较低，还可能造成边缘模糊等失真现象；而硬阈值处理方式可以更好地保留信号峰值等局部特征，并且去噪信号的 SNR 也更高，但是会出现伪吉布斯效应等视觉失真现象。从含有大量周期性窄带干扰等平稳干扰的信号中提取具有突变特性的局放信号时，硬阈值处理往往可以取得更好的去噪效果。图 3-51 所示为仿真染噪局放信号经硬、软阈值函数处理后的去噪效果对比。由图中可以看出，经软阈值函数处理后的去噪信号幅值衰减更大，在某些区段甚至会减小为零，造成信息丢失。经计算，硬、软阈值处理后所得去噪信号的信噪比分别为 6.176dB 和 4.055dB，即硬阈值处理对信号的信噪比提升效果更明显。同时考虑到局放信号的幅值是电气设备局部放电严重程度的重要表征，因此本节选择硬阈值函数作为阈值处理方式。

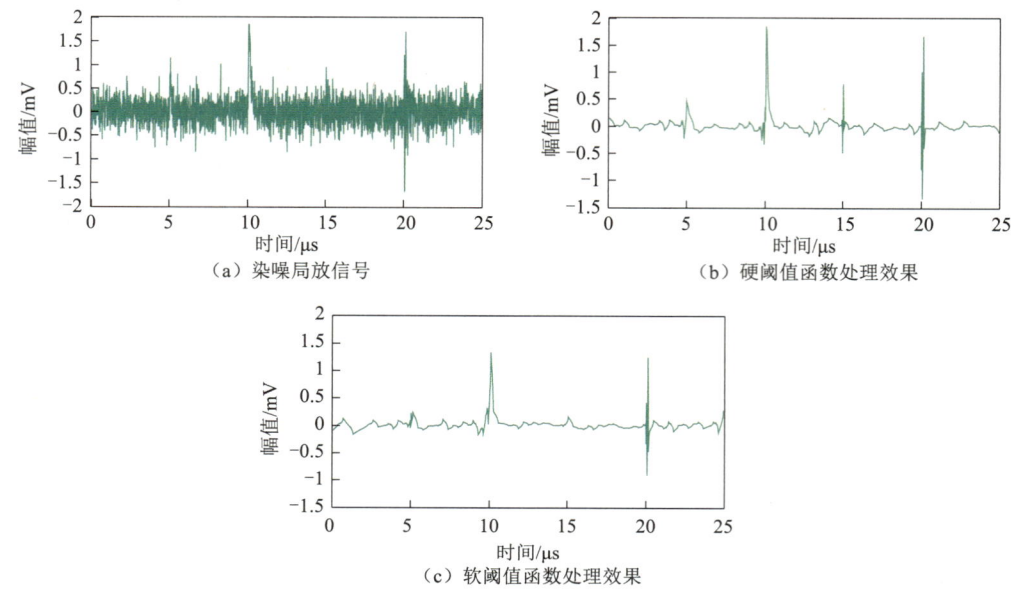

图 3-51　硬阈值函数和软阈值函数去噪效果对比

利用 db2 小波基将 3 个染噪信号 S_1、S_2 和 S_3 进行 5 级分解，得到不同阈值规则下评估小波降噪效果的 2 个特征参量，即信噪比和方均根误差。图 3-52 和图 3-53 分别显示了 3 种不同噪声水平的染噪信号采用不同阈值规则去噪后的 SNR 值和 RMSE 值。首先，LDT 规则可以提供最佳的去噪结果；其次，Sqtwolog 规则也取得了较为理想的去噪效果。现场实际应用中，局放监测装置往往需要实时处理多通道传输的大量采集数据。因此，从局放检测数据实时处理的角度出发，在有限的硬件资源下应尽可能地减小信号处理过程的计算量和占用的内存空间，避免数据延迟或丢失。故本节选择 Sqtwolog 即通用阈值规则确定阈值。

根据上文所得结论设置相关参数，对模拟染噪 PD 信号进行小波降噪，降噪前后的波形如图 3-54 所示。由图 3-54 中可以看出重构信号中已没有明显的噪声干扰，原始信号的信噪比为 2.36dB，去噪信号的信噪比为 8.43dB，信噪比提升 3 倍以上，取得了良好的去噪效果。

3.4.1.4　小波去噪效果验证

对某变压器 C 相铁心、夹件接地信号进行去噪处理，降噪前后的时域、频谱波形如图 3-55 和图 3-56 所示。由图 3-55、图 3-56 中可以看出，本书采用的去噪方法可以有效去除信号中的周期性窄带干扰和白噪，降噪处理后被噪声淹没的脉冲信号得以显露，信号的高频成分也得以显现，可为后续数据处理打下基础。

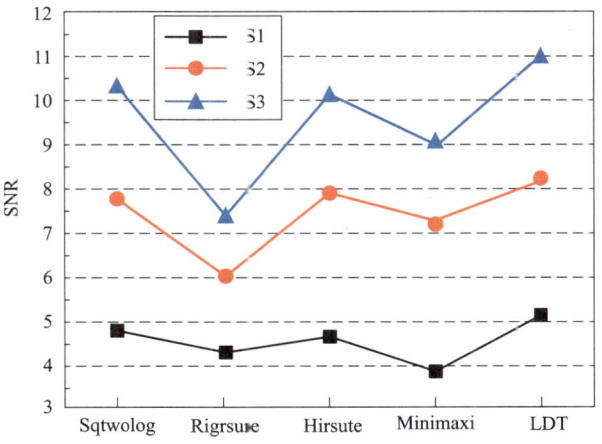

图 3-52　不同阈值规则下去噪信号的 SNR 值

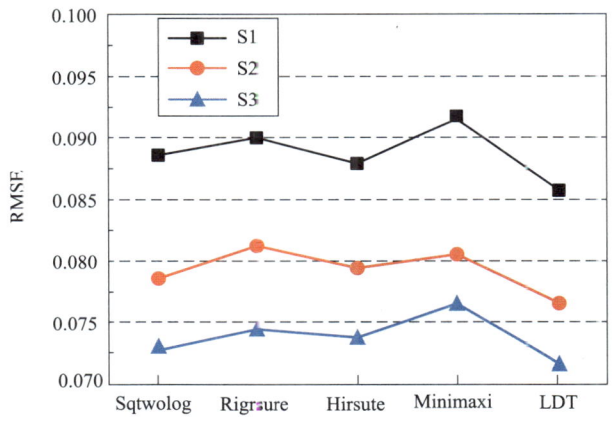

图 3-53　不同阈值规则下去噪信号的 RMSE 值

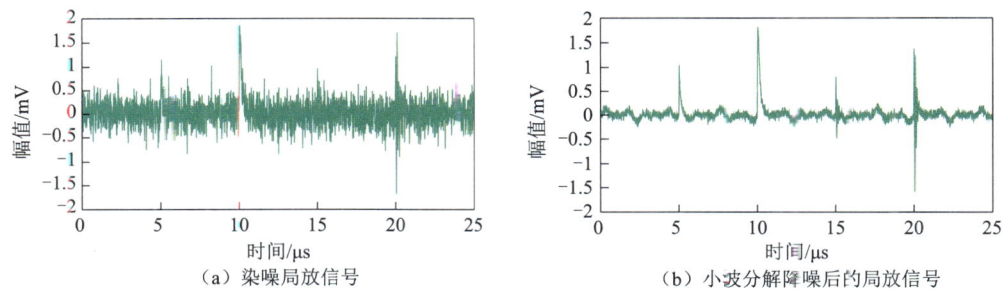

（a）染噪局放信号　　　　　　　　（b）小波分解降噪后的局放信号

图 3-54　染噪局放信号波形与经小波降噪处理后的信号波形

由于现场测试信号都含有不同程度的噪声干扰，因此 SNR、CC、MSE 和 ED 这些参数都无法获取，为评估所采用方法对现场实测信号的去噪效果，引入噪声抑制比参数作为评价指标，其具体表达式如式（3-29）所示，其中 σ_1 和 σ_2 分别为原始信号和去噪信号的

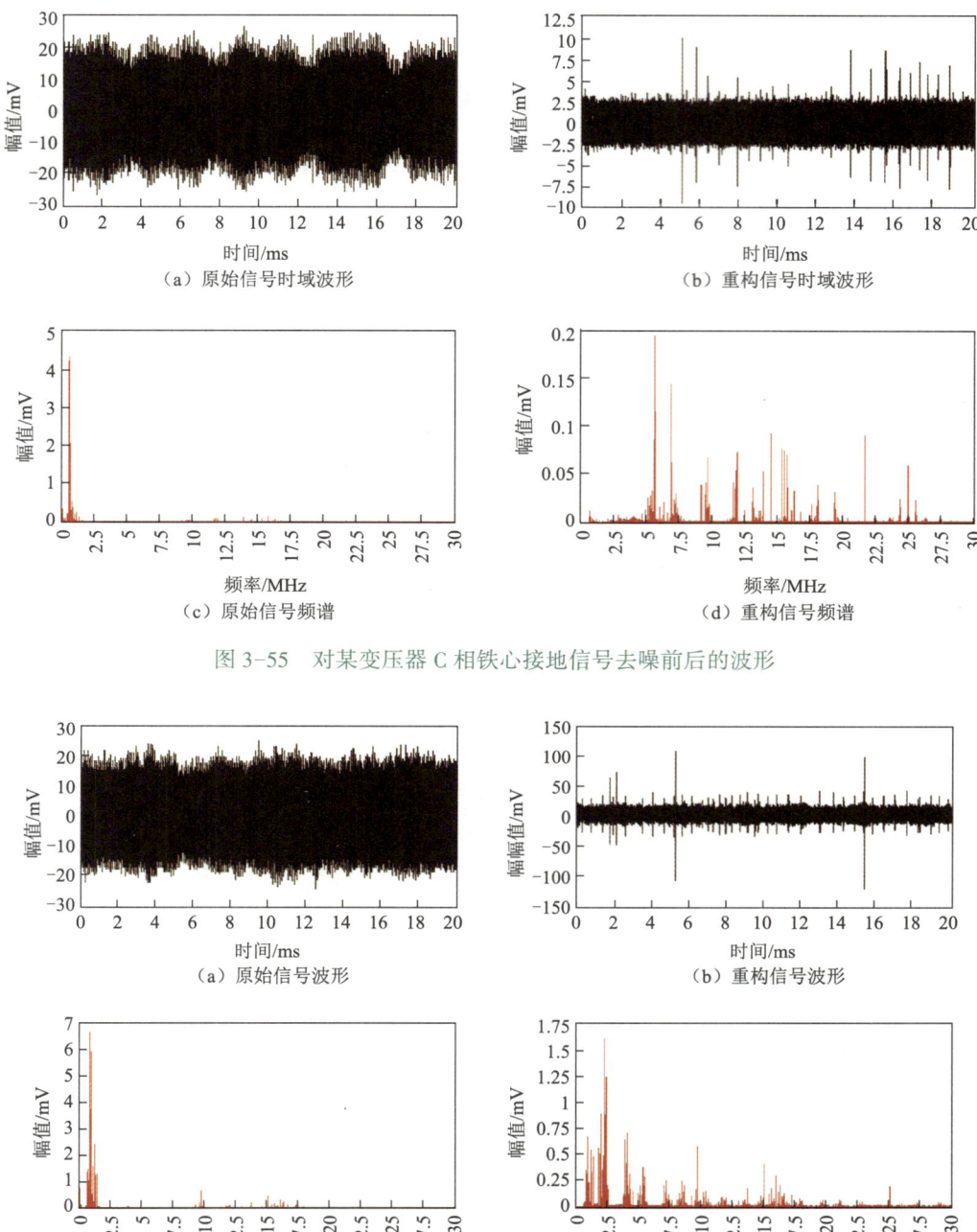

图 3-55 对某变压器 C 相铁心接地信号去噪前后的波形

图 3-56 对某主变压器 A 相夹件接地信号去噪前后的波形

标准差。λ_{NRR} 的大小反映了干扰抑制后有用信号的凸显程度。经计算，λ_{NRR} 的值分别为 18.37dB 和 20.72dB，说明该方法可有效去除测试信号中的干扰。

$$\lambda_{\text{NRR}} = 10(\lg\sigma_1^2 - \lg\sigma_2^2) \tag{3-29}$$

3.4.2 基于模糊 C 均值算法的脉冲聚类分类抗干扰方法

3.4.2.1 模糊 C 均值算法

聚类分析是多元统计分析的一种，也是非监督模式识别的一个重要分支，在模式分类、图像处理和模糊规则处理等众多领域中获得了最广泛的应用。它把一个没有类别标记的样本集按某种准则划分为若干个子集（类），使相似的样本尽可能地归为一类，而将不相似的样本尽量划分到不同的类中。硬聚类把每个待辨识的对象严格地划分到某类中，具有非此即彼的性质；模糊聚类由于能够描述样本类属的中介性，能够客观地反映现实世界，已逐渐成为聚类分析的主流。在众多的模糊聚类算法中，模糊 C 均值聚类算法应用最为广泛。它按照某种判别准则，将数据的聚类转化为一个非线性优化问题，并通过迭代来进行求解，目前已成为非监督模式识别的一个重要分支。

模糊 C 均值聚类算法（Fuzzy C-means，FCM）是用隶属度确定每个数据点属于某个聚类的程度的一种聚类算法。1973 年，Bezdek 提出了该算法，作为早期硬 C 均值聚类（HCM）方法的一种改进。

利用 FCM 把 n 个向量 x_i（$i=1, 2, \cdots, n$）分为 c 个模糊组，并计算出每组的聚类中心，使得非相似性指标的价值函数达到最小。FCM 与 HCM 的主要区别在于 FCM 用模糊划分，使得每个给定数据点用在（0，1）间的隶属度的值来确定其属于各个组的程度。与引入模糊划分相适应，隶属矩阵 U 允许有取值在（0，1）间的元素。不过，加上归一化规定，一个数据集的隶属度的和总等于 1，如式（3-30）所示。

$$\sum_{i=1}^{c} u_{ij} = 1, \forall j = 1,2,\cdots,n \tag{3-30}$$

那么，FCM 的价值函数（或目标函数）如式（3-31）所示。

$$J(U,c_1,\cdots,c_c) = \sum_{i=1}^{c} J_i = \sum_{i=1}^{c}\sum_{j}^{} u_{ij}^m d_{ij}^2 \tag{3-31}$$

这里 u_{ij} 介于（0，1）间；c_i 为模糊组 I 的聚类中心；$d_j = \|c_i - x_j\|$ 为第 i 个聚类中心与第 j 个数据点间的欧氏距离；$m \in [1, \infty)$ 是一个加权指数，本文中 m 取值为 2。

构造如下新的目标函数，可求得使式（3-24）达到最小值的必要条件：

$$\bar{J}(U,c_1,\cdots,c_c,\lambda_1,\cdots,\lambda_n) = J(U,c_1,\cdots,c_c) + \sum_{j=1}^{n}\lambda_j\left(\sum_{i=1}^{c} u_{ij} - 1\right)$$

$$= \sum_{i=1}^{c}\sum_{j}^{n} u_{ij}^m d_{ij}^2 + \sum_{j=1}^{n}\lambda_j\left(\sum_{i=1}^{c} u_{ij} - 1\right) \tag{3-32}$$

λ_j（$j=1, 2, \cdots, n$）是式（3-23）的 n 个约束式的拉格朗日乘子。对所有输入参量求导，使式（3-31）达到最小的必要条件为：

$$c_i = \frac{\sum_{j=1}^{n} u_{ij}^m x_j}{\sum_{j=1}^{n} u_{ij}^m} \tag{3-33}$$

和

$$u_{ij} = \frac{1}{\sum_{k=1}^{c}\left(\dfrac{d_{ij}}{d_{kj}}\right)^{2/(m-1)}} \tag{3-34}$$

确定上述两个必要条件后,模糊 C 均值聚类算法剩下的是一个简单的迭代过程。在处理问题时,FCM 一般用下列步骤确定聚类中心 c_i 和隶属矩阵 U。

步骤 1:用值在(0,1)间的随机数初始化隶属矩阵 U,使其满足式(3-30)中的约束条件。

步骤 2:用式(3-32)计算 c 个聚类中心 c_i,$i=1,2,\cdots,c$。

步骤 3:根据式(3-30)计算价值函数。如果它小于某个确定的阈值,或它相对上次价值函数值的改变量小于某个阈值,则算法停止。

步骤 4:用式(3-33)计算新的 U 矩阵,返回步骤 2。

上述算法也可以先初始化聚类中心,然后再执行迭代过程。由于不能确保 FCM 收敛于一个最优解,算法的性能在一定程度上依赖于初始聚类中心。因此,在解决实际问题时,遇到不收敛的情况,一般用不同的初始聚类中心再次启动该算法,多次尝试后可保证算法收敛。

3.4.2.2 模糊 C 均值算法实现

本书基于 LabVIEW 环境,开发了局部放电多源分离相关软件。程序实现时,采用循环嵌套移位寄存器这种简练的方式,数据初始化单独定义一个 U,初始化隶属度矩阵组 $2N$(N 为预分类个数),初始化后的 U 给移位寄存器始端赋初值,之后进入循环结构完成聚类中心 c_i 和 FCM 目标函数 $J(U,c_1,\cdots,c_c,\lambda_1,\cdots,\lambda_n)$ 的计算,循环结束判定条件为 $J(U,c_1,\cdots,c_c,\lambda_1,\cdots,\lambda_n)<\varepsilon$。若循环结束条件不成立,则由式(3-33)计算新的隶属度矩阵,输入移位寄存器终端,之后进入下一轮循环数值计算和判定;若循环结束条件成立,循环结束,输出最终的聚类中心矩阵和隶属度矩阵。

3.4.2.3 基于模糊 C 均值算法的脉冲聚类分离

局部放电检测中的干扰信号在时域上可分为周期性窄带干扰、脉冲型干扰和白噪声三类。由上一节可知,利用小波分解可以有效地去除测试信号中的窄带干扰和白噪,显著提升待处理信号的信噪比。但小波分解不能去除脉冲型干扰信号,尤其是放电类脉冲干扰。由于放电类脉冲干扰来源于电气设备的局部放电,所以脉冲型干扰的抑制从本质上来说就是多局放源的分离问题。

本节首先利用小波分析对现场采集的原始信号进行降噪处理,提升待处理信号的信噪比。然后对去噪信号进行脉冲提取,并利用式(3-35)~式(3-40)从每个脉冲的波形和频谱中求取等效时长(T 参数)和等效频宽(F 参数)。最后采用模糊 C 均值算法对特征参数进行聚类,实现多 PD 源分离。

设待处理信号的时域表达式为 $S(t)$,首先将其进行标准化:

$$T = \sqrt{\int_0^T (t-t_0)^2 S_N^2(t)\mathrm{d}t} \tag{3-35}$$

经过标准化处理后,信号的时间重心为:

$$t_0 = \int_0^T t S_N^2(t) \mathrm{d}t \tag{3-36}$$

结合式（3-35）和式（3-36）可得等效时长：

$$T = \sqrt{\int_0^T (t - t_0)^2 S_N^2(t) \mathrm{d}t} \tag{3-37}$$

设时域信号 $S(t)$ 经过傅里叶变换得到 $S(w)$，首先将频域信号标准化：

$$S_N(\omega) = \frac{S(\omega)}{\sqrt{\int_0^\infty S(\omega) \mathrm{d}\sigma}} \tag{3-38}$$

经标准化处理后，信号的频率重心为：

$$\omega_0 = \int_{-0}^\infty \omega S_N^2(\omega) \mathrm{d}\omega \tag{3-39}$$

结合式（3-37）和式（3-38）可得等效频宽：

$$F = \sqrt{\int_0^\infty (\omega - \omega_0)^2 S_N^2(\omega) \mathrm{d}\omega} \tag{3-40}$$

由于无法明确现场采集信号的具体成分，本节首先利用在实验室采集的多个局部放电模型产生的局放信号对聚类算法的性能进行效果验证，用到的放电缺陷模型有沿面放电模型、高压金属尖端放电模型和气隙放电模型，模型实物和多 PD 源脉冲聚类分离效果分别如图 3-57、图 3-58 所示，可以看出利用本节提出的方法可以实现多 PD 源的有效分离。

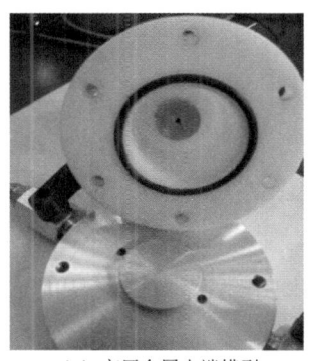
(a) 高压金属尖端模型

(b) 悬浮模型

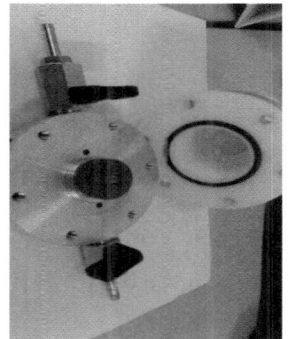
(c) 沿面模型

图 3-57　放电缺陷模型实物

3.4.3　基于频带能量特性的抗干扰方法

检测现场存在着复杂的电磁干扰，不同现场环境下的干扰信号的类型、来源、强度、时频特征和统计特征都是有所不同的，且采用时、频域开窗法会不可避免地导致局部放电信号能量的损失，降低信号的信噪比。为解决此问题，本节提出一种可以智能判别高压开关柜局部放电与干扰脉冲电流的抗干扰方法。

3.4.3.1　基于频带能量特性的抗干扰方法

本节采用频带能量特性的抗干扰方法，其原理为：耦合装置接收到的局部放电信号与

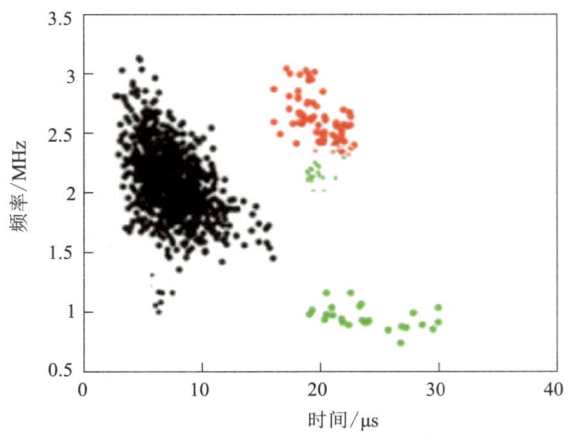

图 3-58 多 PD 源脉冲聚类分离效果

干扰信号的频带特性有着很大的区别,可以基于测量得到的脉冲信号的各频段能量占比来对干扰信号与局部放电信号进行区分,具体实施步骤如下。

1. 建立开关柜局部放电和干扰的各频段能量占比数据库

首先在实验室开展开关柜局部放电试验,在开关柜中设置不同类型的典型局部放电缺陷(局部放电脉冲源)以及干扰源,如图 3-59 所示,分别对各信号种类开展试验,测量脉冲电流信号时域波形 $I(t)$。然后分别对不同类型的信号源(信号源编号 i,$i=1,2,\cdots,n$)进行检测,并将检测频带 1~30MHz 分为三段,分别为 1~10MHz、10~20MHz 和 20~30MHz。通过试验与检测获取脉冲电流信号,得到每次试验的总能量 E_{th} 及各频段能

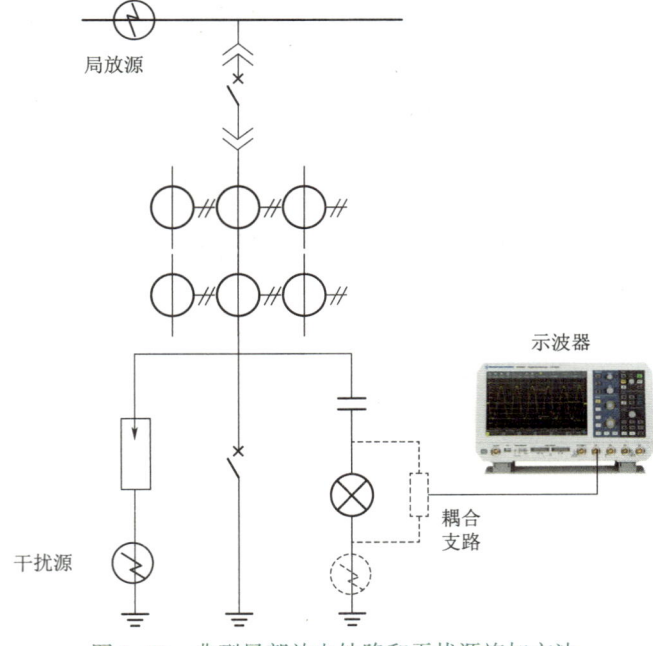

图 3-59 典型局部放电缺陷和干扰源施加方法

量 E_{ath}、E_{bth}、E_{cth},各频段能量计算公式为:

$$E = \int |i_1(t)|^2 dt = \int |i_1(j\omega)|^2 d\omega \qquad (3-41)$$

再通过计算得到各频段能量占比 η_{ath}、η_{bth}、η_{cth},其公式为:

$$\eta_{ath} = \frac{E_{ath}}{E_{th}} \qquad (3-42)$$

式中:E_{ath} 为 1~10MHz 的信号能量;E_{th} 为信号在 1~30MHz 内的信号总能量。

最后建立局部放电和干扰源的各频段能量占比数据库,见表 3-9,该数据库为 $n\times3$ 矩阵。

表 3-9 高压开关柜局部放电和干扰源的各频段能量占比数据库

信号源编号	信号源类型	各频段能量占比		
		η_{ath}	η_{bth}	η_{cth}
1	放电信号 1	η_{ath1}	η_{bth1}	η_{cth1}
2	放电信号 2	η_{ath2}	η_{bth2}	η_{cth2}
⋮	⋮	⋮	⋮	⋮
n	干扰源	η_{athm}	η_{bthm}	η_{cthm}

2. 开关柜脉冲电流信号波形参数采集

在局部放电信号与周期脉冲干扰信号同时施加的情况下进行测量,对其时域信号以 20μs 为间隔进行分割,对每一段信号的各频段能量占比进行计算,计算公式见式(3-34)和式(3-35),得到 η_{ts1}、η_{ts2}、η_{ts3}。

3. 采用欧式距离方法确定脉冲信号种类

将数据库视作由 n 个向量构成的集合,每个向量包含 3 个元素,用 M_i 标识,即:

$$M_i = (\eta_{athi}, \eta_{bthi}, \eta_{cthi}), \quad i = 1, 2, \cdots, n$$

将实测和计算得到的高压开关柜脉冲电流信号各频段能量占比也视作一个向量,每个向量包含 3 个元素,用 S 表示,即 $S = (\eta_{ts1}, \eta_{ts2}, \eta_{ts3})$。

通过欧式距离公式逐一计算 S 与 M_i 之间的欧式距离,选择欧式距离最小的点并确定相应的数据库中的信号源类型,并将其作为实测脉冲电流的信号源类型,从而分离出局部放电与干扰源。计算公式见式(3-43):

$$D_i = \sqrt{(\eta_{athi}-\eta_{ts1})^2 + (\eta_{bthi}-\eta_{ts2})^2 + (\eta_{cthi}-\eta_{ts3})^2}, \quad i=1,2,\cdots,n \qquad (3-43)$$

3.4.3.2 基于频带能量特性的抗干扰试验与结果

为了验证此方法的有效性,在实验室高压开关柜上进行了试验。

首先是建立高压开关柜局部放电脉冲电流信号各频段能量占比数据库,按照图 3-60 所示方法分别施加各类信号源,测量脉冲电流信号时域波形,并计算各频段能量占比,建立局部放电与干扰源各频段能量占比数据库,见表 3-10,该数据库为 6×3 矩阵。

从表 3-10 中可以看出各类局部放电各频段能量占比比较相似,无法通过此方法确认放电类型,但各类局部放电的各频段能量占比与干扰源的各频段能量占比之间的区别很明显,因此可以利用该组特征量对干扰信号与放电信号加以区分。

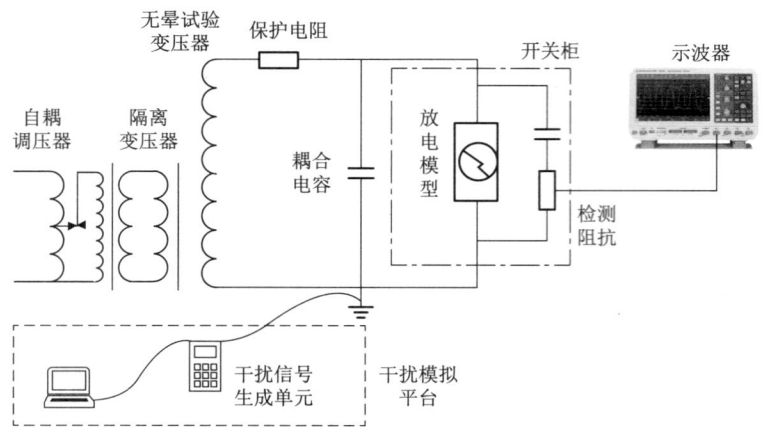

图 3-60　局部放电源与传导干扰源测量回路图

表 3-10　高压开关柜局部放电与干扰源各频段能量占比数据库

信号源编号	信号源类型	各频段能量占比		
		η_{ts1}	η_{ts2}	η_{ts3}
1	金属尖端放电	0.7771	0.2165	0.0064
2	沿面放电	0.7512	0.2345	0.0143
3	气隙放电	0.7598	0.2234	0.0168
4	悬浮放电	0.7852	0.2056	0.0092
5	干扰源	0.9738	0.0247	0.0015

试验时，测量 20 组数据，每组数据采集 10ms，共计得到 200ms 的数据，并以 20μs 为间隔进行分段，分别计算每一分段信号的各频段能量占比。

按照前文所述的方法对干扰和放电信号进行分离，以其中一段受干扰较为严重的 10ms 数据为例，抗干扰试验结果如图 3-61 所示。图 3-61（a）中展示的是干扰未施加时的放电脉冲信号，可以看出在 10ms 的采样时长中，可以检测到 7 个放电脉冲，其到达时刻已在图中标出。图 3-61（b）中展示了在干扰信号施加后对于放电信号的识别结果，从图中可以看出，其有识别出 7 个存在放电的信号段，将其识别出的放电脉冲所在时间分段与图 3-61（a）中所标识的脉冲到达时刻对比可以发现，其识别结果是准确的。也就是说，利用基于频带能量特性的方法可以从受干扰较为严重的信号中有效识别出放电信号。

但是，利用基于频带能量特性的方法并不能完全从干扰信号中识别出放电信号。采集的 20 组数组中，实际应该有 140 个放电信号，通过上述计算，最后得到了 130 个放电信号，这 130 个放电信号的时间段与干扰未施加时放电脉冲信号的时间段一致，但仍有 10 个放电信号未能区分出来。后续的研究可将检测频带分为四段或者五段，使抗干扰更加准确，并能够更好地应用于现场环境中。

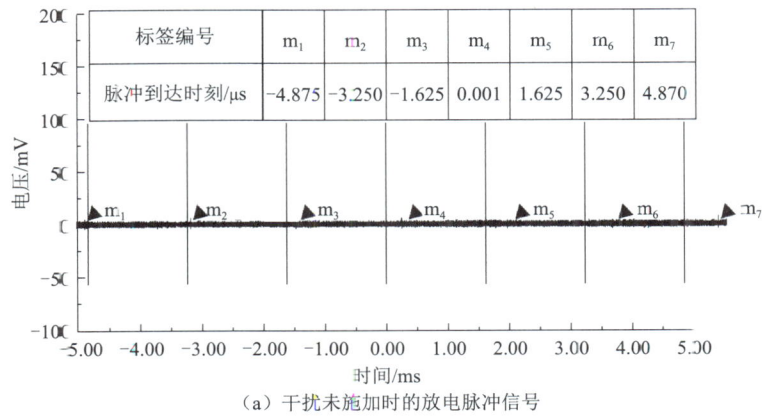

(a) 干扰未施加时的放电脉冲信号

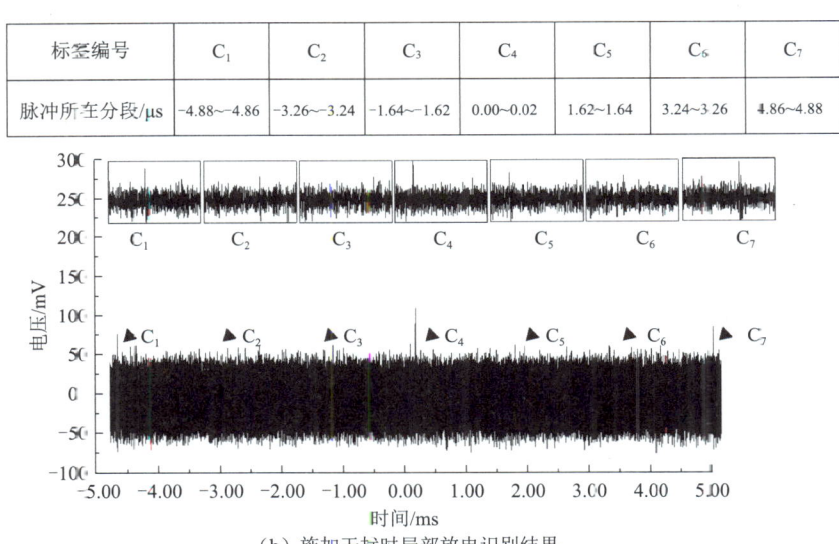

(b) 施加干扰时局部放电识别结果

图 3-61 抗干扰试验结果

3.4.4 基于时频分析聚类分离抗干扰方法

在多种放电故障同时存在的情况下，如果采取采集工频周期内高频信号的数据采集方式，一个工频周期内可能会采集到多种局部放电信号，将数据进行统计分析就会出现多种放电故障的放电模式谱图叠加或者相互覆盖的情况。这种情况的出现会导致无法对放电故障的种类进行判断，影响分析结果的正确性。局部放电信号分离就是针对这种情况，将不同放电故障的信号分离开来的技术。对分离后不同种类的信号再进行统计分析从而得到正确的分析结果。

现有的局部放电高频监测系统单从信号的相位和幅值信息入手，难以解决不同放电故障的放电信号分离的问题。基于此种考虑，本节采用单个的局部放电高频原始信号来进行分析，通过时频分析提取原始信号中丰富的时域、频域特征信息，进而采用聚类分析的方法对信号进行分类，从而达到不同放电故障的放电信号分离的目的。

3.4.4.1 放电模型

本节针对气泡放电和金属尖端放电两种放电故障的局部放电特高频信号展开时域分析聚类分离抗干扰方法研究。气泡放电模型为圆柱形空心陶瓷管，管外壁为陶瓷，中间空心，两端用聚四氟密封塞密封，接触面涂以专用耐高温密封胶以确保密封，在陶瓷管内封住一段气体，如图3-62所示。将其置于油中电场后便形成油中气泡放电模型。

金属尖端模型选用直径2mm的裸铜线制成，将裸铜线的两端磨尖，试验时金属尖端放电模型直接插入线圈引线。金属尖端放电模型如图3-63所示。

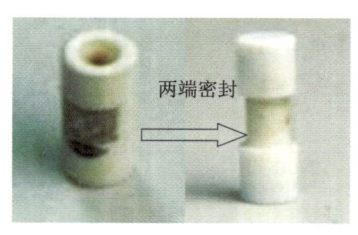 

图3-62　气泡放电模型　　　图3-63　金属尖端放电模型

气泡放电波形数据和金属尖端放电波形数据各保存1000组，作为待分析的数据源。

3.4.4.2 局部放电特高频信号的时频特征量提取

为了实现不同放电故障信号的分离，首先必须提取能够全面反映放电信号时域和频域特征的特征量，进而利用提取的特征量来表示放电信号。根据不同放电信号时频分布特征的不同，本节提取了信号的等效持续时间、信号的等效方均根带宽、信号频域的信息熵三个特征量作为表征信号时频特征的特征量。这三个特征量的定义与计算方法如下。

1. 信号的等效持续时间

信号 $S(t)$ 的时间波形特征有平均时间、持续时间等，如果把 $S^2(t)$ 看作时间密度，那么平均时间就可按通常的方法来定义，见式（3-44）：

$$\bar{t} = \int t|S(t)|^2 dt \tag{3-44}$$

常用的平均值是标准偏差 σ_t，见式（3-45）：

$$\sigma_t^2 = \int (t-\bar{t})^2 |S(t)|^2 dt \tag{3-45}$$

标准偏差是信号持续时间的一种表示，可以作为信号的时域特征之一。首先对局部放电特高频信号进行标准化，见式（3-46）：

$$S_N(t) = S(t) \bigg/ \sqrt{\int_0^T S(\tau)^2 d\tau} \tag{3-46}$$

经过标准化处理后，信号的平均时间计算公式为：

$$\bar{t}_N = \int_0^T \tau |S_N(\tau)|^2 d\tau \tag{3-47}$$

定义局部放电特高频信号的等效持续时间如下：

$$T = \sqrt{\int_0^T (\tau - \bar{t}_N)^2 S_N(\tau)^2 d\tau} \tag{3-48}$$

2. 信号的等效方均根带宽

标准化的信号 $S_N(T)$ 经过傅里叶变换得到 $S(\omega)$，与时间波形相似，如果 $S(\omega)^2$ 表示频率密度，其频谱特征可由平均频率和标准偏差表示。定义局部放电特高频信号的等效方均根带宽计算公式如下：

$$F = \sqrt{\int_0^\infty \omega^2 |S(\omega)|^2 d\omega} \tag{3-49}$$

3. 信号频域与信息熵

设信号 $S_N(T)$ 的离散傅里叶变换为 $S(\omega)$，则其功率谱为：

$$P(\omega) = \frac{1}{2\pi N} |S(\omega)|^2 \tag{3-50}$$

由于信号从时域到频域变换的过程中能量是守恒的，即：

$$\sum S_N^2(t) \Delta t = \sum |S(\omega)|^2 \Delta \omega \tag{3-51}$$

因此，$P = \{P_1, P_2, \cdots, P_n\}$ 可以看作是对原始信号的一种划分。由此可以定义相应的信息熵，即功率谱熵为：

$$H_f = -\sum_{i=1}^N p_i \log p_i \tag{3-52}$$

式中：p_i 为第 i 个功率谱在整个功率谱中所占的百分比。

功率谱熵刻画了信号的谱型结构情况。放电信号能量在整个频率成分上分布得越均匀，则信号越复杂，不确定性程度也就越大，熵值越高。

3.4.4.3 局部放电特高频信号的分离方法

按照上文所述的特征量提取方法提取试验得到的所有信号的等效持续时间、等效方均根带宽、频域的信息熵三个特征量，并以不同的组合方式在二维或三维坐标系中展示出来，如图 3-64～图 3-67 所示。图 3-64 为选择等效时长与等效频宽作为特征量的分类结果，图 3-65 为选择等效时长与频域信息熵作为特征量的分类结果，图 3-56 为选择等效时长与频域信息熵作为特征量的分类结果，图 3-67 为同时选择等效时长、等效频宽和频域信息熵作为特征量的分类结果。图 3-64～图 3-67 中每一个点代表一个放电信号，坐标表示其对应的特征量的值。从图 3-64～图 3-67 中可见两种不同的放电信号形成了两个或三个紧密的簇。因此，利用提出的基于网格和密度的聚类算法，通过对所有信号进行聚类分析就可以把不同故障的放电信号分离开来，每一类对应一种故障的放电信号。提取分离后的各类信号的幅值和相位信息进行统计分析就可以得到单一放电类型的局部放电模式谱图，进而对其进行下一步的分析和诊断。

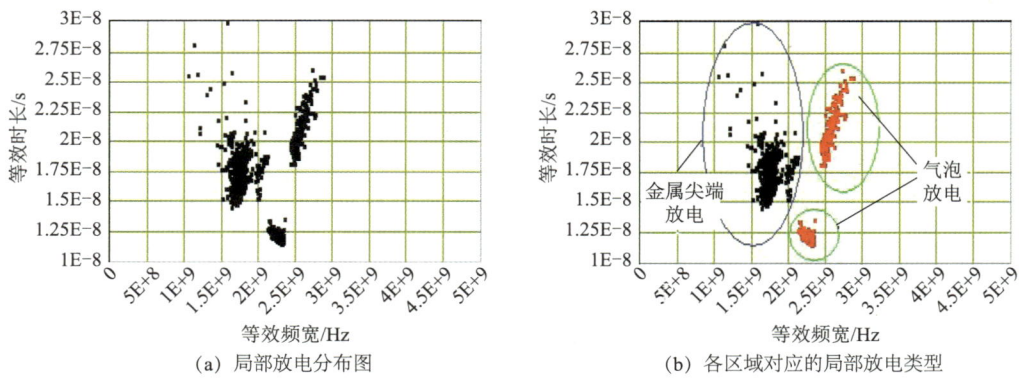

(a) 局部放电分布图　　　　　　　　(b) 各区域对应的局部放电类型

图 3-64　选择等效时长与等效频宽作为特征量的局部放电分类结果

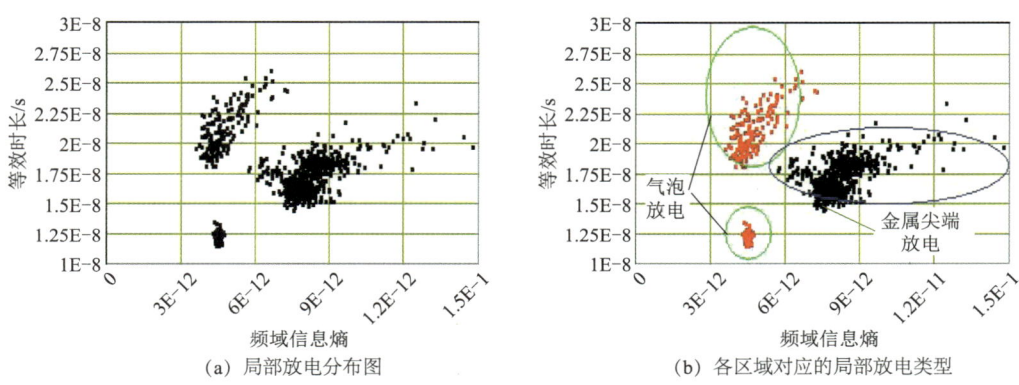

(a) 局部放电分布图　　　　　　　　(b) 各区域对应的局部放电类型

图 3-65　选择等效时长与频域信息熵作为特征量的局部放电分类结果

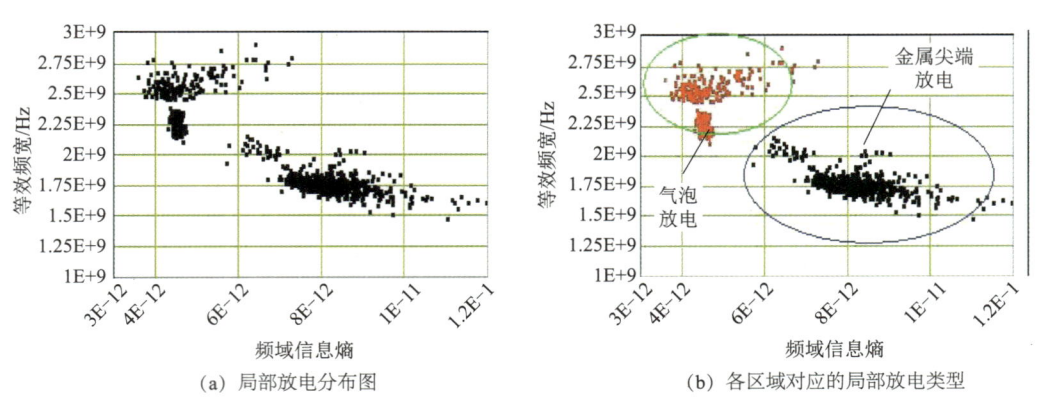

(a) 局部放电分布图　　　　　　　　(b) 各区域对应的局部放电类型

图 3-66　选择等效时长与频域信息熵作为特征量的局部放电分类结果

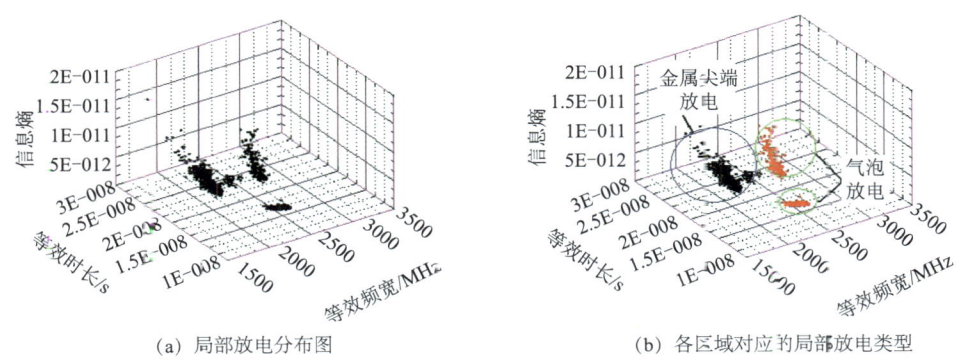

(a) 局部放电分布图　　　　　　　(b) 各区域对应的局部放电类型

图 3-67　同时选择等效时长、等效频宽和频域信息熵作为特征量的局部放电分类结果

第4章 规模化风光储电站输变电设备局部放电谱图

由于放电类型、放电机理的不同，局部放电发展过程中存在着线性与非线性的迭加现象。而局部放电特征指纹包含了丰富的局部放电特征信息，可以反映局部放电发展过程中的变化规律。通过放电指纹分析，可以从复杂的局部放电信号数据中获得局部放电发展过程中的本质特征，从中挖掘出可以反映局部放电现象的有效数据信息。为此本章提取了局部放电的相位特征信息、放电次数与放电幅值特征信息、局部放电谱图形状特征信息、放电脉冲时序分布特征信息、局部放电特征信息熵和 PRPD、$\Delta u/\Delta t$、Δu_i 图像分形特征等指纹信息，局部放电特征指纹如图4-1所示。

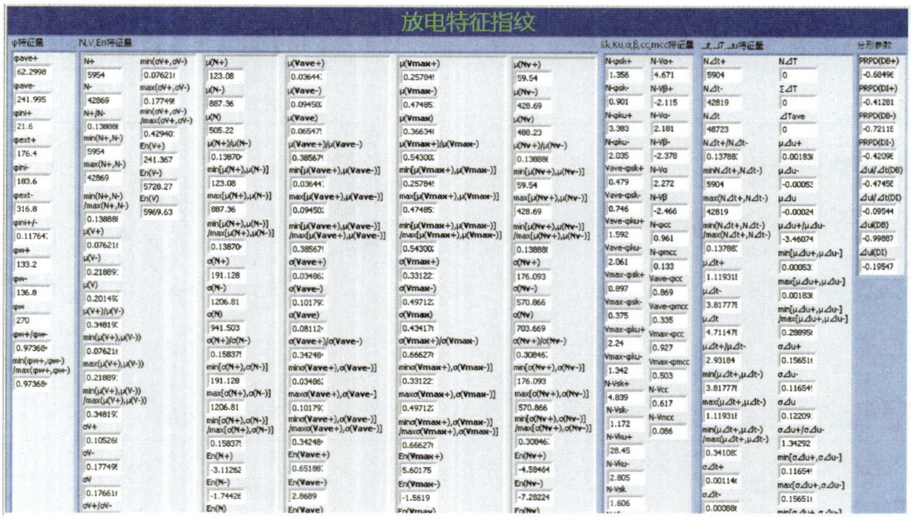

图 4-1 局部放电特征指纹

其中，φ 特征量反映了局部放电的相位分布特征，如放电脉冲的起始相位与熄灭相位、局部放电相位宽度、局部放电相位分布的分散程度等。N、V 特征量反映了放电次数与放电幅值的分布特征以及放电的极性特征，如正负半周放电次数与放电幅值的不对称性、放电次数与放电幅值距均值的离散程度等信息。局部放电 N、V 信息熵（E_n）特征量反映了局部放电现象所处状态的均匀程度，即熵值越小，局部放电现象所处的状态越是有序，越不均匀；熵值越大，局部放电现象所处的状态越是无序，越均匀。Sk、Ku、α、β、cc、mcc 特征量反映了局部放电 N-φ 谱图、V_{ave}-φ 谱图、N-V 谱图的形状和尺度特征，如其相对于正态分布的偏斜度和陡峭度、正负半周谱图形貌的不对称性，以及放电次数与放电幅值的威布尔分布特征。Δt、ΔT、Δu 特征量反映了局部放电的放电时间间隔和放电间歇性特征以及放电脉冲随工频电压梯度变化特征。局部放电灰度图、Δu_i-Δt 图、Δu_i 图的分形特征反映了局部放电的复杂程度及不均匀性。

4.1 变压器油纸绝缘局部放电 UHF 谱图

局部放电（Fartial Discharge，PD）模式识别与故障诊断是 PD 检测的关键环节，是实现局部放电状态评价的依据。其基本原理是：基于局部放电信号的主要特征，按照一定的规则以及数学方法来区分放电类型和严重程度。局部放电特征谱图包括典型性局部放电的统计谱图和特征参数，是制定判断规则的尺度。在实际运行的变压器内部，常见的绝缘缺陷有五种：纸板中的气泡、金属尖端、稍不均匀电场下的受潮纸板、紧固件接触不良、纸板表面的炭痕。本节将通过模拟变压器典型局部放电故障，获得规模化风光储电站变压器设备五种典型缺陷放电的谱图特征，为变压器的局部放电模式识别和故障严重程度评估提供可靠依据。

4.1.1 变压器典型故障局部放电试验方法

为了模拟这五种典型的绝缘缺陷，本节针对性地设计了五种典型油纸绝缘 PD 模型，即气泡放电模型、金属尖端放电模型、油楔放电模型、悬浮放电模型和沿面放电模型，如图 4-2 所示。

4.1.1.1 气泡放电

1. 气泡放电模型制作方法及其原理

在生产、处理纸板以及变压器运行过程中，由于以下三个方面原因会导致变压器油纸绝缘内部出现气泡：①纸板层间气隙。多层薄纸板粘在一起生成厚纸板，黏结不好时层间有气隙；②真空或浸油处理不当引入气隙。新变压器浸泡不充分将引入气隙，套管中也可能存在气隙；③变压器受潮引入气泡、纸板或油中的水分蒸发产生气泡、固体绝缘的某些死角部位聚集气泡。由于气泡的介电常数相对较低，电气强度较低，所以气泡中很容易发生局部放电。气泡放电会破坏其周围的固体绝缘材料。局部放电还会产生更多的气泡，从而会逐步破坏变压器油纸绝缘，严重情况下导致绝缘故障。

为了模拟这种放电，本节将三块相同尺寸（100mm×100mm×3mm）的纸板重叠放置，中间层纸板的中心开孔（ϕ6mm×6mm）。将这三块纸板夹在两块平板电极中，构成气泡放电模型。气泡放电模型实物如图 4-3 所示。

2. 试验方法

采用逐级升压法。出现局部放电信号后，持续观测 30min，之后逐级升压，每次升压约 3kV，每个电压等级下观测 30min。当试验电压升至 23kV 时，出现局部放电信号，起始放电量平均值约 70pC，之后随着试验电压的升高，放电量在 20~550pC 范围内变化，放电次数在 2~6 次/周期范围内变化。在整个试验过程中，未观测到任何气泡溢出或电火花等放电现象。

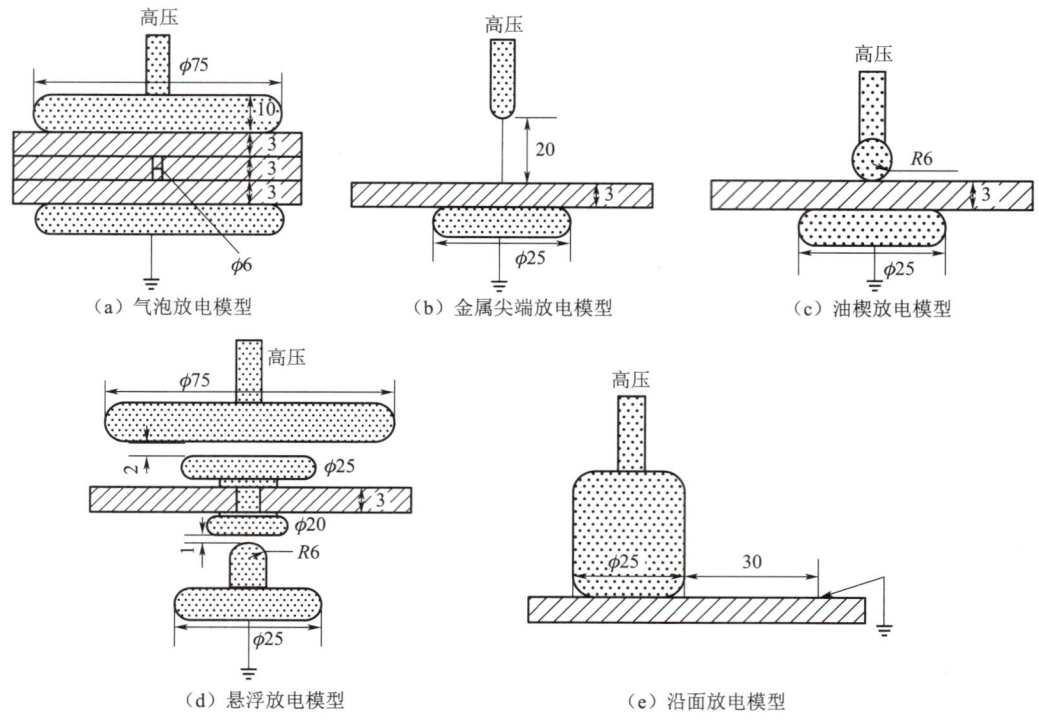

图 4-2 五种变压器局部放电模型（单位：mm）

图 4-3 气泡放电模型实物

3. 试验结果

在 23.3kV 电压下，气泡放电模型开始放电。此时 IEC 局部放电仪显示的放电信号呈连续发生状态，平均视在放电量为 33pC，最大视在放电量为 63pC。UHF 信号也呈连续性，平均幅值为 0.710V，最大幅值为 1.081V，放电重复率为 15 次/s。UHF 信号主要分布在 30°~80°和 210°~260°相位上，第一、三象限的最大放电幅值相当，但是第一象限的放电次数远多于第三象限。放电重复率-放电幅值谱图呈指数衰减状。

在 29.9kV 电压下放电加剧。此时 IEC 局部放电仪显示的放电信号呈连续发生状态，平均视在放电量为 29pC，最大视在放电量为 106pC。UHF 信号也呈连续性，平均幅值为 0.807V，最大幅值为 1.377V，放电重复率为 31 次/s。UHF 信号主要分布在 30°~90°和

210°~270°相位上，第一、三象限的最大放电幅值和放电次数相当，但是第一象限的放电次数远多于第三象限。放电重复率-放电幅值谱图呈指数衰减状。

在35.4kV试验电压下放电严重。此时IEC局部放电仪显示的放电信号呈连续发生状态，平均视在放电量为39pC，最大视在放电量为200pC。UHF信号也呈连续性，平均幅值为0.660V，最大幅值为1.472V，放电重复率为140次/s。UHF信号分布在0°~90°、90°~120°、170°~180°、180°~270°、270°~300°、350°~360°相位区间，单密集区为0°~120°、170°~300°相位上，第一、三象限的最大放电幅值相当，但是第一象限的放电次数明显多于第三象限。放电重复率-放电幅值谱图呈指数衰减状。

可见，气泡放电信号呈连续性，放电重复率高；在第一、三象限同时出现UHF信号；最大幅值和平均幅值的大小相当、相位分布对称；放电重复率的相位分布严重不对称，第一象限的放电次数远多于第三象限。

此外，随着试验电压的升高，放电程度加剧，放电次数大幅增长，放电信号的相位区间逐渐向左右两边扩展，当放电达到危险阶段时，0°和180°相位附近出现了放电信号，且90°和270°之后的区域内也出现了放电信号。放电重复率的相位分布特征发生了变化：在起始放电阶段，正半周的放电次数远远多于负半周，但到了严重和危险阶段，负半周的放电次数增多，正负半周的放电次数逐渐趋于平衡。平均放电幅值和最大放电幅值没有太大变化。

4.1.1.2 金属尖端放电

1. 金属尖端放电模型制作方法及其原理

当变压器高压引出线焊接不良时，单股导线突出，从而形成尖端。在高电压下，金属导线尖端将产生放电。为了模拟金属尖端放电，本节采用针板电极，并在针板电极之间夹一层纸板，构成金属尖端放电模型，如图4-4所示。

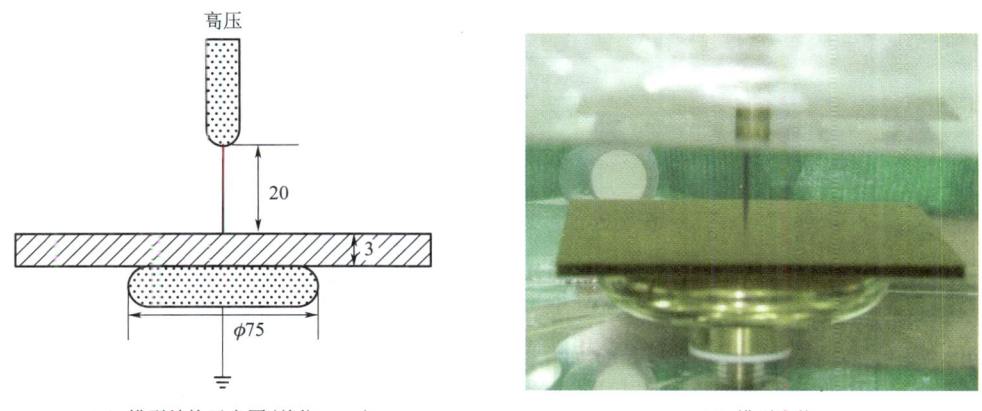

(a) 模型结构示意图(单位：mm)　　　　(b) 模型实物

图4-4　金属尖端放电模型结构示意图和实物

2. 试验方法

采用逐级升压法。出现局部放电信号后，持续观测20min，之后逐级升压，每次升压约2kV，每个电压等级下观测30min。当试验电压升至13.9kV时，出现局部放电信号，此时的视在放电量在0~160pC；当试验电压为16.5kV时，视在放电量在0~360pC；当试验电压为27.8kV时，放电逐渐变得猛烈，依次出现气泡、火花、声音等放电现象，然后迅速金属尖端对地绝缘击穿。

3. 试验结果

起始阶段，在 1min 内发生了 39 次放电；平均幅值为 0.174V，最大幅值为 0.787V；放电信号主要分布在 210°~280°相位上。

严重阶段，在 1min 内发生了 292 次放电；平均幅值为 0.304V，最大幅值为 1.308V；放电信号主要分布在 0°~100°和 170°~270°相位上。

危险阶段，放电脉冲 17 152 个；平均幅值为 0.243V，最大幅值为 1.827V；放电信号主要分布在 0°~120°、130°~290°和 300°~360°相位上。

可见，随着试验电压的升高，放电程度加剧，放电次数大幅增长，放电信号的相位区间也发生很大变化。在起始阶段，放电信号主要集中在第三象限，但到了严重阶段，第一象限也出现大量放电信号；而危险阶段时，几乎整个相位上都出现了放电。在起始放电阶段，负半周的放电次数明显多于正半周；但到了严重和危险阶段，负半周的放电变多，正负半周的放电次数逐渐趋于平衡。在整个放电过程中，放电信号的最大幅值也有很明显的增大趋势，而平均幅值却呈现了先增大后减小的趋势。

4.1.1.3 油楔放电

1. 油楔放电模型制作方法及其原理

因绝缘结构设计不良容易造成油纸绝缘交界面的局部场强过高，从而引发局部放电。纸板受潮后绝缘强度下降，也会产生局部放电。这两种情况的电场均为稍不均匀场。为了模拟此种放电，采用油楔放电模型，球电极的直径为 12mm，球板电极之间放 3mm 的纸板，如图 4-5 所示。

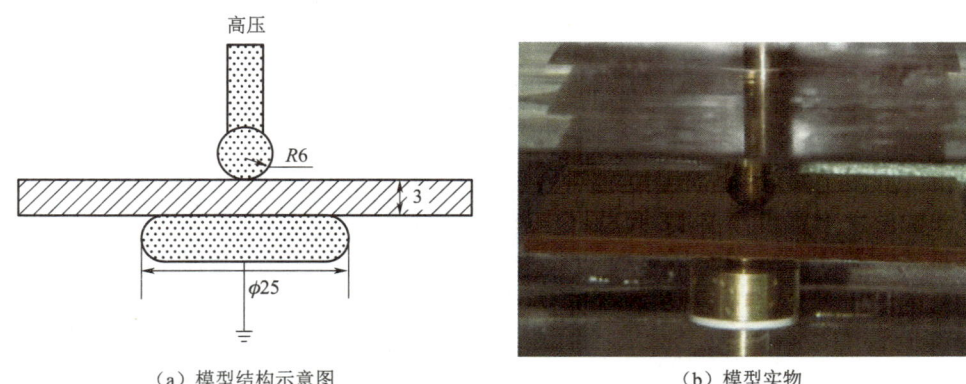

（a）模型结构示意图　　　　　　　（b）模型实物

图 4-5　油楔放电模型结构示意图和实物

2. 试验方法

采用逐级升压法。出现局部放电信号后，持续观测 20min，之后逐级升压，每次升压约 1kV，每个电压等级下观测 20min。当试验电压升至 17.1kV 时，出现局部放电信号，视在放电量在 0~900pC；当试验电压为 26.9kV 时，放电加剧，视在放电量在 0~17000pC，此时可观测到放电火花；当试验电压为 29.6kV 时，视在放电量增加为 0~37000pC，在纸板表面溢出气泡。

3. 试验结果

起始阶段，在 1min 内发生了 3136 次放电；平均幅值为 0.251V，最大幅值为 1.23V；

放电信号主要分布在 30°~90°和 200°~280°相位上。

严重阶段，在 1min 内发生了 7468 次放电；平均幅值为 0.277V，最大幅值为 1.264V；放电信号主要分布在 0°~90°和 180°~280°相位上。

危险阶段，放电脉冲 10175 个；平均幅值为 0.242V，最大幅值为 0.93V；放电信号主要分布在 0°~90°、160°~270°和 350°~360 相位上。

随着放电的发展，放电次数呈现递增趋势。在相位空间分布上看，放电主要集中在第一、三象限。在起始阶段与严重阶段，第三象限的信号放电多于第一象限。而到了危急阶段，第一、三象限的放电信号逐渐趋于平衡。整个放电过程中，信号的最大幅值呈现增大趋势，而平均幅值则呈现先减小后增大趋势。

4.1.1.4 悬浮放电

1. 悬浮放电模型制作方法及其原理

在变压器组装、运输或运行过程中，变压器压钉、夹件等松动或接触不良，均会导致局部放电。静电屏蔽环接触不良也会导致强烈的悬浮放电。此种放电的视在放电量非常大，往往达到几十纳库（nC）甚至更高。为了模拟这种放电，本节在高低压电极之间放置金属块，利用纸板固定并确定其位置，使其与高低压电极保持一定距离。悬浮放电模型结构示意图和实物如图 4-6 所示。悬浮金属与接地电极之间距离 1mm，与高压电极之间距离 2mm。在一定电压下，悬浮金属与接地电极之间产生放电。

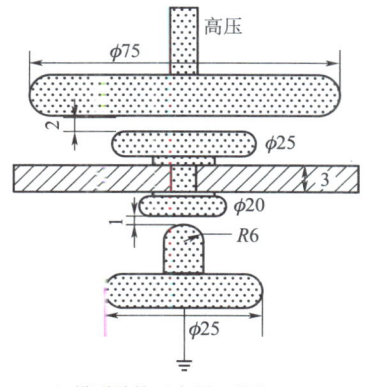

（a）模型结构示意图（单位：mm）　　（b）模型实物

图 4-6　悬浮放电模型结构示意图和实物

2. 试验方法

采用逐级升压法。出现局部放电信号后，持续观测 15min，之后逐级升压，每次升压约 1kV，每个电压等级下观测 15min。当试验电压升至 17.3kV 时，视在放电量最大值为 9500pC，同时伴有放电声。当试验电压分别为 19kV 时，最大放电量增至 10 000pC，放电声音增大。当试验电压为 20kV 时，放电突然变得非常频繁，视在放电量在 0~155 000pC。

3. 试验结果

起始阶段，在 1min 内发生了 11 次放电；平均幅值为 2.694V，最大幅值为 2.891V；放电信号主要分布在 0°~40°和 180°~270°相位上。

严重阶段，在 1min 内发生了 21 次放电；平均幅值为 2.483V，最大幅值为 3.371V；放电信号主要分布在 0°~60°和 180°~270°相位上。

危险阶段，在 1min 内发生了 147 次放电；平均幅值为 4.255V，最大幅值为 3.383V；放电信号主要分布在 0°~90°、180°~270°和 350°~360°相位上。

可见，随着试验电压的升高，放电次数呈增长趋势，尤其是起始阶段到严重阶段更为明显；整个放电过程平均放电幅值和最大放电幅值呈现出增大趋势；从相位分布上看，随着放电进行，放电信号分布更加集中在第一、三象限。

4.1.1.5 沿面放电

1. 沿面放电模型制作方法及其原理

静电充电会造成电荷沉积，使得局部场强过高，引起放电。曾经在纸板上发现由于此原因引起的放电痕迹。放电在遮栏、支撑物（纸板、垫块）表面形成表面起痕，这些痕迹就是炭化通道，随着时间的积累会慢慢增长。一般将纸板表面的放电称为沿面放电。为了模拟这种放电，在纸板表面放置高压柱电极和低压金属尖端电极，两电极之间距离为 30mm，在一定试验电压下，由金属尖端开始生成炭痕并向高压电极延伸。沿面放电模型结构示意图如图 4-7 所示。

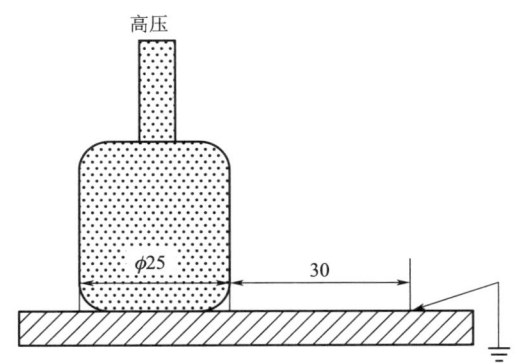

图 4-7 沿面放电模型结构示意图（单位：mm）

2. 试验方法

采用逐级升压法，出现局部放电信号后，持续观测 20min，之后逐级升压，每次升压约 1kV，每个电压等级下观测 20min。该模型的起始放电电压为 18.2kV，此时视在放电量在 0~80pC；试验电压达到 28.5kV 后，放电现象比较激烈，视在放电量在 0~320pC；之后再将试验电压升至 29.6kV，视在放电量在 0~900pC，放电迅速发展，10min 后可能发生击穿。

3. 试验结果

起始阶段，在 1min 内发生了 165 次放电；平均幅值为 0.050V，最大幅值为 0.183V；放电信号主要分布在 20°~70°相位上。

严重阶段，在 1min 内发生了 70 次放电；平均幅值为 0.067V，最大幅值为 0.333V；放电信号主要分布在 10°~80°相位上。

危险阶段，放电脉冲 569 个；平均幅值为 1.242V，最大幅值为 4.322V；放电信号主要分布在 0°~110°、150°~310°、320°~360°相位上。

可见，随着试验电压的升高，放电次数先减小后增加；整个放电过程中，信号的最大幅值及平均幅值均呈现增大趋势，尤其到了危险阶段，幅值变化更加明显；放电信号的相位区间在起始及严重阶段主要在第一象限，但到危险阶段，全相位都出现了放电信号。

4.1.2 变压器局部放电 UHF 谱图库

根据试验结果将变压器典型局部放电故障分为起始放电阶段、放电严重阶段、放电危险阶段三个阶段，并以放电次数（n）、放电幅值（V_{max}）、放电平均值（V_{ave}）、散点图、PRPD 谱图、n-φ 图、V_{max}-φ 图、V_{ave}-φ 图展示典型谱图特征。表 4-1~表 4-5 为五种放电的 UHF 谱图。

第4章 规模化风光储电站输变电设备局部放电谱图

表4-1 气泡放电UHF谱图

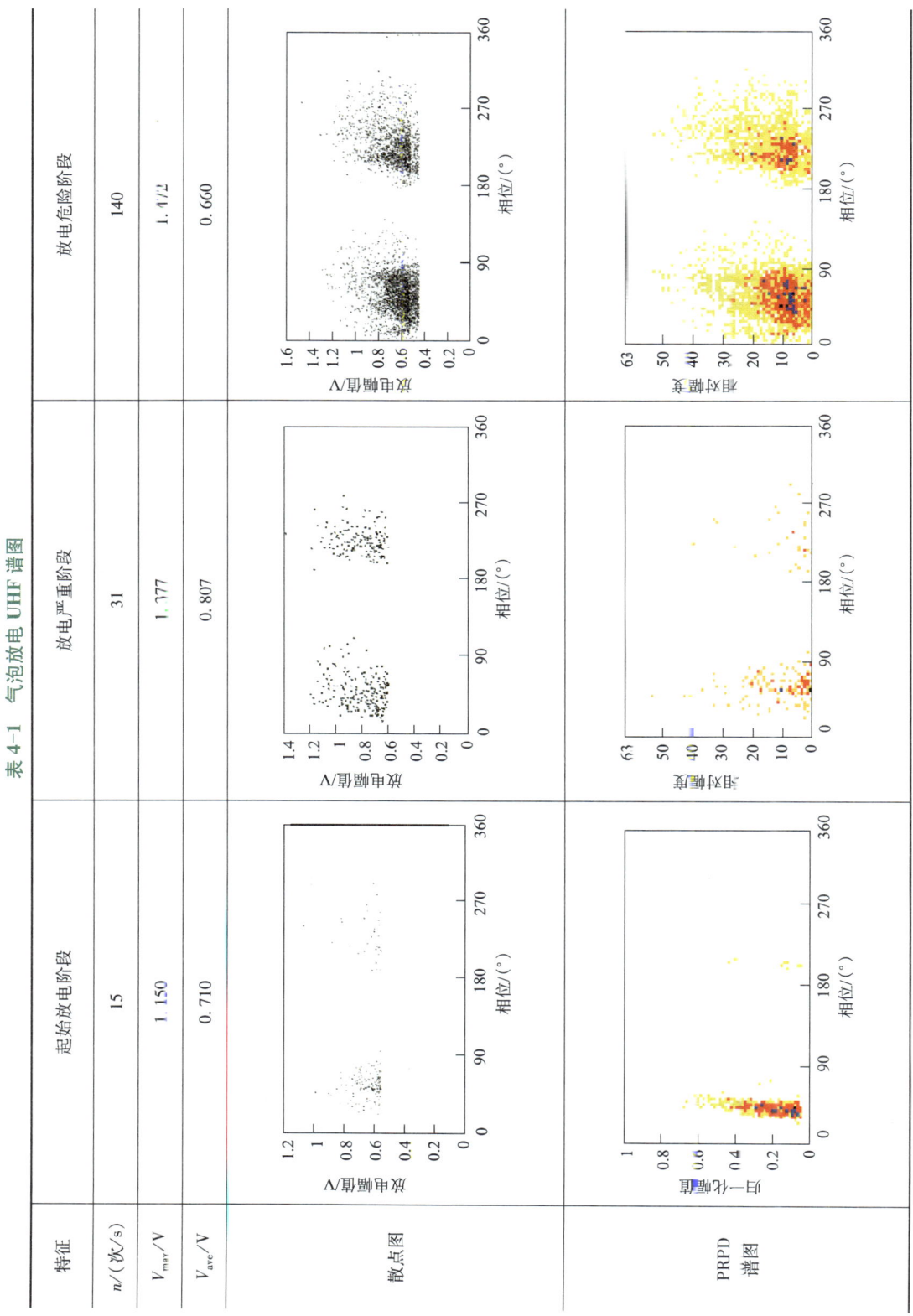

特征	起始放电阶段	放电严重阶段	放电危险阶段
$n/(次/s)$	15	31	140
V_{max}/V	1.150	1.777	1.772
V_{ave}/V	0.710	0.807	0.660
散点图			
PRPD谱图			

续表

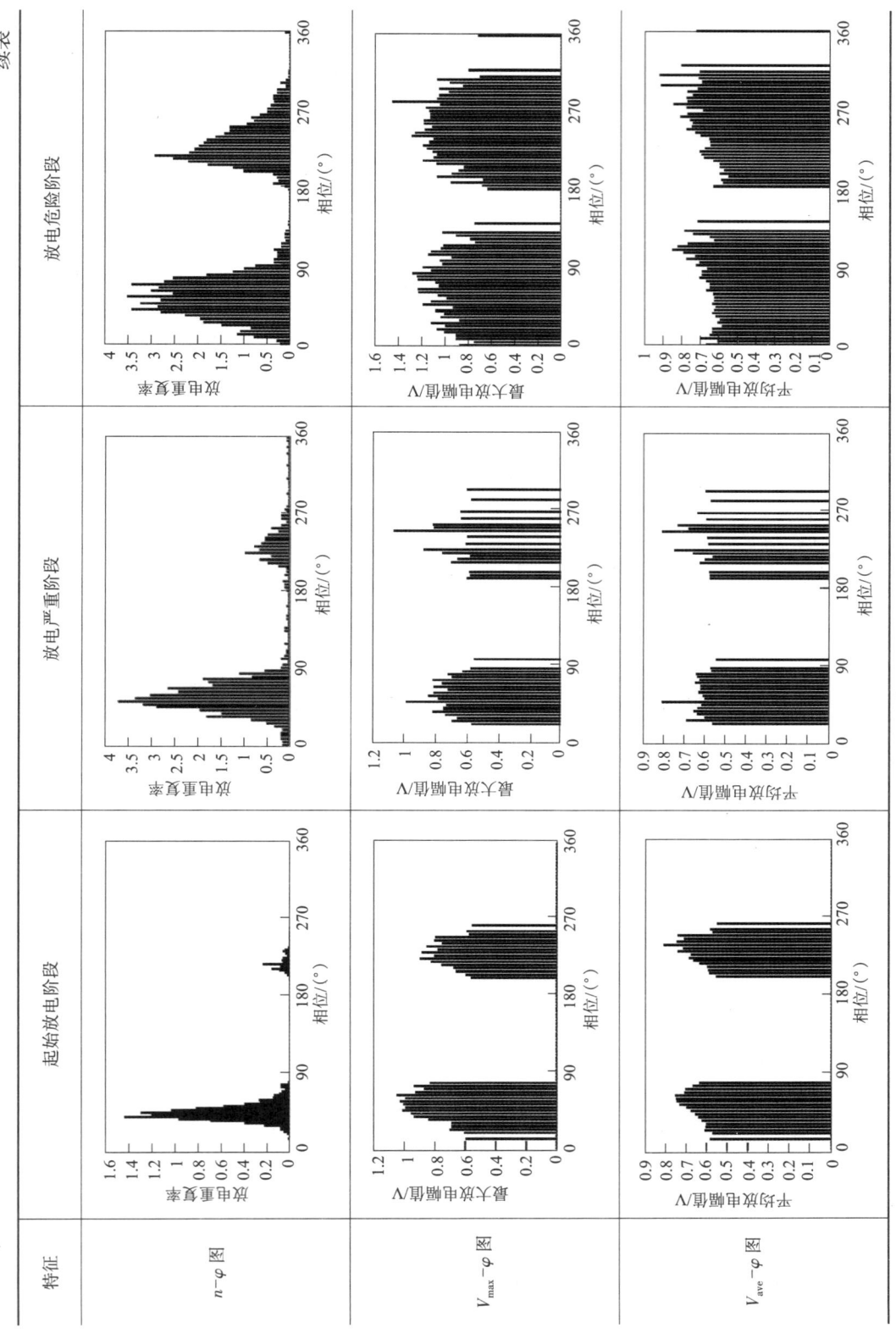

第 4 章 规模化风光储电站输变电设备局部放电谱图

表 4-2 针尖放电 UHF 谱图

特征	放电起始阶段	放电严重阶段	放电危险阶段
$n/(次/s)$	39	292	17 152
V_{max}/V	0.787	1.308	1.827
V_{ave}/V	0.173 744	0.304 01	0.243 448
散点图			
PRPD 谱图			

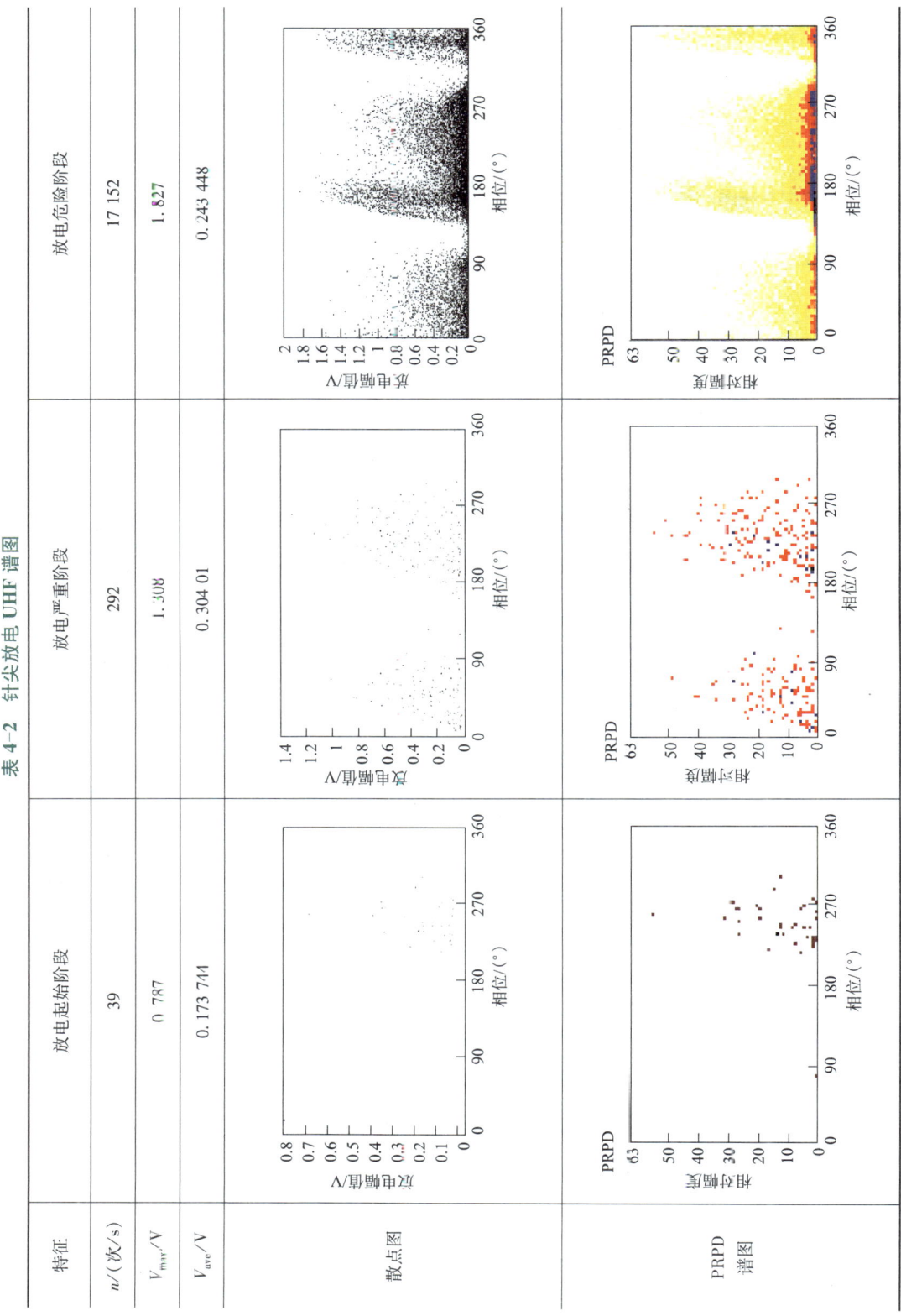

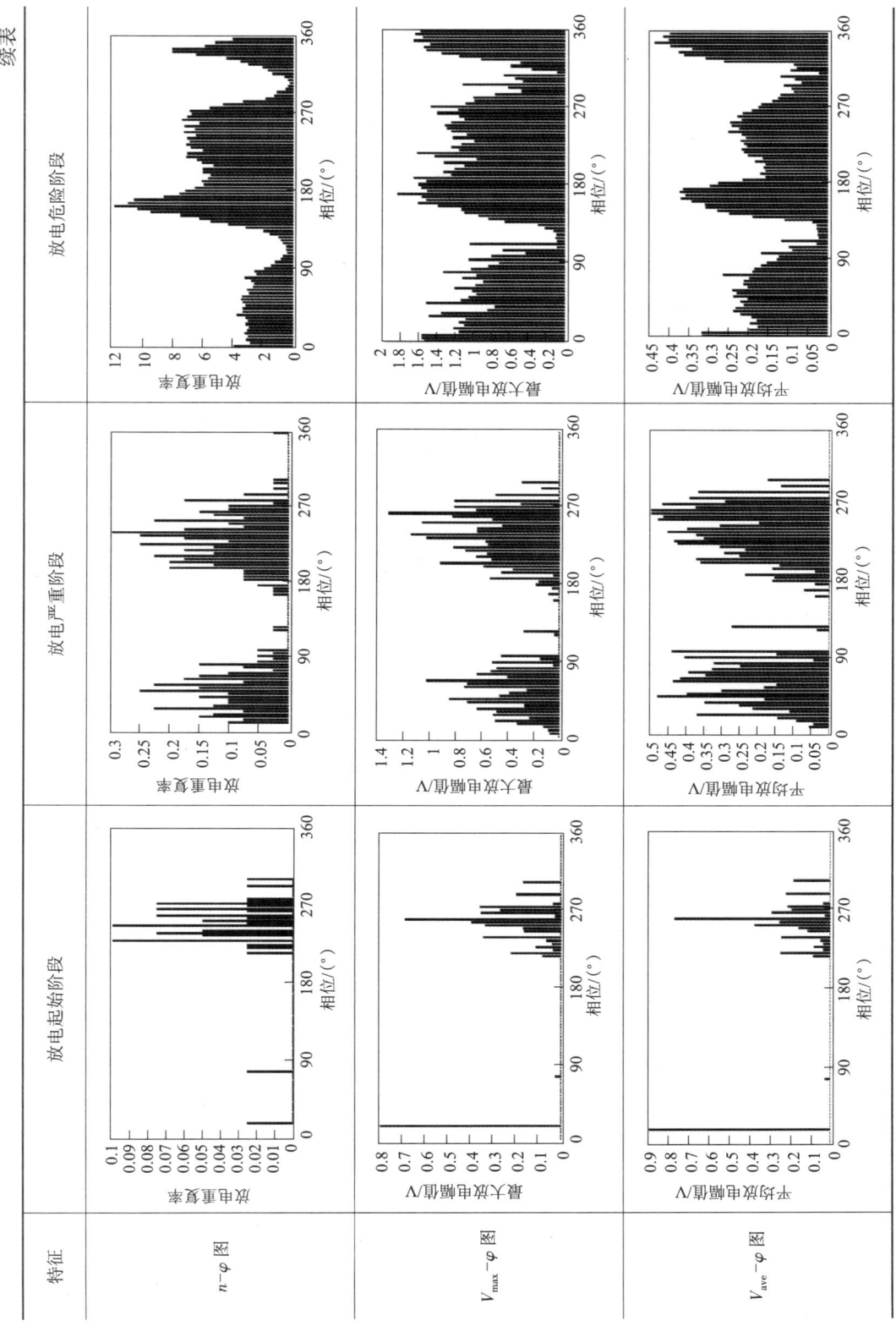

表 4-3 油楔放电 UHF 谱图

特征	起始放电阶段	放电严重阶段	放电危险阶段
$n/(次/s)$	3136	7468	10175
V_{max}	1.23	1.764	0.93
V_{ave}	0.251393	0.276514	0.242421
散点图			
PRPD 谱图			

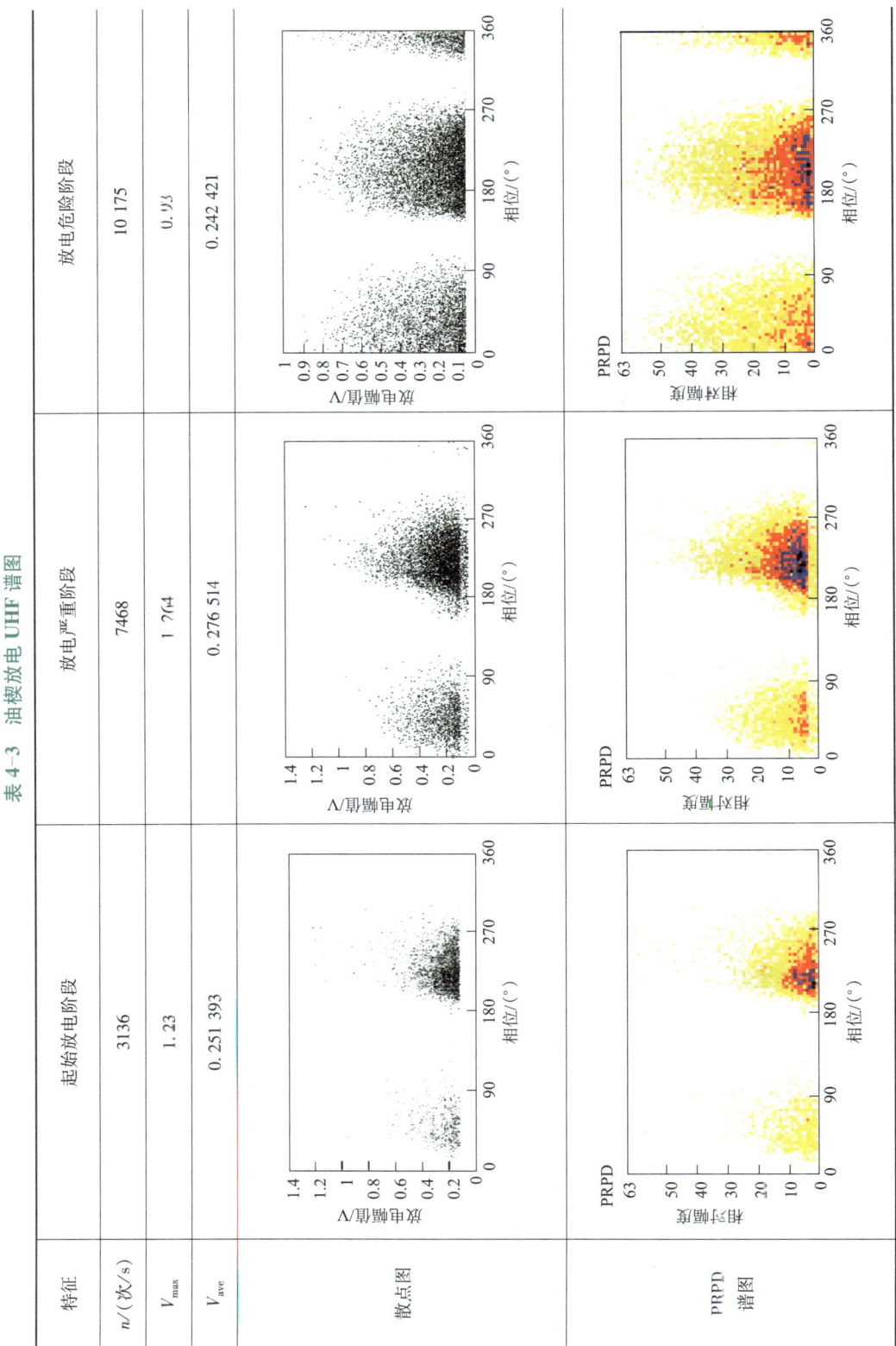

续表

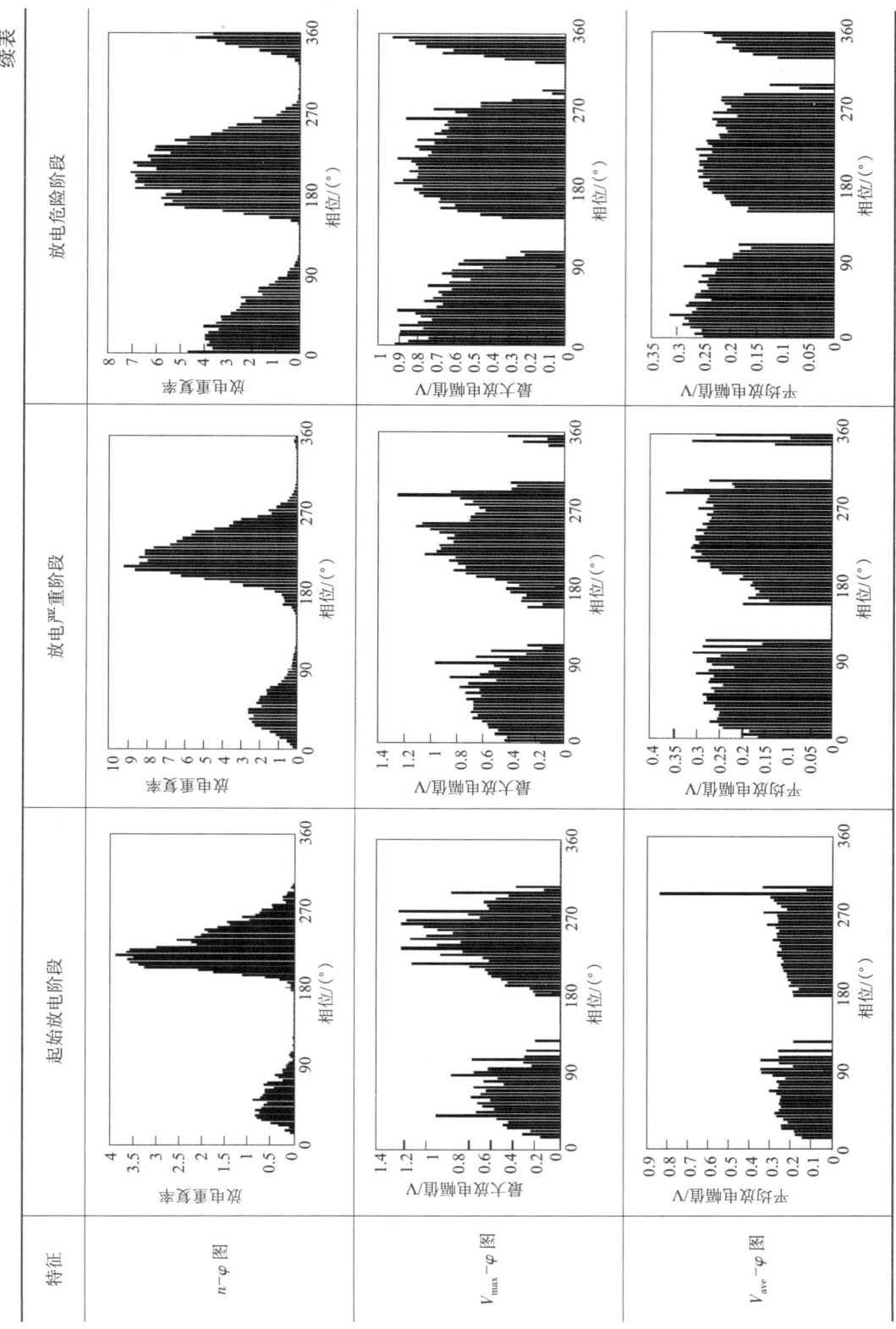

第 4 章　规模化风光储电站输变电设备局部放电谱图

表 4-4　悬浮放电 UHF 谱图

特征	起始放电阶段	放电严重阶段	放电危险阶段
$n/(次/s)$	11	21	147
V_{max}/V	2.891	3.371	3.383
V_{avc}/V	2.694 18	2.482 76	4.254 99
散点图			
PRPD 谱图			

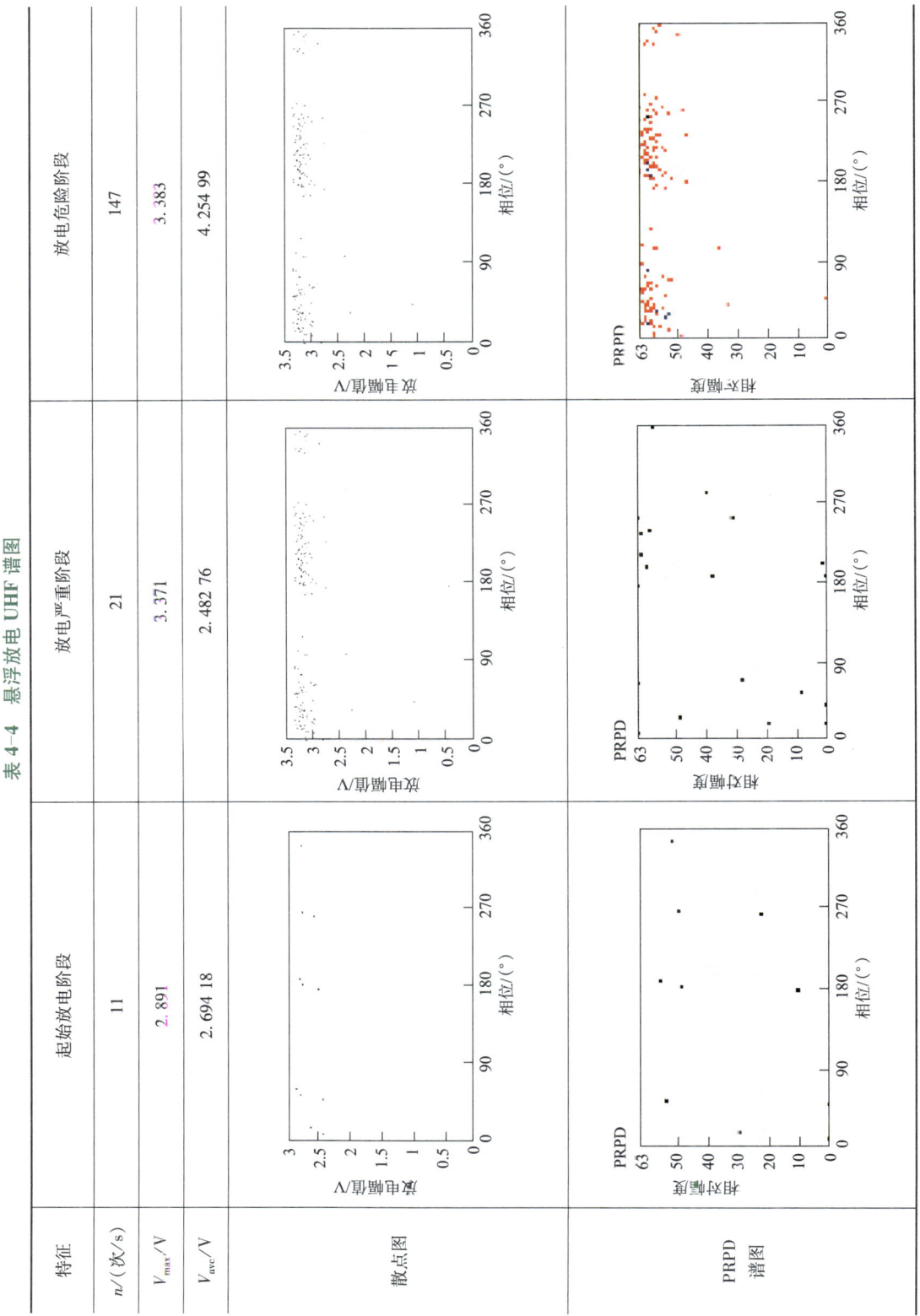

续表

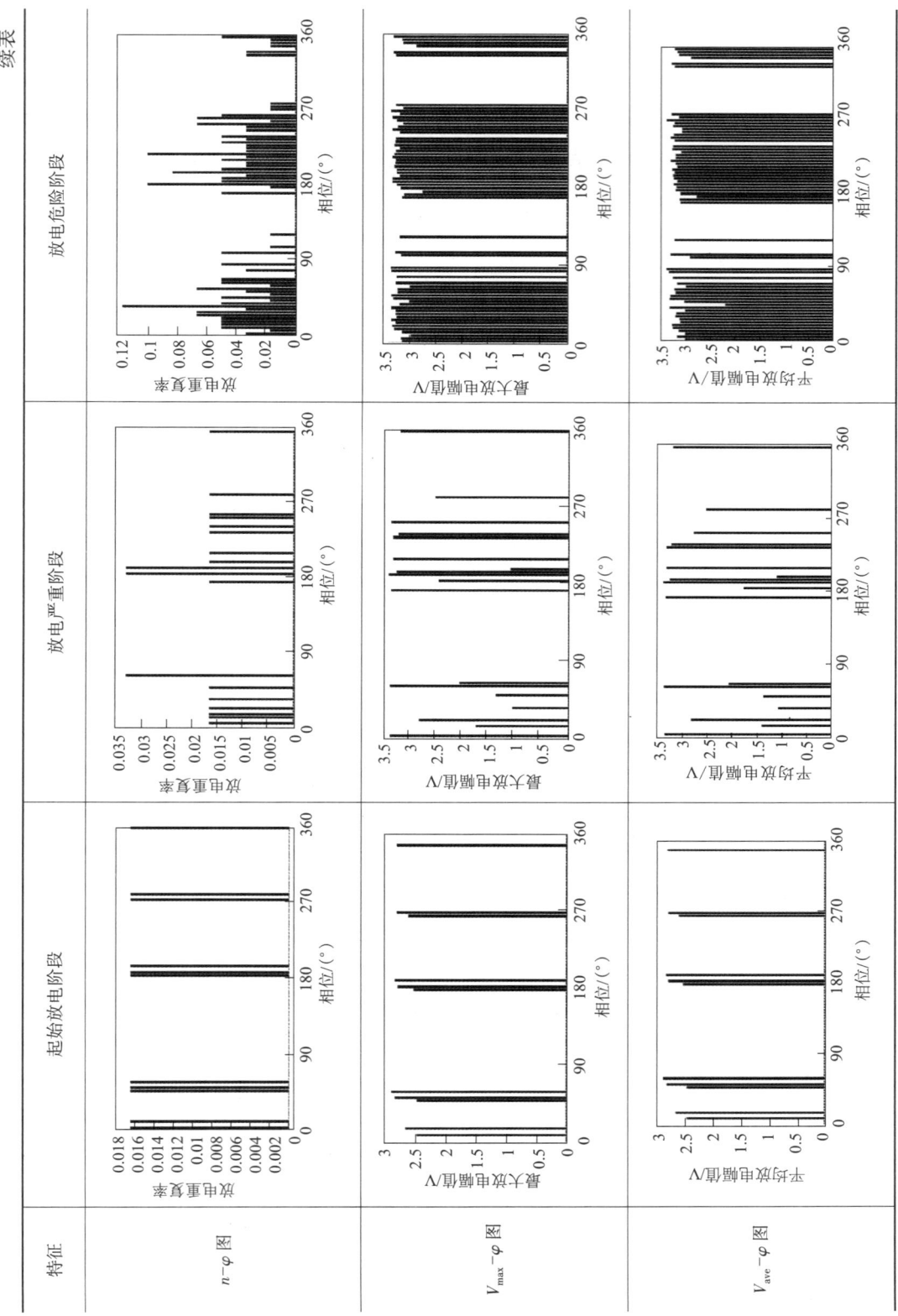

表4-5 沿面放电 UHF 谱图

特征	起始放电阶段	放电严重阶段	放电危险阶段
$n/(\text{次/s})$	165	70	569
$V_{\max}/V$	0.183	0.333	4.322
V_{ave}/V	0.050 157 6	0.067 214 3	1.241 67
散点图			
PRPD 谱图			

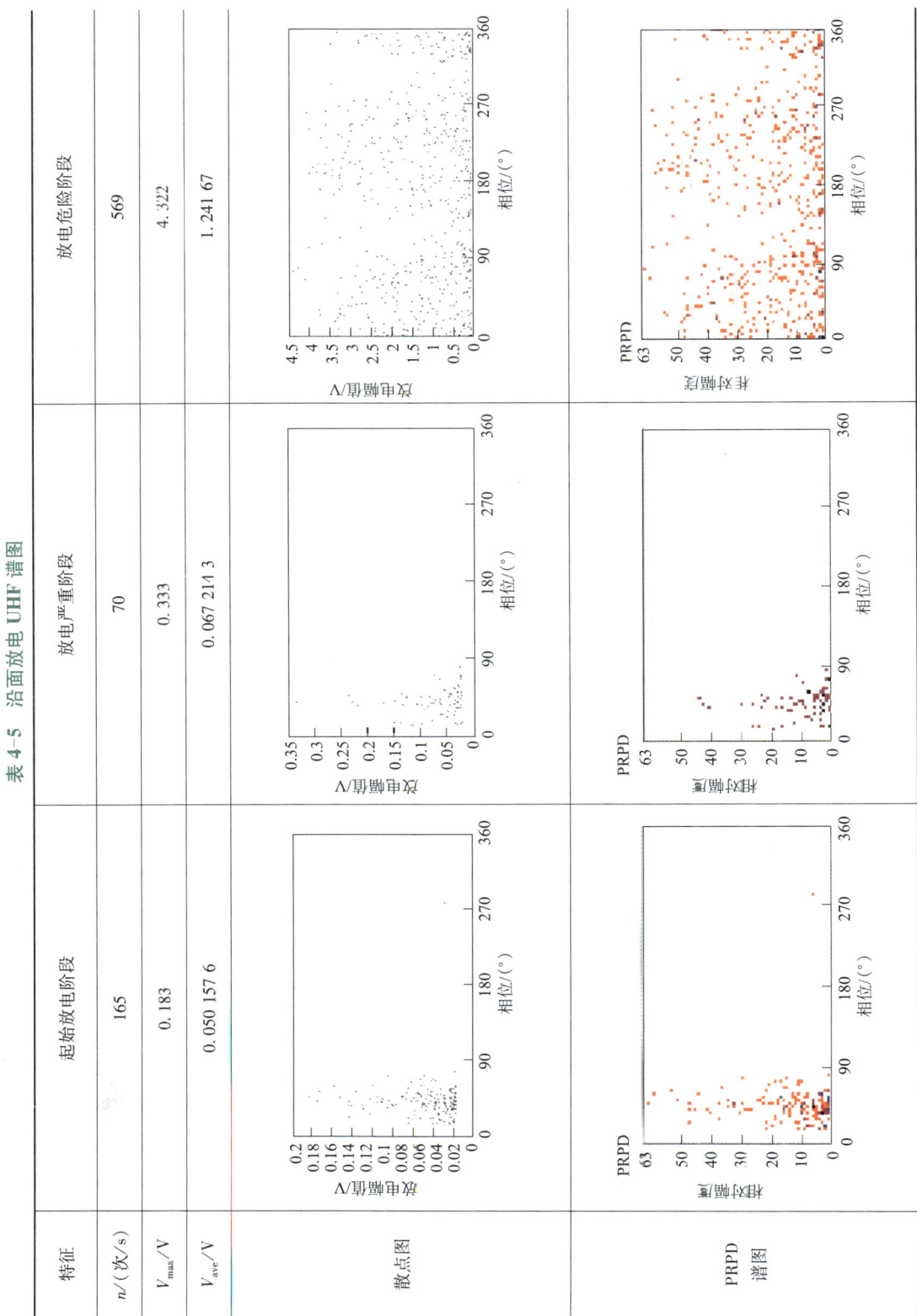

续表

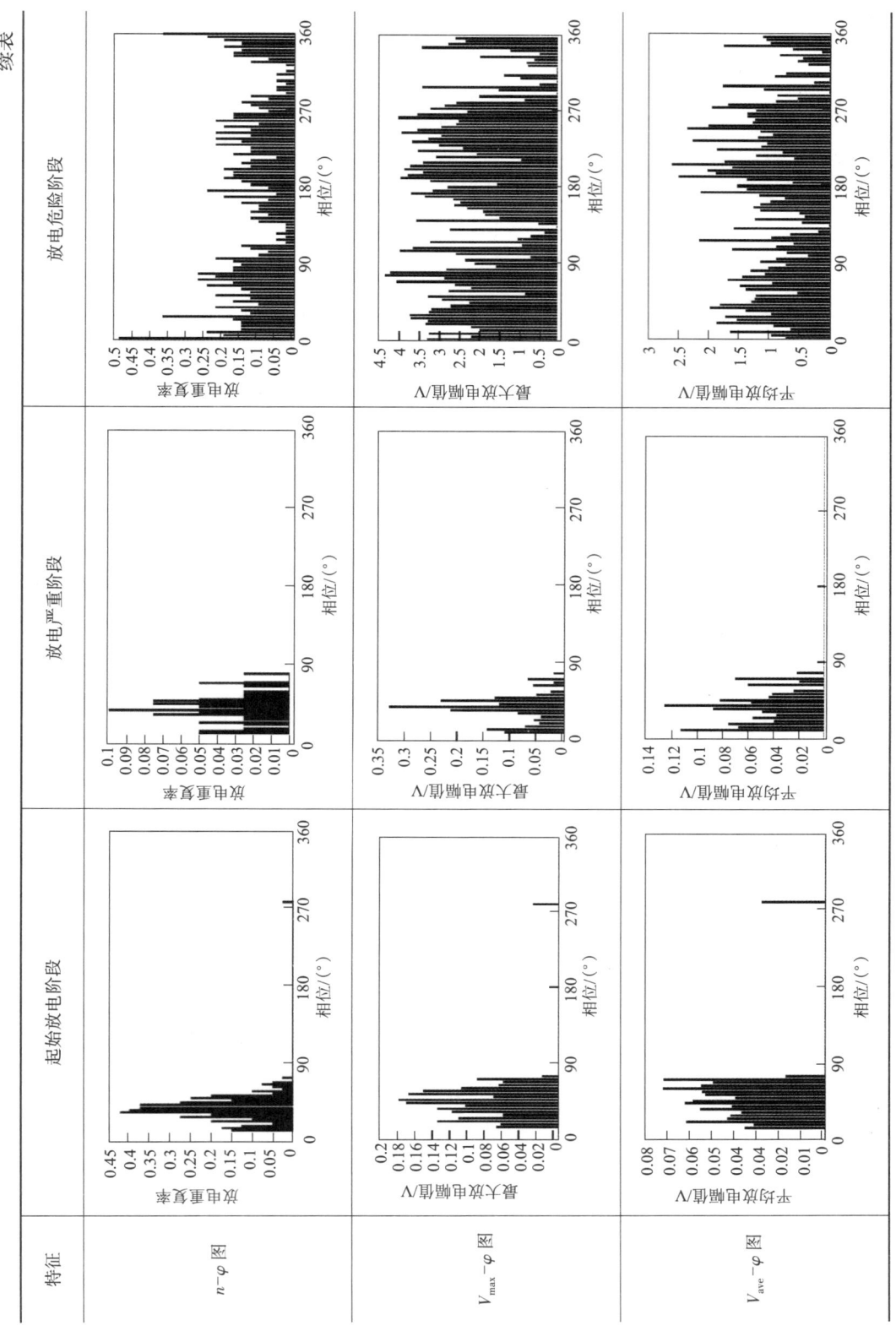

4.2 GIS中SF$_6$气体绝缘局部放电UHF谱图

本节将基于试验平台模拟GIS典型局部放电故障，获得规模化风光储电站内GIS母线金属尖端放电、悬浮放电、自由金属颗粒放电、金属异物放电、绝缘子沿面放电共五种典型局部放电故障发展趋势和局部放电谱图，为GIS的局部放电模式识别和故障严重程度评估提供可靠判据。

4.2.1 GIS典型故障局部放电试验方法

图4-8所示为搭建的220kV GIS局部放电模拟试验平台，TC$_1$和TC$_2$为两个试验腔，用

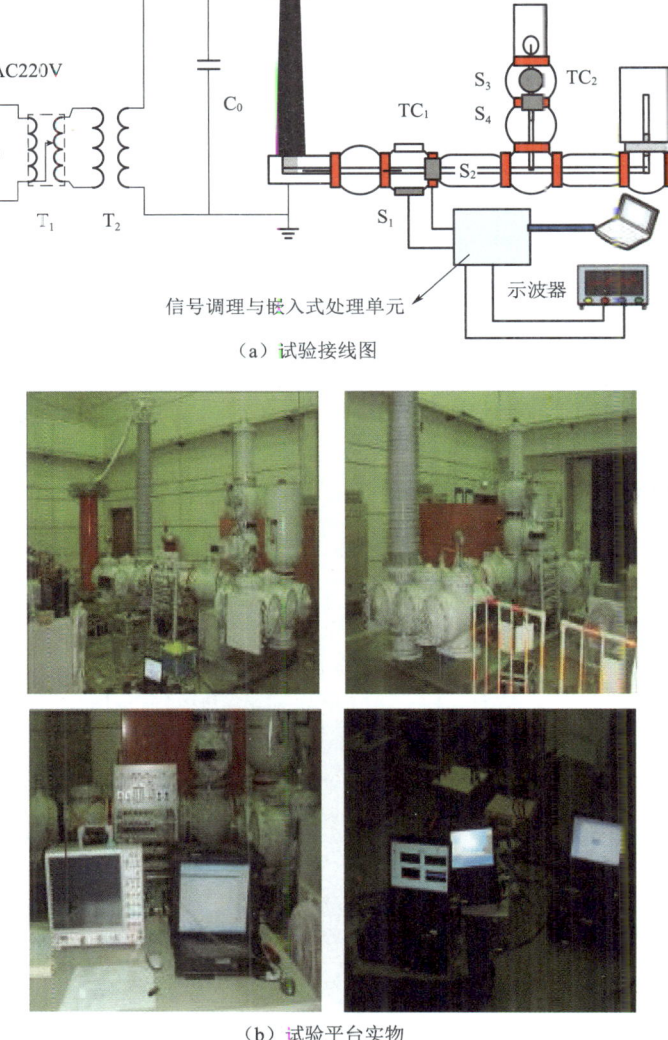

(a) 试验接线图

(b) 试验平台实物

图4-8 220kV GIS局部放电模拟试验平台

于设置放电缺陷，S_1 和 S_3 为内置式特高频传感器，S_2 和 S_4 为外置式特高频传感器。其中，外置式传感器通过盆式绝缘子（以下简称盆子）处的浇注孔接收试验腔体辐射出的局部放电信号。传感器耦合的局部放电信号经过信号调理后，一路接入示波器，另一路经嵌入式数据处理单元后上传至笔记本电脑。示波器（安捷伦 MSO9404A）采样率为 20GSa/s，带宽为 4GHz。基于自主研制的局部放电特高频信号调理器，开发了一套便携式局部放电特高频检验与分析系统，如图 4-9 所示。其主要由传感器、嵌入式信号调理及数据采集分析单元、数据分析笔记本电脑组成。系统具备三个同步检测通道，经过更新嵌入式采集单元的硬件程序，可实现局部放电特高频脉冲的工频周期采集和多周期连续实时采集分析。

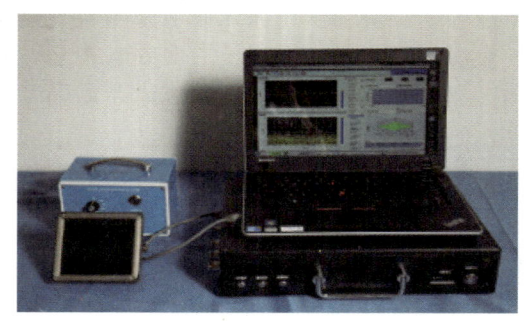

图 4-9　局部放电特高频检测与分析系统

针对于硬件系统专门开发了一套界面友好、使用方便的局部放电检测与数据分析处理软件系统。软件可远程控制嵌入式采集单元中信号调理器的工作状态，进行数据自动保存与查询。局部放电特高频检测软件界面如图 4-10 所示。

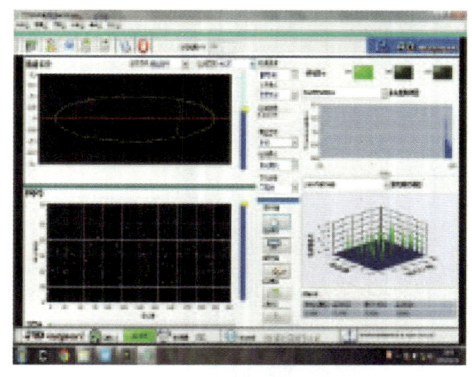
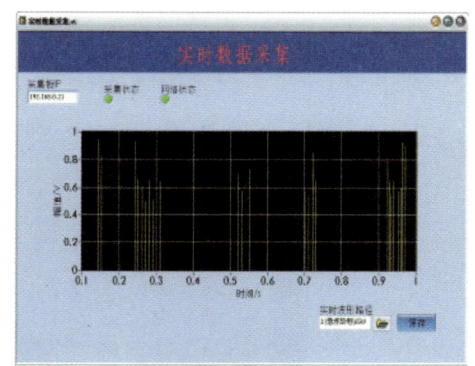

（a）工频周期采集检测界面　　　　　　（b）长周期实时数据采集检测界面

图 4-10　局部放电特高频检测软件界面

4.2.1.1　GIS 母线金属尖端放电发展过程

1. 试验模型

试验腔体 SF_6 气体压力为 0.5MPa，GIS 母线金属尖端放电缺陷由长 40mm、直径 1mm 的大头针插入母线孔隙构成，尖端长度为 30mm，如图 4-11 所示。

2. 试验方法

缓慢升高电压直至出现稳定的局部放电信号，先通过升压法加速缺陷劣化，劣化程度加剧后对试品施加恒定电压直

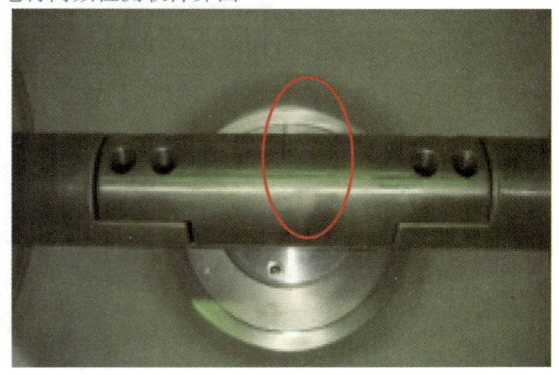

图 4-11　GIS 母线金属尖端放电缺陷

至试验结束。外施电压达到55kV时出现较为稳定的局部放电信号，然后逐级升高电压，分别在55kV、60kV、65kV、70kV、75kV、80kV、85kV、90kV电压下保持1h，GIS母线金属尖端放电缺陷试验电压变化曲线如图4-12所示。为进一步加速缺陷劣化，升压至95kV并保持恒定，恒压2h后停止试验。局部放电采集系统采用实时记录方式，保证连续记录1s的放电数据，以分析局部放电脉冲序列分布（PRPS）特征。

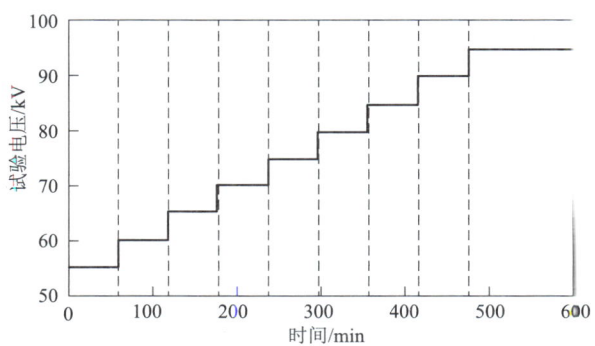

图4-12　GIS母线金属尖端放电缺陷试验电压变化曲线

4.2.1.2　GIS悬浮放电发展过程

1. 试验模型

悬浮放电模型由屏蔽罩、绝缘子中心导体构成。屏蔽罩扣在中心导体上，且屏蔽罩与导体不完全接触。悬浮放电模型如图4-13所示。试验模型设置在GIS竖腔中，试验腔体SF_6气体压力为0.5MPa。

2. 试验方法

缓慢升高电压直至出现稳定的局部放电信号，再通过升压法加速缺陷劣化，劣化程度加剧后对试品施加恒定电压直至试验结束。外施电压达到73.5kV时出现较为稳定的局部放电信号，然后逐级升高电压，分别在73.5kV、77kV、80.5kV、

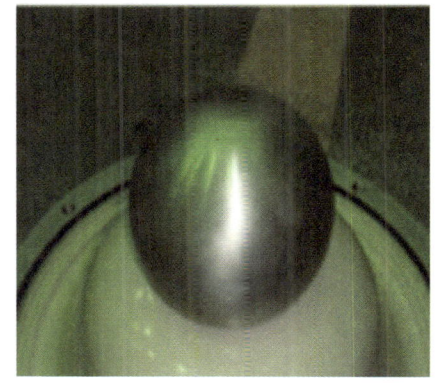

图4-13　悬浮放电模型

84kV、87.5kV、91kV、94.5kV、98kV电压下保持1h，悬浮放电模型试验电压变化曲线如图4-14所示。最后升压至102kV并保持恒定，恒压2h后停止试验。由于悬浮放电信号的强度较大，常导致监测系统出现饱和现象，在局部放电监测系统控制信号调理器衰减40dB的基础上，再在传感器后端串入40dB的衰减器，使信号调理器工作在线性范围内。

4.2.1.3　GIS绝缘子自由金属颗粒放电发展过程

1. 试验模型

试验腔体SF_6气体压力为0.5MPa，自由金属颗粒放电模型由锡箔纸金属屑以及0.5cm和1cm长的金属颗粒随机散落于盆式绝缘子上构成。GIS自由金属颗粒放电缺陷如图4-15所示。

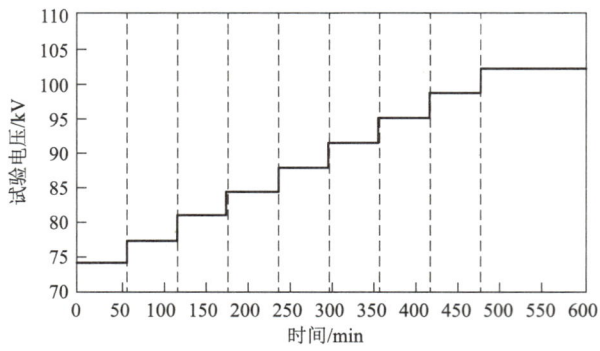

图 4-14 悬浮放电模型试验电压变化曲线

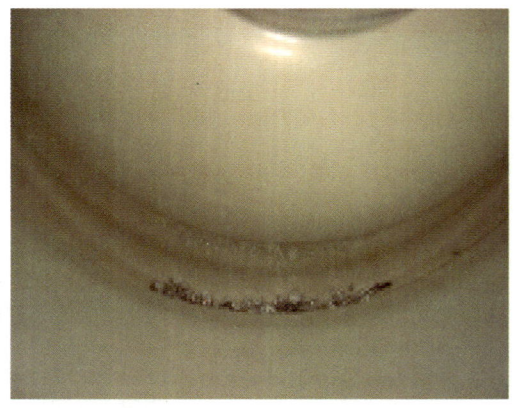

图 4-15 GIS 自由金属颗粒放电缺陷

2. 试验方法

缓慢升高电压直至出现稳定的局部放电信号,再通过升压法加速缺陷劣化,劣化程度加剧后对试品施加恒定电压直至试验结束。外施电压达到 31kV 时出现较为稳定的局部放电信号,然后逐级升高电压,分别在 35kV、38.5kV、42kV、45kV、48.5kV 电压下保持 1h。GIS 自由金属颗粒放电缺陷试验电压变化曲线如图 4-16 所示。

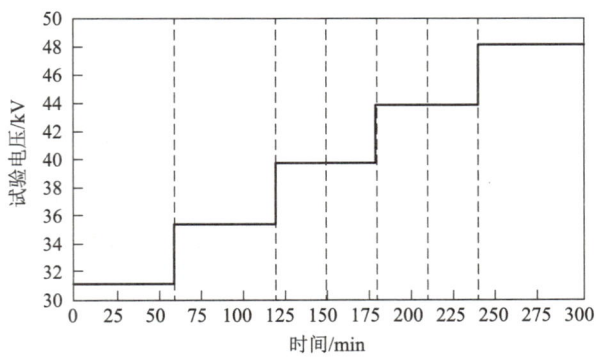

图 4-16 GIS 自由金属颗粒放电缺陷试验电压变化曲线

4.2.1.4 GIS绝缘子金属异物放电发展过程

1. 试验模型

试验腔体SF_6气体压力为0.5MPa,将M10螺栓放置于盆子与外壳交界面处,用以模拟GIS绝缘子金属异物放电模型。GIS绝缘子金属异物放电缺陷如图4-17所示。

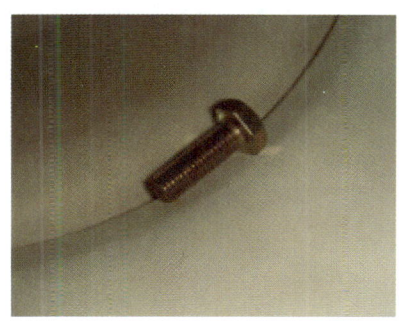 

图4-17 GIS绝缘子金属异物放电缺陷

2. 试验方法

缓慢升高电压直至出现稳定的局部放电信号,再通过升压法加速缺陷劣化,劣化程度加剧后对试品施加恒定电压直至试验结束。外施电压达到45kV时出现较为稳定的局部放电信号,然后逐级升高电压,分别在50kV、60kV、72.5kV、83.5kV电压下保持1h。GIS绝缘子金属异物放电缺陷试验电压变化曲线如图4-18所示。

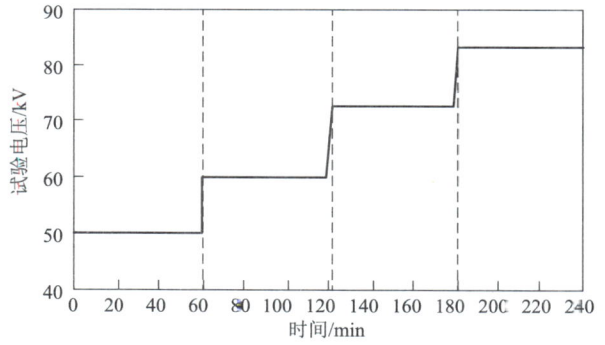

图4-18 GIS绝缘子金属异物放电缺陷试验电压变化曲线

4.2.1.5 GIS绝缘子沿面放电发展过程

1. 试验模型

试验腔体SF_6气体压力为0.5MPa,沿面放电模型由3cm长金属丝粘贴于盆子表面构成。GIS绝缘子沿面放电缺陷如图4-19所示。

2. 试验方法

缓慢升高电压直至出现稳定的局部放电信号,再通过升压法加速缺陷劣化,劣化程度加剧后对试品施加恒定电压直至试验结束。外施电压达到45kV时出现较为稳定的局部放电信号,然后逐级升高电压,分别在45kV、55kV、65kV、75kV电压下保持1h。为进一步加速缺陷劣化,升压至85kV并保持恒定,恒压85min后发生闪络击穿。GIS绝缘子沿面放电缺陷试验电压变化曲线如图4-20所示。

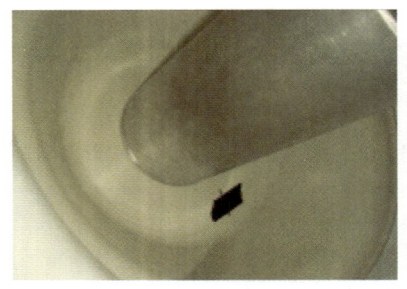 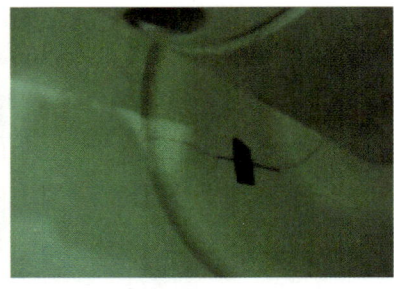

图 4-19　GIS 绝缘子沿面放电缺陷

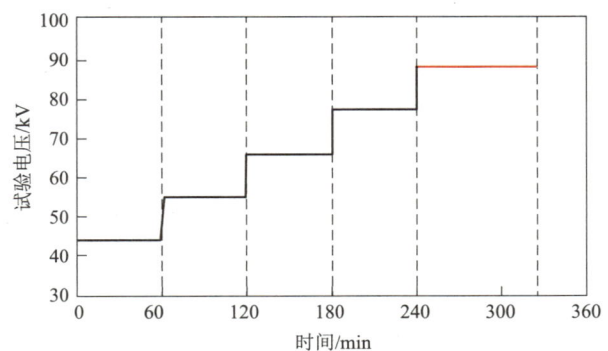

图 4-20　GIS 绝缘子沿面放电缺陷试验电压变化曲线

4.2.2　GIS 局部放电 UHF 谱图库

4.2.2.1　GIS 母线金属尖端放电局部放电

1. 局部放电的发展趋势

本节根据九个试验阶段中的试验数据，以 1min 作为统计时间段统计试验数据，得到最大放电幅值 $V_{\max}$、平均放电幅值 V_{ave}、放电次数 N（每秒钟放电次数）随试验时间的发展趋势如图 4-21 所示。

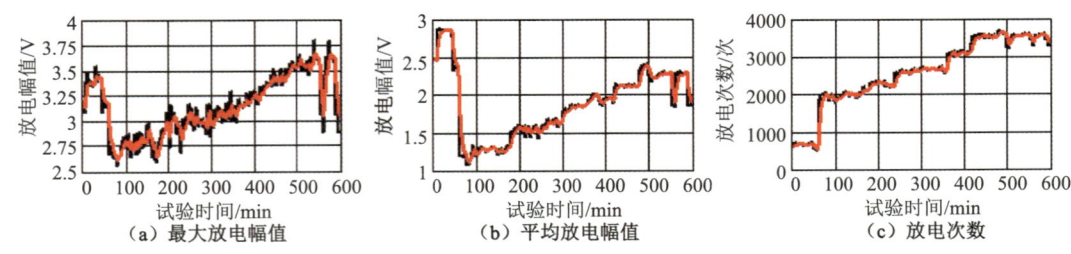

图 4-21　金属尖端放电统计特征随试验时间的发展趋势

从最大放电幅值、平均放电幅值的发展来看，在第一个试验段内出现先增大后急剧减小的趋势，这主要是放电发展初期放电的不稳定性引起的，而放电次数在第一个试验段内相对比较稳定，但在每个恒压试验段内这三个量都会出现先增大后减小的趋势，在最后恒压阶段出现下降。分析其原因是随着试验时间的延长及试验电压的提高，金属尖端模型尖端烧蚀引起曲率半径变小，局部场强减弱，同时受空间电荷的影响导致放电幅值、放电次数均出现减弱的趋势。

2. 局部放电的统计特征分析

选取局部放电灰度图、N-φ 谱图、N-V 谱图等 PRPD 谱图，以及 $\Delta u/\Delta t$ 谱图、Δu 谱图等 PRPS 谱图进行展示。图 4-22 和图 4-23 给出五个放电阶段各类 PRPD 和 PRPS 谱图。从五个放电阶段的局部放电灰度图来看，母线金属尖端放电最先出现在负半周峰值处，在后四个阶段均呈现"门"状分布；从 N-φ 谱图来看，放电最开始只在负半周出现，而后正半周出现放电，正半周放电次数越来越多，最后正半周放电次数超过了负半周；从 V_{ave}-φ 谱图来看，正半周平均放电幅值随试验时间的延长越来越大；从 N-V 谱图来看，放电幅值分布由单峰结构变为双峰结构，而后低幅值的峰逐渐消失，这说明随着正负半周放电幅值的变化，放电幅值分布趋向均匀。$\Delta u/\Delta t$ 谱图呈 45°长条形分布，Δu 谱图在第一、三象限呈三角形分布。

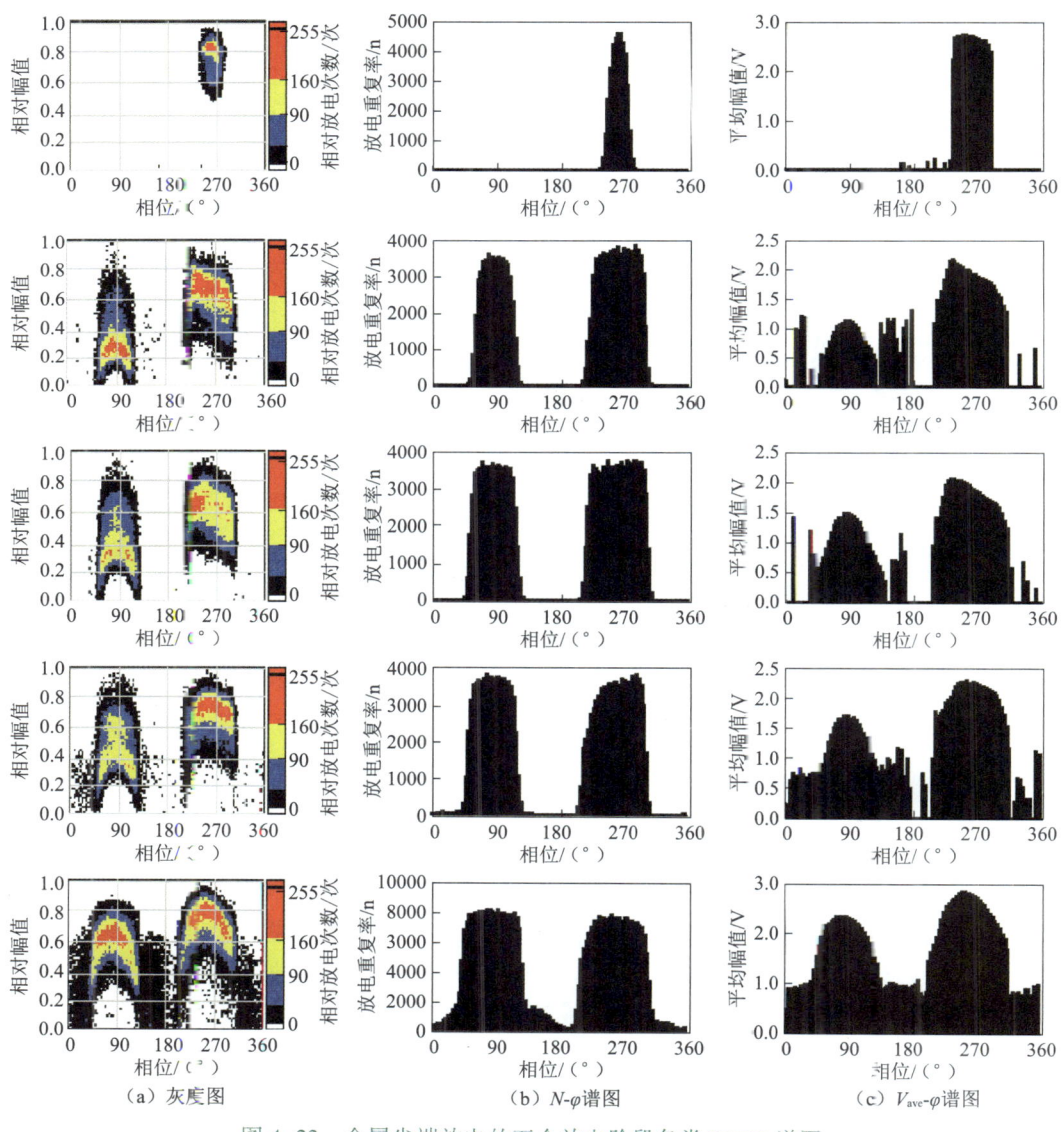

图 4-22　金属尖端放电的五个放电阶段各类 PRPD 谱图

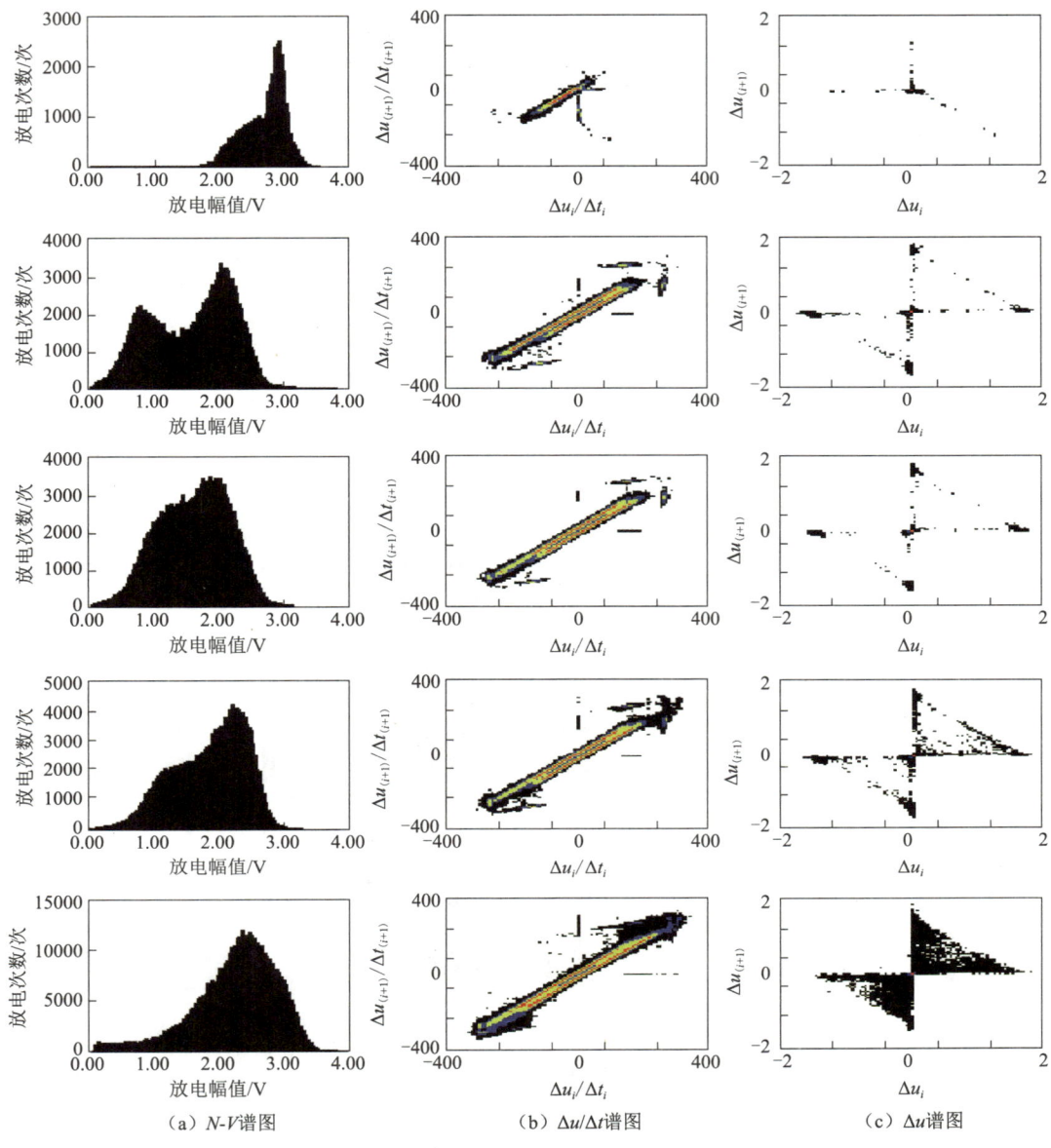

(a) N-V 谱图　　　　(b) $\Delta u/\Delta t$ 谱图　　　　(c) Δu 谱图

图 4-23　金属尖端放电的五个放电阶段各类 PRPS 谱图

4.2.2.2　GIS 悬浮局部放电

1. 局部放电的发展趋势

本节根据五个试验阶段中的试验数据，以 1min 作为统计时间段统计试验数据，得到最大放电幅值 V_{max}、平均放电幅值 V_{ave}、放电次数 N（每秒钟放电次数）随试验时间的发展趋势如图 4-24 所示。

从最大放电幅值、平均放电幅值的发展来看，在整个试验时间段内变化幅度不大，放电次数随试验电压的升高有逐渐上升的趋势。这说明悬浮放电所辐射电磁波的强度受试验电压影响不大。

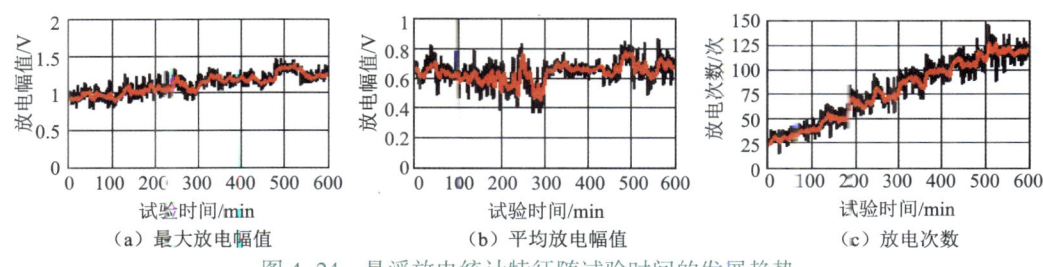

图 4-24 悬浮放电统计特征随试验时间的发展趋势

2. 局部放电的统计特征分析

将整个试验过程平均划分为五个阶段,图 4-25 和图 4-26 给出了五个放电阶段各类 PRPD 和 PRPS 谱图。

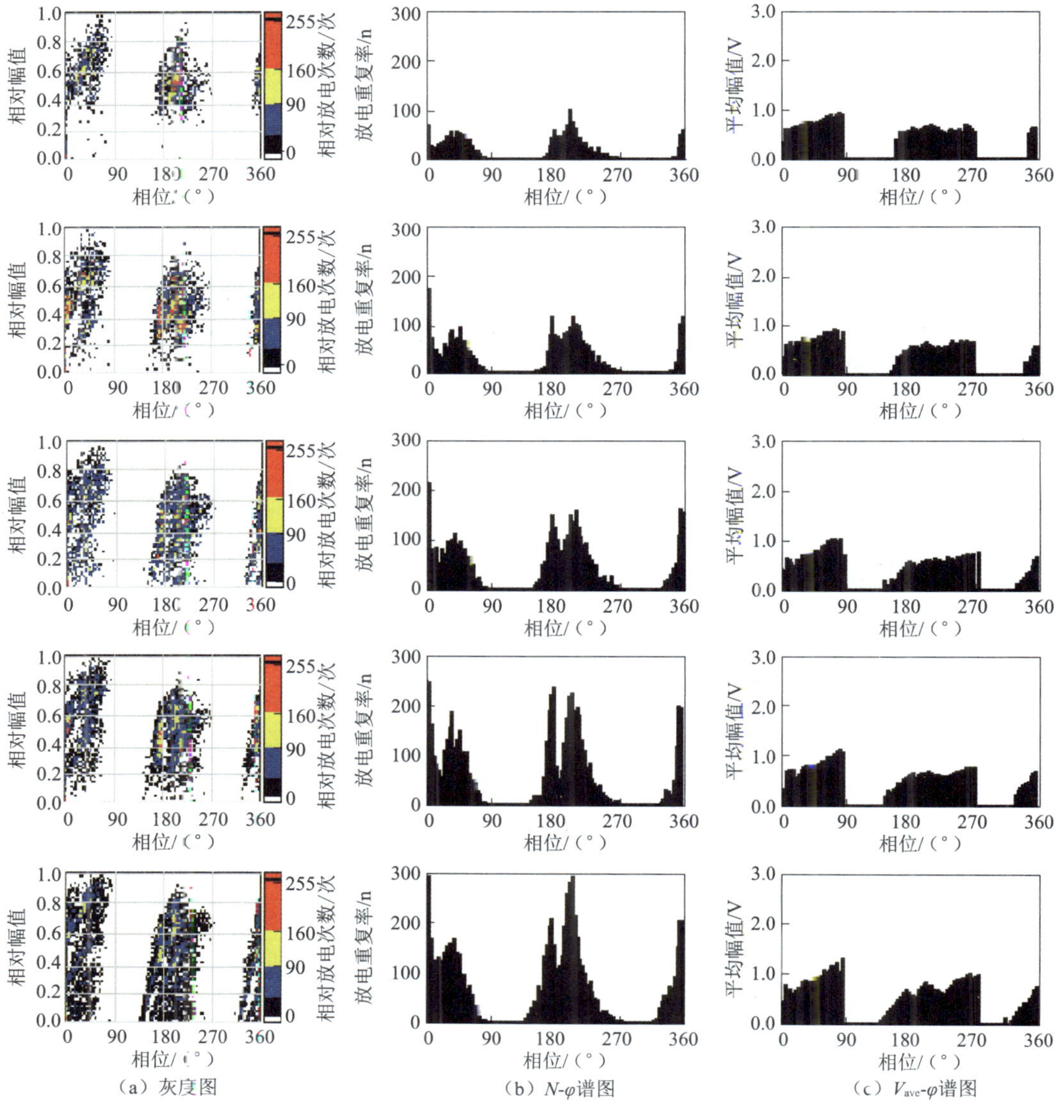

(a) 灰度图　　　　　(b) N-φ 谱图　　　　　(c) V_{ave}-φ 谱图

图 4-25 悬浮放电的五个放电阶段各类 PRPD 谱图

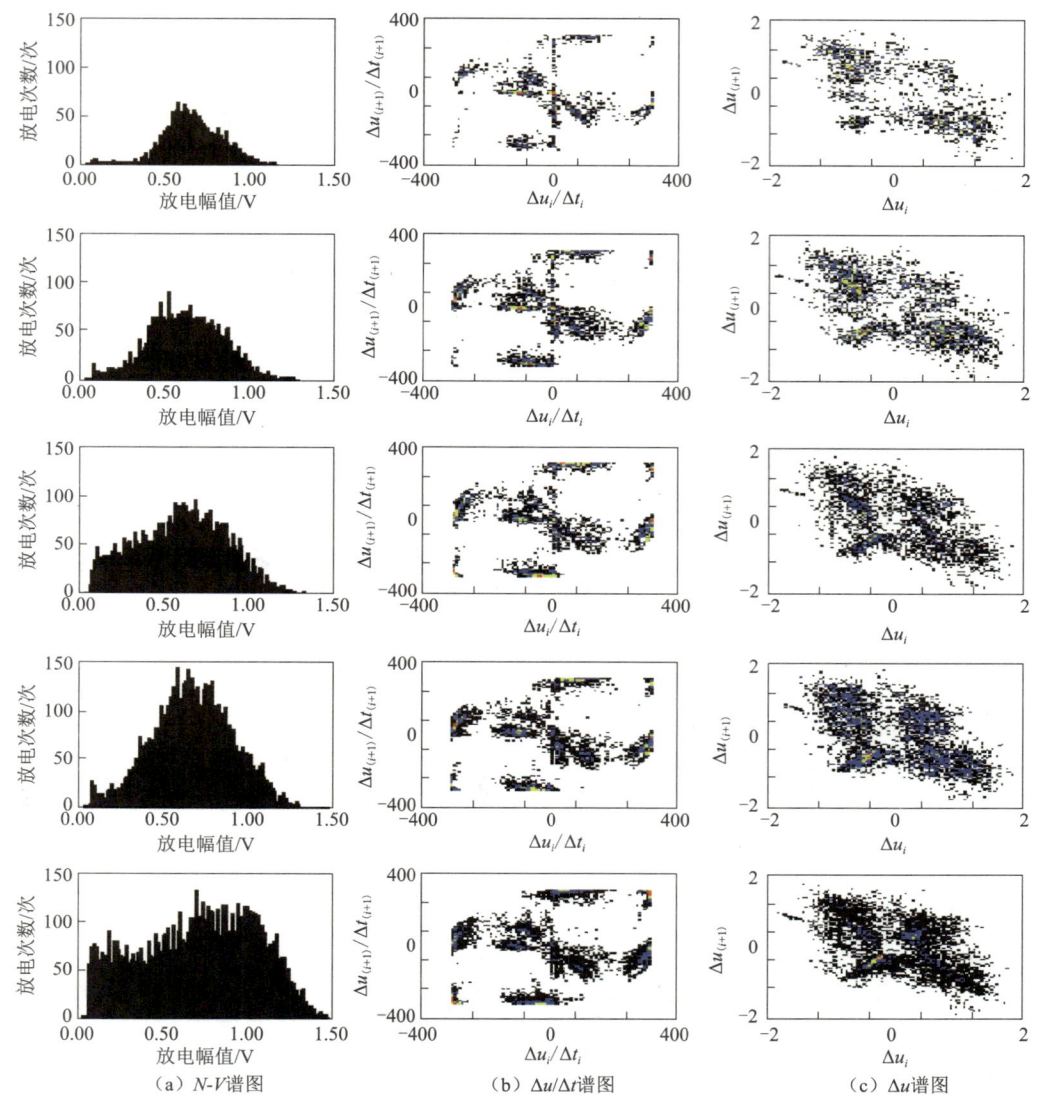

(a) N-V 谱图　　　　(b) $\Delta u/\Delta t$ 谱图　　　　(c) Δu 谱图

图 4-26　悬浮放电的五个放电阶段各类 PRPS 谱图

从五个放电阶段的悬浮放电灰度图来看，放电信号相位分布的变化不是十分明显；从 N-φ 谱图来看，放电次数逐渐增多，相位略微有所扩展；从 V_{ave}-φ 谱图来看，悬浮放电的幅值变化不大；从 N-V 谱图来看，放电幅值分布呈对称单峰结构，这说明悬浮放电的幅值分布比较集中；$\Delta u/\Delta t$ 谱图在四个象限呈"∞"形状并呈中心对称分布，Δu 谱图在四个象限的形状呈中心对称分布，其中第二、四象限分布较广。

4.2.2.3　GIS 绝缘子自由金属颗粒放电

1. 局部放电的发展趋势

本节根据五个试验阶段中的试验数据，以 1min 作为统计时间段统计试验数据，得到最大放电幅值 V_{max}、平均放电幅值 V_{ave}、放电次数 N（每分钟放电次数）随试验时间的发展趋势如图 4-27 所示。

第4章 规模化风光储电站输变电设备局部放电谱图

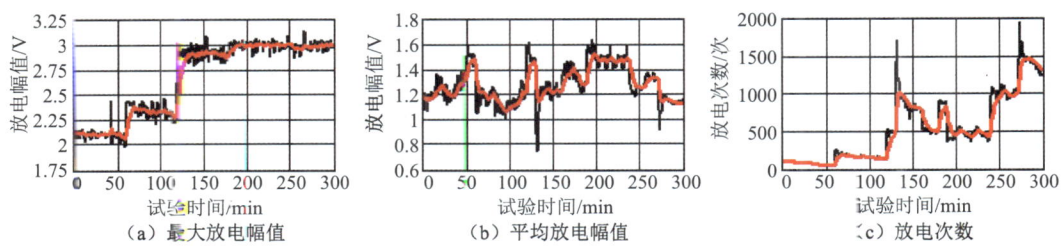

(a) 最大放电幅值　　　　(b) 平均放电幅值　　　　(c) 放电次数

图 4-27　自由金属颗粒放电特征量随试验时间的发展趋势

2. 局部放电的统计特征分析

将整个试验过程平均划分为五个试验阶段，图 4-28 和图 4-29 给出了五个放电阶段各

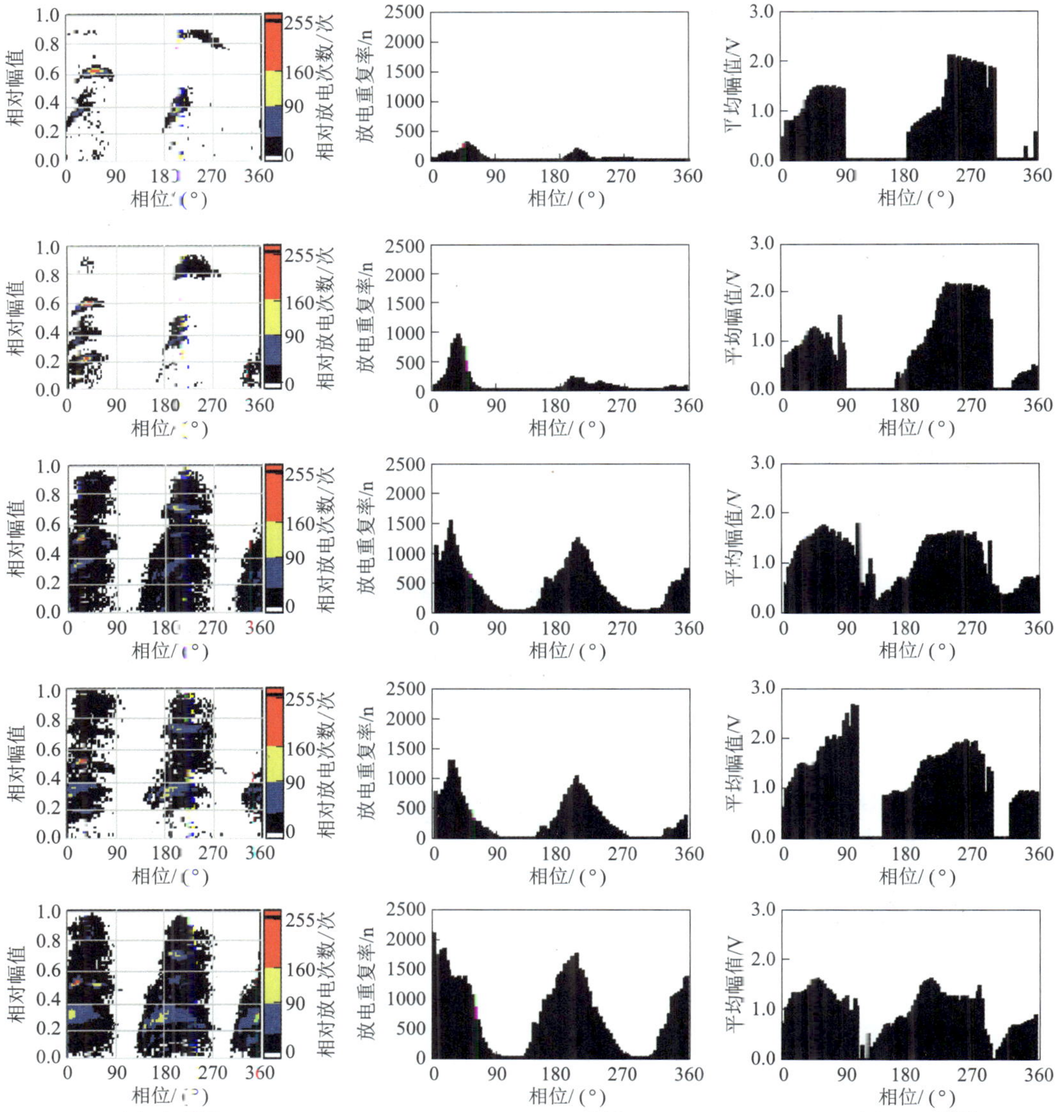

(a) 灰度图　　　　(b) N-φ 谱图　　　　(c) V_{ave}-φ 谱图

图 4-28　自由金属颗粒放电的五个放电阶段各类 PRPD 谱图

157

类 PRPD 和 PRPS 谱图。从五个放电阶段的自由金属颗粒放电灰度图来看，初期灰度图分布很不均匀；从 N-φ 谱图来看，放电次数先逐渐增多而后又减少，后期又开始增加，相位逐渐扩展；从 V_{ave}-φ 谱图来看，放电幅值具有先增大后减小的趋势；从 N-V 谱图来看，放电幅值分布呈多峰结构，这说明自由金属颗粒放电的幅值分布比较分散，具有多个放电点；$\Delta u/\Delta t$ 谱图后期在四个象限分六个区域并成对呈中心对称分布，Δu 谱图在第二个试验阶段呈"火"字形状，后三个阶段呈"风火轮"形状。

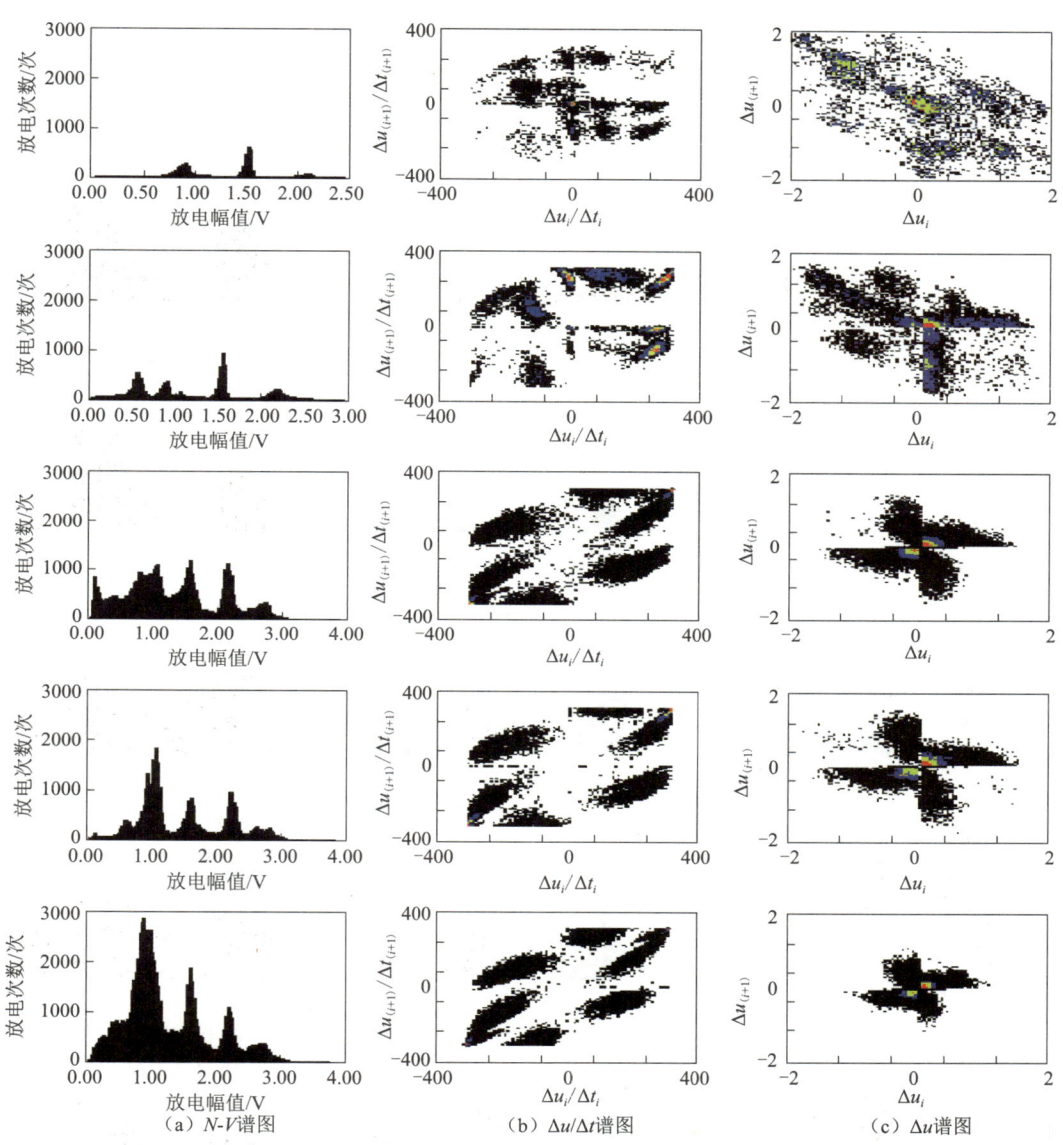

(a) N-V 谱图　　(b) $\Delta u/\Delta t$ 谱图　　(c) Δu 谱图

图 4-29　自由金属颗粒放电的五个放电阶段各类 PRPS 谱图

4.2.2.4　GIS 绝缘子金属异物放电

1. 局部放电的发展趋势

本节根据五个试验阶段中的试验数据，以 1min 作为统计时间段统计试验数据，得到

最大放电幅值 V_{max}、平均放电幅值 V_{ave}、放电次数 N（每分钟放电次数），随试验时间的发展趋势如图 4-30 所示。

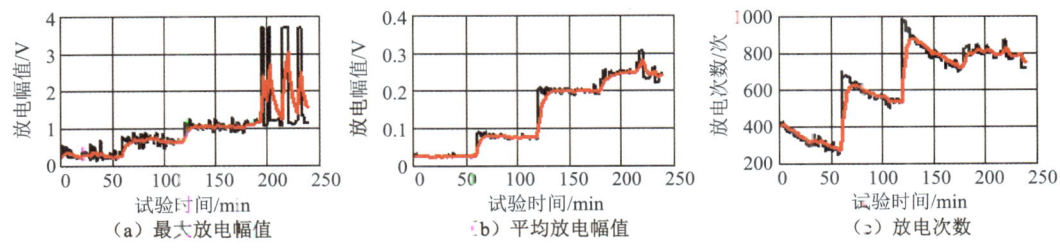

(a) 最大放电幅值　　(b) 平均放电幅值　　(c) 放电次数

图 4-30　绝缘子金属异物放电特征量随试验时间的发展趋势

2. 局部放电的统计特征分析

将整个试验过程平均划分为四个阶段，图 4-31 和图 4-32 给出了四个放电阶段各类 PRPD 和 PRPS 谱图。

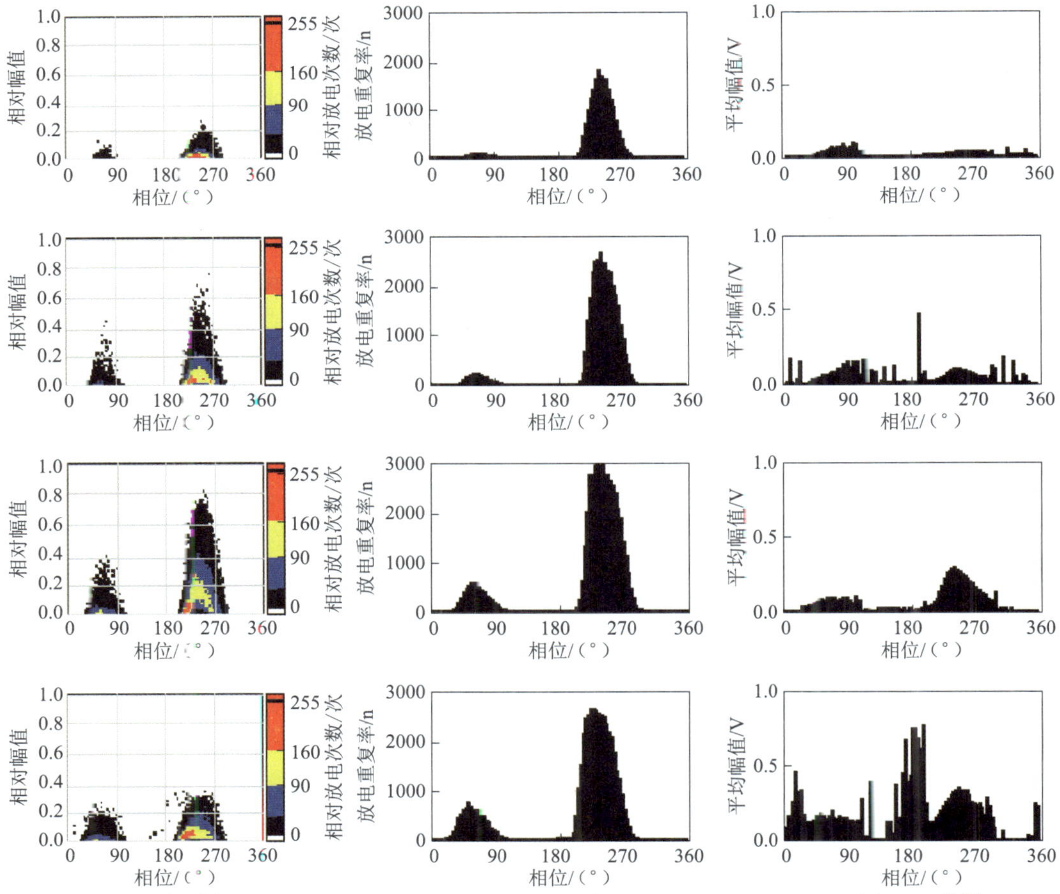

(a) 灰度图　　(b) N-φ 谱图　　(c) V_{ave}-φ 谱图

图 4-31　绝缘子金属异物放电的四个放电阶段各类 PRPD 谱图

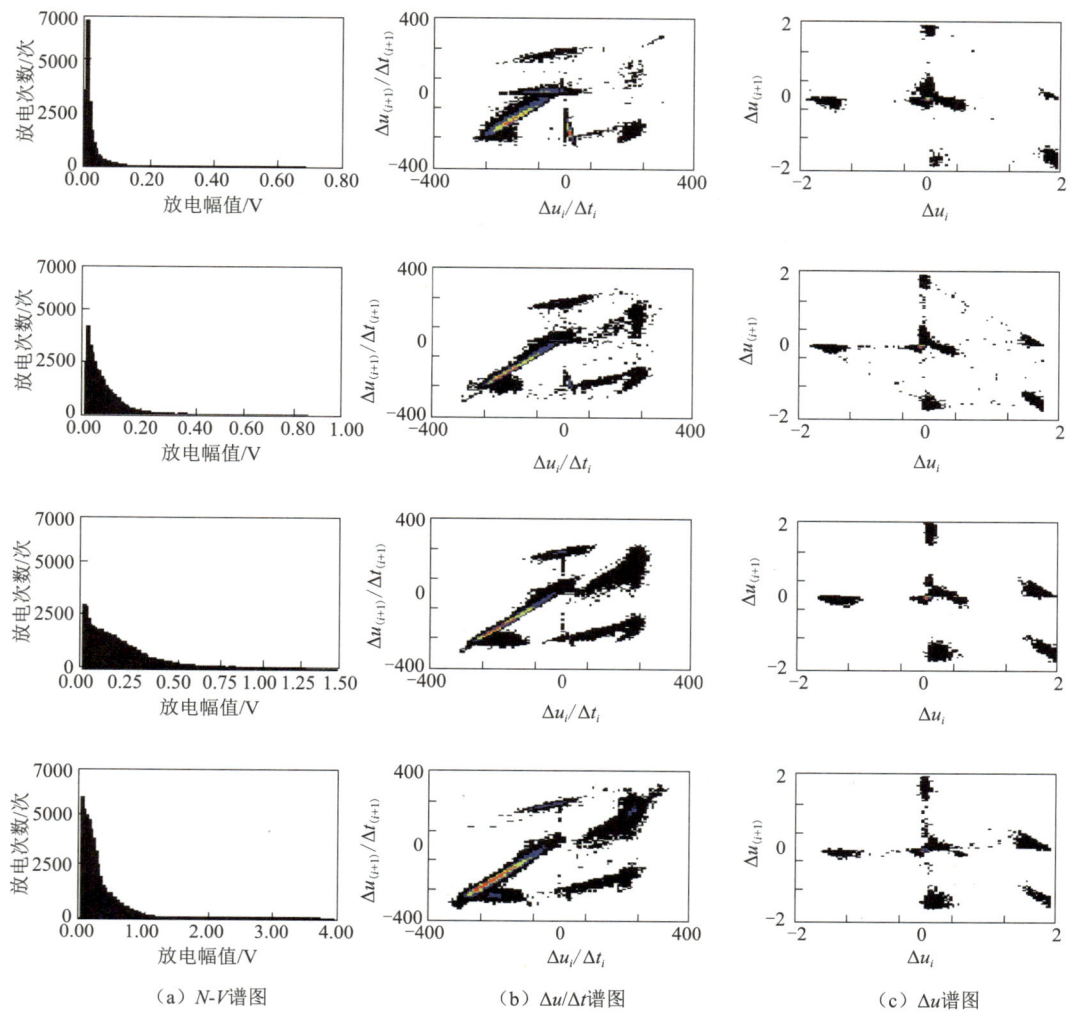

(a) N-V 谱图　　　　　(b) $\Delta u/\Delta t$ 谱图　　　　　(c) Δu 谱图

图 4-32　绝缘子金属异物放电的四个放电阶段各类 PRPS 谱图

从四个放电阶段的绝缘子金属异物放电灰度图来看，灰度图分布不对称，负半周放电较为密集；从 N-φ 谱图来看，正半周放电次数先逐渐增多，负半周放电次数先增大后减小；从 V_{ave}-φ 谱图来看，放电幅值变化规律性不明显；从 N-V 谱图来看，放电幅值分布呈单峰结构，放电次数、放电幅值的增大呈指数衰减的规律；$\Delta u/\Delta t$ 谱图后期在四个象限分四个区域，Δu 谱图特征变化不大，基本分布在六个集中区域。

4.2.2.5　GIS 绝缘子沿面放电

1. 局部放电的发展趋势

本节根据五个试验阶段中的试验数据，以 1min 作为统计时间段统计试验数据，得到最大放电幅值 V_{max}、平均放电幅值 V_{ave}、放电次数 N（每分钟放电次数）随试验时间的发展趋势如图 4-33 所示。

第4章 规模化风光储电站输变电设备局部放电谱图

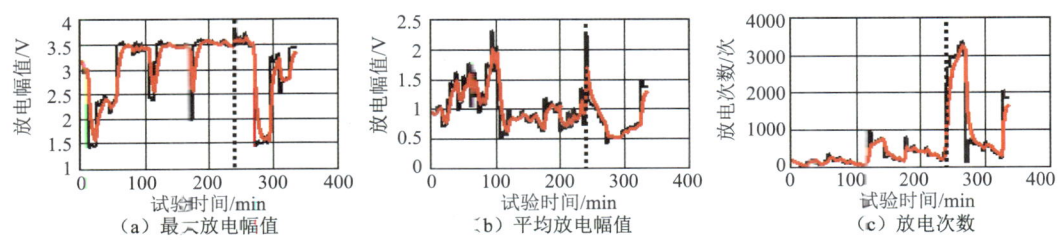

(a) 最大放电幅值　　(b) 平均放电幅值　　(c) 放电次数

图 4-33　绝缘子沿面放电特征量随试验时间的发展趋势

2. 局部放电的统计特征分析

将整个试验过程平均划分为五个阶段，图 4-34 和图 4-35 给出了五个放电阶段各类 PRPD 和 PRPS 谱图。

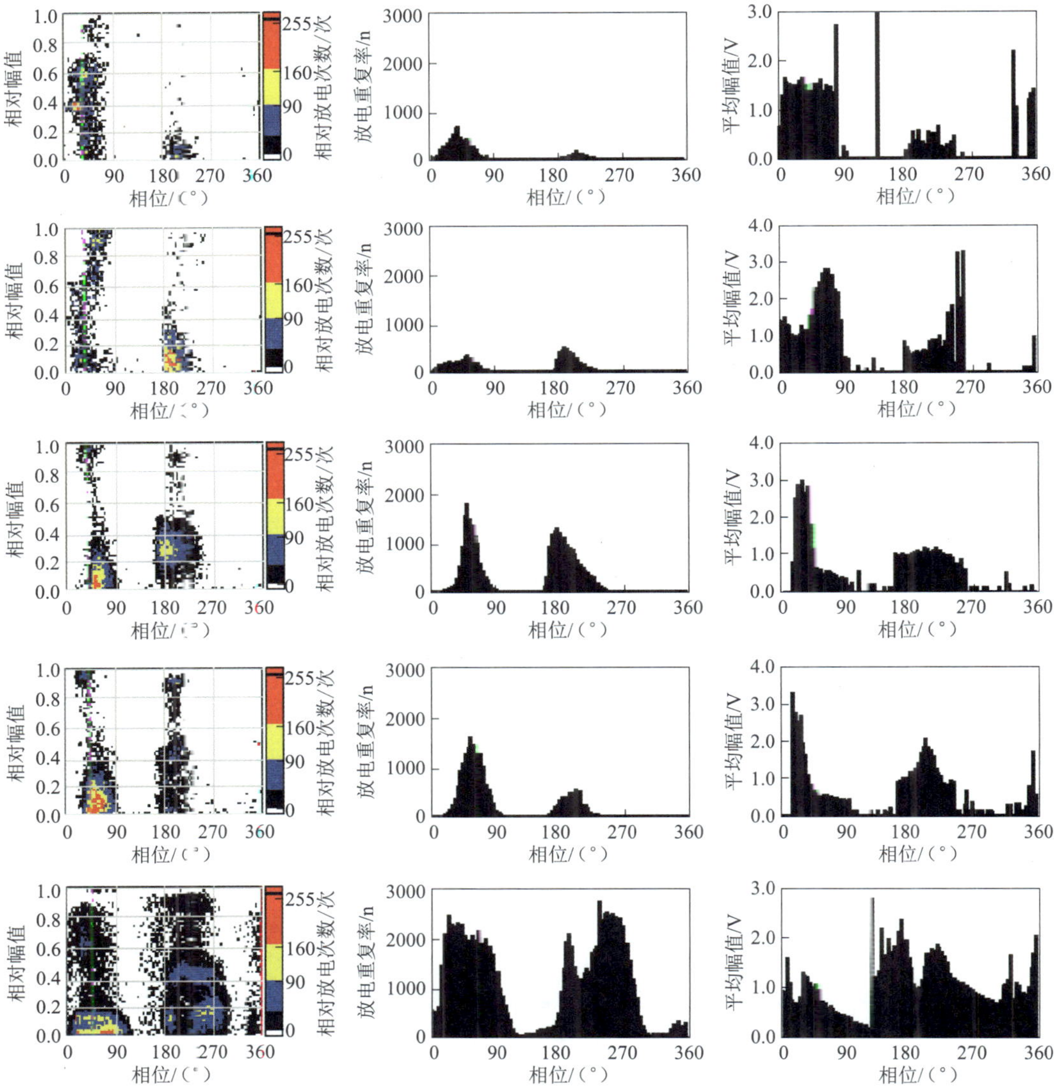

(a) 灰度图　　(b) $N\text{-}\varphi$ 谱图　　(c) $V_{\text{ave}}\text{-}\varphi$ 谱图

图 4-34　绝缘子沿面放电的五个放电阶段各类 PRPD 谱图

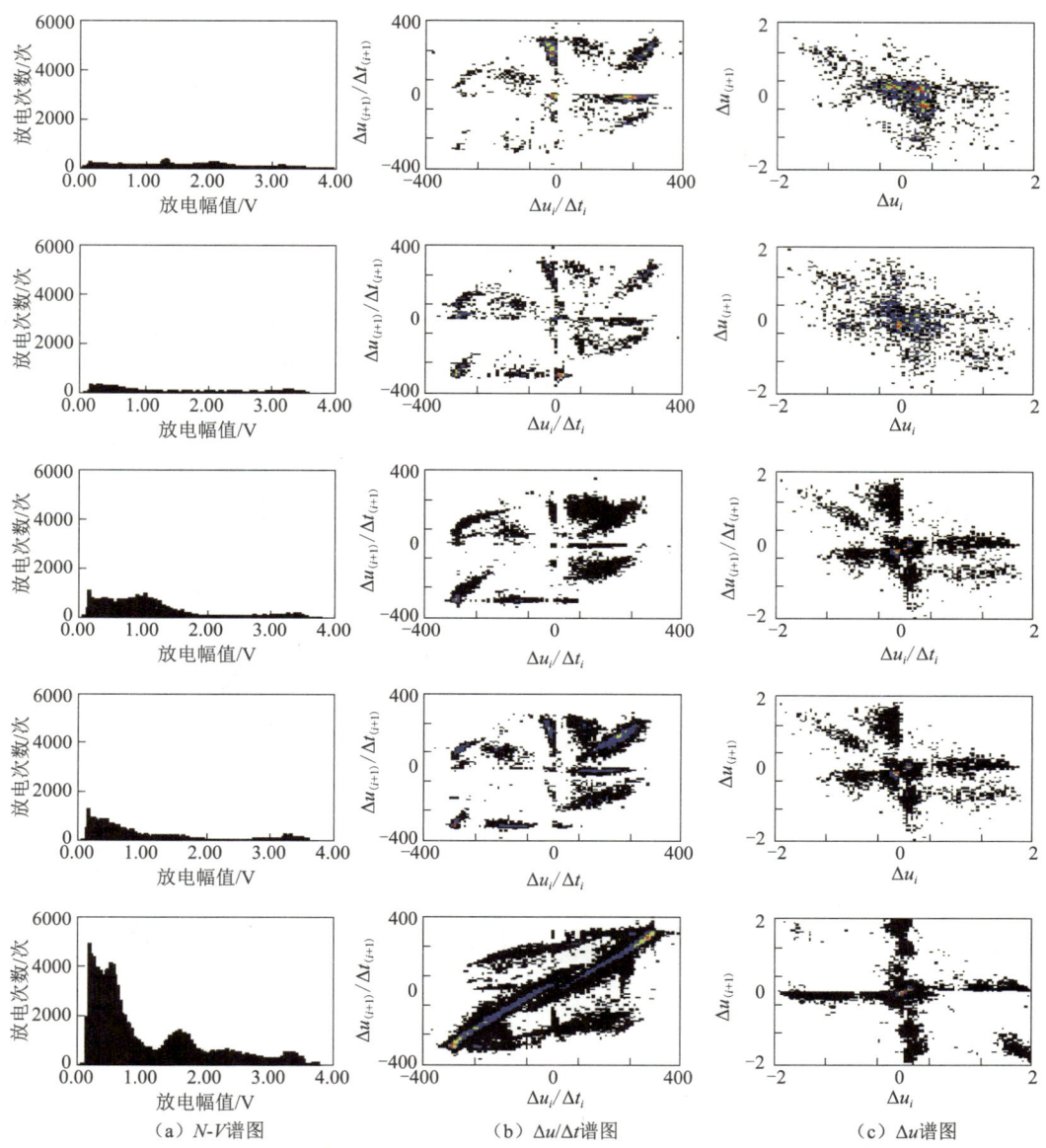

(a) N-V 谱图　　　　　(b) $\Delta u/\Delta t$ 谱图　　　　　(c) Δu 谱图

图 4-35　绝缘子沿面放电的五个放电阶段各 PRPS 谱图

从五个放电阶段的绝缘子沿面放电灰度图来看,灰度图分布相对不均匀;从 N-φ 谱图来看,开始阶段正半周放电次数多于负半周,随后正负半周放电次数基本相同,之后又是这样一个循环,放电相位宽度逐渐扩展;从 V_{ave}-φ 谱图可以看出,放电幅值变化比较杂乱;从 N-V 谱图来看,放电幅值分布呈多峰结构,规律性不强;$\Delta u/\Delta t$ 谱图前四个阶段分布比较杂乱,后期呈现"Z"形分布;Δu 谱图前四个阶段基本呈现"火"字形状,在临近闪络阶段呈现"十"字形分布。

4.3 集电电缆绝缘局部放电 HF 谱图

本节基于试验平台模拟 35kV 集电电缆典型局部放电故障，研究规模化风光储电站内集电电缆硅橡胶中电树枝和局部放电发展的关系，并获得了接头屏蔽层金属尖端缺陷、接头微孔缺陷、接头沿面金属颗粒缺陷以及接头沿面金属尖端缺陷共 4 种典型局部放电谱图，可以为第 5 章规模化风光储电站输变电设备局部放电诊断与预测技术提供重要参考。

4.3.1 集电电缆典型故障局部放电试验方法

4.3.1.1 35kV 电缆局部放电试验平台

本节基于真实 35kV 集电电缆及预制式中间接头，在实验室中通过加压系统、待测电缆试品、数据采集系统以及 DST-4 局放仪搭建 35kV 集电电缆故障模拟试验平台，总结局部放电信号分析处理的经典方法，同时对试验平台进行功能验证试验，完整的试验回路接线图如图 4-36（a）所示，试验平台实物图如图 4-36（b）所示。

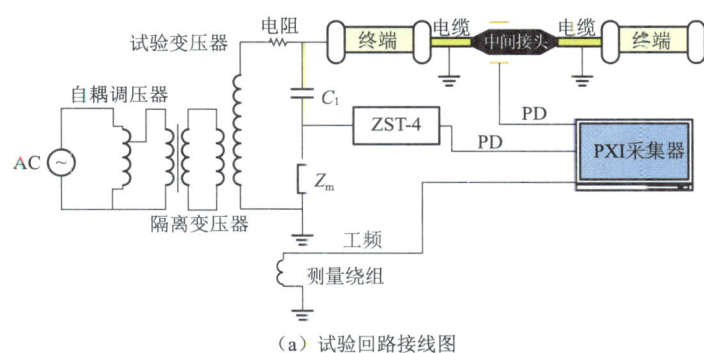

（a）试验回路接线图

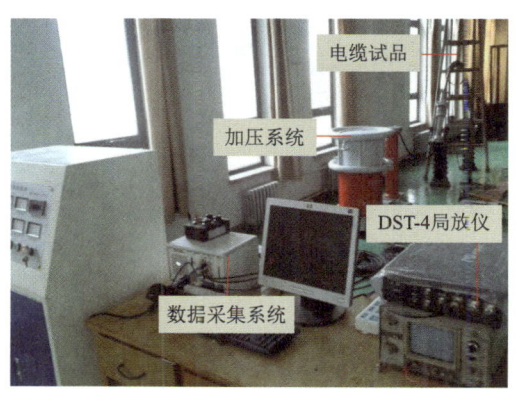

（b）试验平台实物图

图 4-36　35kV 电缆局部放电试验平台

1. 电缆试品

电缆试品由电缆本体、中间接头、试验终端组成，如图 4-37 所示。两段 YJV-26/35kV-1×50 型电缆通过 JSL3550×1 型直通接头相连，将电缆两端接入充有纯净变压器油的斜置式油杯型终端，电缆线芯通过油杯型终端接入试验变压器，电缆试品外屏蔽层良好接地。试品整体放置在"人"字形绝缘支架上，终端自然下垂并斜靠在支柱绝缘子上，确保足够的离地高度并控制好倾斜角度，避免绝缘油外泄而污染场地。

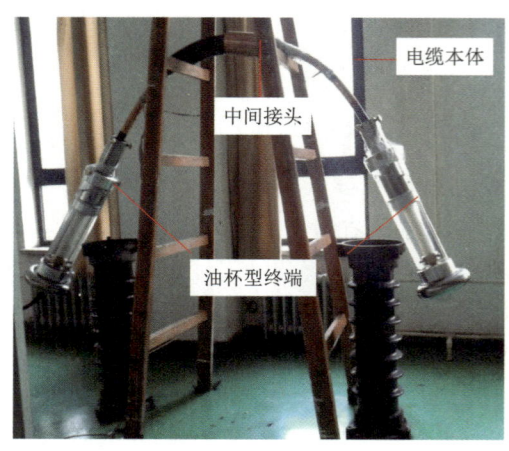

图 4-37　电缆试品实物图

电缆本体采用 YJV-26/35kV-1×50 型 XLEP 单芯电缆，线芯对地额定电压为 26kV，没有金属护套层。线芯截面积为 50mm^2，导体直径为 8.4mm，XLPE 绝缘厚度为 10.5mm，近似外径 30mm，电缆本体截面示意图如图 4-38 所示。

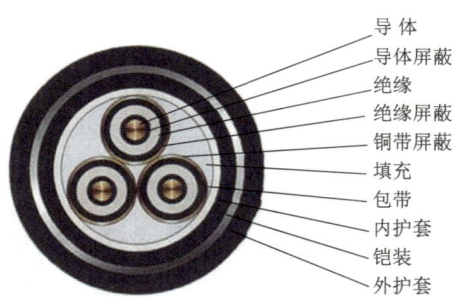

图 4-38　电缆本体截面示意图

中间接头的过程中需要加装保护结构，不同电压等级、不同形式的电缆中间接头保护结构不同。对于实际运行中的电缆，出于对防水及耐受外力破坏等因素的考虑，在制作时中间接头也不尽相同。10kV 及 35kV 电压等级电缆中间接头的保护结构一般采用在接头外缠绕铠装带的形式，110kV 及 220kV 电压等级的电缆中间接头多采用在接头外加装铜壳或环氧树脂壳的形式。110kV XLPE 电缆中间接头安装保护铜壳实物图如图 4-39 所示。

从实际中间接头的结构来看，接头外围的保护结构（铠装带或铜壳、环氧树脂壳）仅在接头机械特性上发挥作用，与接头的电气特性及绝缘结构无关。中间接头的主体结构是

第 4 章　规模化风光储电站输变电设备局部放电谱图

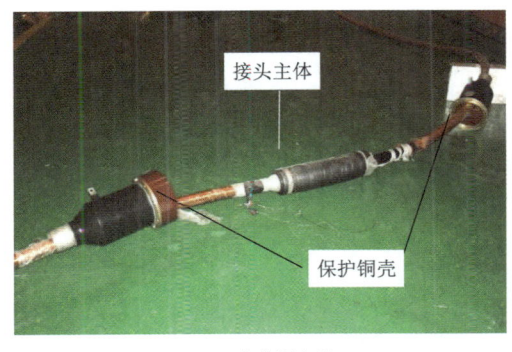
（a）安装铜壳前

（b）安装铜壳后

图 4-39　110kV XLPE 电缆中间接头安装保护铜壳实物图

预制式硅橡胶绝缘套筒，包括硅橡胶、半导电层及应力锥，并预先在工厂里制成三位一体的结构，其轴向剖面示意图如图 4-40 所示。安装施工时，首先将硅橡胶套筒扩径，然后将硅橡胶套筒套在电缆外屏蔽层上并挪至一边，电缆导体接续后，把移到一边的主绝缘体安装在电缆原有的绝缘部分上，因此预制式硅橡胶套筒起到恢复电缆连接处绝缘的作用。由于保护结构与局部放电测量回路及接头整体的绝缘结构无关，为简化论述，本书中关于中间接头的表述仅包括预制式硅橡胶绝缘套筒。

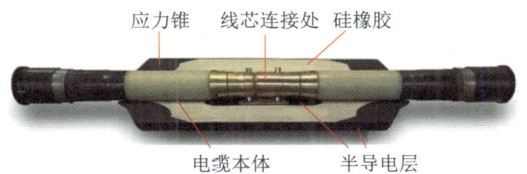

图 4-40　预制式硅橡胶绝缘套筒轴向剖面示意图

中间接头从绝缘结构上可分为绝缘接头和直通接头。绝缘接头使两端电缆金属套、接地屏蔽和绝缘屏蔽在电气上断开；直通接头则使电缆金属套、接地屏蔽和绝缘屏蔽在电气上连续。

直通接头为中空的圆柱体，内孔壁是半导体层，半导体层外是主绝缘材料，所用绝缘材料一般为硅橡胶。主要采用几何结构法即应力锥来处理应力集中问题。应力锥通过将绝缘屏蔽层的切断处进行延伸，使零电位形成喇叭状，改善了绝缘屏蔽层的电场分布，这种处理方式降低了电晕产生的可能性，减少了绝缘的破坏，保证了电缆的运行寿命。直通接头安装完成后，需要在外半导电层表面包绕铜网屏蔽层并和两端电缆的铜屏蔽层相连，35kV 直通接头结构示意图及实物图如图 4-41 所示。

采用 JSL3550×1 型预制式直通中间接头作为试品，由专业技术人员安装成型。在实验室条件下，无需考虑密封防潮及抗外力破坏等问题，且防水胶带、钢铠等机械保护结构与中间接头的电气性能无关，因此在安装接头的过程中不必包绕防水胶带及钢铠等保护结构，以简化试验流程，突出研究重点。

以直通接头作为研究对象，为简化论述，后文中提到的电缆中间接头均指代直通接头。

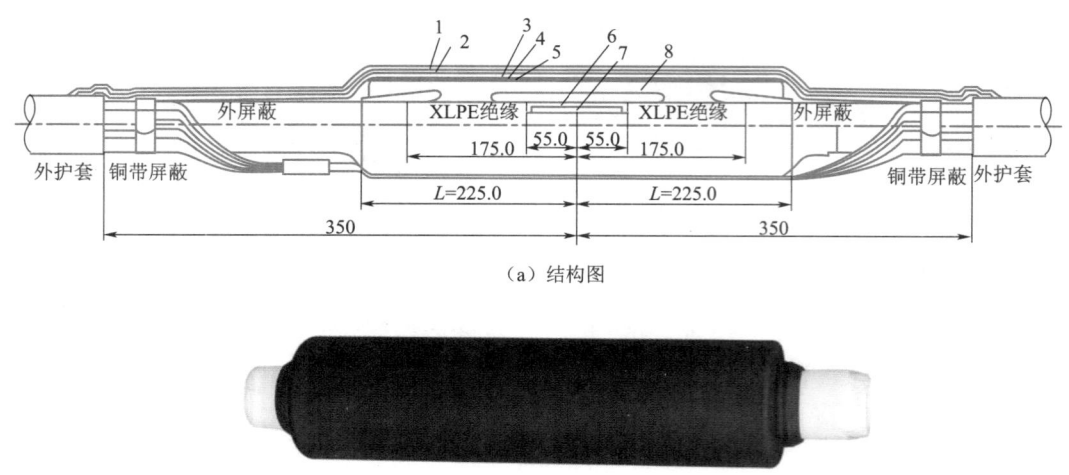

图 4-41 35kV 直通接头结构示意图及实物图（单位：mm）
1—热缩管；2—防水带一层；3—绝缘带一层；4—铜网一层；5—半导电涂层；
6—半导电带填平；7—导体压接管；8—硅橡胶绝缘

电缆端头是电场集中处，也是击穿的弱点和容易产生放电的位置。实际运行电缆多采用硅橡胶绝缘预制式终端，以确保长寿命及耐受大气老化性能。但是预制式终端成本较高，制作较为困难，且无法重复利用，考虑到试验过程中电缆终端仅是作为与试验变压器的连接点，并非试验对象，且试验过程中设计多种类型的缺陷模型，需要频繁更换电缆试品，因此不适合采用预制式终端。根据电缆试验类型的不同，可供使用的试验终端较多，综合考虑试验需要和经济性，本节采用可重复拆卸使用的斜置式油杯型试验终端，其安装过程如图 4-42 所示。

图 4-42 中，首先将电缆铜屏蔽和绝缘屏蔽（外半导电层）剥切一定长度，如图 4-42 (a)、(b) 所示；然后在半导电层断口处安装均压金属环，并在裸露的线芯导体上旋紧固定连接电极，如图 4-42 (c) 所示；最后将电缆套入油杯，将连接电极与外部高压引线相连，油杯中注入纯净的变压器油作为绝缘介质，油面高于半导电层断口位置，如图 4-42 (d) 所示。

纯净油的耐压强度约为空气的 10 倍，油终端对不同电压等级电缆的局放起始电压也约为在空气中的 10 倍。同时，在绝缘屏蔽切口处加装金属环，与油形成应力锥，可明显提高起始放电电压和击穿电压。实测结果表明，35kV 电缆油杯型终端的最高无晕电压可达 60kV。

2. 加压系统

加压系统主要由控制台、调压器、试验变压器、保护电阻以及耦合电容器五部分组成。试验变压器为 YDTW-5/50 型工频无晕试验变压器，额定电压为 220V，频率为 50Hz，额定功率为 5kVA。保护电阻串联在试验变压器的输出端与试验设备之间，阻值为 10kΩ，用以限制试品绝缘击穿时试验变压器高压侧的输出电流，以免电流过大损坏试验变压器。耦合电容器为 50kV、800pF 高压电容器，与试品并联，以耦合放电模型

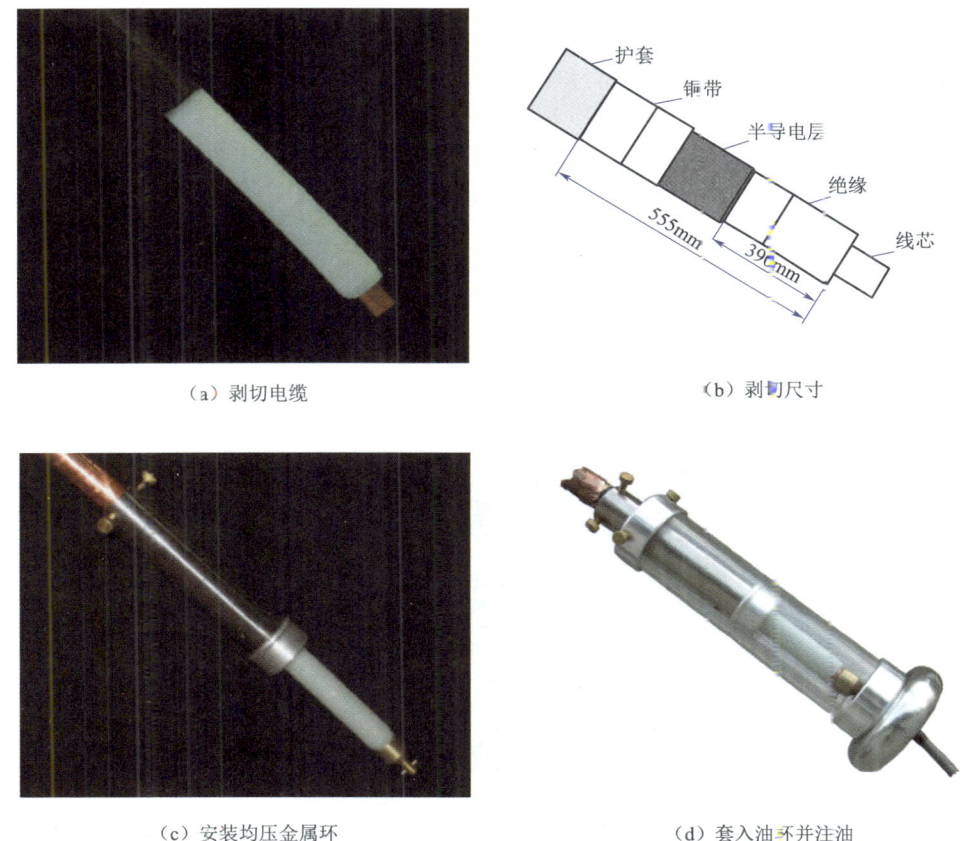

图 4-42 斜置式油杯型试验终端的安装过程

发生局部放电时产生的脉冲电流信号。输出电压小于 50kV 时，该系统可连续运行，以便进行长期试验。

为防止加压过程中产生电晕干扰，所有高压裸露部分均安装均压罩或屏蔽环，试验变压器与电缆试品之间采用 φ20mm 的空心波纹管连接，确保接触良好及无毛刺。为防止手机及其他空间电磁信号干扰，选用屏蔽良好的专业高压实验室作为试验场地。为避免用电设备在地线上产生环流引入干扰，所有弱电设备的电源侧均加入隔离变压器与滤波器，以提高整套试验系统的抗干扰能力。

根据相关标准，35kV 三芯电缆本体及中间接头的局部放电试验电压为 45kV，根据电缆及接头厂家提供的产品检测报告，电缆及接头在 45kV（室温）电压作用下的局部放电量均小于等于 2pC，据此，本节所有试验项目的长期最高试验电压设定为 45kV，短时最高试验电压不高于 50kV。

4.3.1.2 硅橡胶中电树枝和局部放电发展的关系研究

1. 试验系统

采用硅橡胶切片电树枝观测及局部放电测量试验系统，如图 4-43 所示。

光学观测系统由连续变倍体视光学显微镜、计算机、亮度可调双头冷光源组成。连续

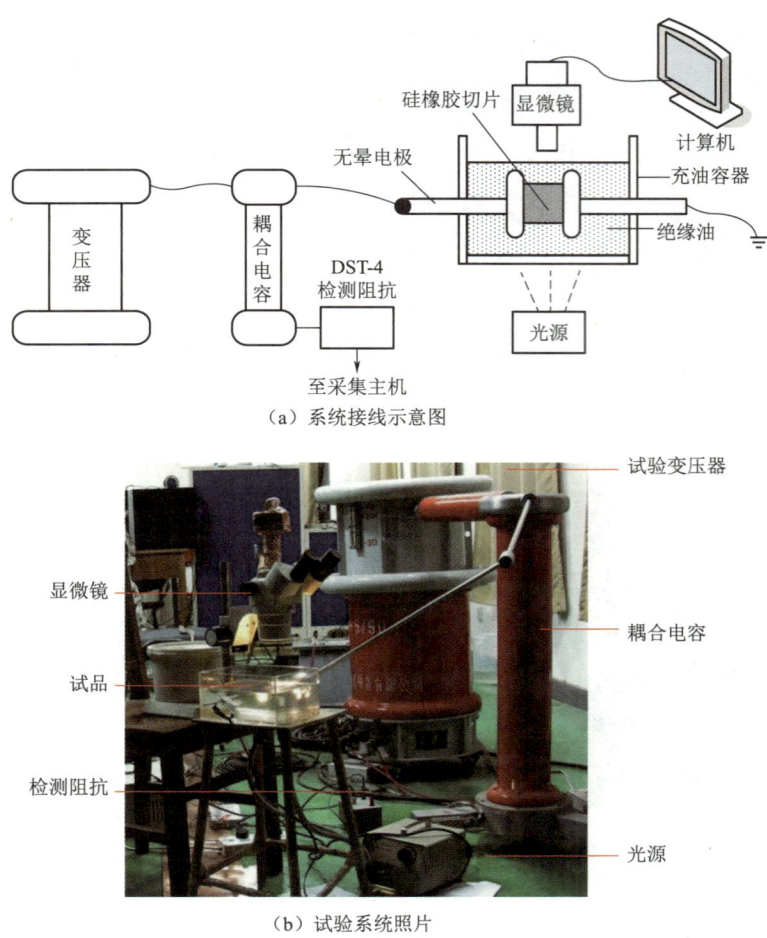

图 4-43 硅橡胶切片电树枝观测及局部放电测量试验系统

变倍体视光学显微镜在观察物体时能产生正立的三维空间像，立体感强，成像清晰、宽阔，具有较长的工作距离，并可根据观察物的特点选用不同的反射和透射光照明，是适用范围非常广泛的常规显微镜。对同一物体可实现连续放大倍率观看，内部集成图像采集卡对观测到的图像信号进行实时采集，并通过 USB 数据线将采集到的图像信息上传给计算机，计算机上安装二维图像测量软件，对显微镜观测到的图像信息进行处理。光学显微镜主要指标参数见表 4-6。

表 4-6 光学显微镜主要指标参数

指　标	参　数	指　标	参　数
光学系统	格里诺光学系统	视场范围	5.1~33mm
变倍比	1:1.6	对焦行程	45mm
放大倍数	2.1~225	镜体回转角度	360°

硅橡胶切片由专业的电缆附件厂家定制，切片的制作原料和工艺与真实电缆接头完全一致，只是未在硅橡胶中加入色料，保持硅橡胶材料固有的透光性。试验时将硅橡胶薄片切割成 10mm×10mm×10mm 的立方体切片，并对切片表面用酒精清洁处理，在室温干燥至少 24h 后方可试验。

2. 试验模型

在 10mm×10mm×10mm 的透明硅橡胶切片中扎入曲率半径为 50μm 的钢针作为试品，将试品挤压在高压及接地电极间，电极为圆饼状平板电极，表面已充分抛光不留任何尖角。扎入硅橡胶切片中的钢针尖端指向高压电极，与高压电极间距离为 4mm，钢针末端与地电极相连。电极与硅橡胶切片结合面处涂抹硅脂以消除由于结合不紧而产生的窄气隙，硅橡胶试品结构示意图如图 4-44 所示。

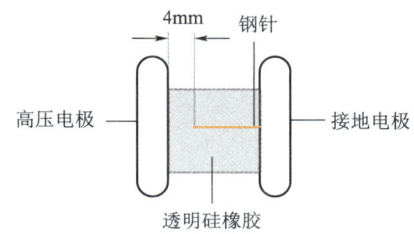

图 4-44 硅橡胶试品结构示意图（单位：mm）

3. 试验方法

试验中共计制作了 5 个相同的硅橡胶试品并进行试验。试验过程中逐级升高电压，当电压达到 5kV 时，局部放电测试仪检测到微弱的局部放电信号，放电次数很少且幅值仅略大于背景噪声水平，此时显微镜未观测到试品中有电树枝生成。保持 5min 后升压至 6kV，局部放电测试仪检测到局部放电信号幅值有所增大且较为稳定，此时显微镜观测到在金属尖端处有细枝型电树枝产生。以 6kV 作为电树枝起始电压，后以 2kV 步长升压，各电压等级保持 50min，后升压至 18kV 并维持约 10min 后试品击穿。试验过程共计持续 315min。

4.3.1.3 接头屏蔽层金属尖端缺陷局部放电的发展过程

1. 试验模型

在中间接头的轴向中心位置，将一根铜针径向插入接头，铜针直径约 2mm，曲率半径约 200μm，插入深度约 15mm。金属尖端模拟缺陷示意图如图 4-45 所示。

2. 试验方法

缓慢升高电压直至出现稳定的局部放电信号，再通过升压法加速缺陷劣化，劣化程度加剧后对试品施加恒定电压直至绝缘失效。外施电压达到 20kV 时出现较为稳定的局部放电信号，然后逐级升高电压，分别在 20kV、22kV、24kV、26kV、28kV 电压下保持 2h。后为进一步加速缺陷劣化，升压至 32kV 并保持恒定，恒压 5.5h 后绝缘失效。升压法和恒压法并用的加压方式，能够以较少的试验工作量在短期内全面获取缺陷劣化直至绝缘失效全过程的局部放电数据。试验过程共计 15.5h。

4.3.1.4 接头微孔缺陷局部放电的发展过程

1. 试验模型

根据相关规程完成 35kV 预制式中间接头的安装，将电缆试品整体接入局部放电试验

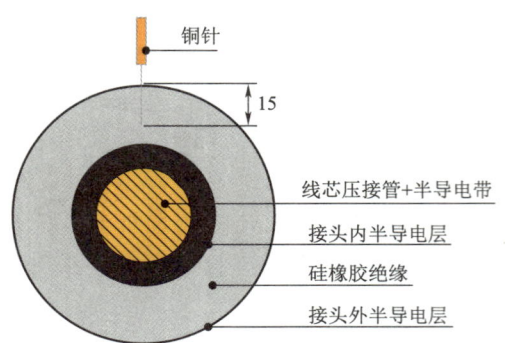

图 4-45　金属尖端模拟缺陷示意图（单位：mm）

平台，然后在接头的轴向中心位置，用一根直径约 0.1mm 的钢针由外向内径向扎入接头主绝缘，当金属尖端到达线芯压接管外缠绕的半导电胶带后拔出钢针。由于硅橡胶材料具有很好的弹性，针孔周围的硅橡胶会向针孔聚集而将针孔压缩，于是在针孔处形成贯穿型微孔，微孔缺陷模型示意图如图 4-46 所示。

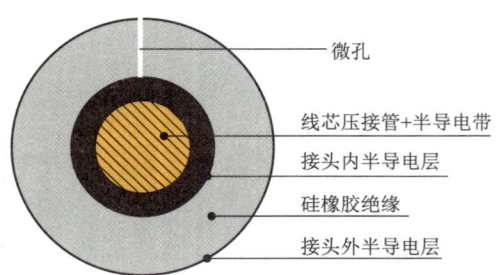

图 4-46　微孔缺陷模型示意图

2. 试验方法

在中间接头上安装局部放电传感器，实时监测加压过程中出现的局部放电信号，安装完成后对整套局部放电测量系统进行校正，一切准备工作就绪后开始加压测试。加压测试过程中逐级升高外施电压，当电压达到 14kV 时局部放电测量系统开始检测到有较为稳定的局部放电信号出现，此时略微降低外施电压，局部放电信号基本消失，因此将 14kV 作为缺陷模型的起始放电电压。之后以 2kV 步长逐级升压，各电压等级保持 100min，当外施电压达到 24kV 并保持 90min 后绝缘击穿。从起始放电直至绝缘失效，整个加压过程持续 590min。

4.3.1.5　接头沿面金属颗粒缺陷局部放电的发展过程

预制式中间接头需要在现场条件下安装成型，安装过程中的随机因素以及违反接头安装规程的情况时有发生，容易在电缆本体 XLPE 绝缘与接头硅橡胶绝缘之间遗留金属或半导电胶颗粒，在高压环境中产生沿面放电，最终引发沿面击穿事故。统计资料表明，因多层固体复合介质沿面放电原因而导致的接头击穿故障约占电缆接头故障总数的 97% 以上。在中间接头 XLPE-硅橡胶界面上设置金属颗粒，产生接头沿面缺陷，探寻此类缺陷局部放电的发展过程。

1. 试验模型

将厚度为 0.05mm 的铜皮裁剪成边长为 5~10mm 的不规则铜片，用 502 胶水贴在去除金属屏蔽层及外半导电层后的电缆 XLPE 绝缘表面，待胶水干后在 XLPE 表面涂抹硅脂并套入中间接头，接头的制作完全由专业人员遵照规程完成。缺陷设计示意图如图 4-47 (a) 所示，缺陷实物图如图 4-47 (b) 所示。

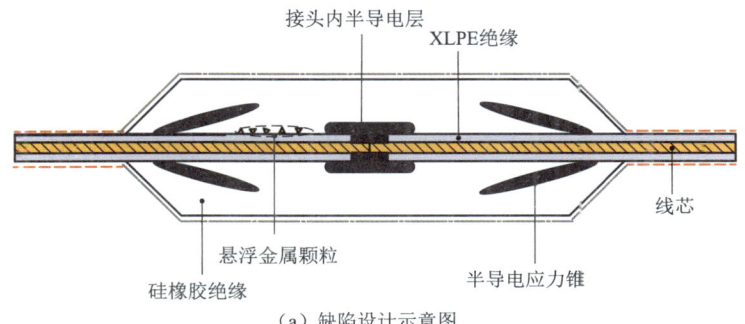

(a) 缺陷设计示意图

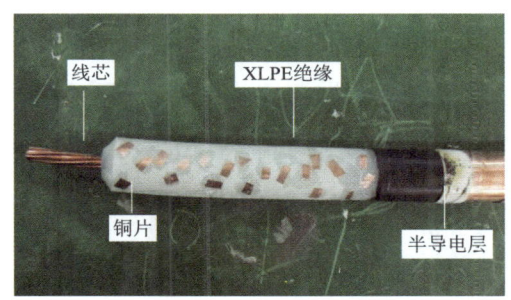

(b) 缺陷实物图

图 4-47 沿面金属颗粒缺陷

2. 试验方法

一切准备工作就绪后开展加压试验，加压过程中缓慢升高电压直至出现稳定的局部放电信号，通过升压法加速缺陷劣化，劣化严重后对试品施加恒定电压。为深入研究绝缘濒临失效时的局部放电特征，在绝缘濒临击穿时适当降低电压，保持该电压不变直至绝缘失效。本缺陷在试验过程中，外施电压达到 8kV 时出现较为稳定的局部放电信号，然后以 4kV 加压步长逐级升高电压直至 40kV，每个电压等级保持 2h，当外施电压达到 40kV 后观察发现放电强度明显提高，因此 40kV 保持 2h 后降压至 38kV，保持 84min 后绝缘击穿，累计加压时间约 1164min。

4.3.2 集电电缆局部放电 HF 谱图库

4.3.2.1 硅橡胶局部放电

1. 第 1 阶段局部放电特征

第 1 阶段外施电压为 5kV、6kV、8kV，持续时间 90min，给出该阶段局部放电相位特征谱图如图 4-48 所示。

由图4-48（a）（b）可以看出，正半周放电主要集中在16°~135°，在142°~157°有零星放电点存在，负半周放电主要集中在188°~310°，正半周放电次数明显小于负半周，正半周平均放电量略小于负半周，正半周平均放电量均小于负半周。由图4-48（c）可以看出，正半周相对幅值较小的放电密集分布相对幅值较大的放电分布较为稀疏，正半周的形貌特征呈现向180°方向倾斜的不规则三角形；负半周灰度图相对幅值较大的放电点分布较为密集，相对幅值较小的放电点分布较为稀疏，其轮廓呈现不规则的三角形。图4-48（d）中纵坐标方向被严重压缩而无法辨识其形貌特征。

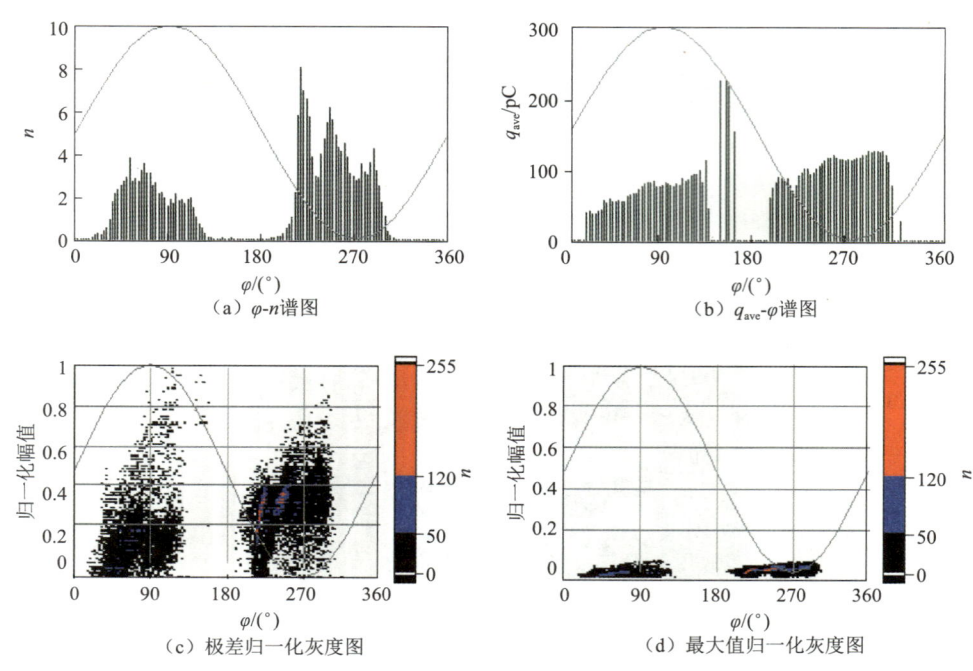

图4-48 硅橡胶局部放电第1阶段局部放电相位特征谱图

2. 第2阶段局部放电特征

第2阶段持续时间39min，外施电压8kV和10kV。给出本阶段局部放电相位统计特征谱图如图4-49所示。

从图4-49（a）（b）可以看出，正半周放电主要集中在30°~143°，在156°~161°有零星放电点；负半周放电主要集中在214°~318°，在337°~346°有零星放电点。正、负半周放电次数及平均局放电量基本持平。从极差归一化灰度图中观察正、负半周放电的分布情况，正半周外施电压上升阶段放电小而密集，外施电压下降阶段放电幅值相对较大但分布较外施电压上升阶段稀疏，负半周放电在外施电压反向增大阶段小而密集，在外施电压反向减小阶段相对幅值较大但分布相对稀疏。从极差归一化灰度图的形貌特征来看，正半周灰度在76°~93°的相位段内小幅值放电趋于消失，形成空穴结构，正、负半周灰度图轮廓曲线变化较为平缓，没有形成第1阶段的三角形，负半周最大放电幅值略大于正半周。从最大值归一化灰度图可以看出，第2阶段正、负半周的放电幅值较第1阶段有较为明显的增大。

第 4 章 规模化风光储电站输变电设备局部放电谱图

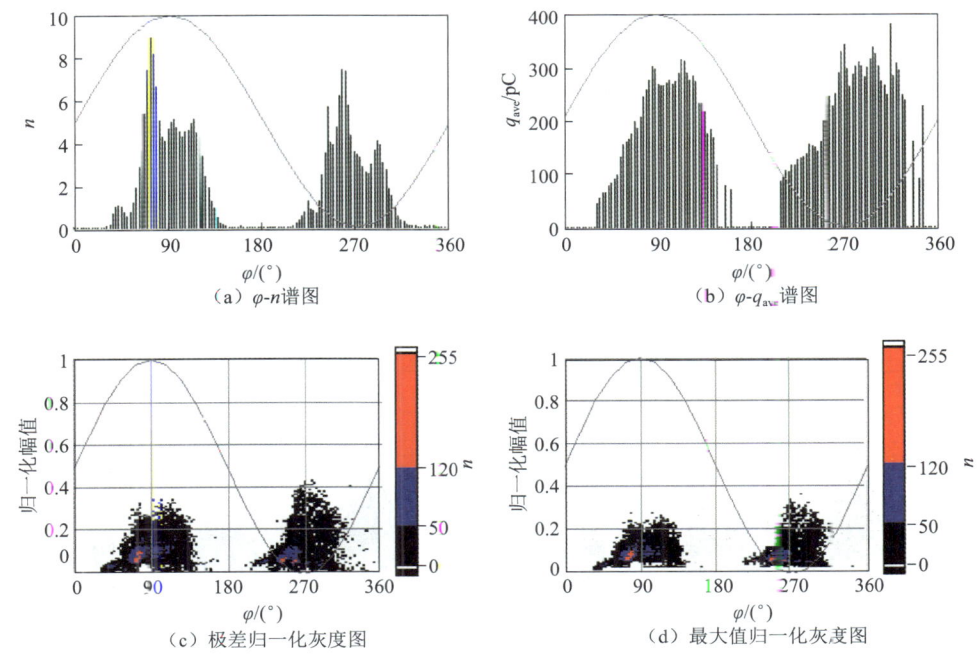

图 4-49 硅橡胶局部放电第 2 阶段局部放电相位特征谱图

3. 第 3 阶段局部放电特征

第 3 阶段持续时间 88min,外施电压 10kV、12kV、14kV。给出本阶段局部放电相位统计特征谱图如图 4-50 所示。

由图 4-50 (a)(b) 可以看出,正半周放电主要集中在 25°~141°,第 2 阶段 156°~161°零星分布的放电点消失;负半周放电主要集中在 192°~294°,在 294°~306°相位段上有零星放电点分布。从图 4-50 (c) 来看,正半周放电在外施电压上升阶段分布相对密集,在外施电压下降阶段分布相对稀疏,且在 60°~79°的相位段内小幅值放电趋于消失,造成了灰度图形貌特征上的空穴结构,且正半周放电在灰度图上的分布形貌特征呈兔耳形。负半周灰度图放电较为密集且主要集中在外施电压反向增大阶段,负半周放电幅值明显小于正半周放电,但放电点的分布密度大于正半周。从图 4-50 (c) 来看,正半周放电幅值在第 2 阶段基础上向大幅值区域稀疏发展,负半周放电幅值整体与第 2 阶段基本持平,但放电分布密度明显增大。

4. 第 4 阶段局部放电特征

第 4 阶段持续时间 41min,外施电压 14kV 和 16kV。给出本阶段局部放电相位统计特征谱图如图 4-51 所示。

由图 4-51 (a)(b) 可以看出,正半周放电重复率小于负半周,平局放电量大于正半周,正半周放电集中分布在 30°~141°,负半周放电集中分布在 194°~296°,在 294°~310°的相位段内有零星放电点分布,第 4 阶段 φ-n、φ-q_{ave} 谱图的形貌特征与第 3 阶段基本一致。从图 4-51 (c) 来看,相对幅值较大的放电分布较为密集,相对幅值较小的放电分布较为稀疏,且放电分布密集的区域主要集中在外施电压上升阶段,在 40°~78°的相位区间

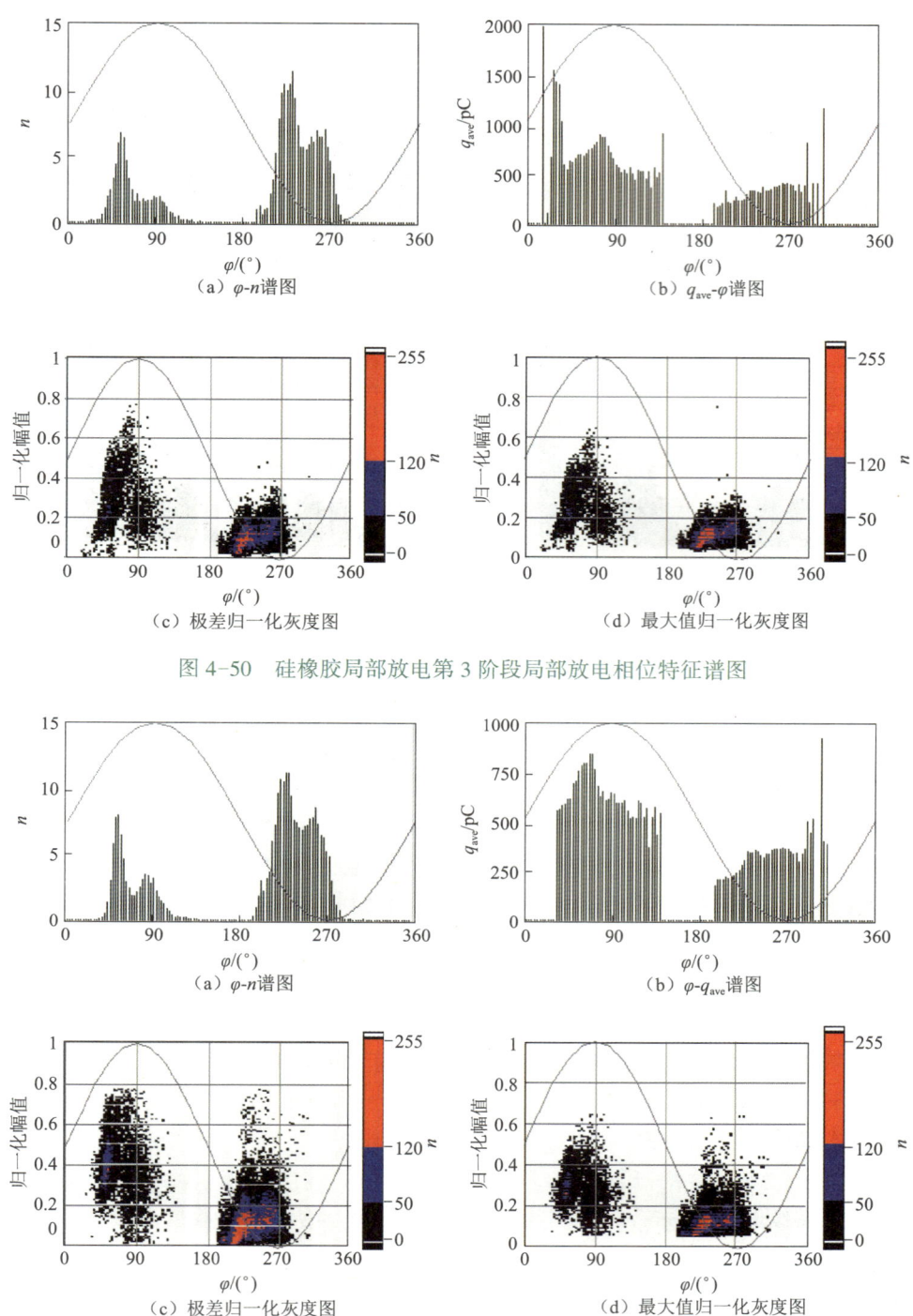

图 4-50　硅橡胶局部放电第 3 阶段局部放电相位特征谱图

图 4-51　硅橡胶局部放电第 4 阶段局部放电相位特征谱图

小幅值放电趋于消失，形成放电点分布的空穴特征，灰度图形貌呈现出不规则的兔耳形；负半周灰度图放电主要集中在外施电压反向增大阶段，小幅值放电分布密集，大幅值放电分布稀疏，负半周主要的放电区域的放电密集程度大于正半周主要的放电区域。从图4-51（d）来看，正半周放电最大幅值与第3阶段基本一致，负半周放电幅值在第3阶段的基础上呈现出向大幅值区域稀疏发展的趋势。

5. 第5阶段局部放电特征

第5阶段持续时间66min，外施电压16kV。给出本阶段局部放电相位统计特征谱图如图4-52所示。

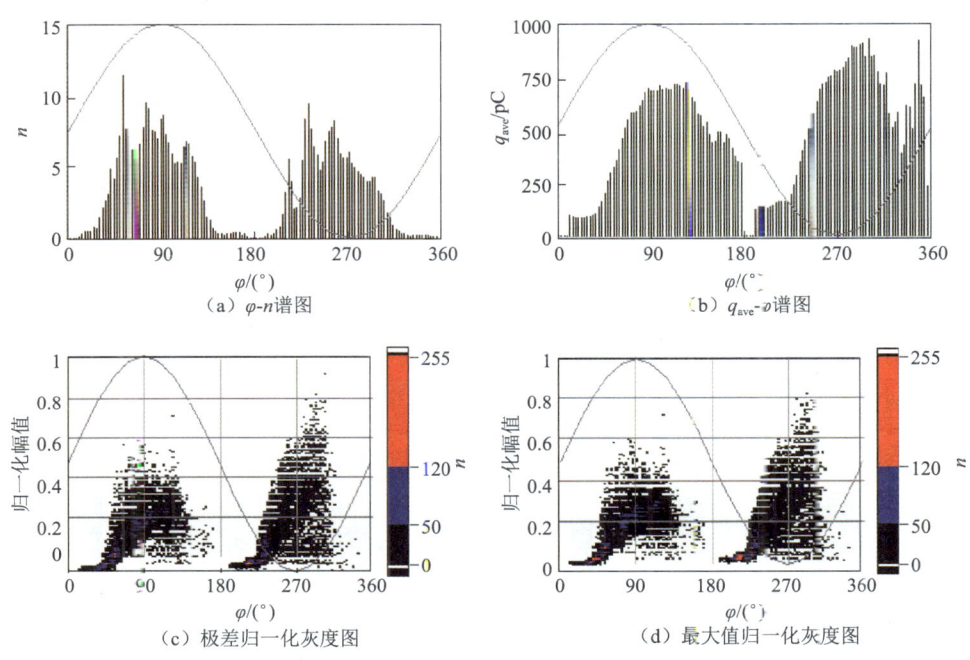

图4-52 硅橡胶局部放电第5阶段局部放电相位特征谱图

从图4-52（a）（b）可以看出，正、负半周放电重复率基本一致，正半周平均放电量略大于负半周。正半周放电主要集中在10°～177°，负半周放电主要集中在192°～350°，正、负半周的放电重复率基本一致，正半周平均放电量略小于负半周。图4-52（c）和图4-52（d）形态完全一致，因为本阶段最大放电量即为试验全过程中的最大放电量。正半周灰度图中放电最集中的区域位于与横轴45°夹角斜向上发展的条形区域内，围绕这个条形区域有稀疏分布的放电点存在。放电分布在前4个阶段的基础上进一步向0°和180°两个方向发展，且从53°以后的相位段内基本没有小幅值放电分布，呈现更加明显的空穴结构，空穴宽度进一步增大。负半周灰度图与正半周灰度图的形貌特征基本一致，放电分布最集中的区域也呈条形，且围绕密集分布的条形区域放电点分布相对稀疏，放电点分布的相位宽度向180°和360°两个方向发展。

4.3.2.2 接头屏蔽层金属尖端缺陷局部放电的发展过程

为研究1～5阶段局部放电的统计特征，构建各阶段表征放电重复率、平均放电量相位分布特征的$\varphi-n$和$\varphi-q_{ave}$二维谱图以及局部放电灰度图，灰度图中放电幅值分别采用极差归一化和最大值归一化两种方法进行处理，分别生成极差归一化灰度图和最大值归一化灰度图，前者以各阶段放电量的极值为基准对本阶段放电量进行归一化处理，能够较好地表现各阶段局部放电的细节特征，后者以试验全过程的最大放电量为基准对所有放电量数据进行归一化，便于不同阶段之间局部放电特征的比较。

1. 第 1 阶段

第 1 阶段外施电压为 20kV、22kV、24kV，持续时间 280min，给出该阶段局部放电相位特征谱图如图 4-53 所示。

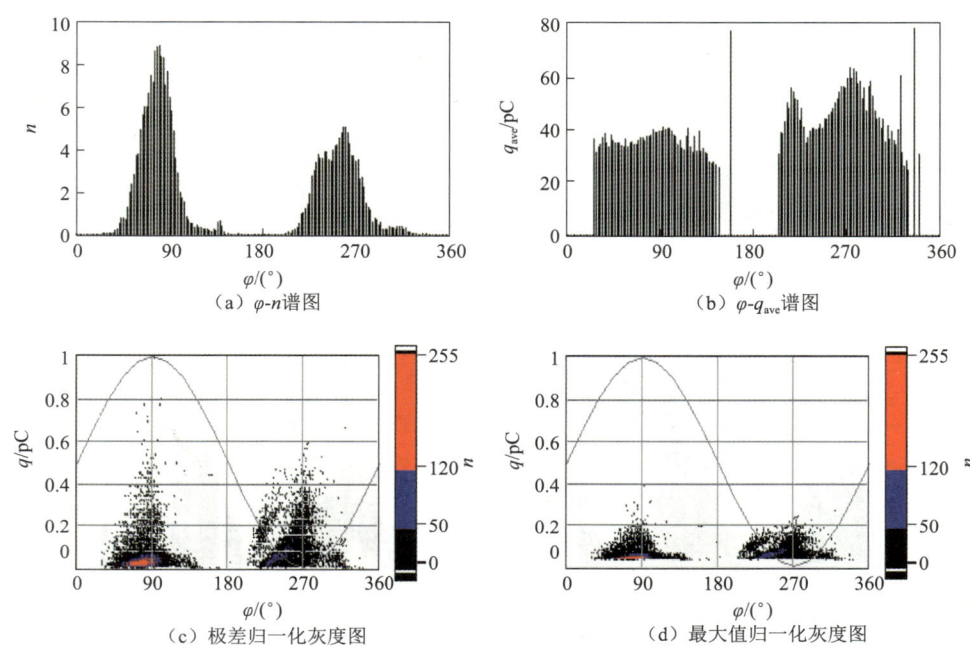

图 4-53　接头屏蔽层金属尖端缺陷局部放电第 1 阶段局部放电相位特征谱图

由图 4-53（a）（b）可以看出，正半周放电重复率明显大于负半周。正半周放电主要分布在 31°~144°，平均放电量主要集中在 30~40pC；负半周放电主要分布在 210°~328°，平均放电量主要集中在 40~60pC。由图 4-53（c）可以看出，正半周小幅值放电密集、大幅值放电稀疏；负半周不同幅值放电的分布较正半周均匀。

2. 第 2 阶段

第 2 阶段测试电压为 24kV、26kV、28kV，持续时间 220min，该阶段局部放电相位特征谱图如图 4-54 所示。

由图 4-54（a）（b）可知，正半周放电重复率和平均放电量均略大于负半周。正半周放电分布在 32°~146°；负半周放电分布在 208°~329°。从极差归一化灰度图可以看出，正半周 34°~115°放电呈三角形，且其中一部分相位区间内小幅值放电稀疏，大幅值放电密集，115°~143°放电分布呈竖条形；负半周放电分布呈不规则的三角形。正半周不同幅值放电分布较为均匀，负半周大幅值放电较为稀疏，小幅值放电较为密集。从图 4-54（c）可以看出，正半周最大放电量与第 1 阶段相当，但大幅值放电呈密集趋势，负半周放电量较第 1 阶段有所增大。

第 4 章 规模化风光储电站输变电设备局部放电谱图

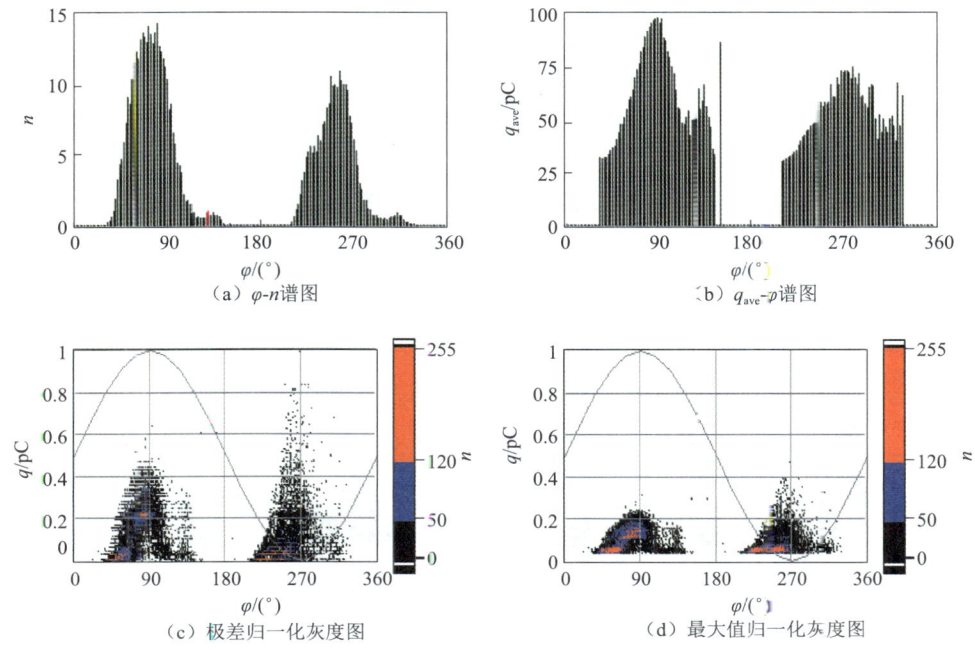

图 4-54 接头屏蔽层金属尖端缺陷局放第 2 阶段相位特征谱图

3. 第 3 阶段

第 3 阶段持续时间 250min，外施电压 28kV、32kV，局部放电相位特征谱图如图 4-55 所示。

由图 4-55（a）（b）可知，正半周放电重复率略小于负半周，但平均放电量大于负半周。正半周放电分布在 25°~147°，较第 2 阶段略向 0°方向扩展；负半周放电分布在 203°~329°，较 1~2 阶段略向 180°方向扩展。从图 4-55（c）可以看出，正半周一段相位区间内的小幅值放电趋于消失，形成空穴结构，25°~113°放电分布呈兔耳形且分布密集，113°~147°放电分布呈竖条形且分布稀疏；负半周 203°~290°放电呈不规则的三角形，290°~329°放电呈横条形且以分布密集的小放电为主。从图 4-55（d）可见，正半周放电垂直向大放电量区域发展；负半周放电量与第 2 阶段相当，但大幅值放电趋于密集。

4. 第 4 阶段

第 4 阶段持续时间 85min，外施电压 32kV，该阶段局部放电相位特征谱图如图 4-56 所示。

由图 4-56（a）（b）可知，第 4 阶段正、负半周放电重复率大致相当，正半周平均放电量略大于负半周，且外施电压下降阶段平均放电量较第 3 阶段明显减小。正半周放电分布在 20°~145°，较第 3 阶段略向 0°方向发展；负半周放电分布在 200°~329°，较第 3 阶段略向 180°方向发展。从图 4-56（c）可见，正半周灰度图仍存在明显的空穴特点，20°~115°放电分布呈兔耳形，115°~145°放电分布呈竖条形；负半周 200°~295°放电分布呈不规则的三角形，295°~329°放电分布呈横条形且幅值较小。由图 4-56（d）可见，正半周外施电压上升阶段放电在第 3 阶段基础上有向大幅值区域稀疏发展的趋势，115°~145°竖

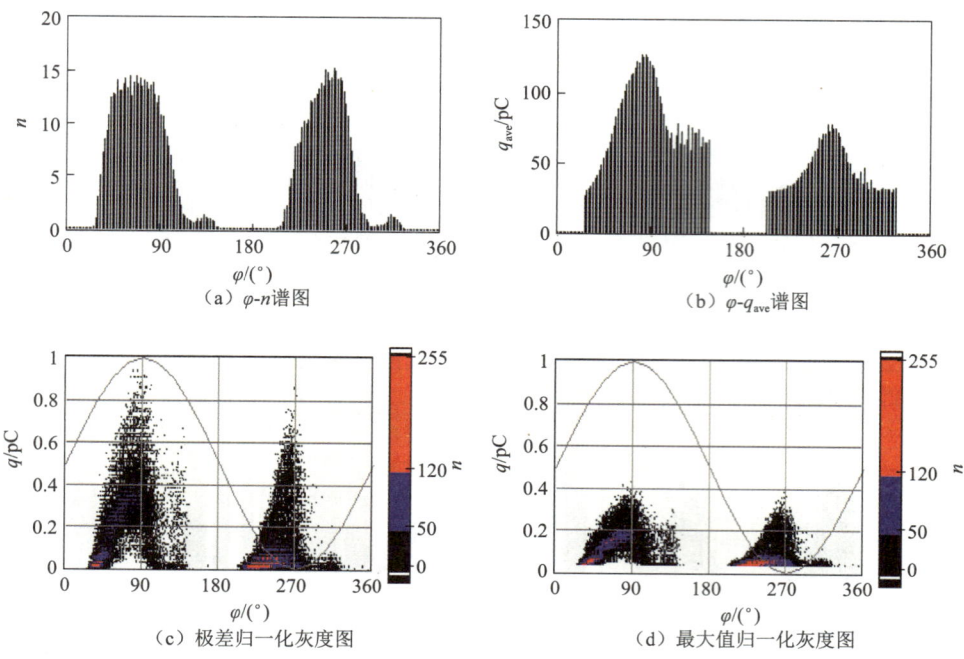

图 4-55 接头屏蔽层金属尖端缺陷局部放电第 3 阶段局部放电相位特征谱图

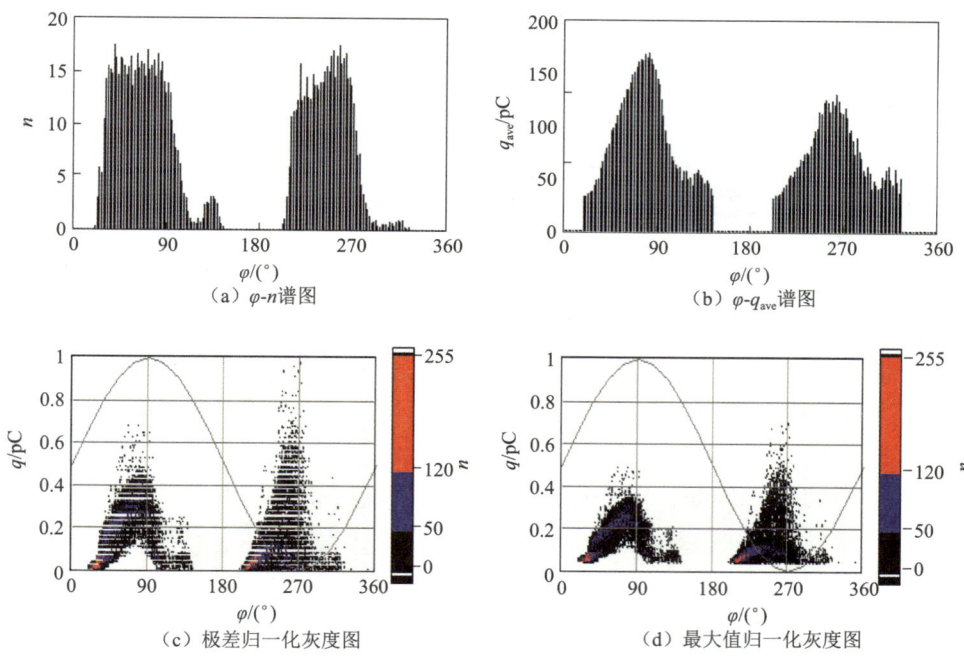

图 4-56 接头屏蔽层金属尖端缺陷局部放电第 4 阶段局部放电相位特征谱图

条形放电最大幅值略小于第 3 阶段，大幅值放电密度远小于第 3 阶段；负半周放电量较第 3 阶段有明显的增大趋势。

5. 第 5 阶段

第 5 阶段持续时间 95min，外施电压 32kV，该阶段局部放电相位特征谱图如图 4-57 所示。

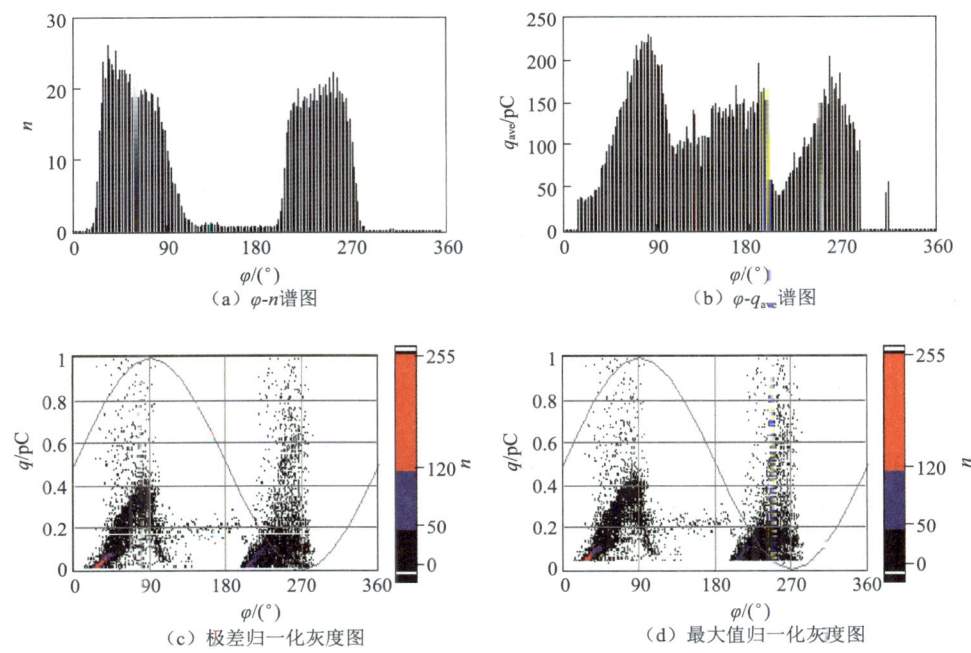

图 4-57 接头屏蔽层金属尖端缺陷局部放电第 5 阶段局部相位特征谱图

从图 4-57（a）（b）可以看出，正、负半周的放电重复率及平均放电量较第 4 阶段均有所增大。从相位分布来看，正半周放电分布在 11°～180°，较第 4 阶段向 0°方向发展；负半周放电集中分布在 180°～286°，在 306°～316°有零星放电分布。两种灰度图的形貌特征基本一致，正、负半周灰度图明显向大幅值区域发展且大幅值放电的分布趋于密集，在正、负半周之间出现大量幅值接近的大幅值放电信号，呈"桥接"形分布。正半周灰度图形状仍存在空穴特征，11°～115°放电分布呈兔耳形，115°～145°放电分布呈横条形，而非 2～4 阶段的竖条形；负半周放电分布呈三角形，与 1～4 阶段有较大差异。

4.3.2.3 接头微孔缺陷局部放电的发展过程

在基于 N、W_{ave}、W_{total} 3 个表征参量随时间变化曲线的变化特点划分局部放电发展阶段的基础上，对各阶段局部放电的统计特征进行分析。经过大量对比分析，发现表征放电重复率、平均放电量相位分布特征的 $\varphi-n$ 和 $\varphi-q_{ave}$ 二维谱图以及局部放电灰度图对局部放电相位统计特征的分析最为有效，因此，本节构建 1～4 阶段局部放电的 $\varphi-n$ 和 $\varphi-q_{ave}$ 二维谱图以及灰度图，灰度图仍然分别采用极差归一化及最大值归一化两种方法处理局部放电幅值。

1. 第 1 阶段

第 1 阶段持续时间 143min，外施电压 14kV、16kV，该阶段局部放电相位特征谱图如图 4-58 所示。

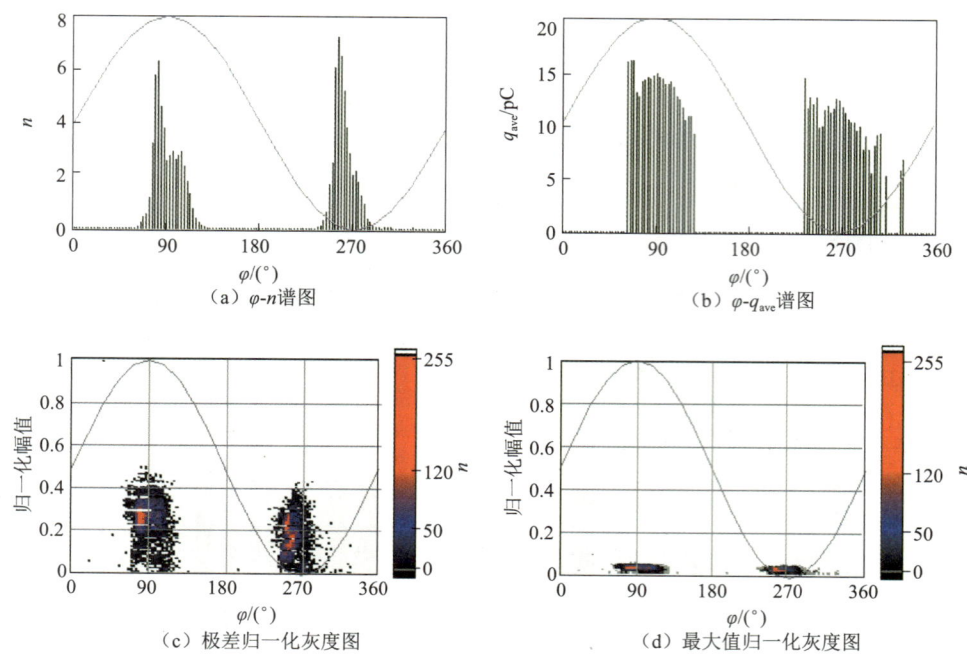

图 4-58 接头微孔缺陷局部放电第 1 阶段局部放电相位特征谱图

从图 4-58（a）（b）可以看出，正半周局部放电主要集中在 62°～127°，负半周局部放电主要集中在 234°～307°，正半周放电重复率略小于负半周，正半周平均放电量略大于负半周，正、负半周 $\varphi-n$ 谱图均呈现出明显的单尖峰结构，正、负半周 $\varphi-q_{ave}$ 谱图均呈现左高右低的斜坡状，正半周平均放电量略大于负半周，正、负半周的放电重复率和平均放电量均在外施电压峰值处取得最大值。从图 4-58（c）来看，放电点在正、负半周的分布均呈狭长的竖条形，放电点相对密集地分布在正、负半周外施电压峰值附近的一小段相位区间，放电点整体分布较为均匀。图 4-58（d）中正、负半周放电点在幅值坐标轴上均被压缩在很小的范围内，无法分辨其形貌特征。

2. 第 2 阶段

第 2 阶段持续时间 208min，外施电压 16kV、18kV、20kV，该阶段局部放电相位特征谱图如图 4-59 所示。

从图 4-59（a）（b）可以看出，正半周放电主要集中在 42°～132°，负半周放电主要集中在 214°～315°，放电的相位宽度较第 2 阶段有所增大。正、负半周的 $\varphi-n$ 谱图呈现双峰结构，与第 1 阶段的单峰结构有明显变化。从图 4-59（c）来看，外施电压上升阶段放电幅值较小但分布密集，且在一段相位区间内基本没有小幅值放电的分布。当外施电压达到反向峰值处时放电信号幅值较大而次数较少，负半周灰度图的形貌特征与正半周较为相似，在外施电压反向增大的一段相位区间内基本没有放电点的分布。从图 4-59（d）可以看出，正、负半周的放电幅值均较第 3 阶段有所增大。

3. 第 3 阶段

第 3 阶段持续时间 161min，外施电压 20kV、22kV 和 24kV，该阶段局部放电相位特征谱图如图 4-60 所示。

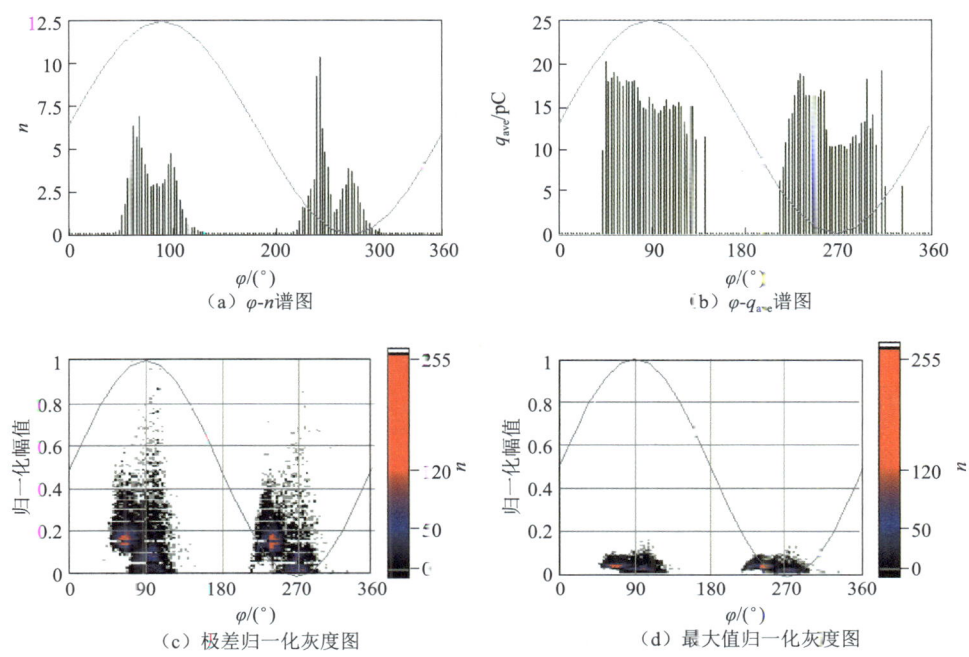

图 4-59　接头微孔缺陷局部放电第 2 阶段局部放电相位特征谱图

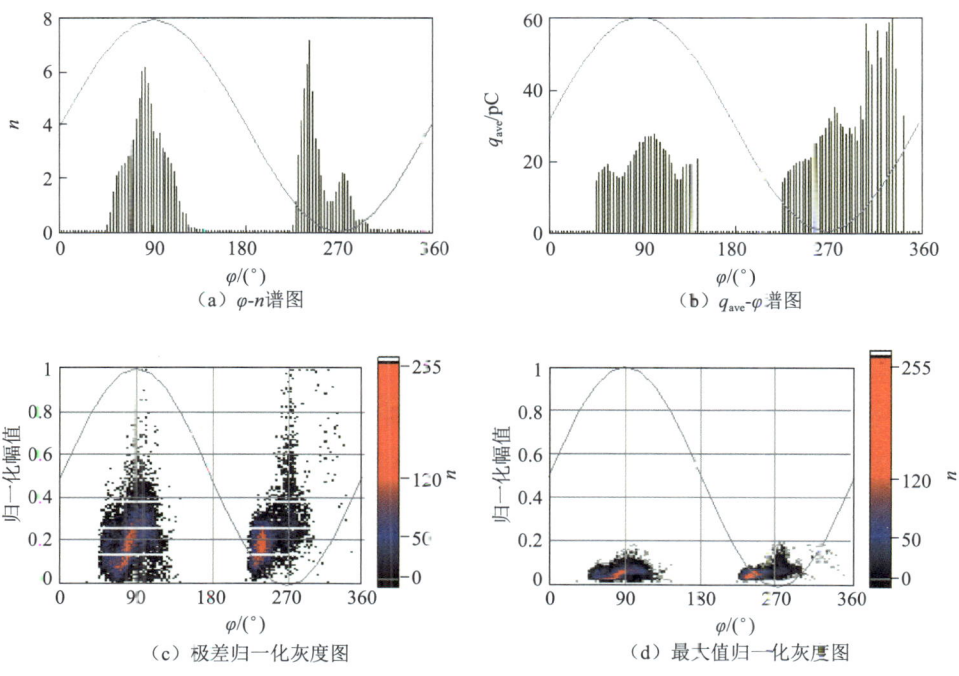

图 4-60　接头微孔缺陷局部放电第 3 阶段局部放电相位特征谱图

从图 4-60（a）(b) 可见，正半周放电主要集中在 45°~144°、255°~335°，放电点分布的相位宽度与第 2 阶段基本一致。正半周 φ-n 谱图呈钟罩形，负半周 φ-n 谱图呈双峰结构，且第一峰远高于第二峰。正半周 φ-q_{ave} 谱图轮廓呈上下起伏的波浪形，负半周 φ-q_{ave} 谱图轮廓呈左低右高的斜坡形。从图 4-60（c）可以看出，正半周放电主要集中在外施电压的峰值附近，小幅值放电密集分布，大幅值放电分布较为稀疏，负半周灰度图放电最为密集的区域位于外施电压反向增大的阶段，当外施电压达到峰值，向开始方向减小时，放电幅值较大但分布稀疏，且有一段相位区域小幅值放电趋于消失。从图 4-60（d）可以看出，正、负半周灰度图在第 2 阶段的基础上均有向大幅值区域稀疏发展的特点。

4. 第 4 阶段

第 4 阶段持续时间 77min，外施电压 24kV、23kV，该阶段局部放电相位特征谱图如图 4-61 所示。

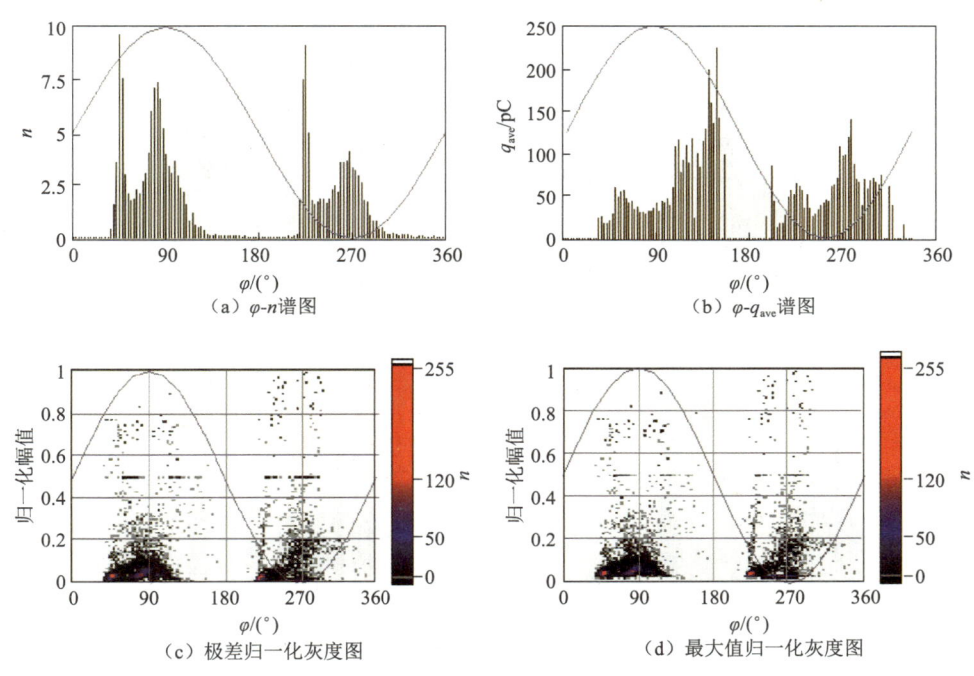

（a）φ-n 谱图　　（b）φ-q_{ave} 谱图

（c）极差归一化灰度图　　（d）最大值归一化灰度图

图 4-61　接头微孔缺陷局部放电第 4 阶段局部放电相位特征谱图

从图 4-61（a）(b) 可见，正、负半周放电分别集中在 36°~166°、208°~338° 的相位区间，放电分布相位明显向过零点发展，相位宽度远大于前 4 个阶段。正半周 φ-n 谱图轮廓呈明显的双峰结构，且第一峰陡而高，第二峰边缘较为平缓但宽度较大，负半周 φ-n 谱图形状与正半周较为相似，也呈双峰结构，但两峰的高度差异较正半周明显。正半周 φ-q_{ave} 谱图轮廓呈左低右高的起伏状斜坡结构，负半周 φ-q_{ave} 谱图轮廓先波动式增大后平缓减小。本阶段图 4-61（c）和图 4-61（d）的形态一致，正半周小幅值放电呈三角形密集分布，大幅值放电分布的密集程度远小于小幅值放电，负半周灰度图中放电的分布规律与正半周基本一致，也呈现出小幅值放电密集、大幅值放电稀疏的分布特点，第 4 阶段正负半周灰度图中放电点的分布区域较第 3 阶段明显向大幅值区域稀疏发展。

4.3.2.4 接头沿面金属颗粒缺陷局部放电的发展过程

在基于 N、W_{ave}、W_{total} 3 个表征参量随时间变化曲线的特点划分局部放电发展阶段的基础上，对各阶段局部放电的统计特征进行分析。构建 1~4 各阶段局部放电的 φ-n 和 φ-q_{ave} 二维谱图以及灰度图，灰度图仍然分别采用极差归一化及最大值归一化两种方法处理局部放电幅值。

1. 第 1 阶段

第 1 阶段持续时间 270min，外施电压 8kV、12kV、16kV，该阶段局部放电相位特征谱图如图 4-62 所示。

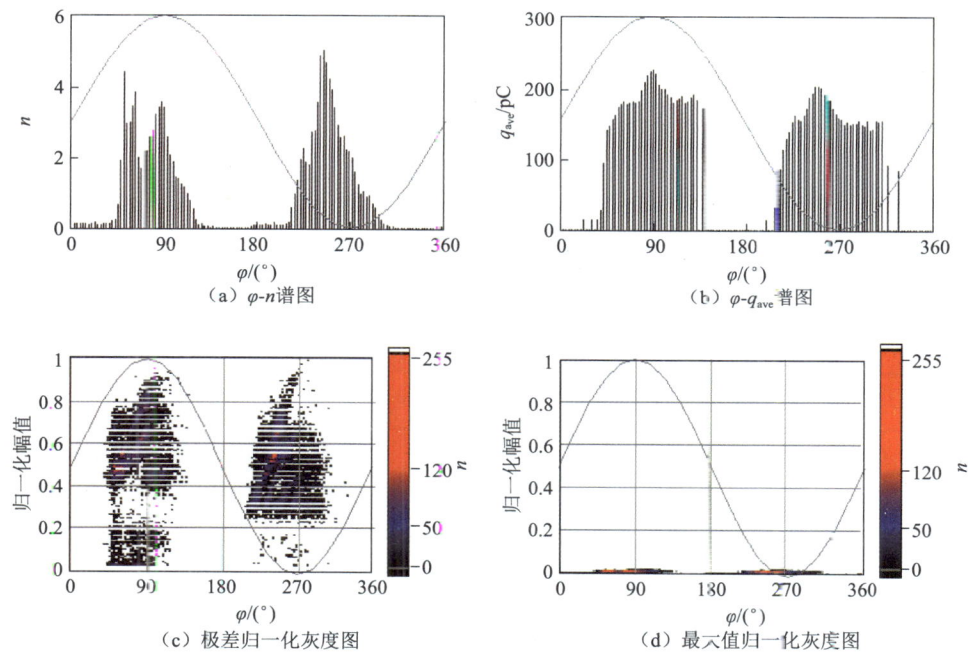

图 4-62 接头沿面金属颗粒缺陷局部放电第 1 阶段局部放电相位特征谱图

从图 4-62（a）（b）可以看出，正半周局部放电主要集中在 38°~140°，负半周局部放电主要集中在 207°~311°。正半周放电重复率略小于负半周，正半周平均放电量与负半周基本持平。正、负半周的放电重复率和平均放电量均在外施电压峰值附近取得最大值。正半周 φ-n 谱图的形貌特征呈双峰结构，负半周 φ-n 谱图的形貌特征呈单峰结构。正、负半周 φ-q_{ave} 谱图的形貌特征均呈现上下起伏的波浪形结构。从图 4-62（c）来看，正半周灰度图大、小幅值放电点的聚集区域相对分离，两个分布区域之间放电点分布非常稀疏，且大幅值放电的分布密度及分布区域明显大于小幅值放电，负半周灰度图中幅值较低的区域基本没有放电点分布，幅值较大区域的放电点分布整体较为均匀，且放电主要集中在外施电压反向增大阶段，在外施电压峰值处放电点幅值达到最大。图 4-62（d）中正、负半周放电点在幅值坐标轴上均被压缩在很小的范围内，无法分辨其形貌特征。

2. 第 2 阶段

第 2 阶段持续时间 356min，外施电压 16kV、20kV、24kV、28kV，该阶段局部放电相

183

位特征谱图如图 4-63 所示。

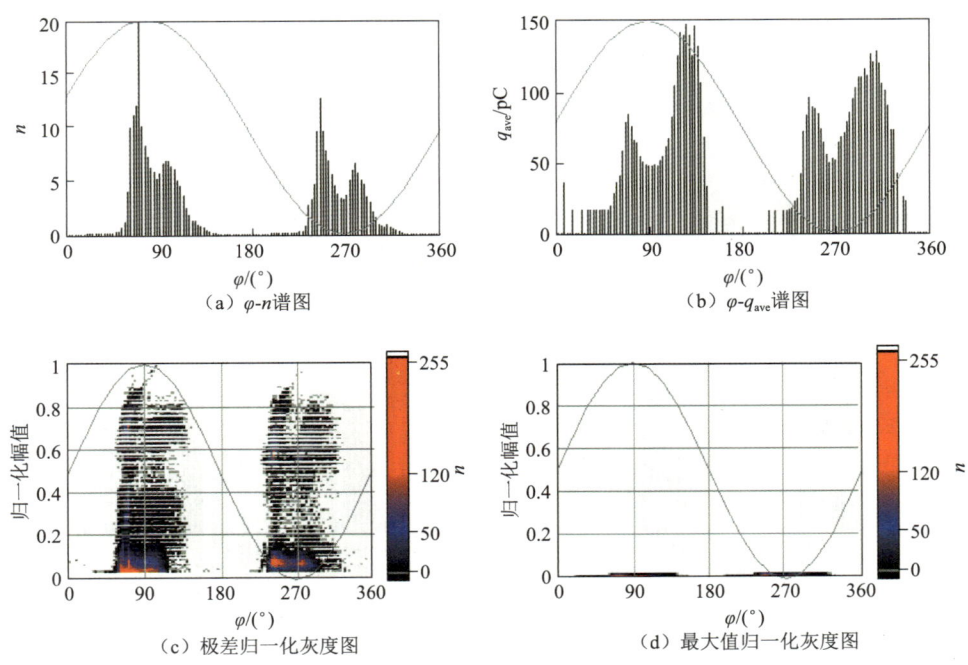

图 4-63　接头沿面金属颗粒缺陷局部放电第 2 阶段局部放电相位特征谱图

从图 4-63（a）（b）可以看出，正半周放电主要集中在 30°~146°，负半周放电主要集中在 205°~337°，正、负半周放电分布的相位宽度均较第 1 阶段有所增大。正、负半周 φ-n 谱图均呈现出明显的双尖峰结构，且正半周放电重复率略大于负半周，正、负半周 φ-q_{ave} 均呈现出高低起伏的波浪形结构，正半周平均放电量略大于负半周。从图 4-63（c）可以看出，正半周灰度图中相对幅值在 0.2 以下的小幅值放电分布密集程度远大于相对幅值 0.2 以上的大幅值放电，总体来看放电分布密度随幅值增大而减小。负半周灰度图中相对幅值小于 0.2 的区域放电点分布非常密集，相对幅值在 0.2~0.4 的区域放电点分布明显变得稀疏，相对幅值大于 0.4 的区域放电分布相对密集且呈现凹形结构，负半周灰度图形貌以 270°为轴呈现出较好的轴对称特性。总体来看，正、负半周灰度图的形貌特征较为一致。图 4-63（d）中放电分布区域被压缩，无法观察到具体的形貌特征。

3. 第 3 阶段

第 3 阶段持续时间 206min，外施电压 28kV 和 32kV，该阶段局部放电相位特征谱图如图 4-64 所示。

从图 4-64（a）（b）可以看出，正半周放电主要集中在 19°~162°，负半周放电主要集中在 202°~338°，放电的相位宽度与第 2 阶段持平。正、负半周的 φ-n 谱图呈现出单峰结构，与第 2 阶段的双峰结构有明显变化，正、负半周的放电重复率基本一致。φ-q_{ave} 谱图轮廓仍然呈高低起伏的波浪形，与第 1、第 2 阶段较为类似，正、负半周的平均放电量基本一致。从图 4-64（c）来看，正、负半周灰度图的形貌特征非常相似，放电点均主要

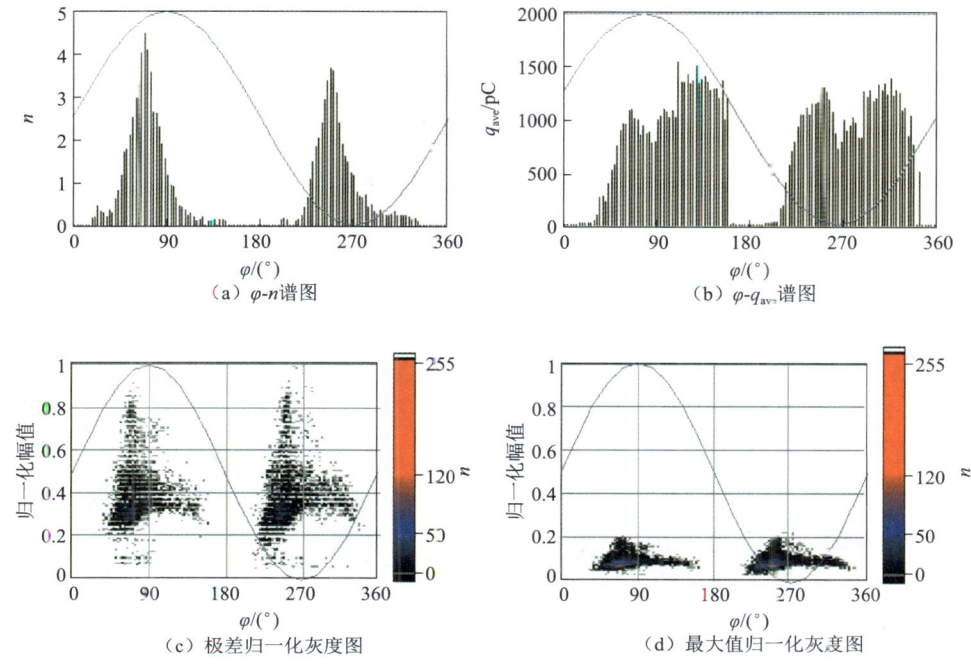

图 4-64 接头沿面金属颗粒缺陷局部放电第 3 阶段局部放电相位特征谱图

集中在外施电压的上升阶段,相对幅值 0.2 以下的区域放电点分布非常稀疏。图 4-64(d) 中能够比较明显地观察到放电点的分布区域,放电点较第 1、第 2 阶段明显向大幅值区域发展。

4. 第 4 阶段

第 4 阶段持续时间 240min,外施电压 32kV、36kV、40kV、38kV,该阶段局部放电相位特征谱图如图 4-65 所示。

从图 4-65(a)(b)可见,放电点在 0°~360° 相位区间上都有分布,在外施电压过零点处分布较为稀疏,在外施电压上升阶段放电重复率较大,在外施电压达到峰值时平均放电量达到最大值。正、负半周 φ-n 谱图形貌特征较为相似,且轮廓边缘的上升沿、下降沿较为陡峭,轮廓均为陡峭的双峰结构,与第 3 阶段的单峰结构有明显差别,正半周放电重复率略大于负半周。正、负半周 φ-q_{ave} 谱图的形貌特征较为相似,且轮廓边缘的上升、下降较为平缓,呈现出平缓的单峰结构,正半周平均放电量小于负半周。图 4-65(c)和图 4-65(d)的形貌特征基本一致,且正、负半周灰度图的形貌特征相似度很高。以正半周灰度图为例,放电均主要集中在外施电压的上升阶段,相对幅值 0.2 以下的灰度图区域放电分布非常密集,且在低幅值区域的一段相位区间内放电分布较为稀疏,在放电点密集分布的区域内形成了横向条形裂纹结构。在相对幅值 0.2 以上的灰度图区域中,放电点分布稀疏且分布区域呈现近似三角形,正、负半周灰度图基本关于 180° 线轴对称分布。对比第 3、第 4 两阶段灰度图的形貌特征,第 4 阶段灰度图在第 3 阶段灰度图放电点分布的基础上,一方面在低幅值区域产生一条呈横条形密集分布的放电区域,另一方面第 3 阶段放电密集分布的区域在第 4 阶段向大幅值区域密集发展且相位宽度明显增大,在更大幅值区域

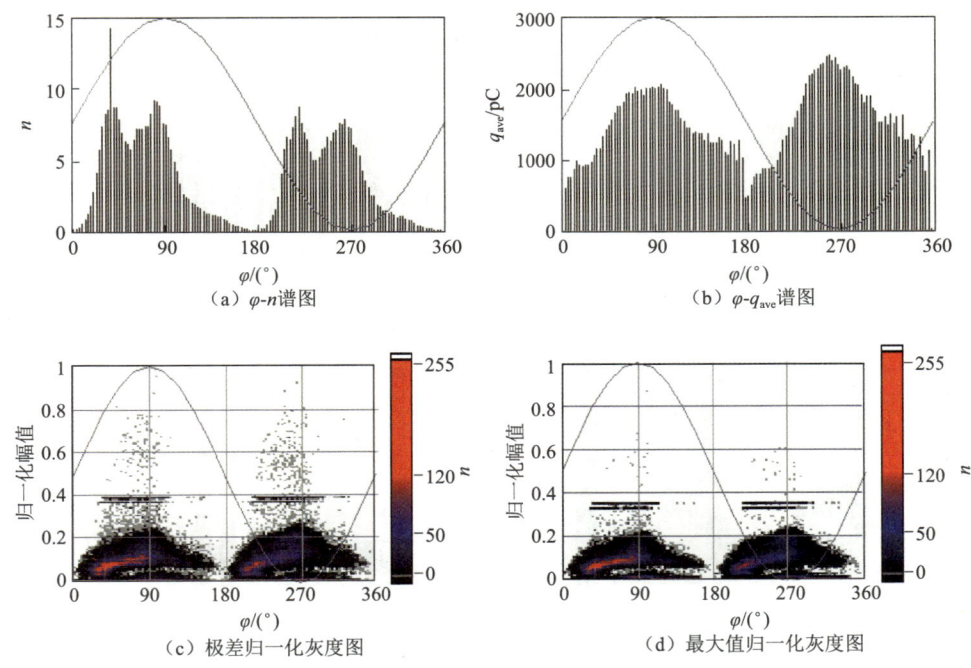

图 4-65 接头沿面金属颗粒缺陷局部放电第 4 阶段局部放电相位特征谱图

出现大量稀疏分布的放电点。从灰度图中放电点的分布来看，第 3 阶段灰度图放电区域可以看作第 4 阶段灰度图放电区域的子集。另外，在第 4 阶段灰度图中出现呈细横条形整齐分布的放电带，这是由于在加压过程中放电幅值过大超出采集量程而导致的，将信号调理器增益降低，采集恢复正常。

4.4 开关柜气固绝缘局部放电 HF 谱图

在本节中将基于开关柜实际运行工况，搭建试验平台模拟开关柜典型局部放电故障，获得规模化风光储电站内开关柜金属尖端放电、沿面放电、悬浮放电、气隙放电共四种典型局部放电故障的谱图特征，为开关柜的局部放电模式识别和故障严重程度评估提供可靠判据。

4.4.1 开关柜典型故障局部放电试验方法

4.4.1.1 典型缺陷模型制作及试验平台搭建

高压开关柜安装在开关柜室内，其运行环境和运行条件均好于户外露天布置的设备，因此，大家普遍认为高压开关柜运行相对而言较为安全可靠。但由于高压开关柜柜内空间狭小，设备布局紧凑，为了保证相对地、相间有可靠的绝缘距离，各组件及带电体对地间都会设置良好的绝缘材料。这些绝缘材料在运行过程中会受到电化腐蚀、热、潮气等因素影响，其绝缘性能会发生不可逆的变化。

目前，发生在高压开关柜内的常见绝缘故障主要为：外壳内表面和导体上的金属突起在运行中引起的金属尖端放电,这些金属突起通常是因制造技术不良和安装损坏造成的;支柱绝缘子表面污秽或天气潮湿引起的绝缘子表面沿面放电;高压母排连接处及断路器触点接触不良引起的悬浮放电;长时间运行导致绝缘材料劣化使其内部产生气隙引起的气隙放电等。根据上述绝缘故障类型,本节设计并制作了金属尖端放电、沿面放电、悬浮放电和气隙放电四种典型局部放电模型,如图 4-66 所示。

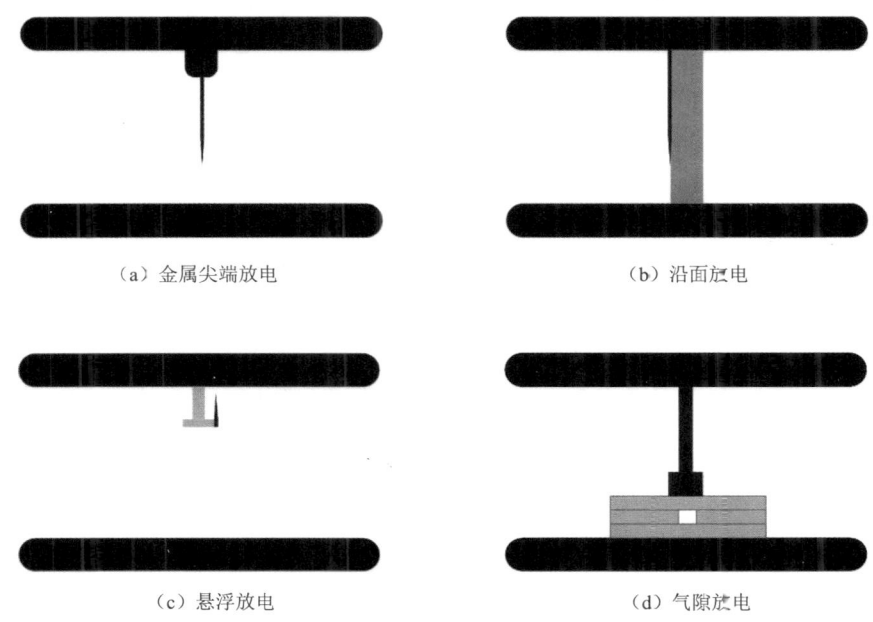

图 4-66 典型局部放电模型

金属尖端放电模型的两极板间距离为 60mm,金属尖端距离下极板 10mm;沿面放电模型的两极板距离为 60mm,针与中间绝缘支柱紧贴,金属尖端距离下极板 15mm;气隙放电模型的两极板距离为 60mm,针长 10mm,金属尖端距离上极板 1mm;气隙放电模型的两极板距离为 60mm,下面为三层 2mm 厚的绝缘材料,中间气泡直径为 2mm。

本节采用分立电极式超宽带放电电流测量装置进行测量。局部放电脉冲电流测量接线图如图 4-67 所示。在图 4-67 中,放电模型与高电压耦合电容 C_0、无感电阻 R 组合成为脉冲电流回路;上下圆板电极的直径为 150mm,间距为 80mm;C_0 的电容值为 100pF,R 阻值为 50Ω。利用此回路,可准确测量上升沿小于 100ps 的脉冲电流波形。

4.4.1.2 高压开关柜局部放电测量方法及系统

高压开关柜局部放电试验与耦合阻抗检测接线图如图 4-68 所示。试验时,分别在开关柜内设置典型缺陷,采用逐级加压法对高压开关柜进行加压,记录其起始放电电压,并使用高于起始放电电压的电压值进行加压;使用耦合阻抗进行测量,得到时频域谱图、PRPD 谱图和 PRPS 谱图,并通过现有已知的谱图库类型,得到 Δt 谱图和 Δu 谱图。为了能更好地对信号进行模式识别,本节对采集的信号按照谱图矩阵尺寸归一化处理、谱图幅值归一化处理、训练数据相位偏移扩充等处理方法进行处理,测量的每组数据为 50 个工频周期。

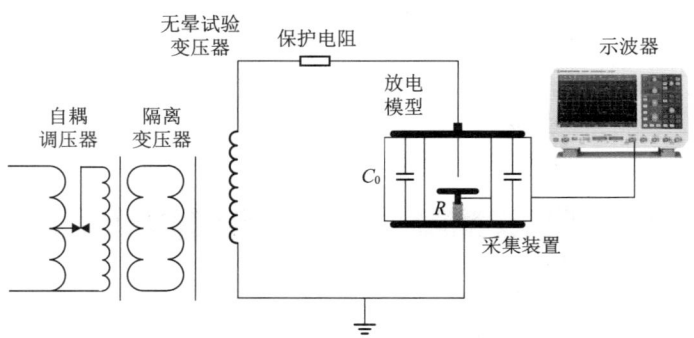

图 4-67　局部放电脉冲电流测量接线图

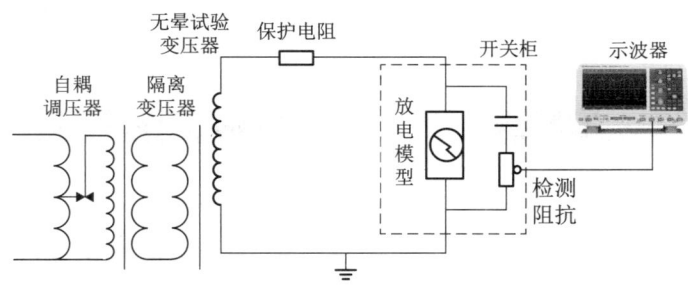

图 4-68　高压开关柜局部放电试验与耦合阻抗检测接线图

4.4.2　开关柜局部放电 HF 谱图库

金属尖端放电起始放电电压为 3.5kV，图 4-69 和图 4-70 为电压在 4kV 和 6kV 时的 PRPD、PRPS、Δu 与 Δt 谱图，分别代表放电的起始阶段和严重阶段。

从图 4-69（a）和图 4-70（a）中可以看出，金属尖端放电主要为负半轴的放电，放电主要集中在 180°~300°，并结合图 4-69（b）和图 4-70（b）可以看出，随着电压的升高，放电量不断增加的同时，放电次数也在急剧增加，并且正半轴也开始出现放电；从图 4-69（c）和图 4-70（c）中可以看出，放电的电压差随着电压的升高逐渐增大；从图 4-69（d）和图 4-70（d）中可以看出，放电的时间间隔随着电压的升高逐渐减小。

沿面放电起始放电电压为 4kV，图 4-71 和图 4-72 所示为电压在 4.5kV 和 7kV 时的 PRPD、PRPS、Δu 与 Δt 谱图，分别代表放电的起始阶段和严重阶段。

从图 4-71（a）和图 4-72（a）中可以看出，沿面放电起始为负半轴的放电，放电主要集中在 180°~300°，随着电压的升高正半轴也开始出现放电；结合图 4-71（b）和图 4-72（b）可以看出，随着电压的升高，放电量不断增加的同时，放电次数也在增加；从图 4-71（c）和图 4-72（c）中可以看出，放电的电压差随着电压的升高逐渐增大；从图 4-71（d）和图 4-72（d）中可以看出，放电的时间间隔随着电压的升高基本保持不变。

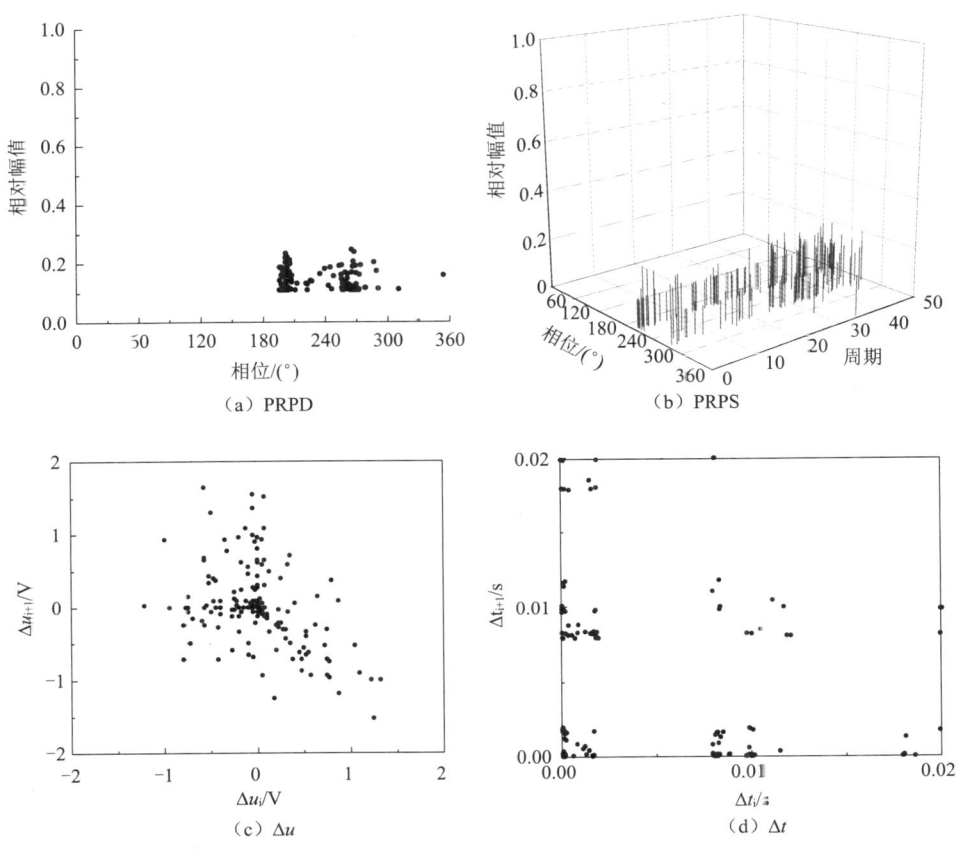

图 4-69 4kV 时金属尖端放电各类谱图

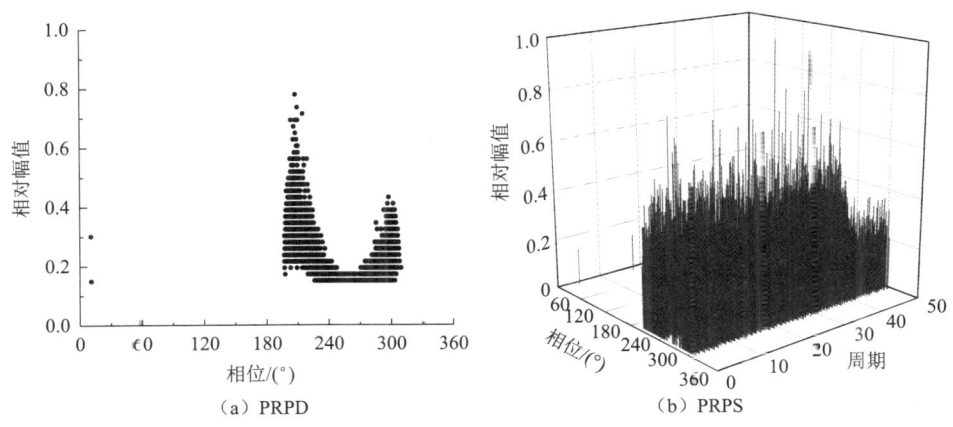

图 4-70 6kV 时金属尖端放电各类谱图（一）

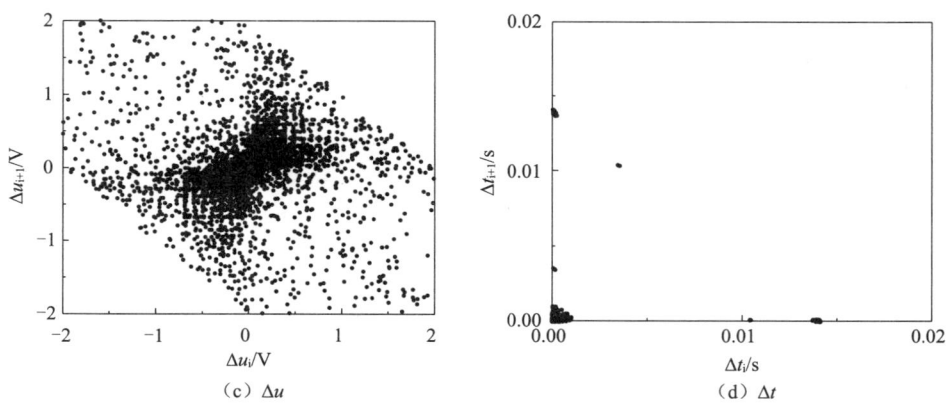

图 4-70　6kV 时金属尖端放电各类谱图（二）

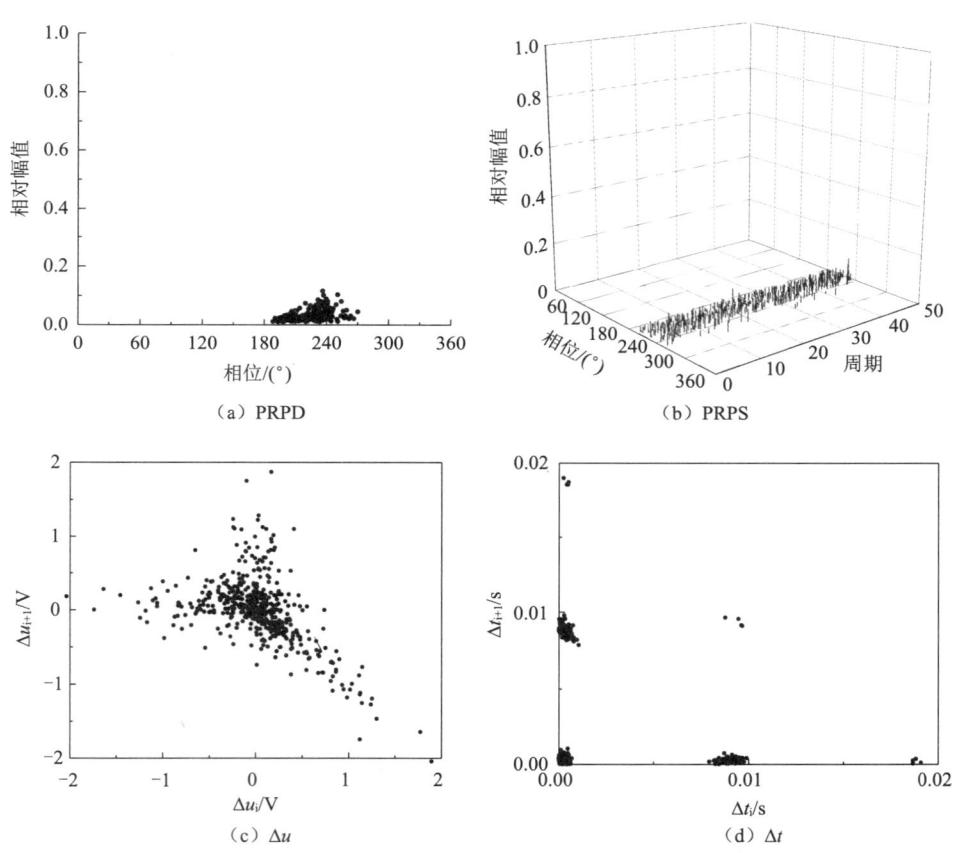

图 4-71　4.5kV 时沿面放电各类谱图

悬浮放电起始放电电压为 7.5kV，图 4-73 和图 4-74 所示为电压在 8kV 和 10kV 时的 PRPD、PRPS、Δu 与 Δt 谱图，分别代表放电的起始阶段和严重阶段。

第4章 规模化风光储电站输变电设备局部放电谱图

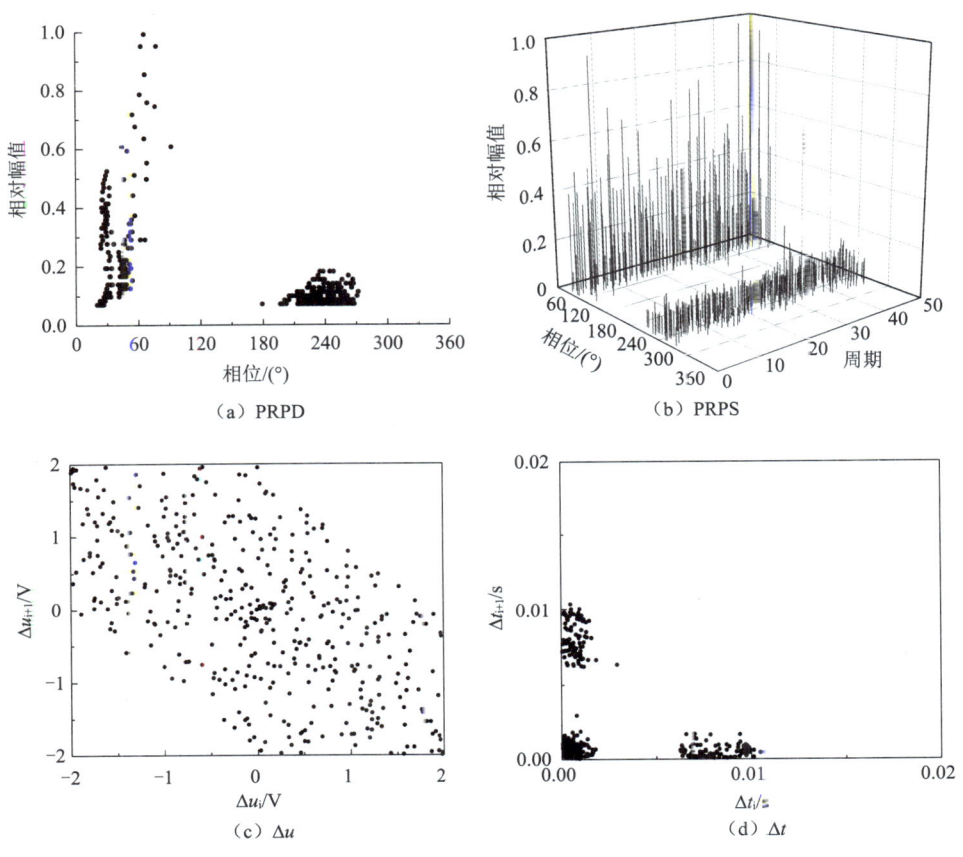

图 4-72 7kV 时沿面放电各类谱图

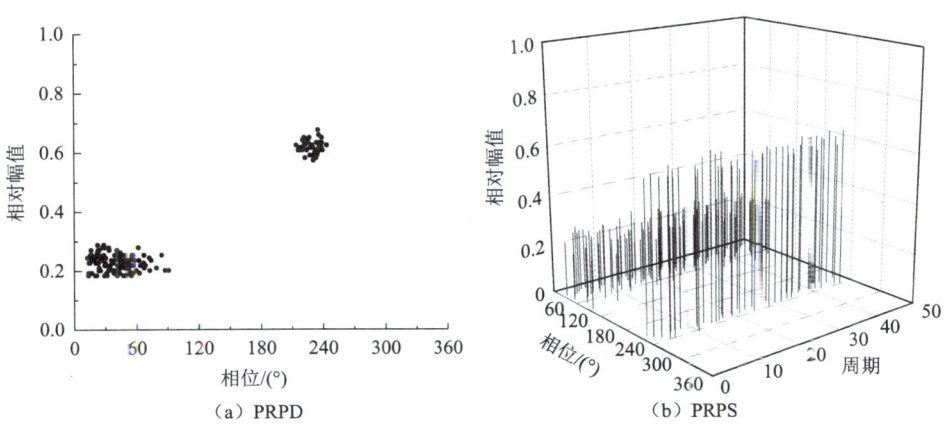

图 4-73 8kV 时悬浮放电各类谱图（一）

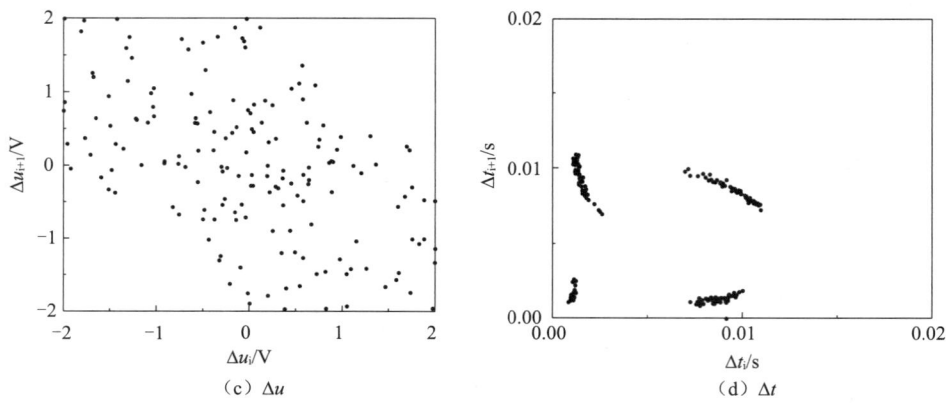

图 4-73　8kV 时悬浮放电各类谱图（二）

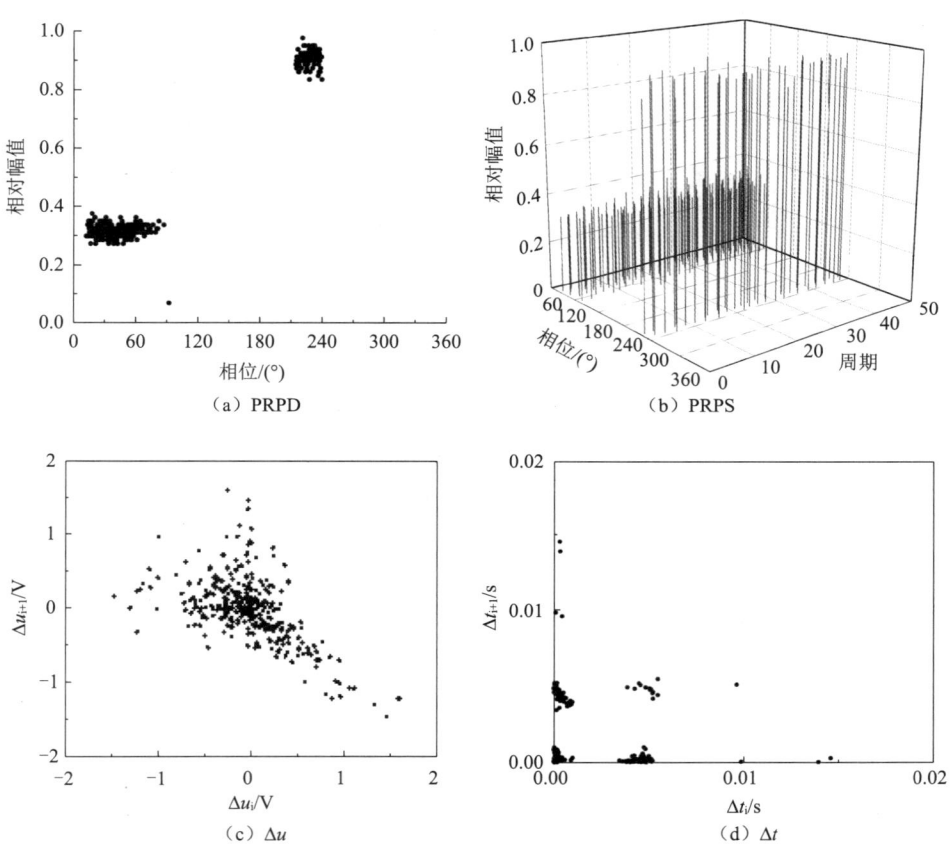

图 4-74　10kV 时悬浮放电各类谱图

从图 4-73（a）和图 4-74（a）中可以看出，悬浮放电为正负半轴的放电，放电主要集中在 0°~90°和 210°~240°，并结合图 4-73（b）和图 4-74（b）可以看出，随着电压的升高，放电量不断增加的同时，放电次数也在增加，并且正半轴也开始出现放电；从图 4-73（c）和图 4-74（c）中可以看出，放电的电压差随着电压的升高逐渐减小；从图

4-73（d）和图 4-74（d）中可以看出，放电的时间间隔随着电压的升高逐渐减小。

气隙放电起始放电电压为 5.5kV，图 4-75 和图 4-76 为电压在 6kV 和 8kV 时的 PRPD、PRPS、Δu 与 Δt 谱图，分别代表放电的起始阶段和严重阶段。

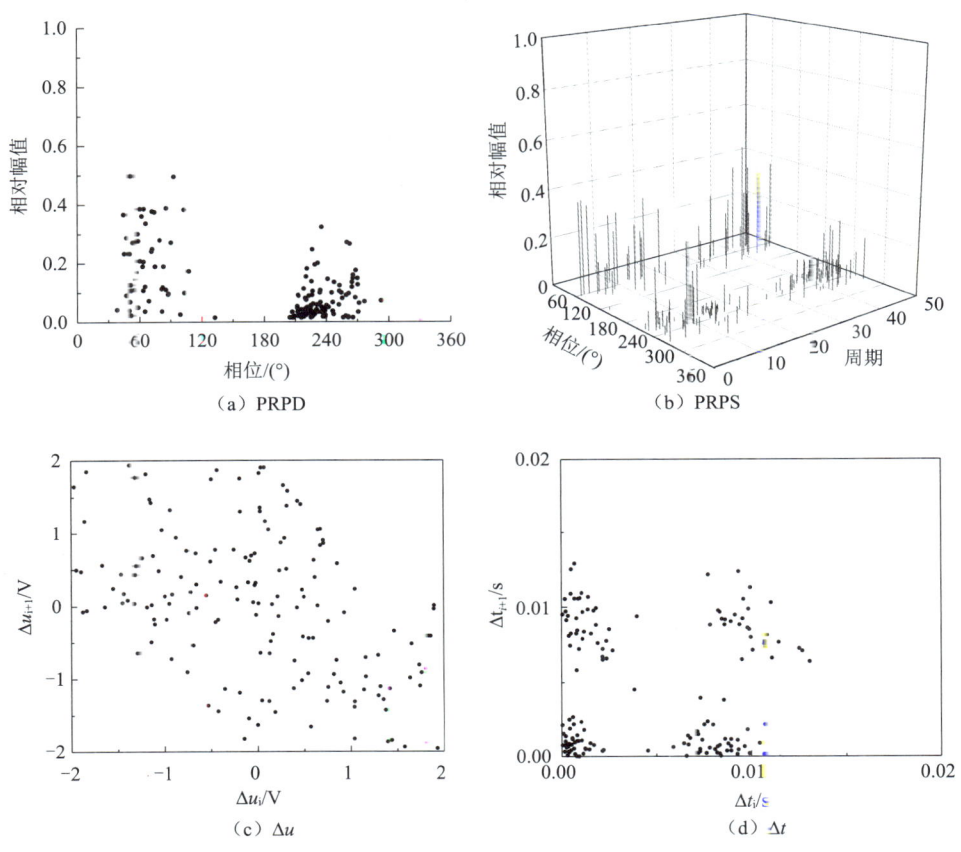

图 4-75　6kV 时气隙放电各类谱图

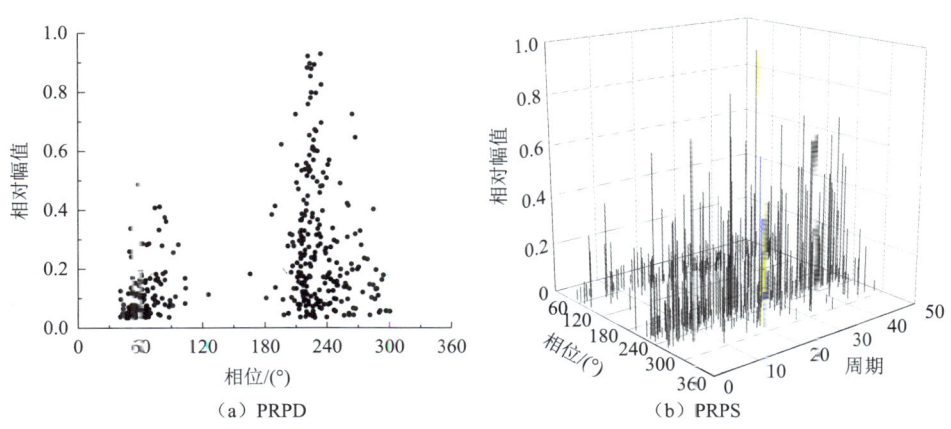

图 4-76　8kV 时气隙放电各类谱图（一）

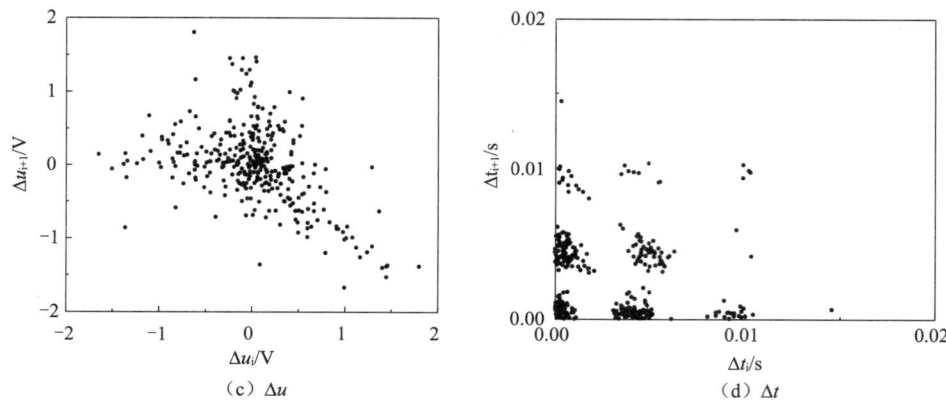

图 4-76 8kV 时气隙放电各类谱图（二）

从图 4-75（a）和图 4-76（a）中可以看出，气隙放电为正负半轴的放电，放电主要集中在 30°~120°和 180°~300°，结合图 4-75（b）和图 4-76（b）可以看出，随着电压的升高，放电量不断增加的同时，放电次数也在增加；从图 4-75（c）和图 4-76（c）中可以看出，放电的电压差随着电压的升高逐渐减小；从图 4-75（d）和图 4-76（d）中可以看出，放电的时间间隔随着电压的升高变化并不是很明显。

第 5 章 规模化风光储电站输变电设备局部放电诊断与预测技术

本章将从局部放电模式识别算法、输变电设备状态评估算法、输变电设备状态预测算法三个部分展开，从算法原理、优化方式、测试结果方面阐述输变电设备局部放电诊断与预测技术。

5.1 局部放电模式识别算法

本节共包含三种识别算法，分别基于分层式辨识、迁移学习、多信息融合展开局部放电模式识别。

第一种算法为传统算法的融合算法，综合 PRPD、PRPS 两种局部放电特征谱图特征信息，同时考虑与相位无关的特征量进行放电特征量优化选择及放电故障缺陷类型的辨识，着重解决现场无法获得准确相位时，局部放电的故障模式识别及诊断问题。

第二种算法为深度学习算法的迁移算法，分析利用局部放电数据作为卷积神经网络的训练集数据，研究卷积神经网络中的迁移学习算法在局部放电类型识别领域中的初步应用。

第三种算法为迁移学习算法的引申与融合，使用放电图像与数值化特征参数，搭建卷积神经网络，采用多信息融合的算法来识别局部放电的类型。

5.1.1 基于分层式辨识的局部放电模式识别技术

5.1.1.1 局部放电类型辨识技术

局部放电相位统计谱图（PRPD）的像素分布特征整体表示了局部放电的相位分布、幅值分布、放电次数分布特征以及放电脉冲分布的形状特征、极性特征；局部放电脉冲序列分布（PRPS）表示了放电脉冲的放电时间间隔、放电间歇性等特征。因此，本节综合两种局部放电特征谱图的特征信息，同时考虑与相位无关的特征量进行放电特征量优化选择及放电故障缺陷类型的辨识，着重解决现场无法获得准确相位时的局部放电故障模式识别及诊断问题。

本小节提出的放电类型识别诊断策略如图 5-1 所示，采用分层式的识别策略，第一层诊断完成对放电信号和干扰信号的识别，第二层诊断完成对放电信号类型和干扰信号类型的识别，第三层诊断完成对气体绝缘（SF_6）中放电和固体绝缘放电缺陷的具体区分及识别，每一层诊断所采用的特征指纹信息不同，以达到最优的诊断准确率。

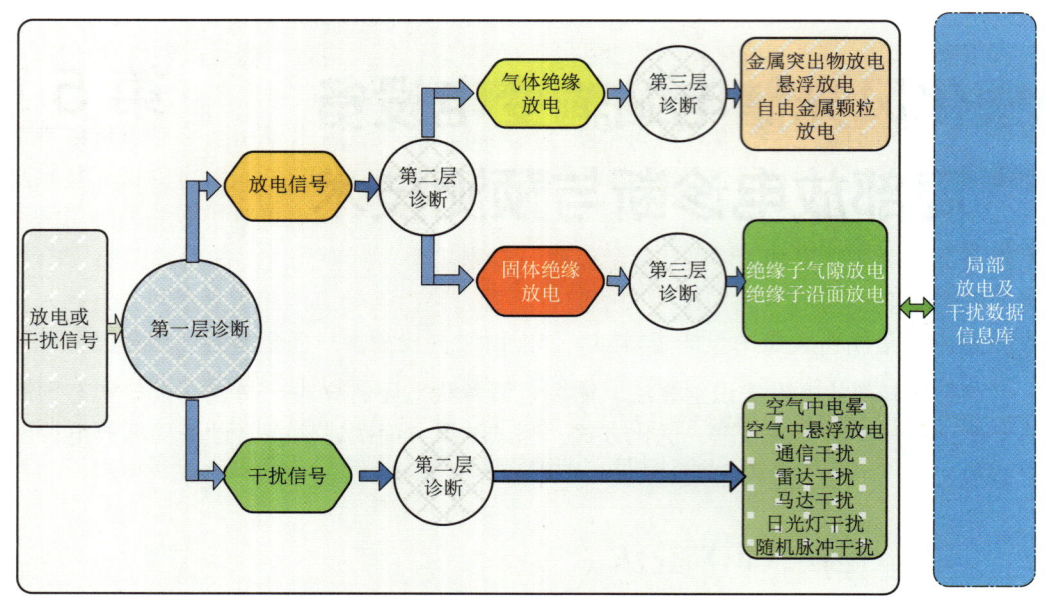

图 5-1　放电类型识别诊断策略

5.1.1.2　局部放电模式识别特征量优化提取

1. 局部放电特征量选择与提取方法

在局部放电故障模式识别技术中，特征参数的提取与选择至关重要，本节从实际应用出发，考虑到现场有时无法获取准确的工频相位问题，将所有放电指纹特征分为与相位有关的特征量和与相位无关的特征量分别进行优化选择。

常用的优化选择方法有基于神经网络（如 BP 神经网络）、粗糙集（RST）、遗传算法（GE）、主成分分析（PCA）以及核方法（如 KPCA）的特征选择与提取方法。基于距离的可分性判据直接依靠样本计算，直观简洁，物理概念清晰，目前应用较为广泛。因此，本小节采用基于距离的可分性判据进行特征量的优化提取。

基于距离的可分性判据的出发点是：各类样本之间的距离越大、类内散度越小，则类别的可分性越好。

给定一组表示联合分布的模式集（训练集），假定每一类的模式向量在观察空间中占据不同的区域是合理的，类别模式间的距离或平均距离则是模式空间中类别可分性的度量。用 $\delta(\xi_{ik}, \xi_{jl})$ 表示第 i 类中第 k 个模式和第 j 类中第 l 个模式间距离的度量值，平均距离可定义为：

$$J = \frac{1}{2} \sum_{i=1}^{C} \sum_{j=1}^{C} P(\omega_i) P(\omega_j) \cdot \frac{1}{N_i N_j} \sum_{k=1}^{N_i} \sum_{l=1}^{N_j} \delta(\xi_{ik}, \xi_{jl}) \quad (5-1)$$

式（5-1）中的距离度量 δ 可采用欧几里得距离：

$$\delta_E(\xi_{ik}, \xi_{jl}) = \left[\sum_{m=1}^{D} (\xi_{ik}^m - \xi_{jl}^m)^2 \right]^{1/2} \quad (5-2)$$

考虑到式（5-1）的计算比较复杂，可将其转化为相应的矩阵来度量和处理。

第 i 类类内散布矩阵：

$$S_i = E\{(X-M_i)(X-M_i)^T\} = \sum\nolimits_i \qquad (5-3)$$

总体类内散布矩阵：

$$S_W = \sum_{i=1}^{C} P(\omega_i) S_i = \sum_{i=1}^{C} P(\omega_i) E\{(X-M_i)(X-M_i)^T\} = \sum_{i=1}^{C} P(\omega_i) \sum\nolimits_i \qquad (5-4)$$

总体类间散布矩阵：

$$S_B = \sum_{i=1}^{C} P(\omega_i)(M_i - M)(M_i - M)^T \qquad (5-5)$$

特别对于两类问题：

$$S_{B2} = (M_1 - M_2)(M_1 - M_2)^T \qquad (5-6)$$

总体散布矩阵：

$$S_T = E\{(X-M)(X-M)^T\} = \sum \qquad (5-7)$$

存在关系：

$$S_T = S_W + S_B \qquad (5-8)$$

式中：$M_i = \frac{1}{N_i} \sum_{X \in \omega_i} X$ 为第 i 类均值向量；$M = \frac{1}{N} \sum_{i=1}^{N} X_i = \frac{1}{N} \sum_{i=1}^{C} P(\omega_i) M_i$ 为样本集总的均值向量；$\sum_i = \frac{1}{N_i - 1} \sum_{X \in \omega_i} (X-M_i)(X-M_i)^T$ 为第 i 类协方差；$\sum = \frac{1}{N-1} \sum_{X \in \forall \omega_i} (X-M)(X-M)^T$ 为样本总的协方差。

类内散布矩阵表征各样本点围绕它均值的散布情况，类间散布均值表征各类间的距离分布情况，它们依赖于样本类别属性和划分。而总体散布矩阵与样本划分及类别属性无关。

构造准则有迹和行列式两种方法。

（1）迹准则。例如：

$$J = \mathrm{tr} S_W = \sum_{i=1}^{C} P(\omega_i) \mathrm{tr} S_i \qquad (5-9)$$

（2）行列式准则。例如：

$$J = |S_W| = \sum_{i=1}^{C} P(\omega_i) |S_i| \qquad (5-10)$$

以类内散布矩阵 S_W、类间散布矩阵 S_B 和总体散布矩阵 S_T 为基础的准则函数，以及函数意义说明见表 5-1。

表 5-1 散布矩阵的准则函数及意义说明

准则函数	意义说明
（1）$\mathrm{tr}(S_W)$ 或 $\det(S_W)$	等价于均方误差最小准则
（2）$\mathrm{tr}(S_W S_B^{-1})$ 或 $\det(S_W S_B^{-1})$	$\sum \lambda_i$ 或 $\prod \lambda_i$（λ_i 为 $S_W S_B^{-1}$ 或 $S_W S_T^{-1}$ 的特征值）
（3）$\mathrm{tr}(S_B)$ 或 $\det(S_B)$	等同于类间距离最大准则

2. 局部放电特征指纹优化选择结果

依据识别准确率最高原则选择合适的准则函数，对所有 180 个特征参量进行优化选择，优选出最适于放电及干扰类型辨识的特征参量。局部放电特征量优选结果见表 5-2。

表 5-2　局部放电特征量优选结果

统一识别特征量	分层识别				
	放电与干扰识别特征量	干扰类型识别	气体与固体绝缘放电识别	SF_6 气体中放电类型识别	固体绝缘放电类型识别
$N\text{-}V_\alpha^-$	$N\text{-}V_\alpha^-$	$N\text{-}V_\alpha^-$	$\max[\sigma(N^+), \sigma(N^-)]$	$\sigma(\varphi^+)/\sigma(\varphi^-)$	$\sigma\Delta t^-$
$\sigma\Delta u^+/\sigma\Delta u^-$	$\sigma\Delta u^+/\sigma\Delta u^-$	$\sum\Delta T$	$\sigma(\varphi^-)$	$V_{ave}^-\varphi_{ku}^+$	$N\text{-}V_{ku}^-$
φ_w^+/φ_w^-	$\mu(V^+)/\mu(V^-)$	$\varphi_{ini}^+/\varphi_{ini}^-$	$\max[\sigma(\varphi^+), \sigma(\varphi^-)]$	$\max\sigma(V_{max}^+), \sigma(V_{max}^-)]$	$\mu\Delta u$
ΔT_{ave}	$\sigma\Delta u^+$	φ_{ext}^-	$\min[\mu(V^+), \mu(V^-)]/\max[\mu(V^+), \mu(V^-)]$	φ_w^-	$\mu(V^+)/\mu(V^-)$
φ_{ext}^+	$\mu\Delta t^+/\mu\Delta t^-$	$V_{max}^-\varphi_{ku}^-$	$N\text{-}V_\beta^+$	$E_n(V_{max})$	$V_{ave}^-\varphi_{ku}^+$
$\mu\Delta u^+/\mu\Delta u^-$	φ_{ext}^+	φ_{ext}^+	$\min\sigma(V_{ave}^+), \sigma(V_{ave}^-)]$	$E_n(V^-)$	$\sigma(V)$
$\min[\mu(N^+), \mu(N^-)]/\max[\mu(N^+), \mu(N^-)]$	$N\text{-}V_\beta^+$	$\min[\mu(V^+), \mu(V^-)]/\max[\mu(V^+), \mu(V^-)]$	$\mu(V^+)$	$\sigma\Delta t^-$	$\sigma(V_{ave}^-)$
$\min[\mu(V_{max}^+), \mu(V_{max}^-)]/\max[\mu(V_{max}^+), \mu(V_{max}^-)]$	$\sigma\Delta t^+/\sigma\Delta t^-$	$\mu(V^-)$	$\Delta u_i(DI)$	$\Delta u_i(DI)$	$\sigma(V_{ave}^-)$
$N\Delta t^+/N\Delta t^-$	$V_{ave}^-\varphi_{ku}^-$	$\min[\sigma(\varphi^+), \sigma(\varphi^-)]/\max[\sigma(\varphi^+), \sigma(\varphi^-)]$	$\sigma(\varphi)$	$E_n(N^+)$	$\min[\mu(V_{max}^+), \mu(V_{max}^-)]$
$N\text{-}V_\beta^+$	$E_n(V^+)$	φ_{ini}^-	$\mu\Delta u^+/\mu\Delta u^-$	$\min(\varphi_w^+, \varphi_w^-)/\max(\varphi_w^+, \varphi_w^-)$	$N\text{-}V_{sk}^-$

依据识别准确率最高原则选择合适的准则函数，对 23 个与相位无关的特征参量进行优化选择，优选出最适于放电及干扰类型辨识的 10 个特征参量。与相位无关的局部放电特征量优选结果见表 5-3。

表 5-3 与相位无关的局部放电特征量优选结果

单层识别特征量	分层识别				
	放电与干扰识别特征量	干扰类型识别	气体与固体绝缘放电识别	SF_6 气体中放电类型识别	固体绝缘放电类型识别
ΔT_{ave}	$E_n(V)$	$N-V_\alpha$	$N-V_\alpha$	φ_w	$\sigma(\varphi)$
$N-V_\alpha$	$\mu\Delta t$	ΔT_{ave}	$\mu\Delta t$	$\sigma(N)$	$\mu(N)$
$E_n(N_v)$	$N-V_\alpha$	$N\Delta t$	$\sigma(\varphi)$	$\sigma(V_{ave})$	$E_n(V_{max})$
$E_n(N)$	ΔT_{ave}	$\sigma(V_{ave})$	$\sigma(V)$	$\mu\Delta t$	$E_n(N_v)$
$\sigma(V_{max})$	$\mu(V_{ave})$	$\sigma(\varphi)$	$\mu(V)$	$E_n(V)$	$\mu(V_{max})$
$\mu(N_v)$	$\mu(N)$	$\mu\Delta t$	$\sigma\Delta t$	$\mu(V_{ave})$	ΔT_{ave}
φ_w	$\mu(V)$	$\sigma(V)$	$E_n(N)$	$\sigma(V)$	$E_n(V_{ave})$
$\mu\Delta t$	$E_n(V_{max})$	$\sigma\Delta t$	ΔT_{ave}	$\mu(V)$	$\mu\Delta t$
$\mu(N)$	$N-V_\beta$	$\mu(V)$	$\sigma(V_{ave})$	$E_n(V_{ave})$	$\sigma(N_v)$
$E_n(V_{max})$	$\sigma(\varphi)$	$N-V_\beta$	$\mu(V_{ave})$	ΔT_{ave}	$E_n(V)$

注：特征指纹符号含义见附表。

5.1.1.3 局部放电类型辨识方法及测试结果分析

常用局部放电模式识别方法有各种人工神经网络（ANN）、支持向量机（SVM）、模糊模式识别（FNN）及其相应的改进方法。本小节采用 BP 神经网络、模糊识别方法。局部放电及干扰数据样本信息见表 5-4，局部放电类型辨识测试结果见表 5-5 和表 5-6。

表 5-4 局部放电及干扰数据样本信息

放电类型	样本数量	放电类型	样本数量
金属突出物	1200	通信干扰	600
悬浮放电	1200	雷达干扰	600
自由金属颗粒	900	马达干扰	600
绝缘子气隙放电	600	日光灯干扰	600
绝缘子沿面放电	576		

表 5-5 为采用与相位有关的特征量进行故障类型辨识的测试结果，用单层识别方法的 BP 网络识别方法的平均识别正确率为 76.2%，模糊识别方法的平均识别正确率为 84.7%，而采用分层式识别方法时识别正确率分别提升至 98.5% 和 94.7%。

表 5-5　基于相位相关谱图的局部放电类型辨识测试结果

识别策略	识别方法	识别准确率								
		a	b	c	d	e	f	g	h	i
单层识别	BP 网络	94.5	97.4	86.1	50.9	94.3	88.6	89.2	74.1	100
	模糊识别	59.7	94.1	88.9	80.7	72.4	90.0	80.0	69.8	100
分层识别	BP 网络	98.2					100			
	模糊识别	95.4					100			
	BP 网络	98.4			86.5		100	99.4	95.5	100
	模糊识别	94.4			98.2		60	100	100	100
	BP 网络	100	99	98.3	100	100				
	模糊识别	100	89.7	86.3	100	95.1				

表 5-6 为采用与相位无关的特征量进行故障类型辨识的测试结果，用单层识别策略的 BP 网络识别方法的平均识别正确率为 81.9%，模糊识别方法的平均识别正确率为 82.4%，而采用分层式识别的 BP 网络识别方法和模糊识别方法的识别正确率分别提升至 98.3% 和 89.8%。

表 5-6　基于相位无关特征量的局部放电类型辨识测试结果

识别策略	识别方法	识别准确率								
		a	b	c	d	e	f	g	h	i
统一识别	BP 网络	84.8	98.4	84.4	100	76.3	100	36.3	27.5	100
	模糊识别	54.4	95	95.9	100	89.9	60	100	100	46.5
分层识别	BP 网络	99.9					97.4			
	模糊识别	87.6					100			
	BP 网络	99.3			94.0		100	92.9	86.4	100
	模糊识别	91.4			97.6		60.0	100	100	51.5
	BP 网络	100	99.5	99.2	100	100				
	模糊识别	55.0	100	100	100	95.8				

通过上述分析可知，无论采用与相位有关还是无关的特征量，应用分层式的辨识方法均能大幅提高识别准确率，而且采用与相位无关的特征量进行识别的准确率也相当高，这完全满足现场的应用需求。

5.1.2 基于迁移学习的局部放电模式识别技术

5.1.2.1 卷积神经网络的结构

传统的机器学习方法是人工告诉计算机需要学哪些内容，这样在特征提取的过程中难免会存在疏漏，而深度学习则是让计算机自主挖掘数据内包含的信息。卷积神经网络（Convolutional Neural Network，CNN）以数字图像矩阵作为输入，可以自主发掘提取其中蕴含的色彩、纹理、形状和拓扑结构等信息，能够有一定的鲁棒性和更高的计算效率。自从在2012年的ImageNet图像集分类竞赛上，AlexNet网络模型夺得桂冠后，深度学习的识别正确率已经赶超了人类，被广泛地应用在各个领域中。计算机存储并处理图像时将其变为二维矩阵后进行处理，PRPD等谱图也是二维图像，虽然可以将二维图像矩阵拉伸压缩为一维矩阵后作为传统机器学习分类器的输入，但一方面会掺杂冗余信息而导致网络参数过多，另一方面也会缺失图像中特征的位置信息。考虑到CNN模型对图像特征矩阵具有缩放、旋转不变性，且由于卷积核自身参数权值共享等特点能够有效减少网络的参数总量，因此选用CNN模型来识别局部放电图像的缺陷类型。

从整体上看，卷积神经网络由多层独立的网络串联拼接构成，其每一层由多个并行的卷积核组成，负责对上一层网络计算得到的特征图（Feature Map）进行卷积或池化操作，并在此过程中提取数据所包含的特征，把这些前置层和全连接层串联后，将其计算输出的特征量送入softmax层来给出分类结果。经典卷积神经网络结构如图5-2所示。

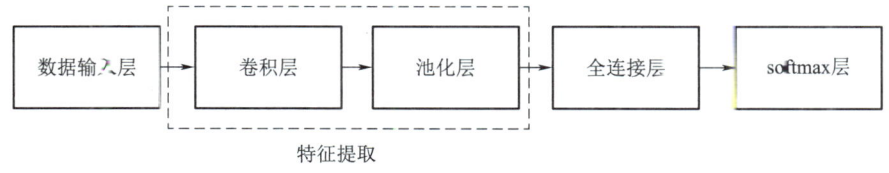

图5-2 经典卷积神经网络结构

图5-2中CNN结构依次为：数据输入层、多个卷积层与池化层（或称下采样层）堆叠、全连接层以及softmax层。网络以二维图像作为输入，将图像转化为像素矩阵并预处理后，送入卷积层提取特征参数，经池化层进行特征压缩，最后在全连接层和softmax层中计算得出分类结果。

1. 数据输入层

卷积神经网络的数据输入层通常为图像经像素值归一化预处理后的二维矩阵，本小节以局部放电PRPD的RGB彩色图像作为输入，即输入为三个图像矩阵。

2. 卷积层

每个网络层中含有多个并行的卷积核，卷积操作是CNN模型中的基础。该层将输入特征矩阵的数据与卷积核进行卷积运算并提取特征，越深层的卷积核提取越深层次的特征信息。一般卷积操作的输出可根据式（5-11）计算：

$$\begin{cases} conv = \sum_i w_i x_i \\ z = f(conv + b) \end{cases} \tag{5-11}$$

式中：$conv$ 代表卷积计算；w_i 为卷积核参数；x_i 为上一层卷积计算得到的特征图；b 为偏置常数；$f(\ )$ 为非线性激活函数，应用较为普遍的激活函数包括 Relu、Sigmid、tanh 等。

卷积计算所包含的普通参数有卷积核尺寸、数量以及移动步长。图 5-3 中以 5×5 的特征图矩阵为例，介绍单个卷积核的计算步骤。

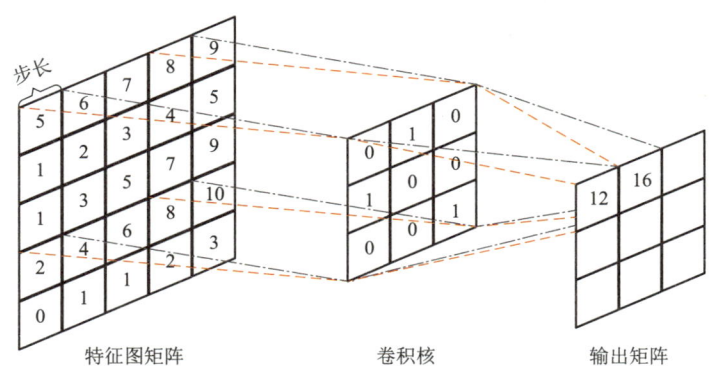

图 5-3 单个卷积核计算步骤示意图

图 5-3 中卷积核尺寸为 3×3，卷积核与输入特征图像矩阵上的每个 3×3 区域内对应位置的参数相乘并求和后，得到输出特征图矩阵对应位置处的参数，而卷积核在特征矩阵上单次移动的距离则称为步长，卷积核在原特征图上遍历一轮后完成一次卷积操作。卷积核的尺寸与步长共同决定了输出特征矩阵的大小，每一层网络中包含的卷积核个数越多，则提取的特征参数越丰富，但同时也会使得计算参数增加。

3. 池化层

在两个相邻的卷积层之间通常设置有一个池化层，其中的池化操作用于卷积操作之后压缩图像数据，对前置层输出的特征矩阵降维，在保留矩阵中有效特征的同时降低网络参数量。均值和最大值池化是目前最为常用的两种方式。

池化可以看作用特殊的卷积核对特征图进行卷积运算，且在池化操作中卷积核遍历特征图时不会作用于图中相邻的重合区域。

图 5-4 所示为池化操作示意图，图中给定的输入特征图像尺寸为 4×4，池化卷积核的大小为 2×2，卷积核各参数权重都为 1/4，每次卷积核的移动步长为 2，在均值池化操作中，保留数据全部特征的同时将图像尺寸（参数）缩小为 1/4；在最大值池化操作中，卷积核在对应原输入特征图矩阵内最大值位置的值为 1，其余参数为 0，在特征图上每次移动的步长为 2，保留图像中纹理特征最为突出的特点并缩小尺寸为原图的 1/4。

4. 全连接层

卷积神经网络中经卷积池化等操作抽象出来的图像矩阵转换为某一维度的列向量后，作为全连接层的输入，经该层网络再次提取特征，作为 softmax 层的输入数据并由其计算

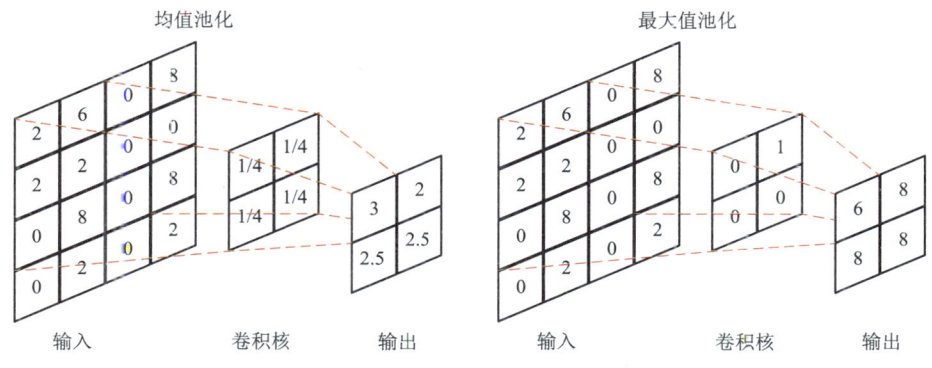

图 5-4 池化操作示意图

给出分类结果。

在全连接层中每一层网络中的神经元均与附近相邻一层的神经元相互连接，因此该层包含的参数也偏多，其网络结构示意图如图 5-5 所示，图中圆形代表神经元。输入层中包含的神经元数量为前置层中卷积计算得到的特征图做一维拉伸处理得到的列向量的维数。全连接层的输出与 softmax 层连接。

5. softmax 层

经最后一层全连接层输出后，特征图变换为一维的特征数列。softmax 层中的神经元按式（5-12）对一维数列进行计算，获取待识别样本属于各类型的概率，取概率最大的分类输出作为识别的结果。

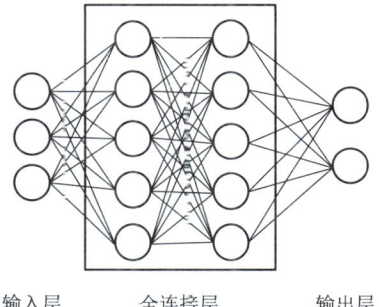

图 5-5 全连接层网络结构示意图

$$\mathrm{softmax}(z_j) = \frac{\mathrm{e}^{z_j}}{\sum_K \mathrm{e}^{z_j}}, \quad j \in [0, K] \tag{5-12}$$

式中：z_j 为全连接层中各神经元的输出结果；K 为全连接层中包含的神经元个数。

5.1.2.2 基于迁移学习的局部放电模式识别

卷积神经网络是深度学习算法研究中的热点话题，一方面，网络的深度决定了其非线性表达的能力，但更多的网络层数则意味着需要更多的训练数据作为支撑；另一方面，考虑到待识别的目标存在相当多的变化属性，为了提升模型的泛化性能，也需要更多的数据。目前多数学者通过实验构建的局部放电样本集与计算机视觉研究中常用的 ImageNet 以及 CIFAR 等数据集的规模相比小很多。其中，ImageNet 是世界上规模最大、被广泛应用于计算机视觉研究领域的图形数据库，由该图像集训练的网络具备一定的泛化能力，且模型的识别效果较随机初始化网络参数的模型更好。在局部放电类型识别的研究工作中，各学者所参考或设计的网络模型深度较浅，训练出来的卷积神经网络模型的表达能力及泛化能力有待实验验证；卷积神经网络所使用的训练集较小，可能会出现识别效果不如传统机器学习的情况。

因此，本小节将深度学习中基于 ImageNet 数据集的 CNN 迁移学习应用到 GIS 局部放电模式识别领域。为了探索迁移学习在局部放电类型识别工作领域的初步应用，暂不考虑文中使用的网络训练集 ImageNet 与后续训练新建层数据分布不同这一问题，针对迁移学习训练集源域与放电数据目标域数据分布不同的问题，可以参考自适应层的方法如 DCC、DAN 等加以解释。

本小节使用的几种经典网络分别为：采用序列式卷积层的 VGG16、采用模块化"网中网"结构的 InceptionV3、采用残差模块的 Resnet50。保留各模型经 ImageNet 图像集训练后的特征提取部分的网络参数，修改网络顶层全连接层神经元数目使其适应数据集较小时的权重参数计算，修改 softmax 层结构用于局部放电分类，并使用局部放电的 PRPD 图像数据对顶层进行训练，实现迁移学习，迁移学习流程图如图 5-6 所示。

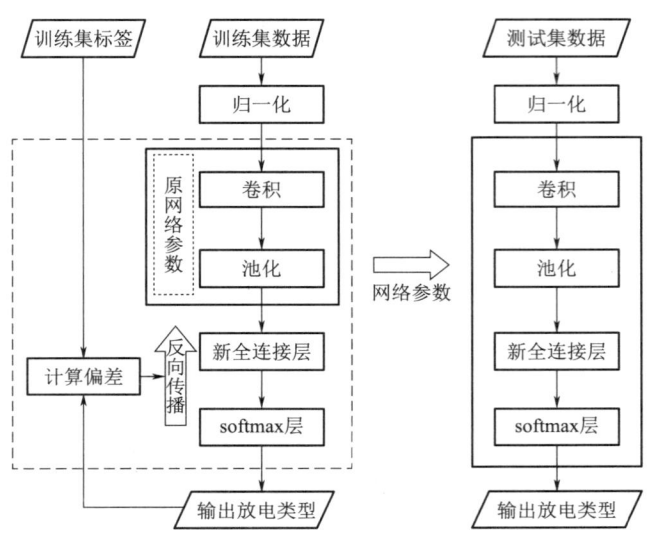

图 5-6 迁移学习流程图

具体实现步骤如下：

（1）对输入网络的 PRPD 彩色图像每一颜色通道进行像素的归一化处理。

（2）移除预训练 CNN 网络顶层结构，搭建新全连接层用于特征提取和降维；softmax 层输出局部放电类型的识别结果。

（3）导入各网络经 ImageNet 图像集训练后的模型参数，在新全连接层之前禁止除网络参数的更新。

（4）用训练集 PRPD 谱图训练网络顶层权重参数，计算输出训练集输出类别与对应真实类别标签间的误差，使用反向传播算法并进行指定迭代次数的网络参数更新。

（5）导入已经保存的模型参数至网络，将像素矩阵归一化处理后的测试集数据送入网络，获取放电类型的识别结果。

5.1.2.3 实验结果分析

实验时将 UHF 数据集中的放电数据随机划分为训练集和测试集，为避免数据集内各类型放电数据间因为样本数量分布不平衡带来的影响，每类设置相同的样本数，特高频局部放电数据集构成见表 5-7。

表 5-7　特高频局部放电数据集构成

样本集类型	金属尖端放电	颗粒放电	气隙放电	悬浮放电	沿面放电
训练集	200	200	200	200	200
测试集	100	100	100	100	100

采用随机梯度下降法训练网络顶层、全连接层以及分类层；随机划分训练集为若干批次，在一个周期内依次用各批次数据更新网络参数；测试集数据用于测试网络完成测试集的若干次迭代后的识别准确率。

1. 不同网络模型的识别结果

按照前文内容，分别移除前文中提到的几种卷积神经网络中用于 ImageNet 数据集分类的全连接层和 softmax 层，搭建新的全连接层和 softmax 层用于局部放电类型识别。

每次随机从训练集中选取给定数量的图片构成批数据，用于网络中新建层的参数迭代更新，经指定迭代次数更新网络参数后，三种结构网络的测试集数据混淆矩阵如图 5-7 所示。

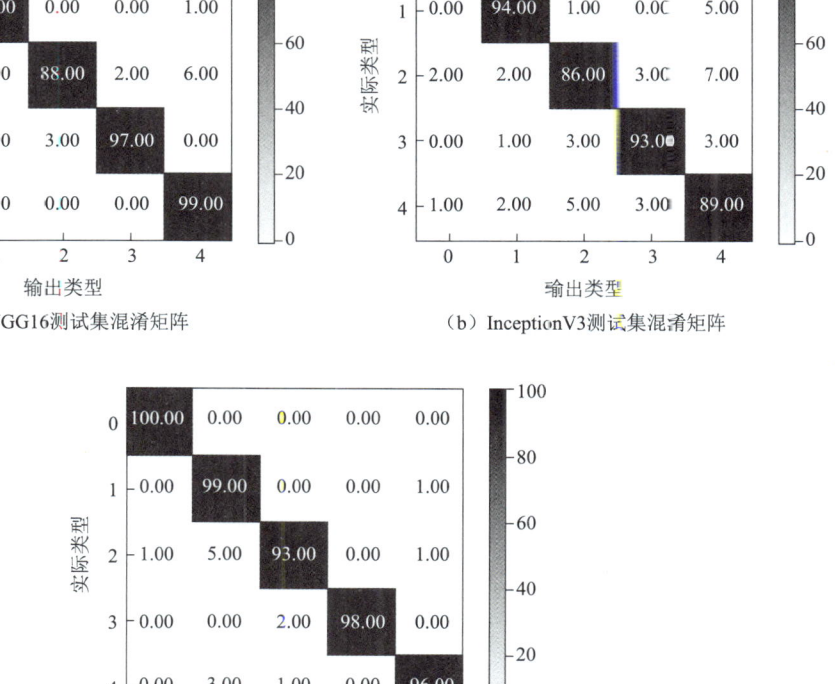

(a) VGG16测试集混淆矩阵　　(b) InceptionV3测试集混淆矩阵

(c) Resnet50测试集混淆矩阵

图 5-7　三种结构网络的测试集数据混淆矩阵

在混淆矩阵中,纵轴代表放电实际类型,横轴代表网络输出放电类型,处在矩阵对角线位置的元素代表放电类型分类正确的个数。图 5-7 中各数字标号与放电类型的对应关系为：0 代表金属尖端放电,1 代表悬浮放电,2 代表颗粒放电,3 代表气隙放电,4 代表沿面放电。

经训练集更新网络参数后的各网络模型识别准确率见表 5-8,其中 VGG16 模型在测试集的平均识别准确率为 96.4%,InceptionV3 模型在测试集的平均识别准确率为 92%,Resnet50 模型在测试集的平均识别准确率为 97.2%。几种不同结构的网络均具有较高的识别准确率,但 Resnet50 与其他两种网络模型相比,在识别颗粒放电时有着更好的识别准确率,对比 VGG 和 Inception 网络模型识别准确率分别提高 5% 和 8%。

表 5-8　经训练集更新网络参数后的各网络模型识别准确率

网络模型	金属尖端放电	悬浮放电	颗粒放电	气隙放电	沿面放电	测试集
VGG16	99%	99%	88%	97%	99%	96.4%
InceptionV3	98%	94%	86%	93%	89%	92%
ResNet50	100%	99%	93%	98%	96%	97.2%

2. 迁移学习特征参数与统计特征参数识别效果对比

与三层结构的 BP 神经网络中所包含的特征输入层以及分类输出层类似,卷积神经网络除去顶层的分类层后,网络前面部分即为图像特征提取部分,根据这一点,可以将测试集图像送入各训练过的迁移学习模型,得到数据由全连接层计算后的特征值并保存,即获得图像数据经 CNN 模型计算提取的特征量。与数据驱动型的卷积神经网络相比,SVM 则能够在数据集较小的情况下更好地完成数据分类,因此,可以将卷积神经网络自适应提取的更为全面的特征量应用于 SVM。将神经网络自适应提取的特征参数与 PRPD 数据的统计特征参数分别用于训练 SVM 分类器模型,用测试集数据测试模型,对比各算法的局部放电类型识别效果。

对比三种卷积神经网络模型提取的特征量与 SVM 结合的方法、PRPD 数据统计参数与 SVM 结合的方法,统计各网络模型结合 SVM 后的识别准确率,见表 5-9。综合比对 VGG16+SVM、InceptionV3+SVM、ResNet50+SVM、统计特征+SVM 对不同放电类型的识别准确率,如图 5-8 所示。

表 5-9　各网络模型结合 SVM 后的识别准确率

网络模型+SVM	金属尖端放电	悬浮放电	颗粒放电	气隙放电	沿面放电	测试集
VGG16+SVM	99%	99%	99%	100%	99%	99.2%
InceptionV3+SVM	100%	98%	98%	98%	99%	98.6%
ResNet50+SVM	98%	91%	76%	82%	98%	89%
统计特征+SVM	90%	78%	77%	86%	96%	85.4%

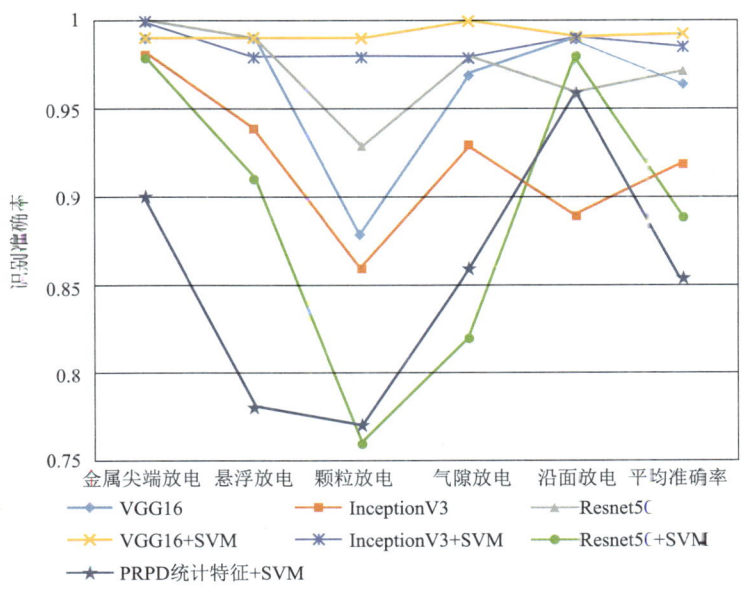

图 5-8 七种方法对不同放电类型的识别准确率

由图 5-8 可知，利用 CNN 模型的迁移学习算法提取数据特征信息，结合 SVM 分类器、VGG 和 InceptionV3 取得了比统计特征参数更好的识别准确率，其平均识别正确率分别提升了 2.8% 和 6.6%；其平均准确率较单独使用 CNN 迁移学习进行分类有所提高，侧面证实了数据集较小情况下可以通过使用 SVM 分类器获得更好的检测效果。而分析 ResNet 网络提取的特征应用于 SVM 后准确率下降是由于残差结构提取的不同层次的信息使用 SVM 中超分类平面算法进行分类时效果不佳。

通过对比各方式在测试集上的平均准确率，本小节使用的方法能够自主挖掘数据特征，将迁移学习网络提取的特征与 PRPD 数据统计特征参数进行 T 分布随机邻近嵌入（t-SNE）算法降维可视化处理，对几种方式提取的特征参数进行聚类表示。t-SNE 特征聚类效果如图 5-9 所示。

由图 5-9 可知，经 t-SNE 降维处理后，CNN 全连接层输出的高维空间数据中距离相近的点投影到低维后仍能够保持相近距离，图中各集群的距离越近代表特征差异性越小，以 CNN 迁移学习为基础的特征提取方式有着较统计参数更优的聚类结果，这也证明了该人工智能提取特征方式较手动提取特征方式有更好的区分度。

5.1.3 基于多信息融合的局部放电模式识别技术

上一小节中对五类绝缘缺陷的局部放电数据进行分析，构造了几种谱图，并以 PRPD 谱图作为研究对象，实现了将 CNN 模型迁移学习算法应用到局部放电类型识别领域中。本小节以前文内容为基础，通过使用放电图像与数值化特征参数、搭建卷积神经网络，采用多信息融合的算法来识别局部放电的类型。

目前各学者在研究使用卷积神经网络时，虽然卷积神经网络自适应提取特征的特性较传统特征提取方式更具优势，但仅使用某一种谱图，即局部放电相位谱图（PRPD）或脉

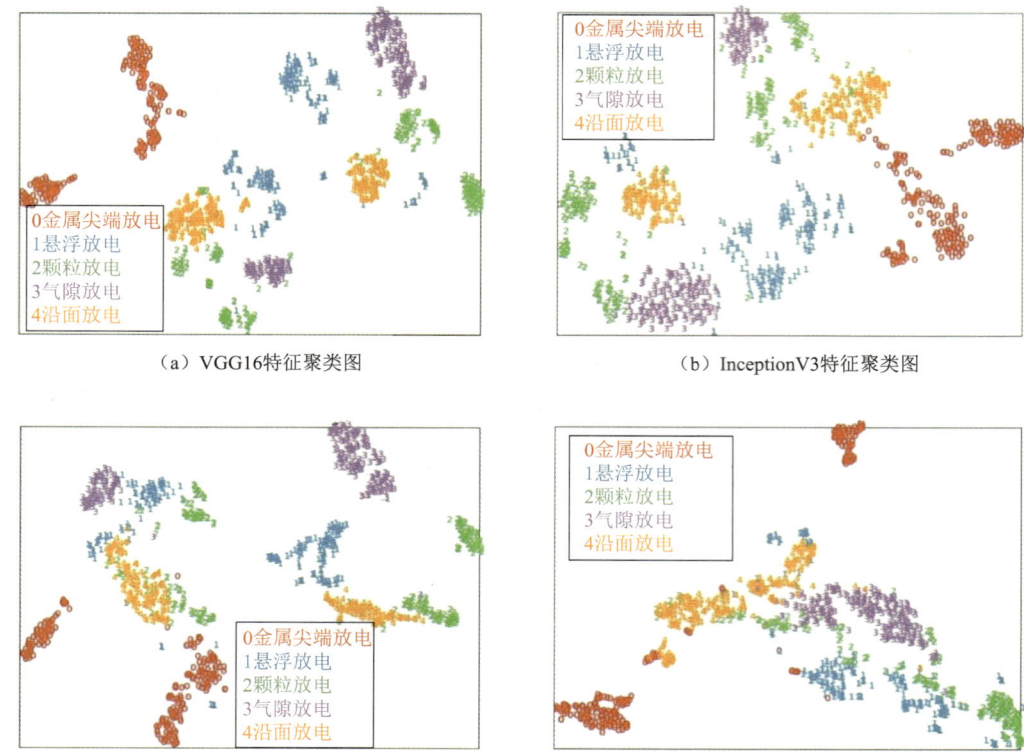

图 5-9　t-SNE 特征聚类效果

冲序列相位谱图（PRPS）作为训练数据会造成时序信息的缺失，这样得到的类型识别结果存在一定的不确定性，会造成某些放电类型的误判。另一方面，受限于放电现象的多样性和复杂性，提取放电序列统计参数、谱图的盒维数、序列熵值等参数的传统机器学习方法泛化性不足，难以实现放电缺陷的准确识别，且单一人工智能算法也存在一些局限性。尚未有将两种方法融合以更充分利用局部放电信息的研究。

针对单一人工智能模式识别方式存在的序列信息应用不全的问题，本小节以数据算法分析为核心，最大限度地利用局部放电特高频放电信息，采用多模型加权融合的算法以提升放电类型识别的准确率。

5.1.3.1　卷积神经网络的结构设计

由表 5-8 可见，三种网络模型的迁移学习均具有较高的识别正确率，但对某些缺陷类型存在识别率低的问题。在本小节中则参考这些计算机视觉研究领域中的经典卷积神经网络结构，即 InceptionV3 和 Resnet 模型，搭建用于放电缺陷类型识别的卷积神经网络模型。

搭建的卷积神经网络结构如图 5-10 所示，其中训练 PRPD 和 Δt 图像所使用的网络结构为模型 A，训练 Δu 图像所使用的网络结构为模型 B。

图 5-10 中蓝色方框中第一行参数代表卷积或池化操作，数字为卷积核或池化区域大小。第二行参数分别为：卷积核个数、卷积核在特征矩阵上单次移动的步长、特征图边界补充模式。其中，特征图边界补充模式分为 V（valid）和 S（same）。经每一层网络计算

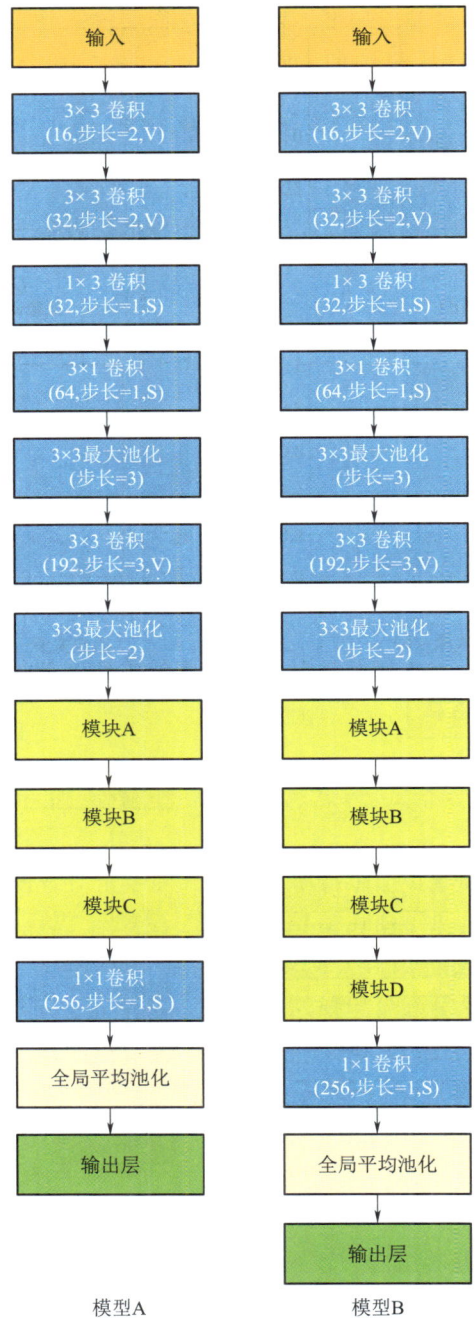

图 5-10 卷积神经网络结构

后输出特征图的边界大小计算公式如式（5-13）所示。

$$\begin{cases} x = \left\lceil \dfrac{W-F+1}{S} \right\rceil, padding = V \\ x = \left\lceil \dfrac{W}{S} \right\rceil, padding = S \end{cases} \quad (5\text{-}13)$$

式中：x 为该卷积层特征图的输出长度；W 为该卷积层输入特征矩阵的长度；F 为卷积核的长度；S 为单次移动的步长；⌈ ⌉为向上取整。

网络中所使用的各模块结构如图 5-11 所示。各模块中尺寸为 1×1 的卷积核虽然没有对输入特征图的长度和宽度做改变，但能够调整输出特征图的维度数、增加网络深度以及利用卷积后的非线性激活函数增加网络的非线性；分解 $n×n$ 卷积核为 $1×n$ 和 $n×1$ 卷积，先对输入图像进行横轴方向特征计算，再对得到的特征图进行纵轴方向上的特征提取。通过分解卷积核，将原本的 n^2 卷积核变为 $2n$ 个。这一操作不仅能够有效降低网络中的参数总量，还能够增加网络的深度。

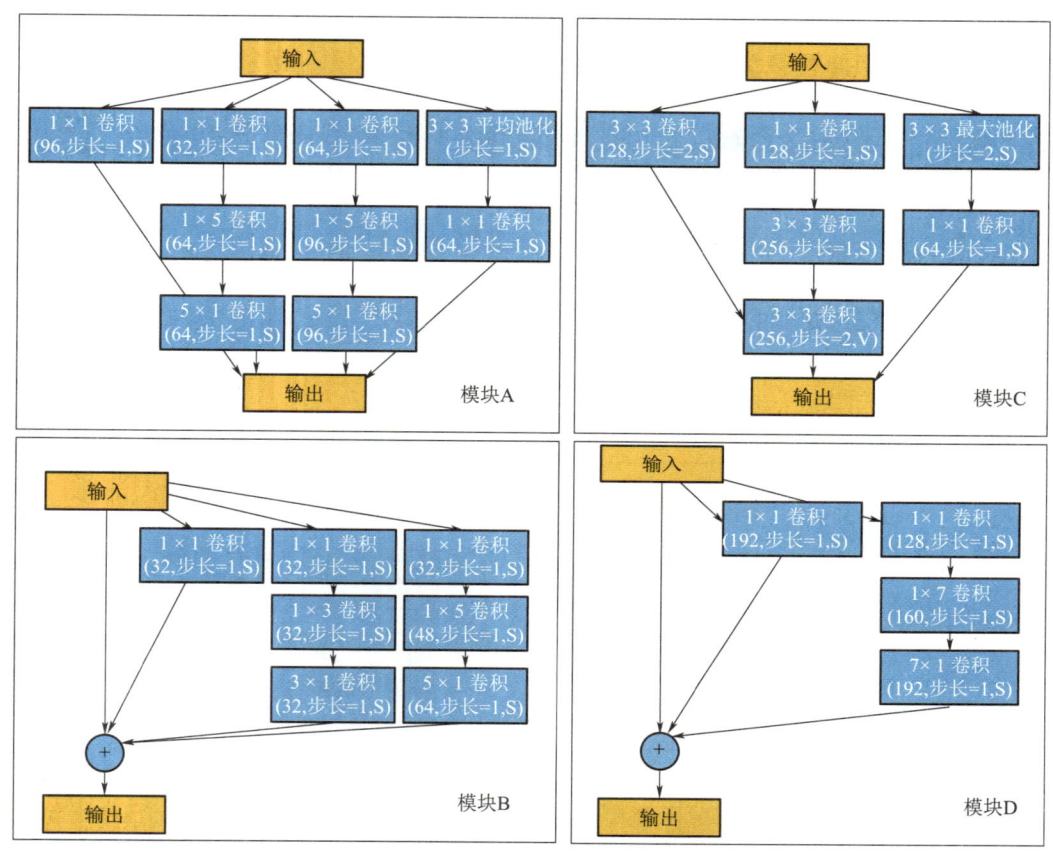

图 5-11 网络中所使用的各模块结构

在模块 A 和 C 中采用分支结构。原始的输入特征图，经各分支先后提取较为简单的抽象特征、较为复杂的抽象特征以及简化特征结构的池化特征，将各层次信息有选择性地组合后保留其中不同层次的高阶特征，作为下一层网络的输入，使模型的表达能力更加丰富。在模块 B 和 D 中，引入残差模块，将原特征图与经分支中卷积操作提取的特征组合后作为该层网络的输出，这样在保留原始输入矩阵中所包含特征的同时，又能够防止训练时由于网络加深带来的网络退化和梯度消失等问题。

5.1.3.2 局部放电多信息融合类型识别策略

利用局部放电脉冲序列可构造具有一定辨识度的谱图，这些谱图包括：PRPD、Δt 和

Δu 谱图。若只使用其中某一种谱图，由放电相位、幅值序列绘制的 PRPD 图像会缺失时间序列信息；由放电时间序列绘制的 Δt 图像会缺失幅值、相位序列信息；由放电脉冲外施参考电压绘制的 Δu 图像会缺失放电幅值、时间序列信息。另一方面 考虑到以上某单一谱图缺乏对放电序列幅值、相位和时间信息之间关联关系的描述，还需要引入统计数值参数作为补充，并使用经典的 BP 神经网络完成对所提取的统计特征参数的分类。完成四个模型的训练后，根据各模型对不同缺陷的识别结果构造权重系数，在识别时将不同模型输出结果与权重系数有机组合后作为最终放电类型识别结果。

基于前文生成的特征谱图和参数，使用图像数据训练 CNN，并将统计特征参数用于训练 BP 神经网络，并分析模型训练结果，生成对应的权重矩阵。多信息融合模型训练过程如图 5-12 所示。

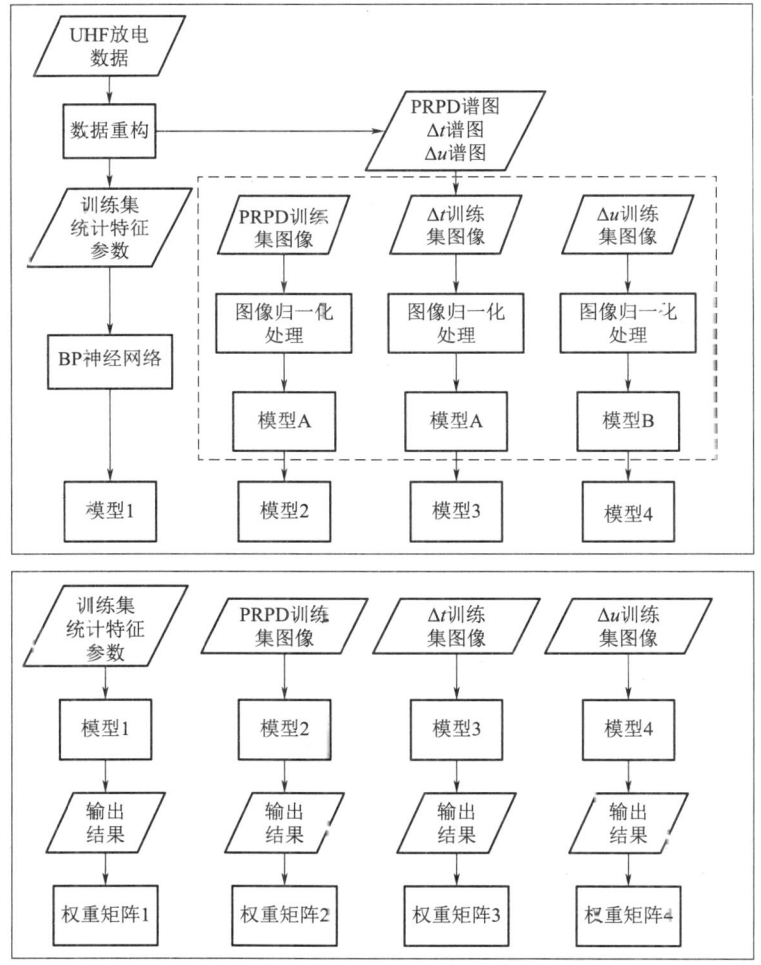

图 5-12 多信息融合模型训练过程

具体实现模式识别步骤如下：

（1）将放电数据总集随机划分为测试集和训练集，对特高频放电数据的幅值数组进行归一化操作和数据构造，获得统计特征参数、PRPD 图像、Δt 和 Δu 图像，为减少卷积神经网络计算量,图中不保存坐标轴信息。

(2) 分析 GIS 特高频放电数据,计算统计特征参数用以训练 BP 神经网络分类器,获得模型 1,分析模型输出的混淆矩阵,获得权重矩阵 1。

(3) 分别对每类图像数据集进行像素值归一化处理,用于训练卷积神经网络。

(4) 用 PRPD 图像矩阵更新卷积神经网络模型 A 的参数,获得模型 2,分析输出结果并获得权重矩阵 2;用 Δt 图像矩阵更新卷积神经网络模型 A 的参数,获得模型 3,分析输出结果并获得权重矩阵 3;用 Δu 图像矩阵更新卷积神经网络模型 B 的参数,获得模型 4,分析输出结果并获得权重矩阵 4。

(5) 使用幅值归一化的待测数据生成统计特征参数、PRPD 图像、Δt 和 Δu 图像,分别输入各自的网络模型并给出分类结果。根据各模型的输出值选择权重矩阵对应的向量作为更新后的输出,各模型的权重输出向量相加后,取权重向量中最大值的索引对应的放电类型作为待测样本类型识别结果。

训练流程中涉及的权重矩阵生成方式为:根据模型训练结果输出混淆矩阵。以二分类为例,数据标签分别设置为 0 和 1,二分类混淆矩阵如图 5-13 所示。

二分类混淆矩阵		真实值	
		0	1
输出值	0	a	c
	1	b	d

图 5-13 二分类混淆矩阵

图中垂直方向为模型输出的预测结果,水平方向为待测样本的实际类型,矩阵中各字母代表该处元素的个数,而处在对角线的字母为正确分类的元素个数。以输出值每列中各元素个数占该列总样本数的比值作为该输出值的权重向量,所有权重向量组成权重矩阵。

识别待测样本时,根据互补思想,各模型根据输出值选择对应的权重矩阵列向量作为更新输出,以列向量中最大值对应的放电类型为最终识别结果。

5.1.3.3 实验结果与分析

训练各卷积神经网络模型时的部分参数设置见表 5-10。数据处理平台配置为酷睿 i7 处理器 2.3GHz,显卡型号为 NVIDIA GeForce940M,内存 12Gb,代码在 Python 中运行。

表 5-10 训练各卷积神经网络模型时的部分参数设置

参　数	取　值	参　数	取　值
迭代次数	4000	优化函数算法	Momentum SGD
数据批次大小	10	损失函数	交叉熵
初始学习率	0.001	激活函数	Relu
学习率衰减率	0.5		

训练卷积神经网络时，每次送入固定批次大小的图片用于网络参数迭代更新，并在训练过程中使用验证集数据监测卷积神经网络是否出现过拟合情况。优化函数算法则选择动量随机梯度下降（Momentum SGD）以加速网络训练并避免网络陷入局部最优解。除 CNN 本身的结构特点带来的对输入图像具有缩放、位移等不变性外，网络中使用的池化操作（下采样）也使得网络模型具有一定的鲁棒性。

典型的 BP 神经网络一般分为三层，即输入层、输出层、隐含层，如图 5-14 所示。输入层的神经元个数一般与人工提取的特征参数个数保持一致，隐含层根据需要进行设置，输出层内包含的神经元个数则设定为待分类别的个数。作为神经网络算法中的一种，CNN 也可以划分为特征量计算部分与分类器部分，BP 神经网络则以其他特征提取算法计算后的参数作为输入，再与分类器进行配对。即前者让计算机自主发掘数据，去找寻数据中存在的特征后分类，后者则告诉计算机哪些信息是特征，再去进行分类。

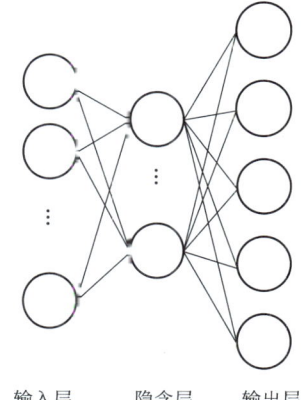

图 5-14　BP 神经网络三层结构

图像信息以二维像素矩阵的形式在计算机中存储，若拉伸为一维向量后，虽然能够将其送入 BP 神经网络并进行分类，但在拉伸的过程中往往会造成图像空间特征信息的缺失；另一方面，拉伸后的向量维数较高且可能包含冗余信息，为了更好地提取特征势必需要增加神经元个数与网络深度，由于 BP 神经网络中各神经元采取全连接的组合方式，各个神经元与附近层内的神经元均有联系，这也会导致计算量骤增。

本节使用的 BP 神经网络中，其输入层神经元个数设置为 26，与特征参数个数一致；输出层个数设置与放电类型数一致，为 5，隐含层按式（5-14）选择合适的神经元个数 h。

$$h=\sqrt{m+n}+\alpha \quad (5-14)$$

式中：m 为输入层神经元个数，设置为 26；n 为输出层神经元个数，设置为 5；α 为 0～10 的整数。

网络迭代次数为 2000 次，初始学习率设置为 0.0001，优化函数算法为动量随机梯度下降法。

1. 不同特征参量的识别效果

为避免各类别数据集数量不平衡带来影响，各类型放电设置相同数据集大小，将特高频数据集按 8:2 的比例随机分为训练集与测试集，特高频局部放电数据集构成见表 5-11。

表 5-11　特高频局部放电数据集构成

数据集	金属尖端放电	颗粒放电	气隙放电	悬浮放电	沿面放电
训练集	1600	1600	1600	1600	1600
测试集	400	400	400	400	400

将 10 000 条训练集数据用于训练各卷积神经网络模型，并用混淆矩阵展示测试集验证结果。混淆矩阵中的数字标号所代表的放电类型见表 5-12。

表 5-12 数据集标号与放电类型的对应关系

标 号	放电类型	标 号	放电类型
0	金属尖端放电	3	气隙放电
1	悬浮放电	4	沿面放电
2	颗粒放电		

经 PRPD、Δt、Δu 以及统计特征参数训练后的模型在经过测试集数据测试后得到的混淆矩阵如图 5-15 所示。

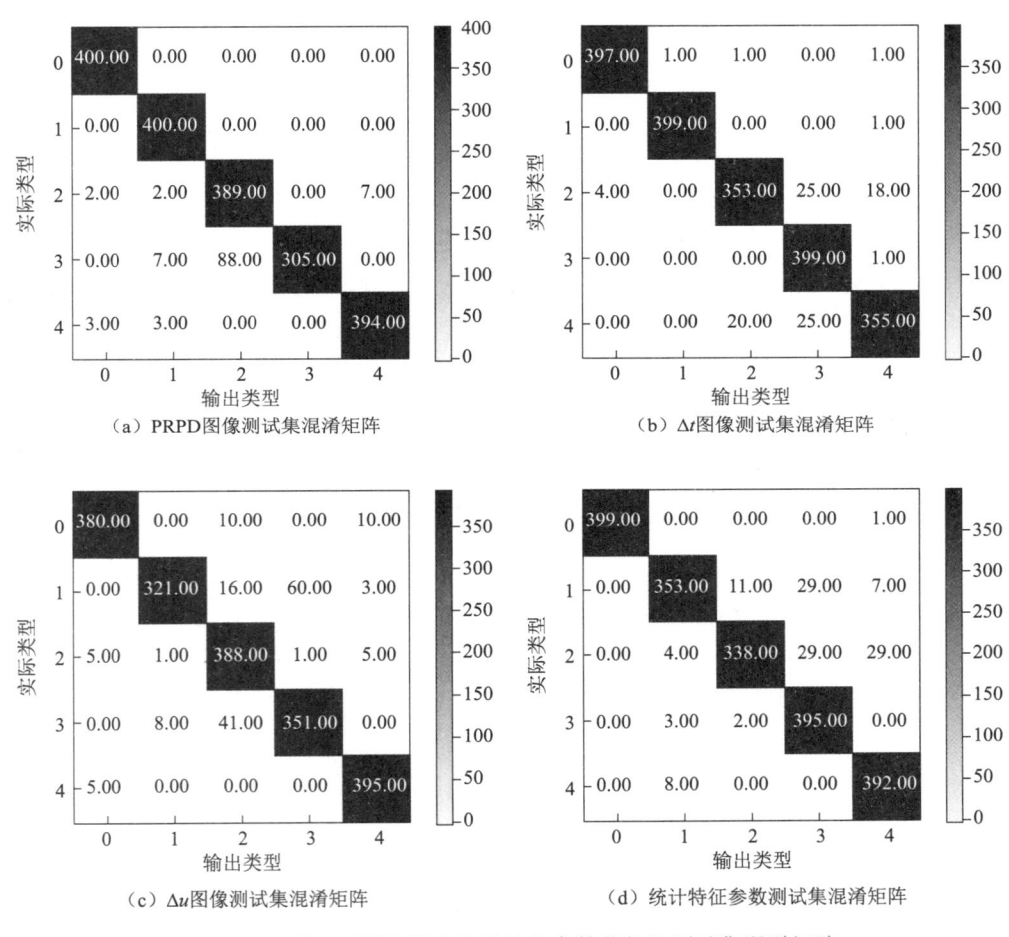

图 5-15 利用不同谱图或统计特征参数获得的测试集混淆矩阵

计算分析图 5-15 中数据，可得到利用各特征参数模型的识别准确率，见表 5-13。将其绘制为柱状图，如图 5-16 所示。由表 5-13 可见，使用 PRPD 图像数据的模型 1 在测试集的平均准确率为 94.13%；使用 Δt 图像数据的模型 2 的平均准确率为 93.08%；使用 Δu 图像数据的模型 3 的平均准确率为 93.29%；使用统计特征参数的模型 4 的平均准确率为 94.35%。

表 5-13　各特征参数模型识别准确率

谱图类型	金属尖端放电	悬浮放电	颗粒放电	气隙放电	沿面放电	测试集
PRPD 图像	100%	100%	97.25%	76.25%	98.5%	94.4%
Δt 图像	99.25%	99.75%	88.25%	99.75%	88.75%	95.15%
Δu 图像	95%	80.25%	97%	87.75%	98.75%	91.75%
统计特征参数	99.75%	88.25%	84.5%	98.75%	98%	93.85%

分析图 5-16 可以看出，虽然各模型在整个测试集上均具有较高的识别准确率，但不同特征训练的模型在不同的放电类型识别准确率上存在差异，PRPD 图像的识别结果中气隙放电识别率较低，与该类型识别效果最佳的 Δt 图像相差 23.5%；Δt 图像的识别结果中颗粒放电和沿面放电的识别率较低，与对应类型识别效果最佳的 PRPD 图像和 Δu 图像分别相差 9% 和 10%；Δu 图像的识别结果中悬浮放电和气隙放电类型的识别率偏低，与对应类型识别效果最佳的 PRPD 图像和 Δt 图像分别相差 19.75% 和 12%；统计特征参数的识别结果中悬浮放电和颗粒放电的识别率较低。即特高频放电数据构造的几类特征量，因为各自未完全包含放电序列中的信息，单独使用会存在一定的不足，即对某些放电类型识别率不高。

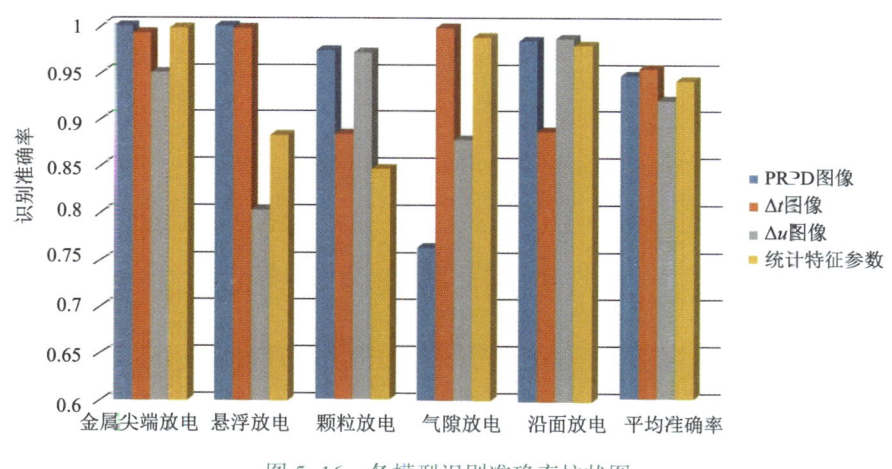

图 5-16　各模型识别准确率柱状图

2. 多模型分类结果加权融合后的识别效果

鉴于不同特征量训练的模型在不同放电缺陷准确率上存在差异，通过对各模型输出结果进行加权求和，以提高识别准确率。根据输出类型选择对应权重矩阵列向量作为模型输出，四种模型输出加权融合的测试集混淆矩阵如图 5-17 所示。

为了将信息融合后的测试集识别结果与单一模型识别结果相对比，做出了 PRPD 图像模型、Δt 图像模型、Δu 图像模型、统计特征参数模型以及四种模型加权融合后对不同类型局放的识别准确率折线图，如图 5-18 所示。此外，为了对比融合模型数量对识别准确率的影响，分别计算了三种模型融合、四种模型融合后的识别准确率，见表 5-14。

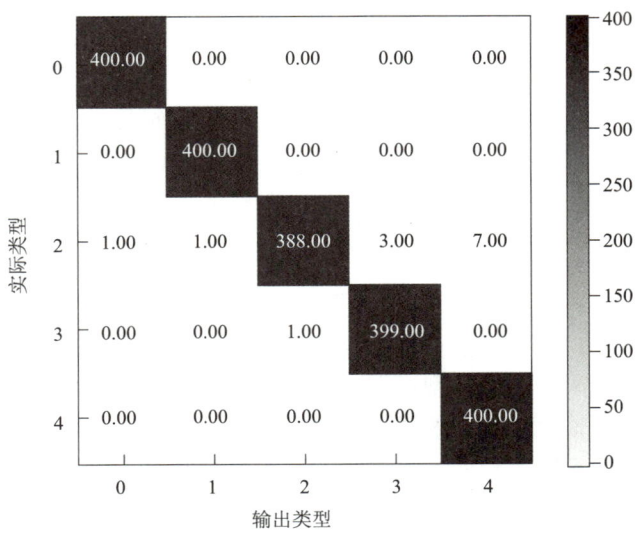

图 5-17　四种模型输出加权融合的测试集混淆矩阵

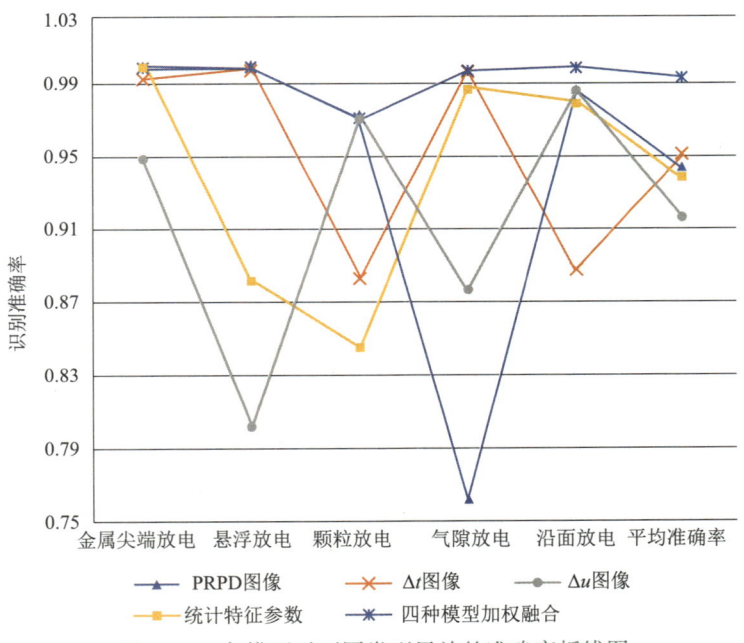

图 5-18　各模型对不同类型局放的准确率折线图

表 5-14　多种模型融合后的识别准确率

模型融合方式	金属尖端放电	悬浮放电	颗粒放电	气隙放电	沿面放电	测试集
四种模型融合	100%	100%	97%	99.75%	100%	99.35%
三种模型融合	100%	100%	94.75%	99.5%	99.5%	98.75%

分析图表可知，经加权融合操作后的识别结果中，较 PRPD 模型中识别准确率最低的气隙缺陷准确率提高 24.5%，测试集平均准确率提高 5.08%；较 Δt 模型中颗粒缺陷准确率提高 22.45%，测试集平均准确率提高 6.13%；较 Δu 模型中悬浮缺陷准确率提高 17.4%，测试

集平均准确率提高 5.92%；较使用统计特征参数的 BP 神经网络模型中颗粒缺陷准确率提高 10.25%，测试集平均准确率提高 4.86%。通过加权融合的方式，几种模型互相补充，在保持某些网络模型高识别准确率的同时，改善了各网络模型中识别准确率较低的情况。

考虑到在现场开展局部放电测试工作时，获取放电脉冲的准确相位信息存在一定的困难，本节测试删去 Δu 谱图信息，仅使用 PRPD 图像、Δt 图像和统计特征参数进行信息融合，三种模型输出加权融合的测试集混淆矩阵如图 5-19 所示。

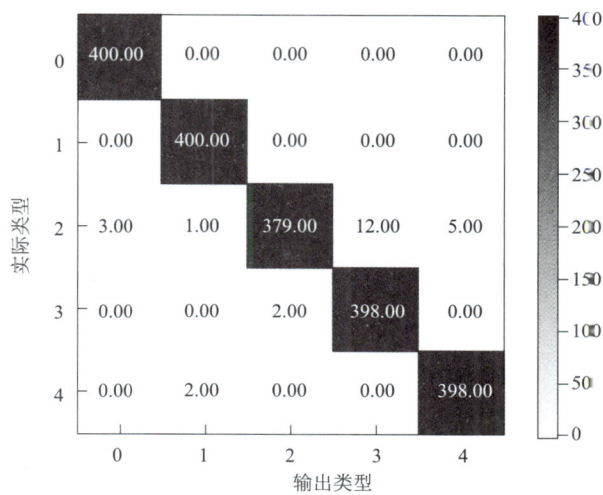

图 5-19　三种模型输出加权融合的测试集混淆矩阵

舍去 Δu 谱图的信息后，该加权融合后的网络模型在测试集上的平均识别正确率为 98.5%，与使用四种模型融合的测试集识别结果相比，颗粒放电的识别准确率降低 2.25%，但测试集整体平均识别准确率仍较各单一模型有一定提升。

5.2　输变电设备状态评估算法

本节首先提取了局部放电灰度图像特征，分析不同放电故障类型局部放电灰度图像的差异以及金属尖端放电不同放电阶段的局部放电灰度图像的差异。之后研究了灰评估方法和相似度计算方法用于局部放电故障诊断的可行性，通过对实验室数据的分析，发现这两种方法都适用于局部放电 UHF 信号放电阶段判别。此外还提出了基于局部放电故障模式数据库及放电指纹特征信息库的 K-means 聚类及最小距离原则的局部放电严重程度的诊断规则。

5.2.1　局部放电 UHF 灰度特征参数的差异度分析

局部放电灰度图像的特征整体表示了局部放电的相位分布、幅值分布、放电次数分布等特征，其图像信息如颜色分布特征、形状特征、纹理特征包含了丰富的局部放电信息。

5.2.1.1　局部放电 UHF 灰度图特征参数

为了提取出能够全面细致表征局部放电灰度图像特征的特征量，本小节从图像的颜色特征、纹理特征、形状特征三方面综合考虑，提取了如下几个局部放电图像特征量。

1. 图像颜色特征量提取

颜色矩是由 Stricker 和 Orengo 提出的一种非常有效的图像颜色特征。颜色矩方法的思想在于图像中任何的颜色分布都可以用它的矩来表示。由于颜色分布信息主要集中在低阶矩中，如一阶矩描述平均颜色，二阶矩描述颜色方差，三阶矩描述颜色的偏移性，利用低阶矩就可以近似表示颜色的分布特性。在数学上，前 3 阶矩的定义如下：

$$\mu = \frac{1}{N}\sum_{i=1}^{N} p_i \tag{5-15}$$

$$\sigma = \left[\frac{1}{N}\sum_{i=1}^{N}(p_i - \mu)^2\right]^{\frac{1}{2}} \tag{5-16}$$

$$S = \left[\frac{1}{N}\sum_{i=1}^{N}(p_i - \mu)^3\right]^{3} \tag{5-17}$$

式中：p_i 表示第 i 个像素的颜色值；N 表示图像的总像素数。

本小节采用局部放电灰度图像颜色矩的二阶矩 J_t 和三阶矩 J_{th} 来作为其颜色分布的特征量，则有：

$$J_t = \left[\frac{1}{N}\sum_{i=1}^{N}(p_i - \mu)^2\right]^{\frac{1}{2}} \tag{5-18}$$

$$J_{th} = \left[\frac{1}{N}\sum_{i=1}^{N}(p_i - \mu)^3\right]^{\frac{1}{3}} \tag{5-19}$$

2. 图像纹理特征量提取

图像的纹理特征主要有粗糙度、对比度、方向性、线相似性、规则性和粗略度。研究表明，粗略度、对比度和方向性对纹理的描述能力强。本小节采用对比度来描述局部放电灰度图像的纹理特征。

对比度是通过对像素强度分布情况统计得到的。确切地说，它是通过 $\alpha = \mu_4/\sigma^4$ 来定义的，其中 μ_4 是四阶矩，σ^2 为方差。对比度定义如式（5-20）所示。

$$F_{con} = \frac{\sigma}{\alpha^{\frac{1}{4}}} \tag{5-20}$$

式中：F_{con} 给出了整个图像中对比度的全局度量。

3. 图像形状特征量提取

在计算机视觉和图像处理过程中，边缘检测是捕获图像中物体的重要特征的过程。边缘检测的结果提供了图像的形状特征。小波及其多尺度分析理论能很好地刻画图像灰度的变化。小波变换在时空域中的分辨率随频率的大小变化而变化，低频粗疏，高频精密，这样就可以通过一定途径将信号和噪声分离；由于小波变换对奇异特性尤为敏感，使得它更适合检测图像的边缘和细节。在局部放电现场检测过程中往往存在一些无法抑制或者排除的干扰，这些干扰表现在局部放电灰度图像上就构成了噪声部分，这些噪声的存在会影响到识别效果。因此，本小节结合小波分析的方法对局部放电灰度图像进行边缘检测来提取局部放电灰度图像的形状特征。

1）小波提取图像边缘的原理

设有平滑函数为高斯函数 $\theta(x, y)$，满足下式：

$$\int_{-\infty}^{+\infty}\int_{+\infty}^{+\infty}\theta(x,y)\mathrm{d}x\mathrm{d}y=1,\quad \lim_{x^2+y^2\to\infty}\theta(x,y)=0 \tag{5-21}$$

记

$$\theta_s(x,y)=\frac{1}{s^2}\theta\left(\frac{x}{s},\frac{y}{s}\right) \tag{5-22}$$

令

$$\psi^x(x,y)=\frac{\partial(x,y)}{\partial x} \tag{5-23}$$

$$\psi^y(x,y)=\frac{\partial(x,y)}{\partial y} \tag{5-24}$$

则可求得图像信号 $f(x,y)$ 的二维子波变换的两个分量：

$$W_s^x f(x,y)=f*\psi^x(x,y) \tag{5-25}$$

$$W_s^y f(x,y)=f*\psi^y(x,y) \tag{5-26}$$

两个分量的模值和相角记为：

$$M_s(x,y)=\sqrt{[W_s^x f(x,y)]^2+[W_s^y f(x,y)]^2} \tag{5-27}$$

$$Arg(x,y)=\arg\left[\frac{W_s^y f(x,y)}{W_s^x f(x,y)}\right] \tag{5-28}$$

当 $M_s(x,y)$ 取极大值时，对应着 $f(x,y)$ 的突变点即是图像的边缘点。因此，将模值相近和相角相近的相邻奇异点连接，去除可能是由噪声引起的长度小于一定阈值的短链，就可得到相应尺度下的边缘链。这样就可以检测出图像的轮廓。

这种基于小波变换模值局部极大值的多尺度边缘检测方法，能够检测出不同尺度下的信号突变点，是一种较为有效的边缘检测方法，广泛应用于图像边缘检测，并可进一步实现在图像处理和模式识别中的应用。

2）边缘检测图像的提取

采用上述基于小波的图像边缘检测方法处理局部放电灰度图像，得到局部放电灰度图像边缘特征，进一步则可以提取局部放电图像的形状特征。不同类型局部放电的边缘检测图像如图 5-20 所示。

3）图像形状特征参数的提取

由于局部放电灰度图像经过边缘检测后保留了图像的形状特征，本小节直接提取边缘图像的边缘点数来作为局部放电灰度图像的形状特征。边缘点数 E_N 由下式表示：

$$E_N=\sum_{x,y}e(x,y) \tag{5-29}$$

式中：$e(x,y)$ 表示边缘图像。

5.2.1.2 特征参数差异度

通过上一小节的分析，可以了解到不同的放电故障类型的放电模式特征以及同一放电类型不同放电发展阶段的放电模式谱图特征都具有一定的差异。而对于由这些放电模

(a)金属尖端放电图像边缘提取

(b)油楔放电图像边缘提取

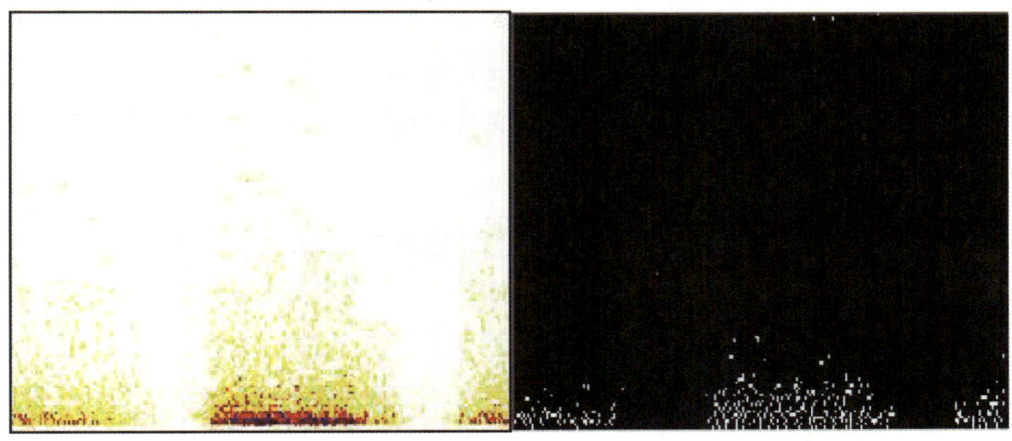

(c)沿面放电图像边缘提取

图 5-20 不同类型局部放电的边缘检测图像（一）

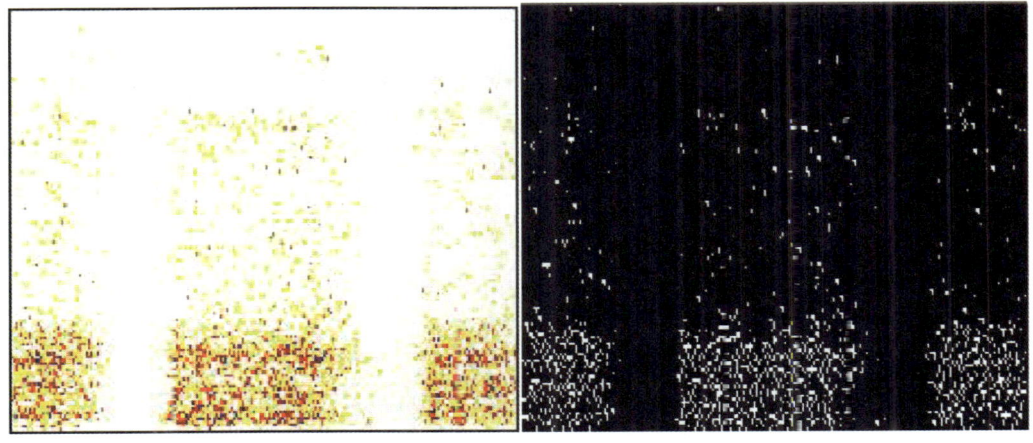

(d) 金属颗粒放电图像边缘提取

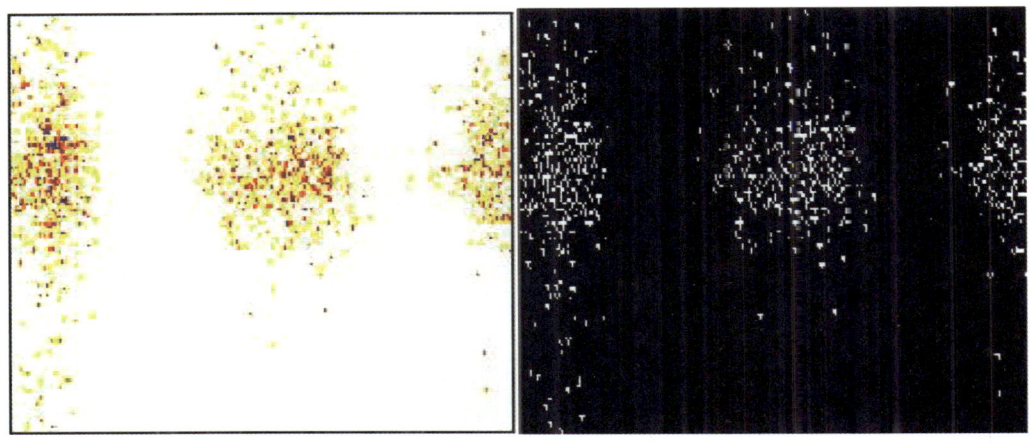

(e) 悬浮放电图像边缘提取

图 5-20　不同类型局部放电的边缘检测图像（二）

式谱图提取的特征量能否表示出不同的放电故障类型的放电模式特征以及同一放电类型不同放电发展阶段的放电模式谱图特征的差异，从直观上无法确定，因此本小节定义了不同放电类型和同一放电类型不同放电发展阶段的放电模式谱图的同一特征量的差异度 $diff$。某一特征量的差异度越大说明这个特征量越能表示出不同的放电故障类型以及同一放电故障类型不同放电发展阶段的放电模式谱图的特征及其放电模式谱图特征之间的差异。

差异度的计算步骤如下：

（1）对于不同放电类型或同一放电类型不同放电发展阶段的放电模式谱图的某一特征量 $H(h_1, h_2, \cdots, h_n)$ 进行极差标准化处理，得到处理后的特征量 $L(l_1, l_2, \cdots, l_n)$。$h_1, h_2, \cdots, h_n$ 为不同放电类型或同一放电类型不同放电模式对应的同一特征量的值。

(2) 对 $L(l_1, l_2, \cdots, l_n)$ 中的 n 个元素进行升序排列。
(3) 计算 $K(k_1, k_2, \cdots, k_{n-1})$，其中，$k_1=l_2-l_1$，$k_2=l_3-l_2$，$\cdots$，$k_{n-1}=l_n-l_{n-1}$。
(4) 计算数组 k_1，k_2，$\cdots$，k_{n-1} 的分布测度 D（即标准差 σ），公式如下：

$$\mu = \sum_{i=1}^{n-1} \frac{k_i}{n-1} \quad (5-30)$$

$$D = \sigma = \sqrt{\sum_{i=1}^{n-1} \frac{(k_i - \mu)^2}{n-1}} \quad (5-31)$$

计算差异度：

$$\mathit{diff} = 1 - D \quad (5-32)$$

5.2.1.3 不同放电故障类型的 UHF 灰度图像特征量的差异度分析

按照上述局部放电灰度图像特征量的计算方法提取五种典型放电故障类型的局部放电 UHF 灰度图像的二阶矩 J_t、三阶矩 J_{th}、对比度 F_{con} 和边缘检测图像的边缘点数 E_N 等特征量，见表 5-15。

表 5-15 五种故障局部放电 UHF 灰度图像特征量

放电类型	放电阶段	J_t	J_{th}	F_{con}	E_N
油楔放电	发展阶段	1048.08	419.832	260 650	64
沿面放电	发展阶段	2459.68	863.261	1 247 760	401
金属颗粒放电	发展阶段	3506.72	992.076	2 508 360	1661
悬浮放电	发展阶段	2812.57	839.054	1 673 300	1292
金属尖端放电	发展阶段	1697.51	632.026	631 230	158

计算所选特征量不同放电类型之间的差异度，如图 5-21 所示。

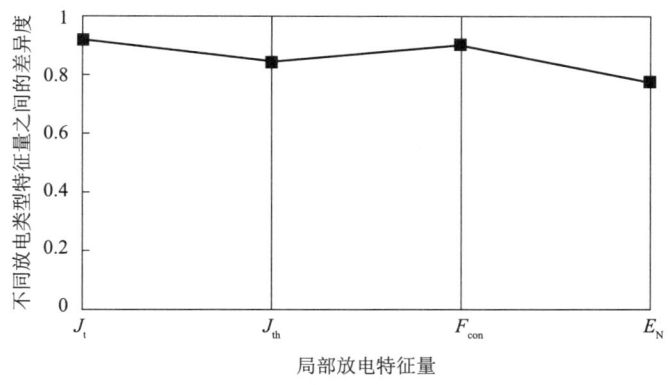

图 5-21 不同放电类型特征量之间的差异度

由图 5-21 可知，本小节所选的四个局部放电灰度图像特征量的差异度都在 0.8 以上，高于统计特征参数以及幅值分布特征参数差异度的值，这表明局部放电灰度图像颜色矩的二阶矩 J_t、三阶矩 J_{th}、对比度 F_{con} 和边缘检测图像的边缘点数 E_N 四个特征量可以更为有效地描述不同放电故障类型的放电特征。

5.2.1.4 不同放电阶段的局部放电灰度图像特征差异度分析

为了分析各阶段局部放电相位分布特征的不同，针对不同放电阶段的局部放电灰度图像进行分析。图 5-22 为金属尖端放电四个阶段的局部放电灰度图像，每个阶段的图像均由 10000 个脉冲数据生成。

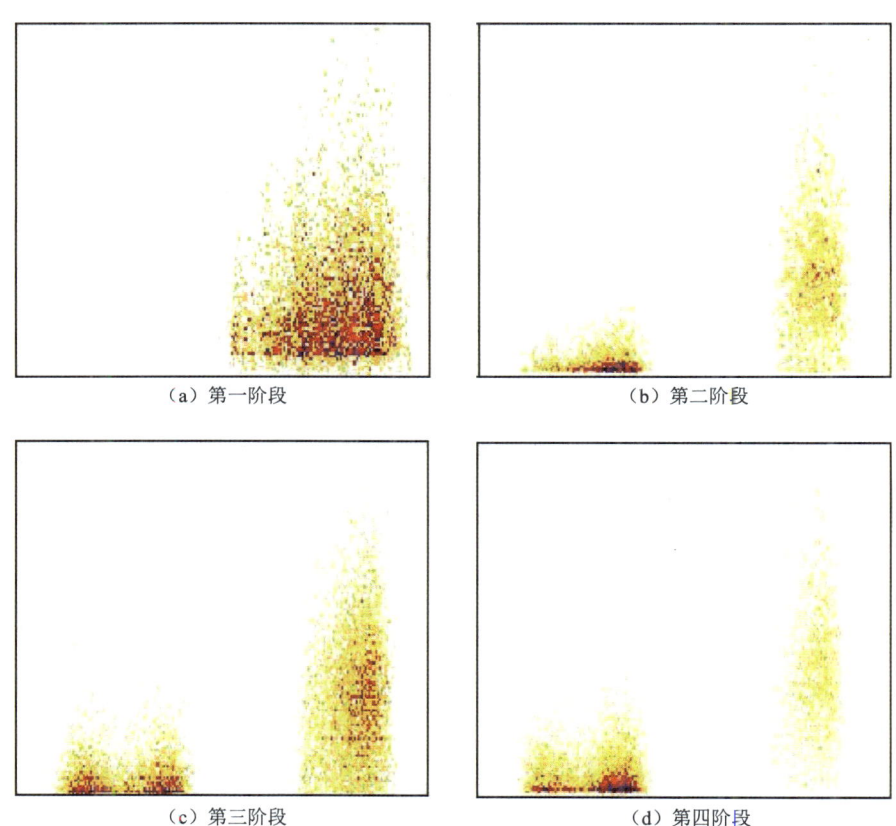

（a）第一阶段　　　　　　　　（b）第二阶段

（c）第三阶段　　　　　　　　（d）第四阶段

图 5-22　金属尖端放电四个阶段的局部放电灰度图像

提取图像颜色矩的二阶矩 J_t、三阶矩 J_{th}、对比度 F_{con} 和边缘检测图像的边缘点数 E_N 四个特征量，见表 5-16。

表 5-16　不同放电发展阶段金属尖端放电灰度图像特征量

放电类型	放电阶段	J_t	J_{th}	F_{con}	E_N
金属尖端放电	发展阶段 1	3514.56	1036.59	2 483 010	1161
金属尖端放电	发展阶段 2	1697.51	632.026	631 230	158
金属尖端放电	发展阶段 3	2444.08	759.511	1 281 730	623
金属尖端放电	发展阶段 4	1848.15	701.312	733 263	167

计算所选特征量不同放电阶段之间的差异度，如图 5-23 所示。

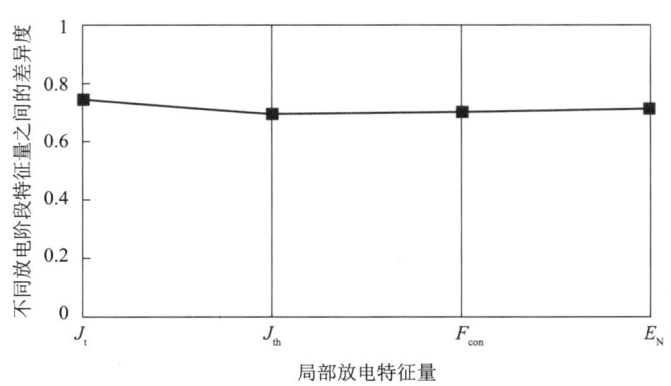

图 5-23　金属尖端放电不同阶段局部放电灰度图像特征量的差异度

从图 5-23 可知，四个特征量的差异度在 0.7~0.8，与统计特征参数及威布尔分布参数在不同放电阶段的差异度接近，但大于局部放电幅值分布特征参数在不同放电阶段的差异度。

通过以上分析可以发现，本小节提取局部放电灰度图像的图像颜色矩二阶矩 J_t、三阶矩 J_{th}、对比度 F_{con} 和边缘检测图像的边缘点数 E_N 四个特征量，更能有效地表示不同放电故障类型放电特征的差异。

5.2.2　基于灰评估方法的局部放电严重程度的诊断方法

5.2.2.1　灰评估的原理与方法

灰聚类是灰评估的一个方法，是将每一个聚类对象的实际样本通过白化函数抽象为数字量（灰聚类权），利用此数字量将对象聚集。

灰评估实现的步骤如下：

（1）确定评估对象 i，即局部放电谱图。

（2）确定评估指标 j，j 属于 $J=(1, 2, \cdots, a)$，即所选取的特征参数。

（3）对于分类后每个类所提取的评估指标集建立样本矩阵。

$$d_{ij} = \begin{bmatrix} d_{11} & d_{12} & \cdots & d_{1a} \\ d_{21} & d_{22} & \cdots & d_{2a} \\ \vdots & \vdots & & \vdots \\ d_{n1} & d_{n2} & \cdots & d_{na} \end{bmatrix} \begin{matrix} \text{第一类气泡放电起始阶段} \\ \text{第二类气泡放电严重阶段} \\ \vdots \\ \text{第 } n \text{ 类沿面放电危急阶段} \end{matrix} \quad (5-33)$$

（4）计算灰类 k。

对于判断放电类型来讲，灰类就是指气泡、悬浮、针板等各种放电类型。

对于判断放电阶段来讲，灰类就是指不同发展阶段等。

（5）建立白化函数 f。

白化函数 f 由标准样本数据获得，它给评估结果提供关键的参数。f_k 表示 k 灰类的白化函数，f_{jk} 表示 j 项目属于 k 灰类的白化函数。

(6) 建立灰聚类权算式。

令 σ_{ik} 为 i 对象属于 k 灰类的灰聚类权，即

$$\sigma_{ik} = \sum_{j=1}^{a} f_{jk}(d_{ij}) \eta_{jk} \qquad (5-34)$$

$$\eta_{jk} = \frac{c_{jk}}{\sum_{j=1}^{a} c_{jk}} \qquad (5-35)$$

式中：c_{jk} 为白化函数 f_{jk} 的转换值。

(7) 进行灰聚类。

令 σ_i 为对象属于各灰类 $k=1, 2, \cdots, a$ 的序列，即

$$\sigma_i = \sigma_{i1}, \sigma_{i2}, \cdots, \sigma_{ia} \qquad (5-36)$$

按至高化原则，得到

$$\sigma_{ik}^* = \max_k \sigma_{ik^*} \qquad (5-37)$$

如有 $k^* = k^0$，表示 i 对象属于 k^0 灰类。将 k^0 灰类作为诊断结果输出。

5.2.2.2 参考样本的获取以及评估指标的选择

采用灰评估方法对局部放电进行模式识别和放电发展阶段的判别的前提是必须获得能表示各种放电故障类型以及不同放电发展阶段的局部放电灰度图像特征的参考样本。依据本小节所分析的五种典型放电故障类型的试验数据，从不同放电故障类型以及放电发展阶段的试验数据中各选取 10 000 组放电脉冲数据构造局部放电灰度图像的参考样本，见表 5-17，保证了构造出的局部放电图像具有代表性。

通过 5.2.1 节的分析，可以了解到局部放电灰度图像的图像颜色二阶矩 J_t、三阶矩 J_{th}、对比度 F_{con} 和边缘检测图像的边缘点数 E_N 四个特征量能够有效表示不同放电故障类型和不同放电发展阶段的放电特征的差异，因此选择这四个局部放电图像特征量作为对局部放电进行模式识别与放电发展阶段判别的评估指标。

表 5-17 不同放电类型局部放电灰度图像参考样本

放电类型	放电阶段	局部放电灰度图像参考样本
油楔放电	发展阶段	
沿面放电	发展阶段	

续表

放电类型	放电阶段	局部放电灰度图像参考样本
金属颗粒放电	发展阶段	
悬浮放电	发展阶段	
金属尖端放电	起始阶段	
	发展阶段1	
	发展阶段2	

续表

放电类型	放电阶段	局部放电灰度图像参考样本
金属尖端放电	发展阶段3	

5.2.2.3 灰评估白化函数的构造与识别程序

白化函数是用来计算待分析样本的聚类权值的。将待分析样本的图像特征量代入白化函数即可计算出待分析样本属于所有参考样本的隶属度值，进而再按照灰聚类权算式就可以计算出待分析样本属于各个参考样本的聚类权值，通过聚类权值的大小就可以判定局部放电的放电类型和放电发展阶段。

白化函数是依据局部放电参考样本图像的特征量来构造的，通过不同放电类型的局部放电灰度图像特征量，构造灰聚类白化函数如下：

$$f_{11} = \begin{cases} \dfrac{1}{648}x - \dfrac{400}{648}, & 400 \leqslant x < 1048 \\ -\dfrac{1}{648}x + \dfrac{1696}{648}, & 1048 \leqslant x < 1696 \end{cases} \tag{5-38}$$

$$f_{12} = \begin{cases} \dfrac{1}{648}x - \dfrac{1048}{648}, & 1048 \leqslant x < 1696 \\ -\dfrac{1}{762}x + \dfrac{2458}{762}, & 1696 \leqslant x < 2458 \end{cases} \tag{5-39}$$

$$f_{13} = \begin{cases} \dfrac{1}{762}x - \dfrac{1696}{762}, & 1696 \leqslant x < 2458 \\ -\dfrac{1}{353} + \dfrac{2811}{353}, & 2458 \leqslant x < 2811 \end{cases} \tag{5-40}$$

$$f_{14} = \begin{cases} \dfrac{1}{353}x - \dfrac{2458}{353}, & 2458 \leqslant x < 2811 \\ -\dfrac{1}{694}x + \dfrac{3506}{694}, & 2811 \leqslant x < 3505 \end{cases} \tag{5-41}$$

$$f_{15} = \begin{cases} \dfrac{1}{694}x - \dfrac{2811}{694}, & 2811 \leqslant x < 3505 \\ -\dfrac{1}{694}x + \dfrac{4199}{694}, & 3505 \leqslant x < 4199 \end{cases} \tag{5-42}$$

$$f_{21} = \begin{cases} \dfrac{1}{212}x - \dfrac{208}{212}, & 208 \leqslant x < 420 \\ -\dfrac{1}{212}x + \dfrac{632}{212}, & 420 \leqslant x < 632 \end{cases} \quad (5-43)$$

$$f_{22} = \begin{cases} \dfrac{1}{212}x - \dfrac{420}{212}, & 420 \leqslant x < 632 \\ -\dfrac{1}{207}x + \dfrac{839}{207}, & 632 \leqslant x < 839 \end{cases} \quad (5-44)$$

$$f_{23} = \begin{cases} \dfrac{1}{207}x - \dfrac{632}{207}, & 632 \leqslant x < 839 \\ -\dfrac{1}{24}x + \dfrac{863}{24}, & 839 \leqslant x < 863 \end{cases} \quad (5-45)$$

$$f_{24} = \begin{cases} \dfrac{1}{24}x - \dfrac{839}{24}, & 839 \leqslant x < 863 \\ -\dfrac{1}{129}x + \dfrac{992}{129}, & 863 \leqslant x < 992 \end{cases} \quad (5-46)$$

$$f_{25} = \begin{cases} \dfrac{1}{129}x - \dfrac{863}{129}, & 863 \leqslant x < 992 \\ -\dfrac{1}{129}x + \dfrac{1121}{129}, & 992 \leqslant x < 1121 \end{cases} \quad (5-47)$$

$$f_{31} = \begin{cases} \dfrac{1}{262650}x, & 0 \leqslant x < 262650 \\ -\dfrac{1}{370580}x + \dfrac{631230}{370580}, & 260650 \leqslant x < 631230 \end{cases} \quad (5-48)$$

$$f_{32} = \begin{cases} \dfrac{1}{270580}x - \dfrac{260650}{370580}, & 260650 \leqslant x < 631230 \\ -\dfrac{1}{616530}x + \dfrac{1247760}{616530}, & 631230 \leqslant x < 1247760 \end{cases} \quad (5-49)$$

$$f_{33} = \begin{cases} \dfrac{1}{646530}x - \dfrac{631230}{616530}, & 631230 \leqslant x < 1247760 \\ -\dfrac{1}{425540}x + \dfrac{1673300}{425540}, & 1247760 \leqslant x < 1673300 \end{cases} \quad (5-50)$$

$$f_{34} = \begin{cases} \dfrac{1}{425540}x - \dfrac{1247760}{425540}, & 1247760 \leqslant x < 1673300 \\ -\dfrac{1}{835060}x + \dfrac{2508360}{835060}, & 1673300 \leqslant x < 2508360 \end{cases} \quad (5-51)$$

$$f_{35} = \begin{cases} \dfrac{1}{835060}x - \dfrac{1673300}{835060}, & 1673300 \leqslant x < 2508360 \\ -\dfrac{1}{691640}x + \dfrac{3200000}{691640}, & 2508360 \leqslant x < 3200000 \end{cases} \quad (5\text{-}52)$$

$$f_{41} = \begin{cases} \dfrac{1}{64}x, & 0 \leqslant x < 64 \\ -\dfrac{1}{94}x + \dfrac{158}{94}, & 64 \leqslant x < 158 \end{cases} \quad (5\text{-}53)$$

$$f_{42} = \begin{cases} \dfrac{1}{94}x - \dfrac{64}{94}, & 64 \leqslant x < 158 \\ -\dfrac{1}{343}x + \dfrac{501}{343}, & 158 \leqslant x < 501 \end{cases} \quad (5\text{-}54)$$

$$f_{43} = \begin{cases} \dfrac{1}{343}x - \dfrac{158}{343}, & 158 \leqslant x < 501 \\ -\dfrac{1}{891}x + \dfrac{1392}{891}, & 501 \leqslant x < 1392 \end{cases} \quad (5\text{-}55)$$

$$f_{44} = \begin{cases} \dfrac{1}{891}x - \dfrac{501}{891}, & 501 \leqslant x < 1392 \\ -\dfrac{1}{369}x + \dfrac{1761}{369}, & 1392 \leqslant x < 1761 \end{cases} \quad (5\text{-}56)$$

$$f_{45} = \begin{cases} \dfrac{1}{369}x - \dfrac{1761}{369}, & 1392 \leqslant x < 1761 \\ -\dfrac{1}{339}x + \dfrac{2100}{339}, & 1761 \leqslant x < 2100 \end{cases} \quad (5\text{-}57)$$

用同样的方法可以构造不同放电发展阶段的局部放电灰度图像的灰聚类白化函数。对于不在取值范围内的值 f 取零进行计算。白化函数的边界点由参考样本的特征参数确定，白化函数的值表示某一特征参数属于某一灰类的白化程度。白化函数值为 0 时表示完全白化，即对应的特征参数完全不属于这一个灰类；白化函数值为 1 时则表示对应的特征参数与标准灰类的特征参数完全吻合，属于此标准类的可能性最大。

所编写的局部放电灰评估诊断程序界面如图 5-24 所示，识别结果以隶属度的值表示，隶属度最大值对应的放电类型与放电阶段即为正确的识别结果。

5.2.2.4 识别结果

从油楔放电、沿面放电、悬浮放电、绝缘子表面固定金属颗粒放电、金属尖端放电五种放电故障的试验数据中以及金属尖端放电的四个放电阶段中的试验数据中，各任意抽取 30 组数据分别构造出 30 组局部放电灰度图像作为待识别的图像，每组数据中的脉冲个数不少于 1000。定义正确识别率为 P：

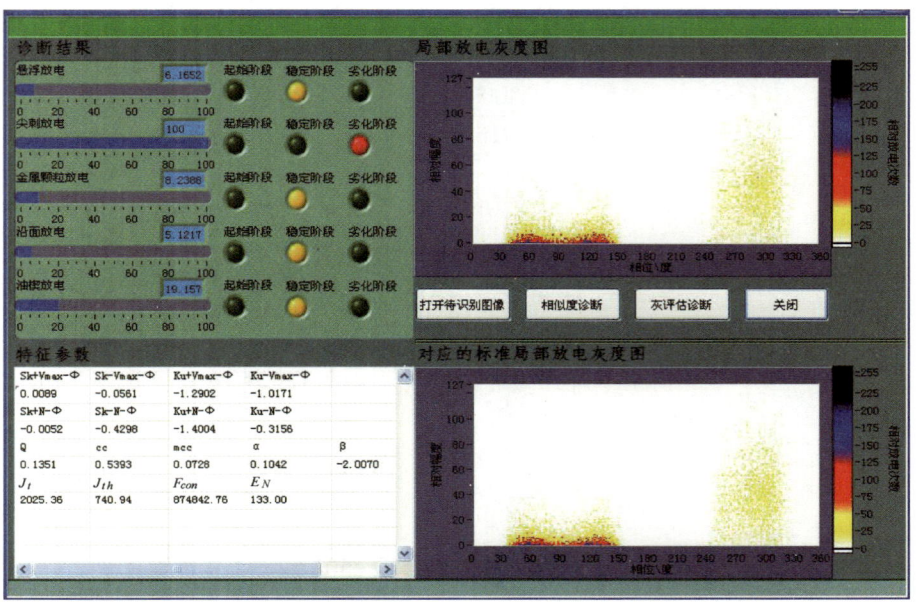

图 5-24　局部放电灰评估诊断程序界面

$$P = \frac{\text{正确识别的局部放电图像数}}{\text{待识别局部放电图像数}} \quad (5\text{-}58)$$

将所有待识别的图像输入程序进行识别，表 5-18 为灰评估诊断识别结果。

表 5-18　灰评估诊断识别结果

待识别图像序号	正确识别与否	正确识别率 P	放电类型	放电阶段
001	T			
002	T	100%	油楔放电	严重阶段
⋮				
030	T			
001	T			
002	T	96.7%	沿面放电	严重阶段
⋮				
030	T			
001	T			
002	T	100%	金属颗粒放电	严重阶段
⋮				
030	F			

续表

待识别图像序号	正确识别与否	正确识别率 P	放电类型	放电阶段
001	T			
002	T	100%	悬浮放电	严重阶段
⋮				
030	T			
001	T			
002	T	100%	金属尖端放电	起始阶段
⋮				
030	T			
001	T			
002	T	93.3%	金属尖端放电	严重阶段
⋮				
030	T			
001	T			
002	T	90%	金属尖端放电	危急阶段
⋮				
030	T			

从表 5-19 可以看出，利用局部放电灰度图像特征量采用灰评估的方法对放电类型的识别率较高，而对金属尖端放电不同放电发展阶段的识别率则相对较低，这是由于不同放电类型局部放电灰度图像的特征差异较大，而同种放电类型不同放电发展阶段的局部放电灰度图像差异度较小。

5.2.3 基于相似度计算的局部放电严重程度的诊断方法

5.2.3.1 相似度计算方法的原理

相似度诊断利用待识别局部放电灰度图像的像素分布特征直接与局部放电灰度图像参考样本进行对比，根据图像之间相似度的值的大小就可以进行识别，待识别图像与标准样本图像的相似度越大，则待识别图像就越可能为标准图像样本所对应的放电类型和放电发展阶段，从而判断出局部放电的类型以及放电发展阶段。这种方法不需要提取局部放电灰度图像具体特征，而是以局部放电图像的整体的像素分布与标准的局部放电图像进行相似度计算来进行诊断，实现简单，诊断准确率最高，但是计算速度较慢。

相似度测量函数一般取为归一化的互相关函数，假定待识别图像为 $g(x,y)$，参考图

像为 $f(x, y)$，则两者归一化的互相关函数为

$$NCorr = \frac{\sum\limits_{x,y}[g(x,y)-\bar{g}][f(x,y)-\bar{f}]}{\{\sum\limits_{x,y}[g(x,y)-\bar{g}]^2 \sum\limits_{x,y}[f(x,y)-\bar{f}]^2\}^{\frac{1}{2}}} \quad (5-59)$$

式中：$\bar{g} = \frac{1}{N}\sum\limits_{x,y}g(x,y)$ 是待识图像像素的均值；$\bar{f} = \frac{1}{N}\sum\limits_{x,y}f(x,y)$ 是参考图像像素的均值。

根据相似度函数计算出来的相似度值就可以判断两幅图像的相似程度，从而对放电类型与放电发展阶段进行判别。

5.2.3.2　识别结果

采用上节所给出的局部放电灰度图像的参考样本图像与待识别图像，通过相似度计算对待识别图像进行放电类型的识别与放电发展阶段的判别。基于相似度计算的识别结果见表 5-19。

由表 5-19 可知，利用局部放电灰度图像的整体像素分布特征采用相似度计算的方法对放电类型进行识别的识别率较高，对金属尖端放电不同放电发展阶段的识别率则相对较低，但相比于灰评估的方法，这种方法对金属尖端放电不同放电发展阶段的识别率要稍高一些，这是由于局部放电灰度图像的像素分布特征整体表示了局部放电的相位分布、幅值分布、放电次数分布特征以及图像信息如颜色分布特征、形状特征、纹理特征等丰富的局部放电信息，更能有效地描述局部放电模式谱图的特征，因此无论是对局部放电进行模式识别还是进行放电发展阶段的判别，这种方法都较为合适。

表 5-19　基于相似度计算的识别结果

待识别图像序号	正确识别与否	正确识别率 P	放电类型	放电阶段
001	T			
002	T	96.7%	油楔放电	发展阶段
⋮				
030	T			
001	T			
002	T	93.3%	沿面放电	发展阶段
⋮				
030	T			
001	T			
002	T	100%	金属颗粒放电	发展阶段
⋮				
030	F			

续表

待识别图像序号	正确识别与否	正确识别率 P	放电类型	放电阶段
001	T			
002	T	100%	悬浮放电	发展阶段
⋮				
030	T			
001	T			
002	T	100%	金属尖端放电	起始阶段
⋮				
030	T			
001	T			
002	T	96.7%	金属尖端放电	严重阶段
⋮				
030	T			
001	T			
002	T	96.7%	金属尖端放电	危急阶段
⋮				
030	T			

5.2.4　基于 K-means 聚类及最小距离原则的局部放电严重程度的诊断方法

由于放电类型、放电机理的不同，局部放电发展过程中存在着线性与非线性复杂的迭加现象。而局部放电特征指纹包含了丰富的局部放电特征信息，可以反映局部放电发展过程中的变化规律。通过放电指纹分析，就可以从复杂的局部放电信号数据中获得局部放电发展过程中的本质特征，从中挖掘出可以反映局部放电现象的有效数据信息。为此本小节提取了局部放电的相位特征信息、放电次数与放电幅值特征信息、局部放电谱图形状特征信息、放电脉冲时序分布特征信息，以及局部放电特征信息熵和 PRPD、$\Delta u/\Delta t$、Δu_i 图像分形特征等指纹信息。

不同的放电故障缺陷类型，表征其局部放电严重程度的特征指纹不同，不同的放电故障缺陷类型其局部放电的发展过程也不同，没有统一的表征所有局部放电严重程度的特征参量组，需要针对不同的放电缺陷单独分析。

本小节以金属尖端放电为例，阐述基于 K-means 聚类及最小距离原则的局部放电严重程度的诊断方法。

5.2.4.1 局部放电严重程度表征参量提取

经过上述分析，可以发现金属尖端放电模型在局部放电的发展过程中放电幅值、放电次数均呈现非线性的变化趋势，特别是每个试验段内都存在先增大后减小的情况，这说明单纯依靠这几个量的大小，无法对局部放电的严重程度进行判断，也无法对放电阶段进行准确划分，因此提取能够有效表征金属尖端放电局部放电不同发展阶段及严重程度的单调变化特征参量，显得尤为必要。根据各阶段局部放电特征指纹数据提取了8个呈现单调变化的放电特征指纹，见表5-20。依据这些量再进一步给出局部放电严重程度的诊断方法。

表5-20 金属尖端放电各阶段单调变化的局部放电特征指纹

序号	符号	放电指纹特征
1	φ_w	局部放电相位宽度
2	N^+/N^-	正负半周放电次数之比
3	$\mu(V^+)/\mu(V^-)$	正负半周平均放电幅值之比
4	$E_n(V)$	放电幅值熵值
5	$E_n(V_{max})$	最大放电幅值熵值
6	$(V_{max}-\varphi)^-_{sk}$	$V_{max}-\varphi$ 谱图负半周偏斜度
7	$\mu\Delta t$	放电时间间隔的均值
8	$\Delta u_i(DB)$	Δu_i 分布谱图的盒维数

8个特征指纹随试验时间的变化趋势如图5-25所示。红线为对曲线进行指数平滑后的结果。可见8个放电指纹特征随试验时间的增长均呈现单调增大或减少的趋势，由此作为表征局部放电严重程度的特征参量。

5.2.4.2 局部放电故障严重程度判断

通过以上分析得到8个可以表征金属尖端放电严重程度的特征指纹信息。为了避免人为主观判断放电阶段的影响，下面将这8个特征量进行聚类分析来定义金属尖端放电的起始阶段 S_{ini}、发展阶段 S_{dev} 和严重阶段 S_{ser}，这样对于放电阶段的划分更有意义。通过K-means聚类方法对所提取的特征指纹进行聚类，得到3个放电阶段的聚类中心。利用试验获取的放电指纹特征作为放电严重程度诊断聚类样本数据库，利用本小节所提取的8个金属尖端放电严重程度表征特征按照最小距离原则即可对金属尖端放电的放电阶段进行自动判别。

具体的诊断方法与步骤如下：

（1）定义金属尖端放电严重程度阶段划分诊断放电指纹特征向量。

$$Cf=[\varphi_w, N^+/N^-, \mu(V^+)/\mu(V^-), E_n(V), E_n(V_{max}), (V_{max}-\varphi)^-_{sk}, \mu\Delta t, \Delta u_i(DB)]$$

（2）对试验全过程获取的 Cf 采用K-means聚类方法获取三个放电阶段的聚类中心 $Cf_{center}(Cf_1, Cf_2, Cf_3)$，其中 Cf_1, Cf_2, Cf_3 分别对应放电起始阶段、放电发展阶段和放电严重阶段的聚类中心。

（3）提取待诊断的局部放电特征指纹 Cf_x，计算 Cf_x 与 Cf_1, Cf_2, Cf_3 之间的欧氏距离平方 $d_i^2=\parallel Cf_x-Cf_i\parallel^2$。

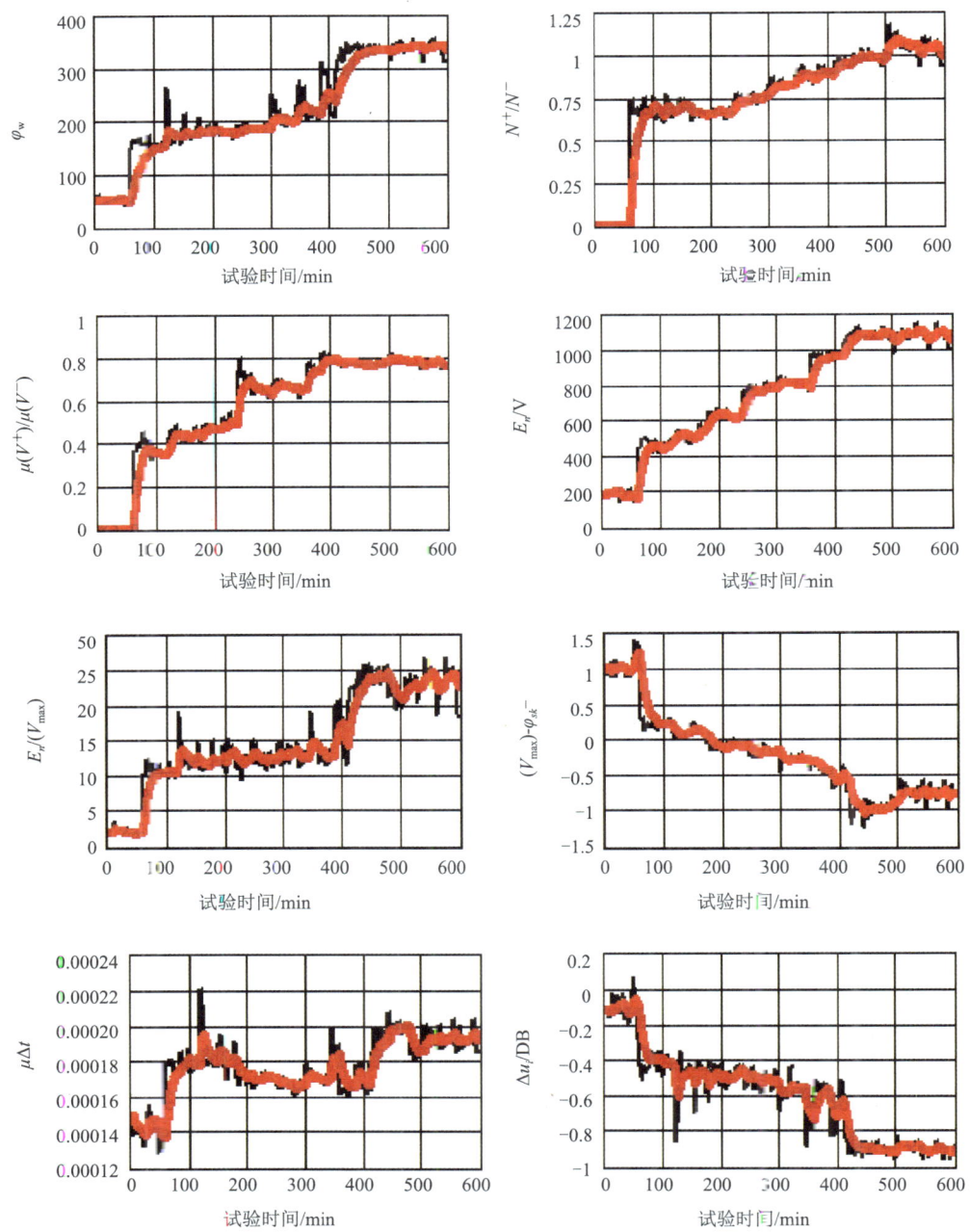

图 5-25 8 个特征指纹随试验时间的变化趋势

(4) 判断 di^2 的大小,最小值对应的类别即为待诊断局部放电现象所处的放电阶段。

金属尖端放电发展阶段划分如图 5-26 所示,图 5-26 (a) 为上述 8 个特征指纹前两个特征指纹(即放电相位宽度和正负半周放电次数之比)的二维展示,图 5-26 (b) 为三个放电阶段的聚类结果,蓝色代表放电起始阶段,黄色代表放电发展阶段,红色代表放电严重阶段。

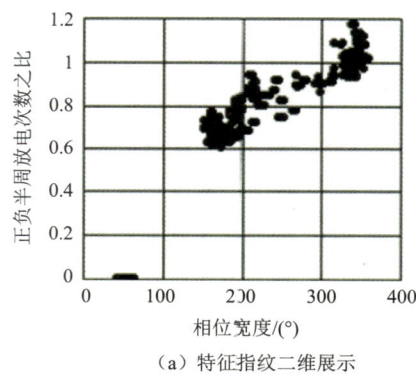 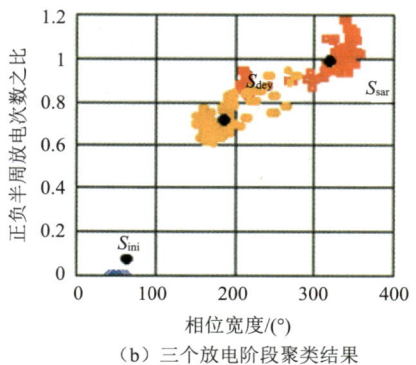

(a) 特征指纹二维展示　　　　　(b) 三个放电阶段聚类结果

图 5-26　金属尖端放电发展阶段划分

5.3　输变电设备状态预测算法

局部放电现象放电机理较为复杂并且受设备运行电压、负荷等多因素影响，局部放电的发展过程存在非线性现象，因此对局部放电的发展趋势及故障时间进行中长期的预测比较困难。但局部放电现象在短时间段内的放电状态相对较为稳定，从前几节的研究中可知，可以从局部放电的特征指纹信息中提取一些具有线性变化的特征量，如果可以预测出故障发生前几分钟或几小时内的放电发展趋势并进行预警也是比较有价值的。基于上述试验结果，本节引入 ARMA 预测模型探讨局部放电发展趋势的短期预测方法。

5.3.1　局部放电发展趋势 ARMA 模型预测方法

5.3.1.1　ARMA 模型

自回归滑动平均模型（Auto-Regressive and Moving Average Model，ARMA）是一类常用的随机时间序列模型，它通常借助时间序列的随机特性来描述事物的发展变化规律，即用时间序列的过去值、当期值以及滞后随机扰动项的加权来建立模型，从而解释并预测时间序列的变化发展规律，是研究时间序列的重要方法。

采用 ARMA 模型对局部放电发展趋势进行预测的基本思路是：某些时间序列是依赖于时间的一簇时间变量，构成该时序的单个序列值虽然具有不确定性，但整个序列的变化有一定的规律性，可以用相应的数学模型近似描述。通过对该数学模型的分析和研究，能够更本质地认识时间序列的结构和特征，达到最小方差意义下的最优预测，比较适合对短期内局部放电发展过程进行数学建模与分析，来预测局部放电的发展趋势并根据判断规则做出预警。

ARMA 模型有 3 种基本类型：自回归模型（Auto-regressive Model，AR）、移动平均模型（Moving Average Model，MA）及自回归移动平均模型（Auto-regressive Moving Average Model，ARMA）。

AR 模型：AR 模型也称为自回归模型，是通过过去的观测值和现在的干扰值的线性组合进行预测。该模型的数学公式为：

$$y_t = \varphi_1 y_{t-1} + \varphi_2 y_{t-2} + \cdots + \varphi_p y_{t-p} + \varepsilon_t \tag{5-60}$$

式中：p 为自回归模型的阶数；$\varphi_i(i=1, 2, \cdots, p)$ 为模型的待定系数；ε_t 为误差；y_t 为一个平稳时间序列。

MA 模型：MA 模型也称为滑动平均模型，是通过过去的干扰值和现在的干扰值的线性组合进行预测。该模型的数学公式为：

$$y_t = \varepsilon_t - \theta_1 \varepsilon_{t-1} - \theta_2 \varepsilon_{t-2} - \cdots - \theta_q \varepsilon_{t-q} \tag{5-61}$$

式中：q 为模型的阶数；$\theta_j(j=1, 2, \cdots, q)$ 为模型的待定系数；ε_t 为误差；y_t 为平稳时间序列。

ARMA 模型：自回归模型和滑动平均模型的组合便构成了用于描述平稳随机过程的自回归滑动平均模型 ARMA，该模型的数学公式为：

$$y_t = \varphi_1 y_{t-1} + \varphi_2 y_{t-2} + \cdots + \varphi_p y_{t-p} + \varepsilon_t - \theta_1 \varepsilon_{t-1} - \theta_2 \varepsilon_{t-2} - \cdots - \theta_q \varepsilon_{t-q} \tag{5-62}$$

5.3.1.2 ARMA 建模

ARMA 时序建模的流程如图 5-27 所示。

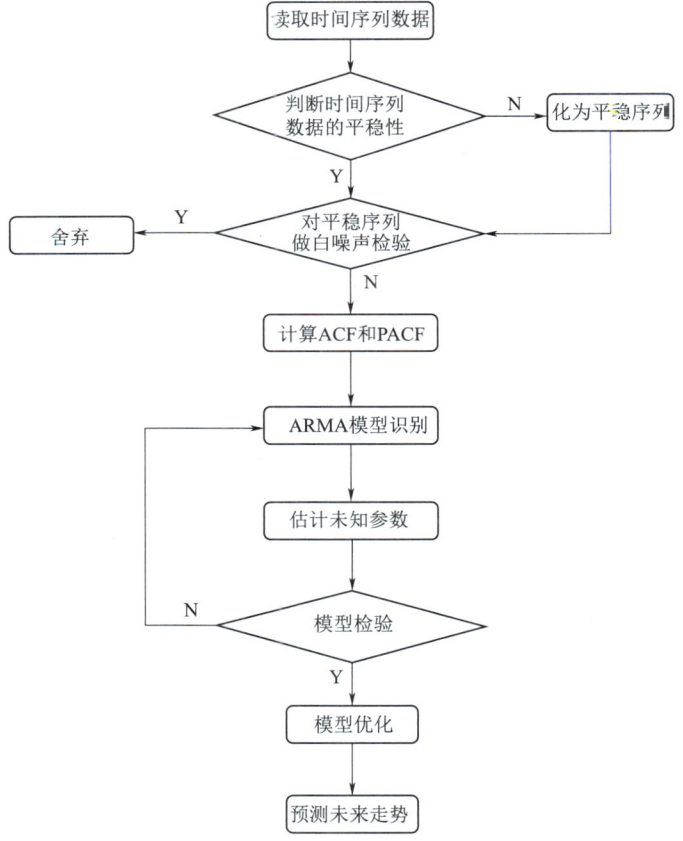

图 5-27 ARMA 时序建模流程

ARMA 建模的基本步骤如下：

（1）求出该观察值序列的样本自相关系数（ACF）和样本偏自相关系数（PACF）的值。

样本自相关系数（ACF）的计算公式为：

$$\hat{\rho}_k = \frac{\sum_{t=1}^{n-k}(x_t-\bar{x})(x_{t+k}-\bar{x})}{\sum_{t=1}^{n}(x_t-\bar{x})^2} \tag{5-63}$$

样本偏自相关系数（PACF）的计算公式为：

$$\hat{\varphi}_{kk} = \frac{\hat{D}_k}{\hat{D}} \tag{5-64}$$

其中：

$$\hat{D} = \begin{vmatrix} 1 & \hat{\rho}_1 & \cdots & \hat{\rho}_{k-1} \\ \hat{\rho}_1 & 1 & \cdots & \hat{\rho}_{k-2} \\ \vdots & \vdots & & \vdots \\ \hat{\rho}_{k-1} & \hat{\rho}_{k-2} & \cdots & 1 \end{vmatrix}$$

$$\hat{D}_k = \begin{vmatrix} 1 & \hat{\rho}_1 & \cdots & \hat{\rho}_1 \\ \hat{\rho}_1 & 1 & \cdots & \hat{\rho}_2 \\ \vdots & \vdots & & \vdots \\ \hat{\rho}_{k-1} & \hat{\rho}_{k-2} & \cdots & \hat{\rho}_k \end{vmatrix}$$

（2）根据样本自相关系数和偏自相关系数的性质，选择阶数适当的 ARMA（p，q）模型进行拟合。

（3）估计模型中未知参数的值。

在确定所采用的模型后，下一步就是估计模型中的未知参数，主要有两种方法：极大似然估计和最小二乘估计。以下简单介绍其原理。

ARMA(p，q) 模型的计算公式如下：

$$x_t = \mu + \frac{\theta_q(B)}{\varphi_p(B)}\varepsilon_t \tag{5-65}$$

式中：

$$\varepsilon_t = WN(0,\sigma_\varepsilon^2) \tag{5-66}$$

$$\varphi(B) = 1-\varphi_0-\varphi_1 B-\cdots-\varphi_p B^p \tag{5-67}$$

$$\theta(B) = 1-\theta_1 B-\theta_2 B^2-\cdots-\theta_q B^q \tag{5-68}$$

①μ 的估计。

由于 μ 是序列的均值，因此可以用样本均值来估计它。估算方法如下：

$$\hat{\mu} = \frac{1}{n}\sum_{t=1}^{n} x_t \tag{5-69}$$

现在还需要估计下列参数：$\varphi_1,\cdots,\varphi_p,\theta_1,\cdots,\theta_q,\sigma_\varepsilon^2$，共计 $p+q+1$ 个未知数。

②极大似然估计。

极大似然估计的原则是样本来自使得该样本出现概率最大的总体。极大似然估计的方法是找出样本的联合密度函数（即似然函数），找到使得该函数达到最大的参数值。

记 $\tilde{x}=(x_1,\cdots,x_n)'$，$\tilde{\beta}=(\varphi_1,\cdots,\varphi_p,\theta_1,\cdots,\theta_q)'$，假设 $\tilde{x}$ 服从多元正态分布 $MVN(0,\Omega\sigma_\varepsilon^2)$，则似然函数为：

$$L(\tilde{\beta};\tilde{x})=(2\pi)^{-\frac{n}{2}}(\sigma_\varepsilon^2)^{-\frac{n}{2}}|\Omega|^{-\frac{1}{2}}\exp\{-\tilde{x}'/(2\sigma_\varepsilon^2)\} \tag{5-70}$$

然后对上式求最大值得 $\tilde{\beta}_{MLE}$。

上述公式无法求出 $\tilde{\beta}_{MLE}$ 的显式表达式，但是可以用数值迭代的办法求得。

③最小二乘估计。

最小二乘估计就是计算式（5-71）的最小值。

$$Q(\tilde{\beta})=\sum_{t=1}^{n}\varepsilon_t^2=\sum_{t=1}^{n}[x_t-\varphi_1 x_{t-1}-\cdots-\varphi_p x_{t-p}-\theta_1\varepsilon_{t-1}-\cdots-\theta_q\varepsilon_{t-q}]^2 \tag{5-71}$$

显然上述优化也只能借助数值算法来求得。

④条件最小二乘法。

实际中应用最多的是条件最小二乘法，其理论方法如下。

回顾 ARMA 模型的逆转形式：

$$\varepsilon_t=\sum_{i=0}^{\infty}\pi_i x_{t-i} \tag{5-72}$$

假设：

$$x_t=0,\quad t\leq 0$$

则条件最小二乘法的最小化准则如下：

$$Q(\tilde{\beta})=\sum_{t=1}^{n}\varepsilon_t^2 \tag{5-73}$$

（4）检验模型的有效性。如果拟合模型通不过检验，转向步骤（2），重新选择模型再拟合。

模型的有效性是看模型是否充分地从数据中提取了信息，因此在这里，一个有效的好的模型应该几乎提取了数据中所有的信息，使得剩下的残差（$\hat{\varepsilon}_1,\cdots,\hat{\varepsilon}_n$）中不再蕴含任何相关信息，即残差应该是纯随机的序列，即白噪声序列。这样的模型才是显著的有效的模型。因此，在拟合模型之后要对残差做白噪声检验，如果检验结果显示残差非白噪声，则说明模型不够有效，还需要选择其他的模型。

（5）模型优化。如果拟合模型通过检验，仍然转向步骤（2），充分考虑各种可能，建立多个拟合模型，从所有通过检验的拟合模型中选择最优模型。

①AIC 准则。

在模型的准确度与参数估计的准确度之间达到某种均衡。参数个数越多，模型可选的范围越广，模型越准确。但是随着参数的增多，估计的难度越来越大，估计的精度越来越低，一个好的模型应该在上述两方面达到均衡。AIC 准则可以达到最小化的模型，即最优模型，其模型如下：

$$AIC=-2\lg(\text{模型的极大似然函数值})+2(\text{模型中的未知参数个数})$$

AIC 准则的缺点是选择出的模型通常比真实模型所含的未知参数个数要多。

②BIC/SBC 准则。

BIC/SBC 准则弥补了 AIC 准则的缺点，其模型如下：

$BIC/SBC = -2\lg(模型的极大似然函数值) + \lg(n) \times (模型中的未知参数个数)$

（6）利用拟合模型，预测序列将来的走势。

5.3.2 局部放电发展趋势短期预测结果

5.3.2.1 线性变化的局部放电特征量发展趋势短期预测分析

从上文试验数据中选取悬浮放电模型放电相位宽度随试验时间的变化曲线进行建模和预测，来考核 ARMA 预测模型对线性变化的局部放电特征参量发展趋势预测的准确性。图 5-28 所示为悬浮放电相位宽度随试验时间变化的趋势。试验时间为 600min，取前 200min 的数据进行建模，预测不同时间段内的局部放电相位宽度发展趋势。

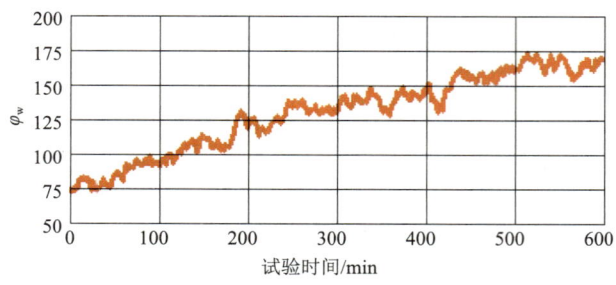

图 5-28　悬浮放电相位宽度随试验时间变化的趋势

如图 5-29 所示，在不同的预测时间范围内，预测值与真实值差别不大。图 5-30 所示为预测误差与预测时间的关系曲线。由图 5-30 可以看出，在整个预测时间范围内，预测误差基本保持在 10% 以内，这说明对于线性变化的局部放电特征参量，采用 ARMA 模型进行短期预测是可行的。

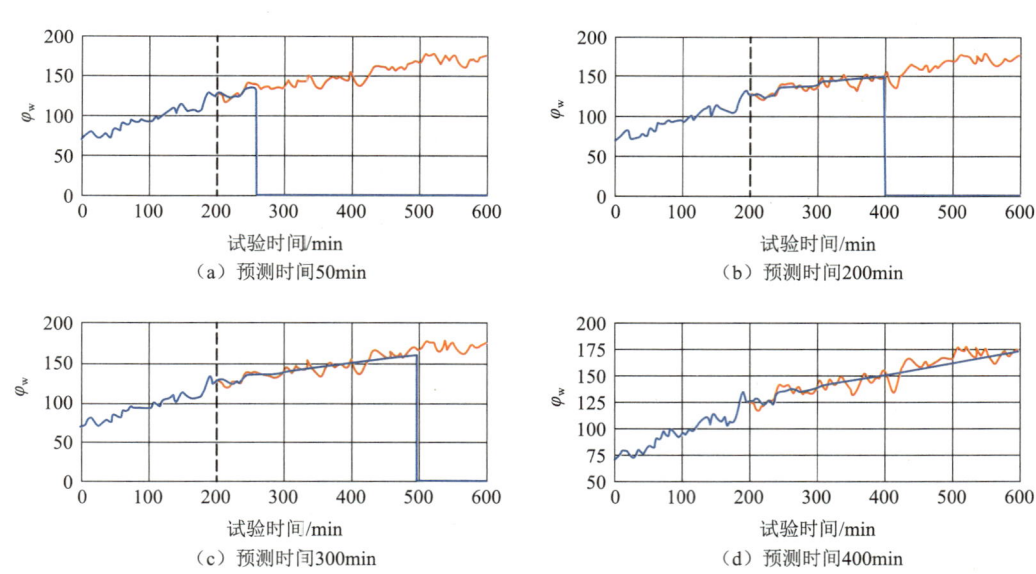

图 5-29　不同预测时间内的悬浮放电相位宽度的预测结果及预测误差

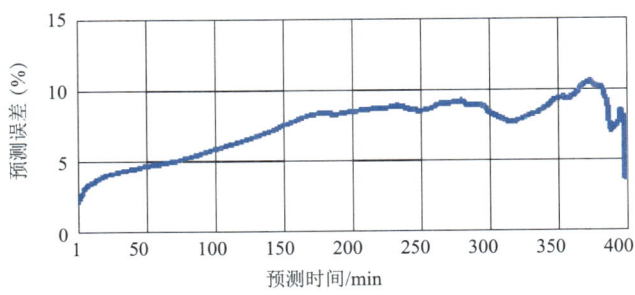

图 5-30 预测误差与预测时间的关系曲线

5.3.2.2 阶跃变化的局部放电特征量发展趋势短期预测分析

依据上文试验数据，对绝缘子金属异物放电模型放电时间间隔总数随试验时间的变化曲线进行建模和预测，来考核 ARMA 模型对阶跃突变性的局部放电特征参量发展趋势预测的准确性。绝缘子金属异物放电时间间隔总数随试验时间的变化趋势如图 5-31 所示，试验时间为 240min，取前 150min 的数据进行建模，来预测剩余 90min 的放电发展趋势。

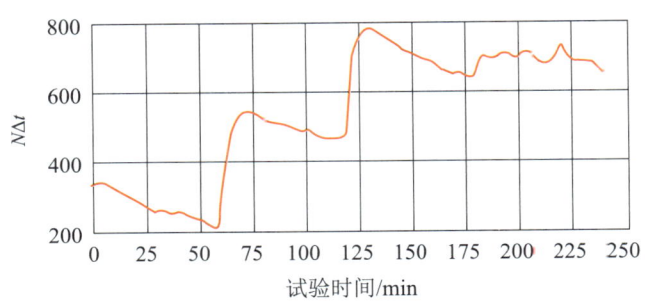

图 5-31 绝缘子金属异物放电时间间隔总数随试验时间的变化趋势

不同预测时间内的预测曲线如图 5-32 所示。从图中可以看出，随着预测时间的延长，预测值与真实值差别逐渐增大。图 5-33 给出不同预测时间内的预测误差。从图中可以看出，预测时间在 30min 以内，预测误差可以保持在 10% 以内，之后随着预测时间的增加误差也随之增大，但预测的趋势基本符合真实值，只是由于真实值的第三个阶跃与前两个相比变化较小，所以导致后续预测误差增大。总体来说，ARMA 模型预测值基本反映了阶跃变化局部放电特征参量的发展趋势。

5.3.2.3 非线性变化的局部放电特征量发展趋势短期预测分析

依据上文试验数据，对绝缘子沿面放电模型放电幅值信息熵随试验时间的变化曲线进行建模和预测，来考核 ARMA 模型对非线性变化的局部放电特征参量发展趋势预测的准确性。绝缘子沿面放电幅值信息熵随试验时间的变化趋势如图 5-34 所示。试验时间为 386min，取前 250min 的数据进行建模，来预测剩余 86min 的放电发展趋势。

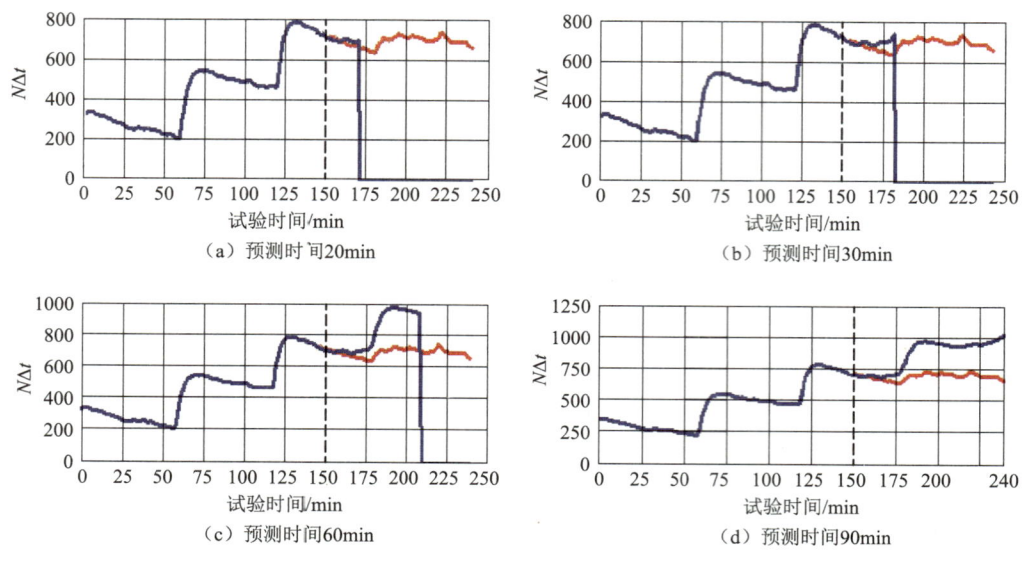

图 5-32　ARMA 模型不同预测时间内的预测曲线

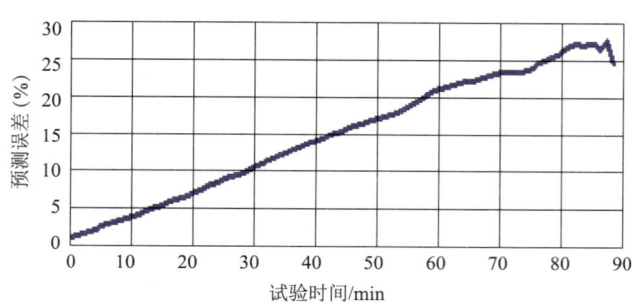

图 5-33　ARMA 模型不同预测时间内的预测误差

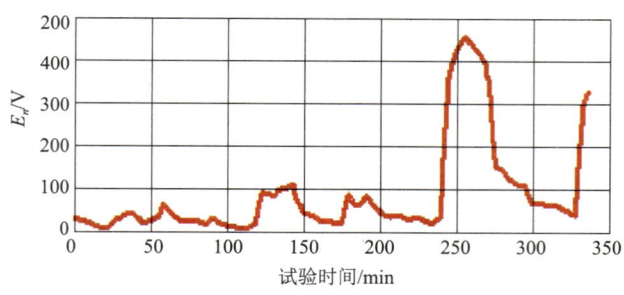

图 5-34　绝缘子沿面放电幅值信息熵随试验时间的变化趋势

不同预测时间内的预测曲线、预测误差如图 5-35、图 5-36 所示，从图中可以看出，随着预测时间的增长，预测值与真实值差别快速增大，预测误差保持在 10% 以上，这说明 ARMA 模型难以对非线性变化的局部放电特征参量进行准确预测，但是也可以看出 ARMA 模型基本可以预测变化的大致趋势。

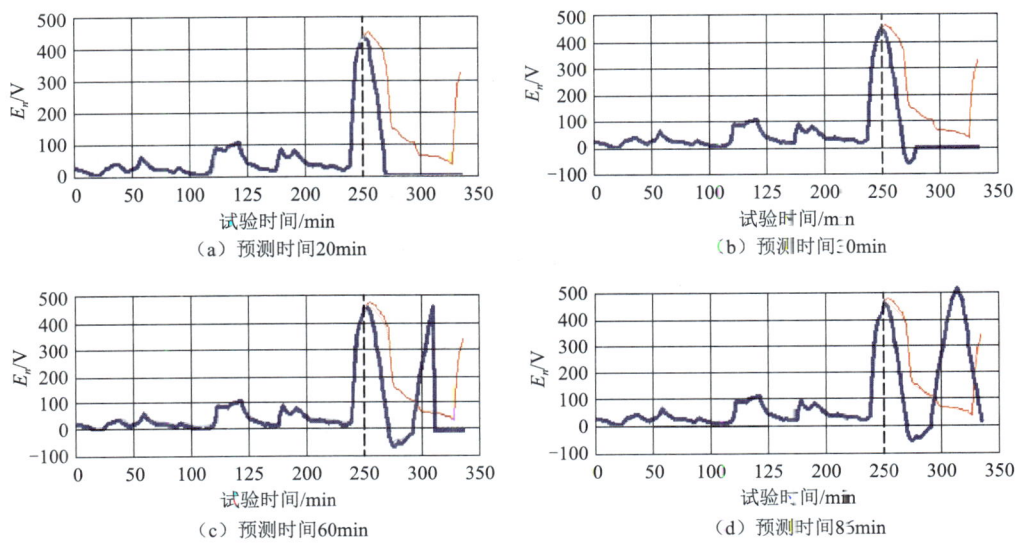

图 5-35 ARMA 模型不同预测时间内的预测曲线

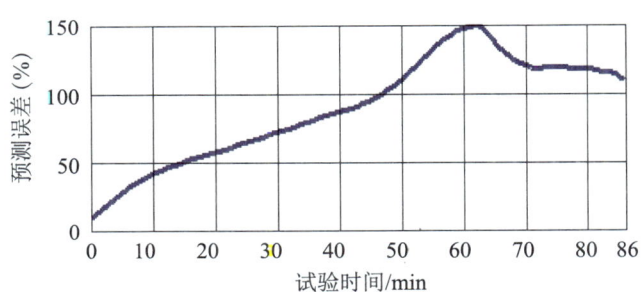

图 5-36 ARMA 模型不同预测时间内的预测误差

第6章 规模化风光储电站输变电设备局部放电监测系统研制与应用

三峡乌兰察布新一代电网友好绿色电站示范项目是三峡集团顺应时代潮流，响应党中央号召，发展新能源业务的重要布局。建设电网友好型新能源示范电站并实现智慧运维，不仅是达成工程整体目标和实现投资收益的关键前提，而且是促进三峡集团新能源业务高质量发展的重要手段，同时也是三峡集团在智能化、智慧化领域科技规划的重要方向。

示范项目位于内蒙古自治区乌兰察布市四子王旗境内。该示范项目总装机容量为2000MW，其中风电装机容量为1700MW，光伏发电装机容量为300MW，配套建设储能装机容量为550MW×2h。项目分为4个风光储单元以及4个升压储能一体化站，另建设1个智慧联合集控中心。项目共分三期建设。一期三峡吉红风光储4号电站已建成，风光发电总容量为500MW，其中风电容量为425MW，包含80台双馈风机；光伏发电容量为75MW，包含336台额定功率为225kW的光伏逆变器，容配比为1.2。储能容量为140MW×2h，包含43个磷酸铁锂电池储能单元。无功补偿装置总容量为±150Mvar，包含6套SVG装置，单套容量为±25Mvar。新建完成220kV储能升压站一座，配套架设220kV送出线路1回，线路长度约6.2km。智慧联合集控中心布置于三峡吉红风光储4号电站集控楼二楼，目前已建设并投运。

一期风电场集电线路采用一机一变的方式，将风机电压升压至35kV后，采用联合单元接线方式接入4号电站35kV母线。一期光伏区布置了26个3125MW组串式方阵，采用三相油浸式双绕组升压箱式变压器将电压由0.8kV升至35kV，变压器容量均为3125kVA，通过3回35kV集电线路接入4号电站35kV母线。一期储能站配置储能单元共计43套，每套储能单元包含2个电池集装箱（DC舱）和1个PCS及升压设备集装箱（AC舱）。每个储能电池舱由多个电池簇（Rack）牦成，电池簇经汇流柜汇流后接入PCS直流侧，PCS交流侧并联接入升压变压器低压侧，升压至35kV后通过电缆汇集至4号电站35kV母线。一期4号电站装设6套额定输出容量为±25Mvar的动态无功补偿装置，并联在4号电站35kV母线上。

本章聚焦三峡乌兰察布新一代电网友好绿色电站示范项目，针对现场高温差恶劣环境条件下，现有输变电设备绝缘状态检测技术状态感知灵敏度低、抗干扰能力差、检测装置可靠性低、故障诊断和状态预测准确性低等技术难题，研制适用于恶劣环境条件下的高可靠传感器和智能就地监测装置，开发规模化风光储电站输变电设备健康状态差异化评价、故障诊断、发展态势预测高级应用模块，并在示范项目进行安装部署和工程应用，最后根据应用情况进行效果检验和迭代完善。

6.1 局部放电监测装置

6.1.1 输变电设备状态感知与故障诊断预测系统总体架构

规模化风光储电站输变电设备状态感知与故障诊断预测系统架构如图 6-1 所示。该系统主要包括以下四个部分。

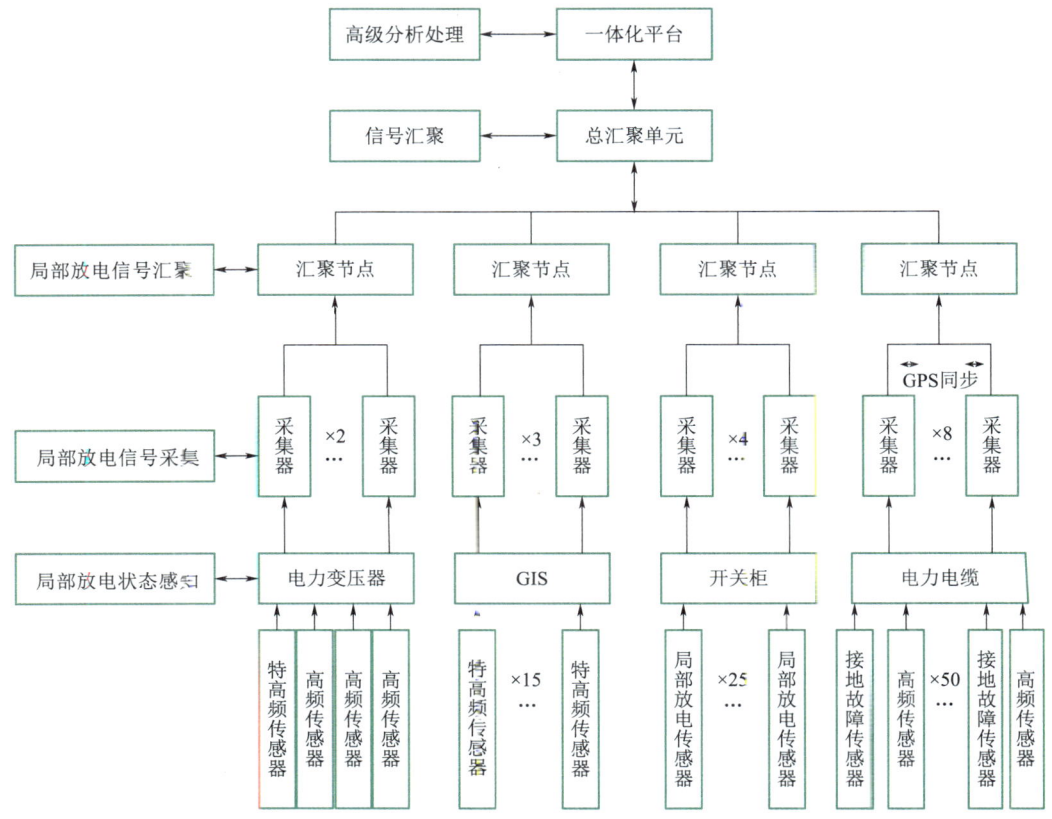

图 6-1 规模化风光储电站输变电设备状态感知与故障诊断预测系统架构

（1）状态感知：电缆高频传感器、开关柜高频传感器、介质窗式特高频传感器、接地故障传感器分别完成集电电缆、变压器、GIS、开关柜等主要电力设备内部缺陷信号的状态感知，经低损同轴线缆将缺陷信号传输至现场的汇聚节点。

（2）汇聚节点：完成信号的 A/D 采集、汇聚工作，并采用光纤通信方式将信号传输到总汇聚单元。

（3）总汇聚单元：总汇聚单元完成变压器、GIS、开关柜、电缆等电力设备状态感知数据的统一汇总，并通过专有网络传输至一体化平台，实现各电力设备运行状态的高级分析及运行状态评估。

（4）通信：即站内数字信号通信。依据现场的环境、信号强度、电力设备布局紧密程度（金属屏蔽无线信号）选择光纤通信方式。

规模化风光储电站输变电设备状态感知与故障诊断预测系统功能框架如图 6-2 所示。

系统包括以下三个功能模块：

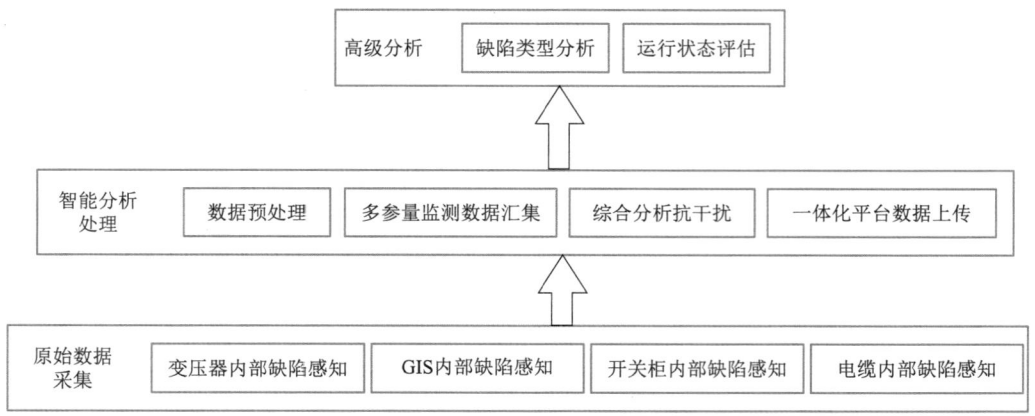

图 6-2 规模化风光储电站输变电设备状态感知与故障诊断预测系统功能框架

（1）原始数据采集：变电站主要电力设备内部放电故障均会伴随声、电、光、化学等现象产生，因此结合变压器等主要电力设备的结构，选用不同类型的传感器可实现电力设备内部缺陷放电信号的有效感知。

（2）智能分析处理：主要包含对原始放电信号的脉冲提取，以及现场空间、地网干扰的综合分析滤除功能，目的是将电力设备内部缺陷放电信号准确提取，可靠地上传至一体化平台，完成高级分析。

（3）高级分析：主要包括电力设备内部缺陷类型诊断分析、电力设备运行状态评估两个方面。

6.1.2 组件主要技术参数

规模化风光储电站输变电设备状态感知与故障诊断设备详细清单及主要技术参数见表 6-1。

表 6-1 规模化风光储电站输变电设备状态感知与故障诊断设备详细清单及主要技术参数

序号	设	备	主要技术参数
1.1	35kV 集电电缆绝缘状态高可靠感知器件	局部放电感知传感器	外观尺寸：110mm×130mm×30mm/内径 φ56mm； 检测灵敏度：10pC； 检测频带：100kHz~30MHz； HFCT 传输阻抗：15mV/mA
1.2		接地故障感知传感器	外观尺寸：106mm×116mm×28mm/内径 φ50mm；检测灵敏度：10mA； 检测频带：40Hz~1kHz；传输阻抗：0.1V/A
1.3		高频及接地故障采集器	外观尺寸：350mm×260mm×135mm； 供电方式：220V/50Hz；功率：60W； 高频采集器采样率：100MS/s、脉冲分辨率：2μs、采样精度：12bit； 接地故障采集器采样率：20kS/s、采样精度：16bit
1.4		汇聚节点	外观尺寸：1000mm×650mm×600mm； 供电方式：220V/50Hz；功率：500W

续表

序号	设备	主要技术参数
2.1	35kV 开关柜绝缘状态高可靠感知器件	局部放电感知传感器
外观尺寸：11mm×130mm×0mm/内径φ56mm；检测灵敏度：10pC；检测频带：1~30MHz；HFCT 传输阻抗：15mV/mA
2.2		局部放电采集器	供电方式：220V/50Hz；功率：100W；高频采集器采样率：100MS/s；脉冲分辨率：2μs；采样精度 12bit
2.3		汇聚节点	外观尺寸：470mm×350mm×150mm；供电方式：220V/50Hz；功率：100W
3.1	220kV 气体绝缘开关设备局部放电监测终端	特高频传感器	安装结构为介质窗口式；检测频带：300MHz~2GHz；平均有效高度（灵敏度）：≥8mm
3.2		汇聚节点	外观尺寸：350mm×260mm×35mm；供电方式：220V/50Hz；功率：100W
4.1	220kV 电力变压器局部放电监测终端	特高频传感器	安装结构为介质窗口式；检测频带：300MHz~2GHz；平均有效高度（灵敏度）≥8mm
4.2		高频传感器	外观尺寸：110mm×130mm×30mm/内径φ56mm；检测灵敏度：10pC；检测频带：100kHz~30MHz；HFCT 传输阻抗：15mV/mA
4.3		高频采集器	供电方式：220V/50Hz；功率：20W；高频采集器采样率：100MS/s；脉冲分辨率：2μs；采样精度 12bit
4.4		特高频采集器	供电方式：220V/50Hz；功率：20W；检测频率：300MHz~2GHz；检测带宽：50MHz；具备根据环境背景干扰辨识进行动态智能选频及差分降噪功能；采样率：100MS/s；灵敏度≤3V/m（-80dBm）；动态范围：80dB；全实时采集和脉冲处理；脉冲分辨率：2μs；采样精度：12bit
4.5		汇聚节点	外观尺寸：1000mm×650mm×600mm；供电方式：220V/50Hz；功率：300W
5.1	总汇聚单元	输变电设备绝缘状态诊断接入屏柜	外观尺寸：2260mm×800mm×600mm
5.2		汇聚单元（含屏柜中）	外观尺寸：标准4U机箱；供电方式：220V/50Hz；功率：300W
5.3		辅材	交换模块×1；熔纤盒模块×1；屏蔽网线×1；光纤跳线×16；铠装光缆 GYTS×1；电源线×2

6.1.3 工程实施与安装

6.1.3.1 35kV 电缆绝缘状态高可靠感知器件

1. 35kV 集电电缆绝缘状态高可靠感知器件系统架构

图 6-3 所示为 35kV 集电电缆绝缘状态高可靠感知器件系统架构。

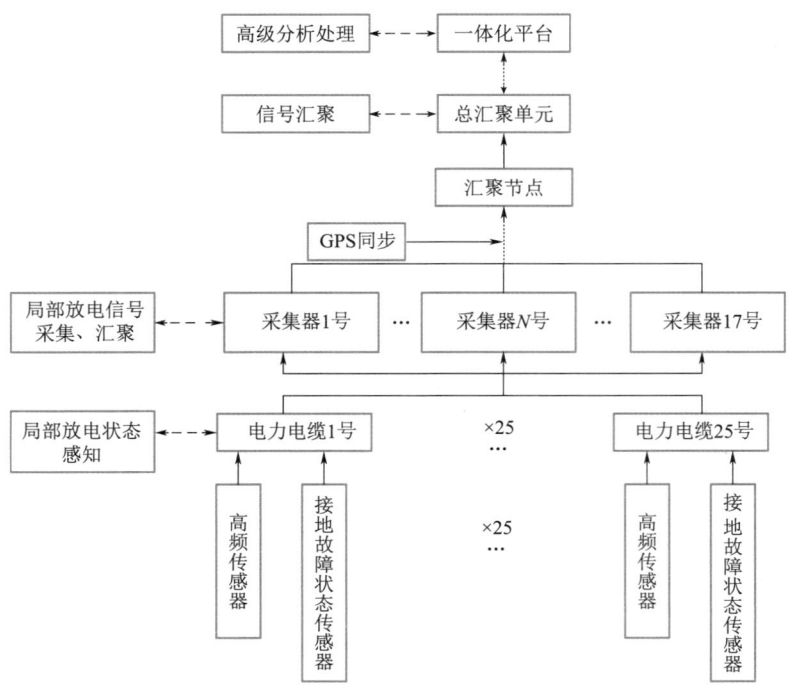

图 6-3　35kV 集电电缆绝缘状态高可靠感知器件系统架构

2. 35kV 集电电缆绝缘状态高可靠感知器件系统组件列表

35kV 集电电缆绝缘状态高可靠感知器件系统主要组件列表见表 6-2。

表 6-2　35kV 集电电缆绝缘状态高可靠感知器件系统主要组件列表

序号	名　称	安　装　说　明
1	局部放电感知传感器	安装位置：①开关柜内接地线缆；②架空线电缆接地线；③站内储能回路接地线。 信号传输方式：低损同轴射频线，从传感器至采集器
2	高频采集器	采集器机箱安装位置：①开关柜二次仪表室内；②户外架空线塔杆上；③储能区电缆井附近。 通信方式：铠装光缆掩埋至汇聚节点户外柜中。 供电方式：铠装屏蔽电源线掩埋到汇聚节点户外柜内。 光缆规格：单模双纤
3	汇聚节点	汇聚节点安装位置：①开关柜室内；②户外塔杆上；③储能区户外柜内采集器机箱内部交换机，柜体安装需要做水泥基础。 通信方式：铠装光缆，从汇聚节点到主控室数据交互系统。 供电方式：铠装电源，从汇聚节点到开关柜室内。 光缆规格：单模双纤

3. 35kV 集电电缆绝缘状态高可靠感知器件系统布点

局部放电感知传感器、接地故障感知传感器各 50 只，共计 100 只，安装位置见表 6-3。

表 6-3 传感器布点位置表

序号	传感器布点区域	传感器安装位置	电缆长度（m）	数量	备注
1	站端储能 1 回路	电缆接头接地线	250	2	
2	站端储能 2 回路	电缆接头接地线	250	2	
3	站端储能 3 回路	电缆接头接地线	250	2	
4	站端储能 4 回路	电缆接头接地线	250	2	
5	站端储能 5 回路	电缆接头接地线	250	2	
6	站端储能 6 回路	电缆接头接地线	250	2	
7	站端储能 7 回路	电缆接头接地线	250	2	
8	站端储能 8 回路	电缆接头接地线	250	2	
9	站端储能站用电 1 回路	电缆接头接地线	250	2	
10	站端储能站用电 2 回路	电缆接头接地线	250	2	
11	站端储能站用电 3 回路	电缆接头接地线	250	2	
12	站端储能站用电 4 回路	电缆接头接地线	250	2	
13	站外架空线 AB 回路	电缆接头接地线	250	4	
14	站外架空线 CD 回路	电缆接头接地线	250	4	
15	站外架空线 EF 回路	电缆接头接地线	600	8	
16	站外架空线 JK 回路	电缆接头接地线	250	4	
17	站外架空线 LM 回路	电缆接头接地线	600/300	6	L 回路-600M
18	开关柜室开关柜内部	电缆接头接地线	—	50	25 回路电缆末端

4. 35kV 集巨电缆绝缘状态高可靠感知器件系统安装方式

1）局部放电感知传感器、接地故障感知传感器安装

将局部放电感知传感器布置于电力电缆接地线，接地线占据可以布置两只传感器的空间。感知传感器安装位置分布在四个地方，分别是开关柜室内电缆接地线、储能环网柜内电缆接地线、架空线缆接地线、储能站用电环网柜内接地线。局部放电感知传感器尺寸 125mm×125mm×30mm、接地故障感知传感器尺寸 115mm×103mm×25mm。局部放电感知传感器安装位置如图 6-4 所示。

2）站外架空线处汇聚节点安装

安装在架空支架离地 1.5m 处，利用箱体支架采用螺栓固定在钢架体上，连接完成后外壳接地通过扁钢地排或软编织接地线做有效连接。机箱尺寸 472mm×425mm×195mm。站外架空线处汇聚节点螺栓固定安装示意图如图 6-5 所示。

3）开关柜室内壁挂安装

利用二次仪表室内摇门完成机箱固定，位置靠近线槽盒附近便于光缆、电缆、低损同轴射频线缆铺设。机箱尺寸 436mm×200mm×113mm。开关柜室二次仪表室内挂耳安装示意图如图 6-6 所示。

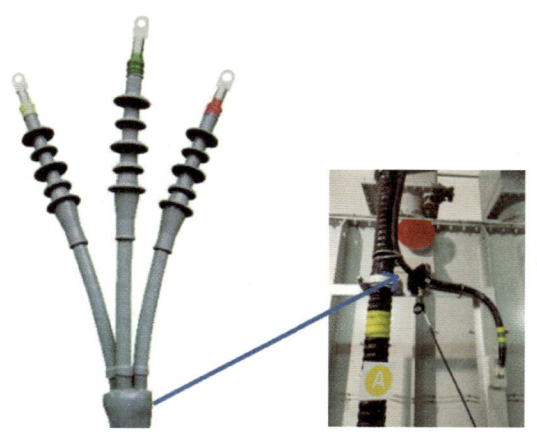

图 6-4 局部放电感知传感器安装位置

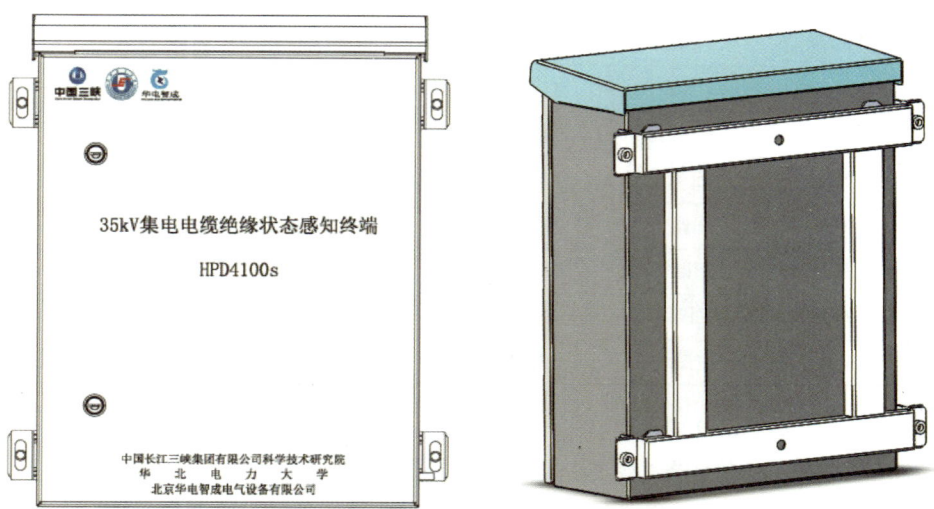

图 6-5 站外架空线处汇聚节点螺栓固定安装示意图

图 6-6 开关柜室二次仪表室内挂耳安装示意图

4)室外储能采集器、汇聚节点安装

现场安装所有传感器信息整合在采集器或汇聚节点户外柜中,柜体安装固定在电缆井附近。柜体接地与地网进行连接,接地扁铁规格80mm×8mm,连接完成后接地扁铁刷黄绿漆。户外柜尺寸1000mm×650mm×600mm。汇聚节点户外柜安装示意图如图6-7所示。

图6-7 汇聚节点户外柜安装示意图

5)电缆、光缆铺设

综合考虑采集器位置、汇聚节点位置和总汇聚单元位置,结合二次平面图对采集器、汇聚节点、总汇聚单元进行电缆、光缆铺设,铺设宗旨是安全施工、合理化布线。

6)站外终端塔传感器与采集器安装

终端塔安装的传感器与采集器如图6-8所示。

将传感器信号线引致采集箱内部,传感器信号线采用同轴射频线通过$\phi 16mm$金属软管沿塔杆捆绑固定引入装置内部。户外采集箱供电电源电缆、B码对时、光缆等利用现有电缆沟敷设至站外,采用$\phi 14mm$的PVC管进行穿引。采集器线缆保护管道如图6-9所示。

7)储能区35kV集电电缆传感器与采集器安装

将局部放电传感器与接地电流传感器安装于储能区的12面柜内,包括储能1~8号出线环网柜、储能站用电1~4号柜。利用现有电缆沟将射频电缆从传感器分别引入1号、2号、3号采集箱。储能1~4号出线环网柜中的传感器与3号终端柜中的采集器相连;储能5~8号出线环网柜中的传感器与1号感知终端中的采集器相连;储能站用电1~4号柜

（a）传感器盒户外安装

（b）采集装置户外安装

图 6-8　终端塔安装的传感器与采集器

图 6-9　采集器线缆保护管道

中的传感器与 2 号感知终端中的采集器相连。储能区 35kV 集电电缆传感器与采集器如图 6-10 所示。

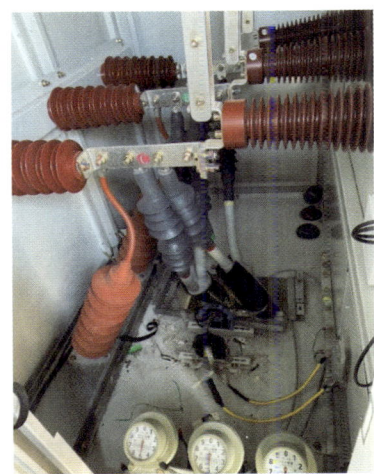

(a) 传感器

(b) 感知终端（采集器）

图 6-10　储能区 35kV 集电电缆传感器与采集器

8) 开关柜内 35kV 集电电缆绝缘状态感知装置安装

开关柜内 35kV 集电电缆绝缘状态感知装置安装如图 6-11 所示。

6.1.3.2　35kV 开关柜绝缘状态高可靠感知器件

1. 35kV 开关柜绝缘状态高可靠感知器件系统架构

35kV 开关柜绝缘状态高可靠感知器件系统架构如图 6-12 所示。

2. 35kV 开关柜绝缘状态高可靠感知器件系统组件列表

35kV 开关柜绝缘状态高可靠感知器件系统组件列表见表 6-4。

3. 35kV 开关柜绝缘状态高可靠感知器件系统布点

25 只局部放电感知传感器安装位置见表 6-5。

图 6-11 开关柜内 35kV 集电电缆传感器安装

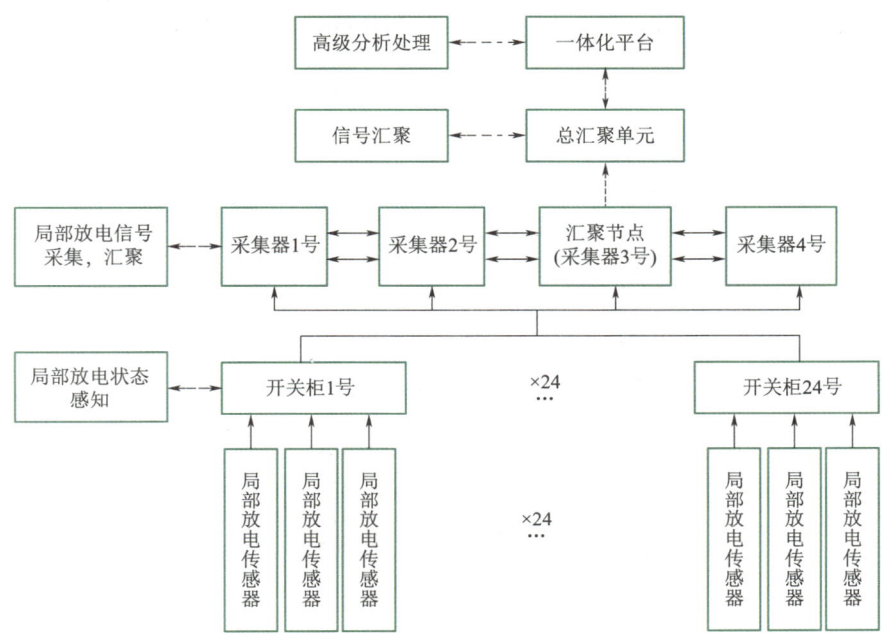

图 6-12 35kV 开关柜绝缘状态高可靠感知器件系统架构

4. 35kV 开关柜绝缘状态高可靠感知器件系统安装方式

1）局部放电感知传感器安装位置

传感器安装固定在开关柜内部，传感器与采集器之间的信号线为低损同轴电缆。局部放电感知传感器尺寸为 150mm×60mm×85mm。局部放电感知传感器安装位置如图 6-13 所示。

2）现场汇聚节点安装位置

开关柜二次仪表室内采用嵌入式安装，利用摇门完成机箱固定，位置靠近线槽盒附近便于光缆、电缆、低损同轴射频线缆铺设。机箱尺寸为 436mm×200mm×113mm，其外观如图 6-14 所示。

第 6 章 规模化风光储电站输变电设备局部放电监测系统研制与应用

表 6-4　35kV 开关柜绝缘状态高可靠感知器件系统组件列表

序号	名　称	安　装　说　明
1	局部放电感知传感器	安装位置：开关柜内部； 通信方式：低损同轴射频线，布设至户内采集器
2	局部放电采集器	采集器机箱安装位置：开关柜二次仪表室内； 通信方式：铠装光缆掩埋至汇聚节点户内柜中； 供电方式：铠装屏蔽电源线掩埋至汇聚节点户内柜内
3	汇聚节点	机箱安装位置：开关柜二次仪表室内； 通信方式：铠装光缆，从汇聚节点到主控室数据交互系统； 供电方式：铠装电源掩埋至开关柜室内； 电源线规格：5mm×2.5mm

表 6-5　25 只局部放电感知传感器安装位置表

序号	传感器布点区域	传感器安装位置
1	开关柜内储能 1 回路	开关柜内
2	开关柜内储能 3 回路	开关柜内
3	开关柜内储能 5 回路	开关柜内
4	开关柜内储能 7 回路	开关柜内
5	开关柜风电内 A 回路	开关柜内
6	开关柜风电内 B 回路	开关柜内
7	开关柜风电内 C 回路	开关柜内
8	开关柜风电内 L 回路	开关柜内

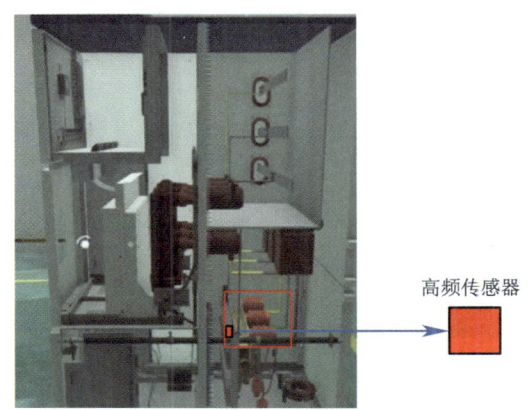

图 6-13　局部放电感知传感器安装位置

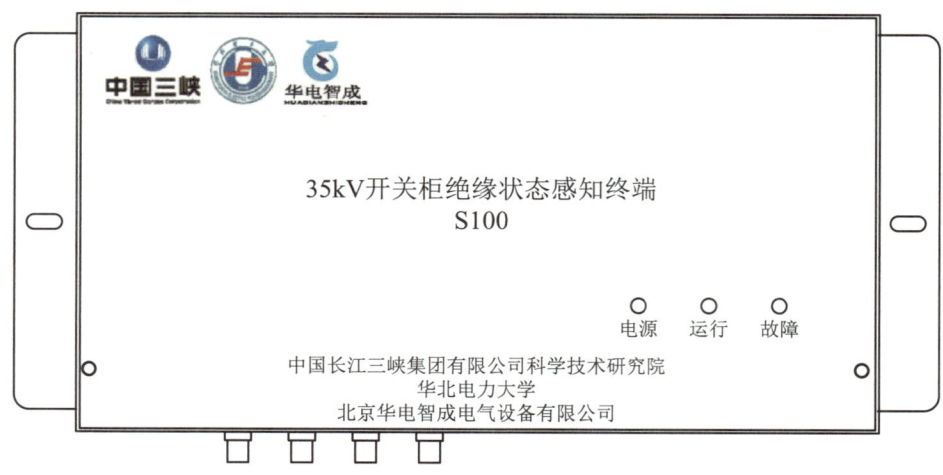

图 6-14 现场汇聚节点机箱外观

3）电缆光缆铺设

综合考虑采集器位置、汇聚节点位置和总汇聚单元位置，结合二次平面图对采集器、汇聚节点、总汇聚单元进行电缆、光缆铺设，铺设宗旨是安全施工、合理化布线。

4）35kV 开关柜绝缘状态感知装置安装

在 35kV 开关柜室对感知终端进行安装，感知终端安装于开关柜内，利用衬板将感知终端悬挂安装在开关柜内。网络通信采用 CT6 类网线传输接线方式，采用 568B 方式制作。35kV 开关柜绝缘状态感知终端（采集器）安装如图 6-15 所示。

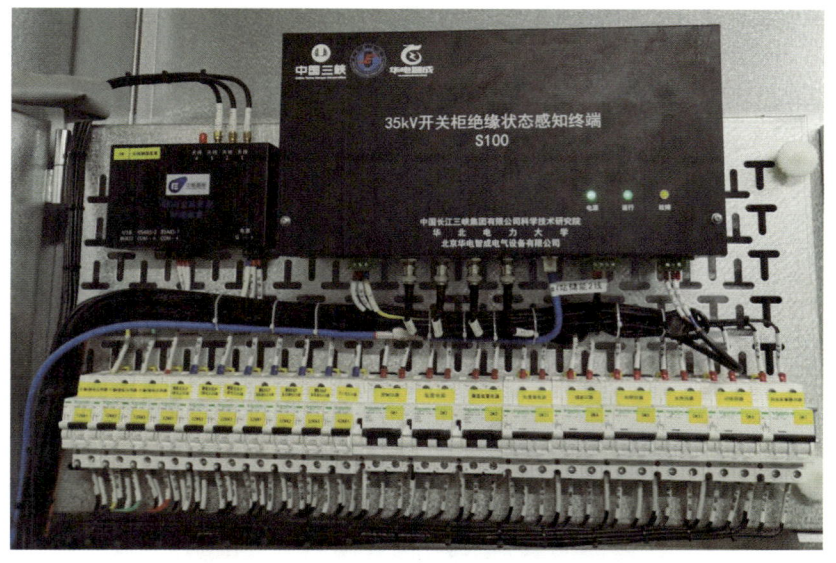

图 6-15 35kV 开关柜绝缘状态感知终端（采集器）安装

6.1.3.3 220kV 气体绝缘开关设备局部放电监测终端

1. 220kV 气体绝缘开关设备局部放电监测终端架构

220kV 气体绝缘开关设备局部放电监测终端架构如图 6-16 所示。

第6章 规模化风光储电站输变电设备局部放电监测系统研制与应用

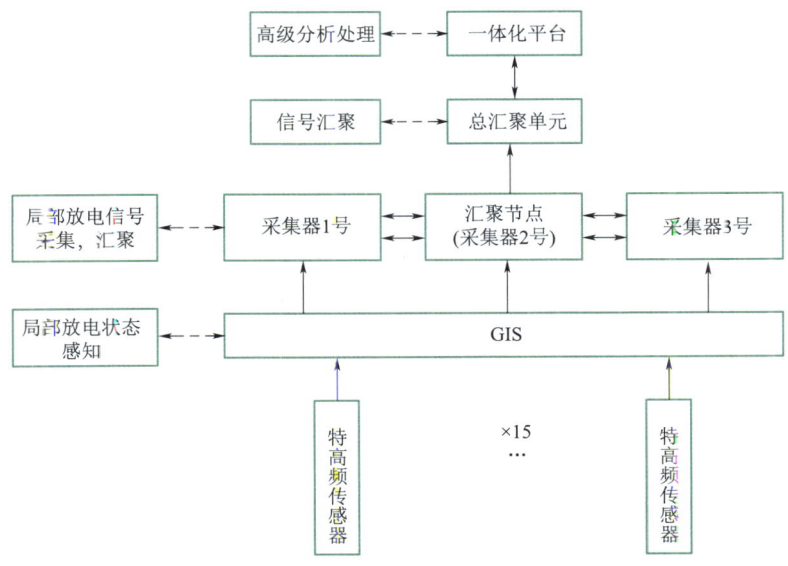

图 6-16 220kV 气体绝缘开关设备局部放电监测终端架构

2. 220kV 气体绝缘开关设备局部放电监测终端组件列表

220kV 气体绝缘开关设备局部放电监测终端组件列表见表 6-6。

表 6-6 220kV 气体绝缘开关设备局部放电监测终端组件列表

序号	名 称	安 装 说 明
1	特高频传感器	安装位置：厂家原有内置传感器所在位置； 通信方式：低损同轴射频
2	采集器	采集器机箱安装位置：GIS 室内安装； 通信方式：铠装光缆掩埋至汇聚节点户内柜中； 供电方式：铠装屏蔽电源线掩埋至汇聚节点户内柜内； 电源线规格：3mm×2.5mm
3	汇聚节点	机箱安装位置：GIS 室内安装； 通信方式：铠装光缆； 供电方式：铠装电源

3. 220kV 气体绝缘开关设备局部放电监测终端布点

15 只特高频传感器安装位置见表 6-7。

表 6-7 15 只特高频传感器安装位置表

序号	传感器布点区域	传感器安装位置	数量
1	主变压器进线间隔	断路器 A/B/C 相	3
2	主变压器进线断路器	断路器 A/B/C 相	3
3	出线间隔断路器	断路器 A/B/C 相	3

续表

序号	传感器布点区域	传感器安装位置	数量
4	母线	母线两端与中间	3
5	PT	A/B/C 相	3

4. 220kV 气体绝缘开关设备局部放电监测终端安装方式

1）传感器安装方式

特高频传感器采用厂家提供的预装内置式传感器，如图 6-17（a）所示。高频传感器采用卡钳式，安装于 1 号、2 号主变压器进线套管下方 3 相接地排上，实现局部放电信号的高灵敏检测，尺寸为 85mm×20mm，安装方式采用夹具支撑安装，如图 6-17（b）所示。

 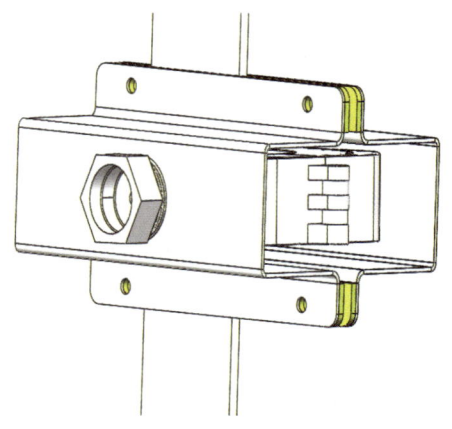

（a）特高频传感器　　　　　　　　　（b）高频传感器

图 6-17　特高频传感器与高频传感器安装方式

2）汇聚节点安装位置

汇聚节点安装位置分别为主变间隔、出线间隔、PT 间隔靠近汇控柜和电缆井处，便于光缆、电缆、低损同轴射频线缆铺设。支架接地与地网进行连接，接地扁铁规格为 80mm×8mm，支架固定方式采用 φ12mm 膨胀螺栓地面固定，机箱采用弓形支架抱箍方式安装，机箱尺寸为 500mm×650mm×125mm。现场汇聚节点安装方式如图 6-18 所示。

3）电缆、光缆铺设

综合考虑采集器位置、汇聚节点位置和总汇聚单元位置，结合二次平面图对采集器、汇聚节点、总汇聚单元进行电缆、光缆铺设，铺设宗旨是安全施工、合理化布线。

6.1.3.4　220kV 电力变压器局部放电监测终端

1. 220kV 电力变压器局部放电监测终端架构

220kV 电力变压器局部放电监测终端架构如图 6-19 所示。

2. 220kV 电力变压器局部放电监测终端组件列表

220kV 电力变压器局部放电监测终端组件列表见表 6-8。

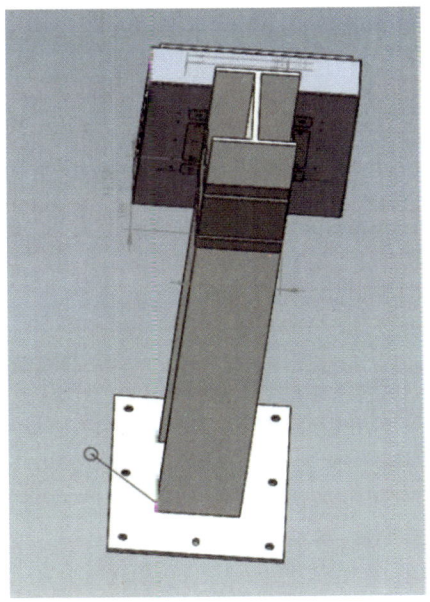

图 6-18 现场汇聚节点安装方式

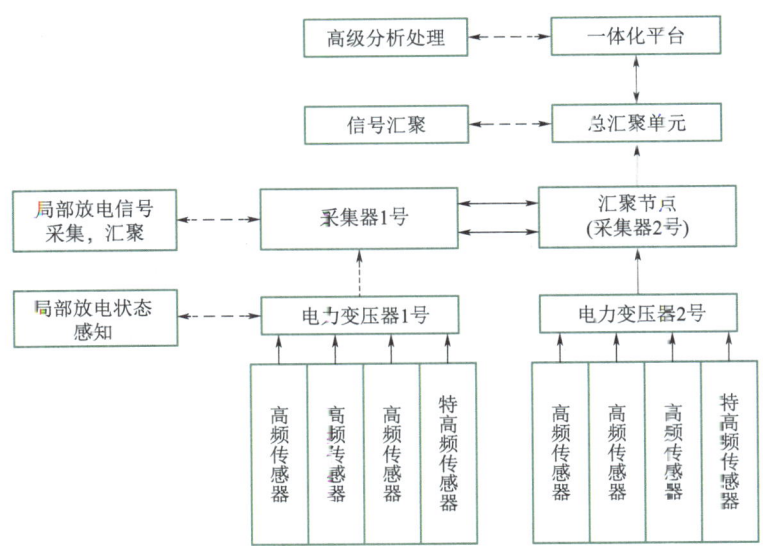

图 6-19 220kV 电力变压器局部放电监测终端架构

表 6-8 220kV 电力变压器局部放电监测终端组件列表

序号	名 称	安 装 说 明
1	特高频传感器	安装位置：变压器人/手孔开窗安装； 通信方式：低损同轴射频线缆
2	高频传感器	安装位置：变压器铁心、夹件、中性点接地排安装； 通信方式：低损同轴射频线缆

续表

序号	名称	安装说明
3	高频采集器	采集器机箱安装位置：汇聚节点户外柜内； 通信方式：网口连接至汇聚节点户外柜中； 供电方式：汇聚节点户外柜中的 AC220V 电源
4	特高频采集器	采集器机箱安装位置：汇聚节点户外柜内； 通信方式：网口连接至汇聚节点户外柜中； 供电方式：汇聚节点户外柜中的 AC220V 电源
5	汇聚节点	户外柜安装位置：变压器电缆井附近，柜体安装需要做水泥基础； 通信方式：铠装光缆掩埋至主控室数据交互系统； 供电方式：铠装电源掩埋至主控室电源柜内； 电源线规格：3mm×2.5mm

3. 220kV 电力变压器局部放电监测终端布点

2 只特高频传感器、6 只高频传感器共计 8 只传感器安装位置见表 6-9。

表 6-9　8 只局部放电传感器安装位置表

传感器序号	传感器布点区域	传感器安装位置	传感器类型
1	1 号主变压器	人/手孔	特高频传感器
2	1 号主变压器	铁心接地	高频传感器
3	1 号主变压器	夹件接地	高频传感器
4	1 号主变压器	中性点接地	高频传感器
5	2 号主变压器	人/手孔	特高频传感器
6	2 号主变压器	铁心接地	高频传感器
7	2 号主变压器	夹件接地	高频传感器
8	2 号主变压器	中性点接地	高频传感器

4. 220kV 电力变压器局部放电监测终端安装方式

1）传感器安装位置

高频电流传感器布置于中性点接地、铁心接地、夹件接地排上。接地排规格为 50mm×4mm。将信号线通过金属波纹管引到线槽，汇集到采集器中。高频电流传感器安装位置与结构如图 6-20 所示。

2）窗式特高频传感器安装位置

介质窗传感器由介质窗盖板和传感器本体两部分构成，介质窗盖板替代传统金属盖板（俗称盲板）安装在变压器人/手孔（或其他观察孔）上，进行变压器油的密封，并实现一次与二次之间的隔离。传感器本体安装在介质窗盖板的绝缘窗口部位，实现局部放电信号的高灵敏检测。特高频传感器尺寸为 210mm×80mm。介质窗式特高频传感器安装示意图与安装后效果图如图 6-21 所示。

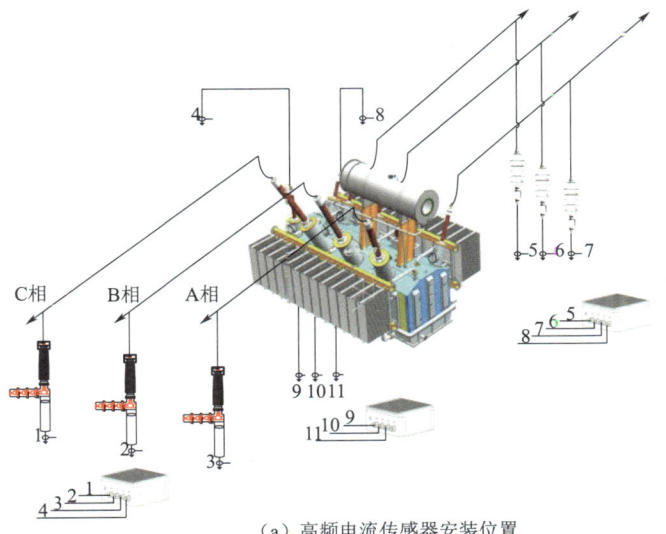

(a) 高频电流传感器安装位置

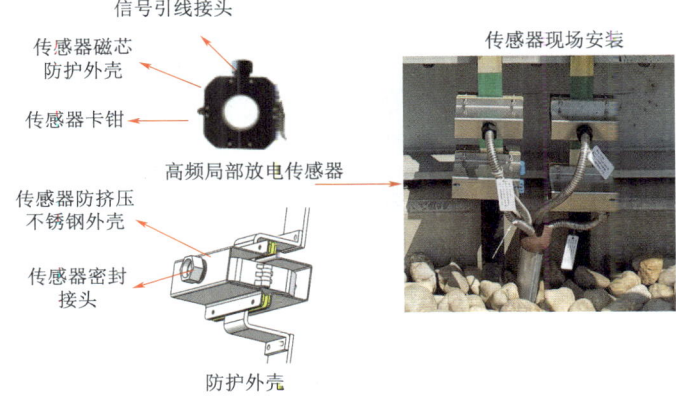

(b) 铁心、夹件处的安装结构

(c) 变压器中性点处的安装示意图

图 6-20 高频电流传感器安装位置与结构

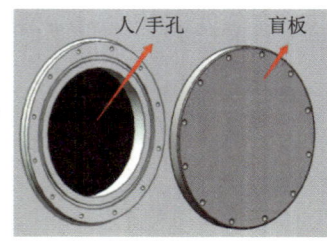 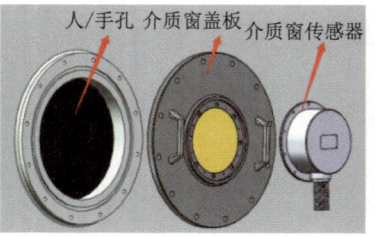 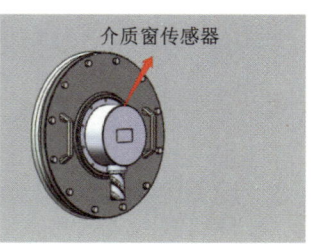

（a）特高频传感器安装示意图

（b）安装后效果图

图 6-21　介质窗式特高频传感器安装示意图与安装后效果图

3）汇聚节点安装位置

现场安装所有传感器信息整合在汇聚节点户外柜中，柜体安装固定在变压器进线侧电缆及附近，柜体接地与地网进行连接，接地扁铁规格 80mm×8mm，连接完成后接地扁铁刷黄绿漆。户外柜尺寸为 1000mm×650mm×600mm。汇聚节点户外机柜如图 6-22 所示。

图 6-22　汇聚节点户外机柜

4) 光缆、电缆铺设

综合考虑采集器位置、汇聚节点位置和总汇聚单元位置，结合二次平面图对采集器、汇聚节点、总汇聚单元进行电缆、光缆铺设，铺设宗旨是安全施工、合理化布线。

6.2 局部放电诊断高级应用模块

电缆和开关柜是电力系统中重要的组成部分，它们的高级应用模块可以提供更加智能化、可靠性更高、安全性更强、运行效率更高的功能。本节主要介绍35kV电缆和35kV开关柜的运行状态评价模块、绝缘缺陷及严重程度诊断模块和健康状态预测模块。运行状态评价模块可以帮助电力系统管理者更好地了解电力设备的运行状态和潜在问题，及时采取措施，提高电力系统的可靠性和安全性；绝缘缺陷及严重程度诊断模块可以帮助电力系统管理者实现对电力设备绝缘状态的实时监测、缺陷诊断和严重程度评估，从而保障电力系统的可靠运行；健康状态预测模块可以实现对电力设备未来状态的预测和预警，帮助及时发现并解决电力系统中的潜在问题，提高电力系统的运行效率和可靠性。

6.2.1 状态评价模块

6.2.1.1 35kV电缆运行状态评价模块

1. 电缆运行状态评价方法设计与开发说明

35kV电缆运行状态评价模块基于电缆在运行过程中的局部放电信号的分布规律实现对运行状态的判断。35kV电缆运行状态评价模块的输入状态量为电缆的局部放电幅值数据，在模块中封装分布模型分析方法、分布参数与实际缺陷率及故障率关联分析方法、注意值和预警值估计方法以及基于差异化阈值的运行状态评价及预警方法，模块输出为35kV电缆的运行状态。35kV电缆运行状态评价模块的设计图如图6-23所示。

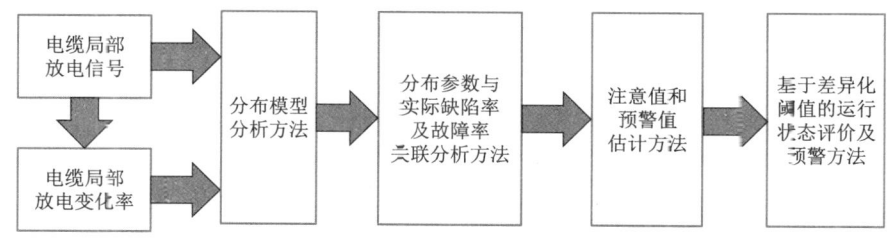

图6-23 35kV电缆运行状态评价模块的设计图

开展35kV电缆绝缘缺陷长期试验，基于特高频检测方法、超声检测方法以及宽带电流检测方法获得电缆不同运行状态下的局部放电信号，将35kV电缆的绝缘状态划分为正常、注意、异常、严重四个阶段。考虑除局部放电幅值外，局部放电的变化率也是反映电缆状态的重要指标，对局部放电幅值及其变化率进行分布分析，构建局部放电及其变化率的威布尔分布模型。

威布尔分布的概率密度函数可表示为：

$$f(x) = \frac{\beta}{\eta}\left(\frac{x}{\eta}\right)^{\beta-1} e^{-(x/\eta)^{\beta}} \tag{6-1}$$

其对应的累积概率分布函数也称失效分布函数为：

$$F(x) = 1 - e^{-(x/\eta)^{\beta}} \tag{6-2}$$

式中：β 为形状参数；η 为比例参数。

根据采集的局部放电及其变化率数据样本，利用极大似然法可以估计形状和比例参数，预设待定参数，将采集的样本出现在观测领域内概率最大时的预设参数作为未知参数的估计值。

设局部放电及其变化率数据列为 $X=(x_1, x_2, \cdots, x_n)$，令 θ 为待估计的模型参数 (β, η)，根据极大似然函数估计的基本原理得到对数似然函数为：

$$\ln L(\theta|x) = \ln \prod_{i=1}^{n} \frac{\beta}{\eta} \left(\frac{x_i}{\eta}\right)^{\beta-1} e^{-(x_i/\eta)^{\beta}}$$

$$= \sum_{i=1}^{n} \left[\ln(\beta) + (\beta-1)\ln(x_i) - \beta\ln\eta - (x_i/\eta)^{\beta}\right] \tag{6-3}$$

似然方程组为：

$$\begin{cases} \dfrac{\partial \ln L(\theta|x)}{\partial \beta} = 0 \\ \dfrac{\partial \ln L(\theta|x)}{\partial \eta} = 0 \end{cases} \tag{6-4}$$

将式（6-3）代入式（6-4）即可得到 β 和 η 的估计值。因此可以根据样本数据（经过数据质量提升之后的油色谱数据）估计模型的参数，建立分布模型。局部放电幅值及其变化率的概率分布图和拟合曲线如图6-24所示。

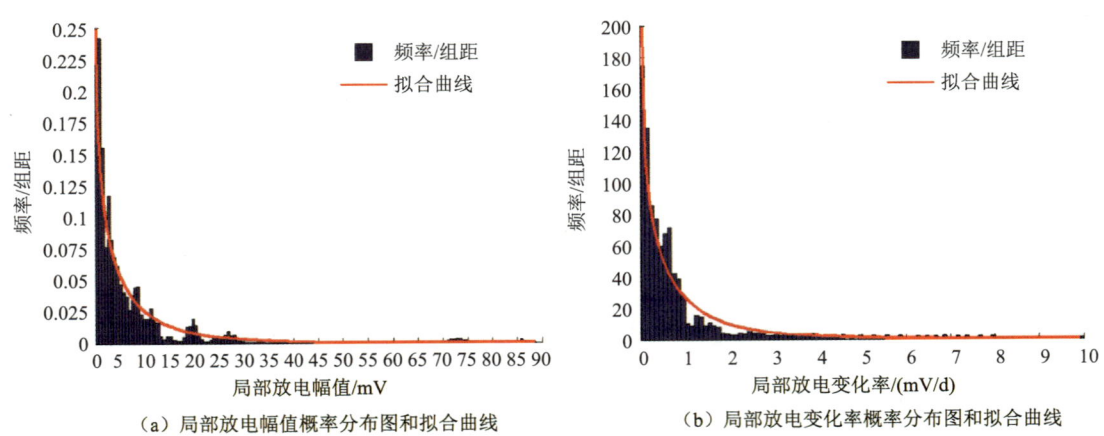

(a) 局部放电幅值概率分布图和拟合曲线　　(b) 局部放电变化率概率分布图和拟合曲线

图 6-24　局部放电幅值及其变化率的概率分布图和拟合曲线

将局部放电分布模型的注意值和警示值与电缆实际的缺陷率和故障率进行关联，如图 6-25 所示。

基于威布尔函数的逆累积分布函数获得用于评价电缆状态的注意值和警示值。威布尔函数的逆累积分布函数为：

第6章 规模化风光储电站输变电设备局部放电监测系统研制与应用

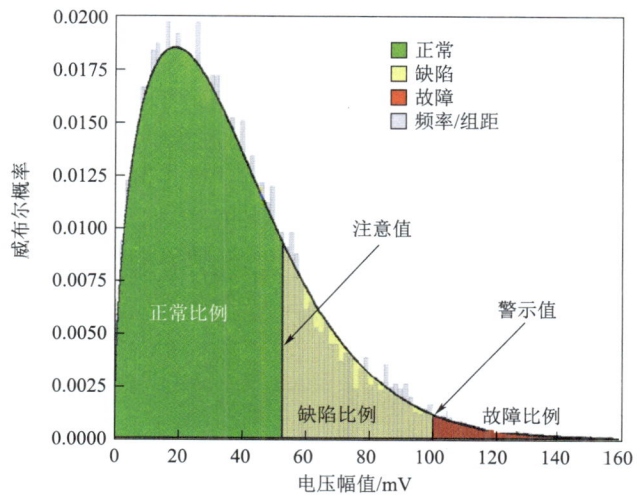

图 6-25 局部放电分布模型的注意值和警示值与检测设备实际的缺陷率和故障率之间的关系图

$$q=F^{-1}(p|\eta,\beta)=-\eta[\ln(1-p)]^{1/\beta}, p\in[0,1] \quad (6-5)$$

式中：p 为累积分布概率；q 为当累积概率为 p 时对应的取值。

将威布尔分布模型的累积概率与故障率和缺陷率相关联，当设置累积概率=1-故障率时，即可得到与故障率相关的警示值，当设置累积概率=1-缺陷率时，即可得到与缺陷率相关的注意值，计算流程如图 6-26 所示。

基于局部放电幅值及其变化率的注意值和警示值，可以构建 35kV 电缆绝缘状态评估策略，如图 6-27 所示。

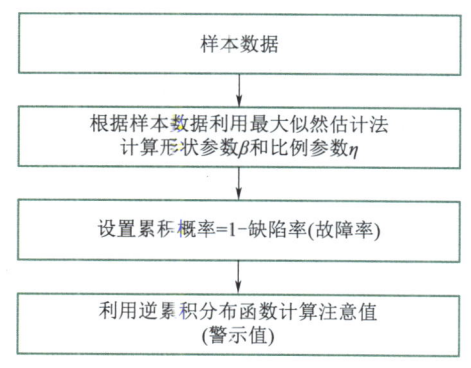

图 6-26 35kV 电缆状态评价的注意值及警示值计算流程图

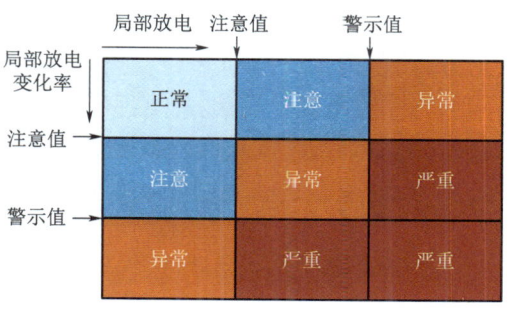

图 6-27 35kV 电缆绝缘状态评估策略

35kV 电缆绝缘状态评价方法的流程图如图 6-28 所示。

2. 电缆运行状态评价模块界面与输入输出说明

35kV 电缆运行状态评价模块基于电缆首端和末端的局部放电传感器采集的局部放电幅值以及接地电流幅值数据实现对 35kV 电缆运行状态的评价，一体化平台中的电缆运行状态评价模块界面如图 6-29 所示，模块的输入输出说明见表 6-10。

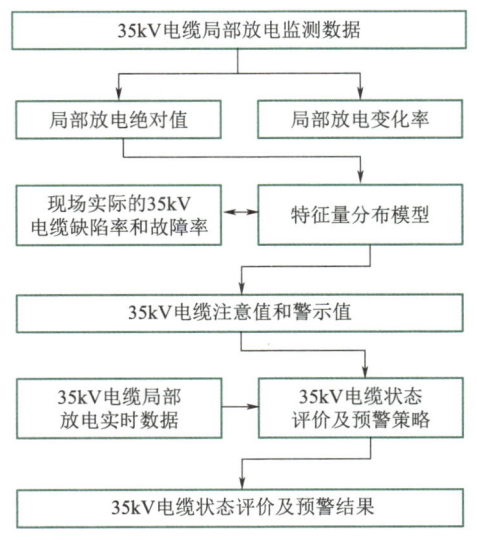

图 6-28　35kV 电缆绝缘状态评价方法的流程图

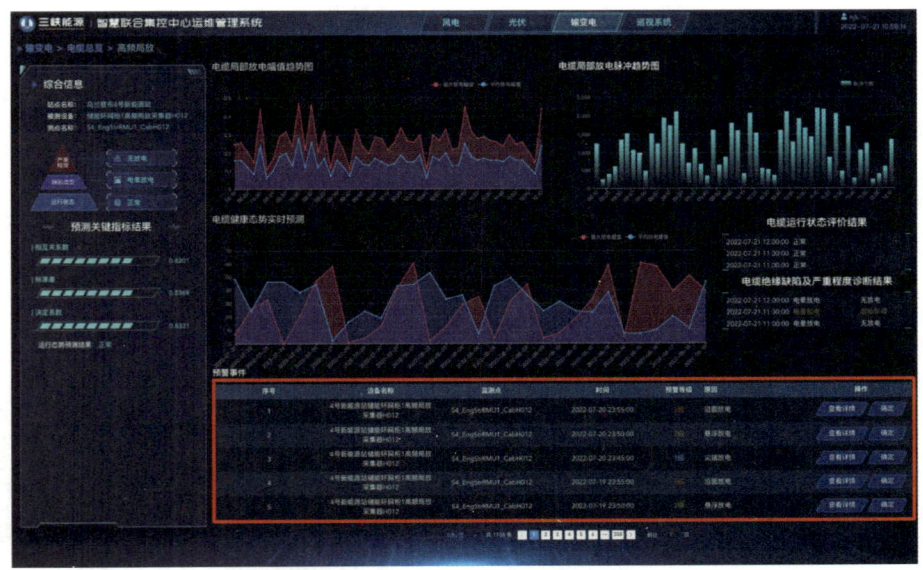

图 6-29　电缆运行状态评价模块界面

表 6-10　35kV 电缆运行状态评价模块输入输出说明

类型	说　　明	数据类型	解　释　说　明
输入量	当前测点局部放电最大放电量幅值	double [ ]	需要获取从投运到当前时间节点的所有局部放电最大放电量幅值、局部放电平均放电量幅值以及局部放电脉冲次数数据（若计算能力和内存有限，则选择从当前时间节点开始向前的 12 个月的数据）。每天获取一个数据，如果在一天中有多个测量值，则采用这些测量值的平均值

续表

类型	说　明	数据类型	解　释　说　明
输出量	局部放电最大放电量幅值注意值	double	每计算一次得到13个值，算法建议每天触发一次，则每天均计算得到13个值，并将计算结果存储在"电缆状态评价结果"数据库中。页面仅仅解析并展示最后一个值，即电缆状态评价结果。电缆状态评价结果的输出与解析对应关系为：0 表示正常状态；1 表示注意状态；2 表示异常状态；3 表示严重状态；99 表示阈值异常
	局部放电最大放电量幅值警示值		
	局部放电最大放电量幅值变化率注意值		
	局部放电最大放电量幅值变化率警示值		
	局部放电平均放电量幅值注意值		
	局部放电平均放电量幅值警示值		
	局部放电平均放电量幅值变化率注意值		
	局部放电平均放电量幅值变化率警示值		
	局部放电脉冲次数注意值		
	局部放电脉冲次数警示值		
	局部放电脉冲次数变化率注意值		
	局部放电脉冲次数变化率警示值		
	电缆状态评价结果		

6.2.1.2　35kV 开关柜运行状态评价模块

1. 开关柜运行状态评价方法设计与开发说明

35kV 开关柜运行状态评价模块基于开关柜在运行过程中的局部放电信号的分布规律实现对运行状态的判断。35kV 开关柜运行状态评价模块的输入状态量为开关柜的局部放电幅值数据，在模块中封装分布模型分析方法、分布参数与实际缺陷率及故障率关联分析方法、注意值和预警值估计方法以及基于差异化阈值的运行状态评价及预警方法，模块输出为 35kV 开关柜的运行状态。35kV 开关柜运行状态评价模块的设计图如图 6-30 所示。

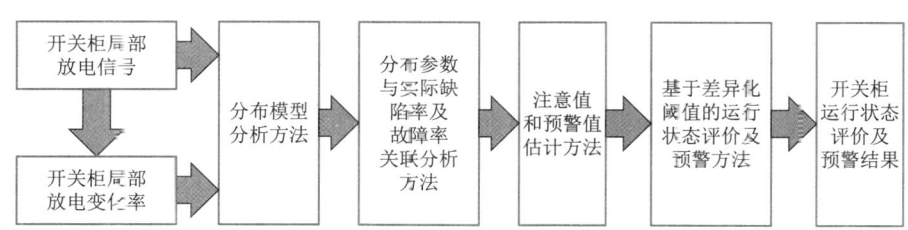

图 6-30　35kV 开关柜运行状态评价模块的设计图

开展 35kV 开关柜绝缘缺陷长期试验，基于特高频检测方法、超声检测方法以及宽带电流检测方法获得开关柜不同运行状态下的局部放电信号，将 35kV 开关柜的绝缘状态划分为正常、注意、异常、严重四个阶段。考虑除局部放电幅值外，局部放电的变化率也是反映开关柜状态的重要指标，对局部放电幅值及其变化率进行分布分析，构建局部放电及其变化率的威布尔分布模型，构建过程与 6.2.1.1 小节中所述一致。

因此可以根据样本数据（经过数据质量提升之后的油色谱数据）估计模型的参数建立分布模型。局部放电幅值及其变化率的概率分布图和拟合曲线如图 6-31 所示。

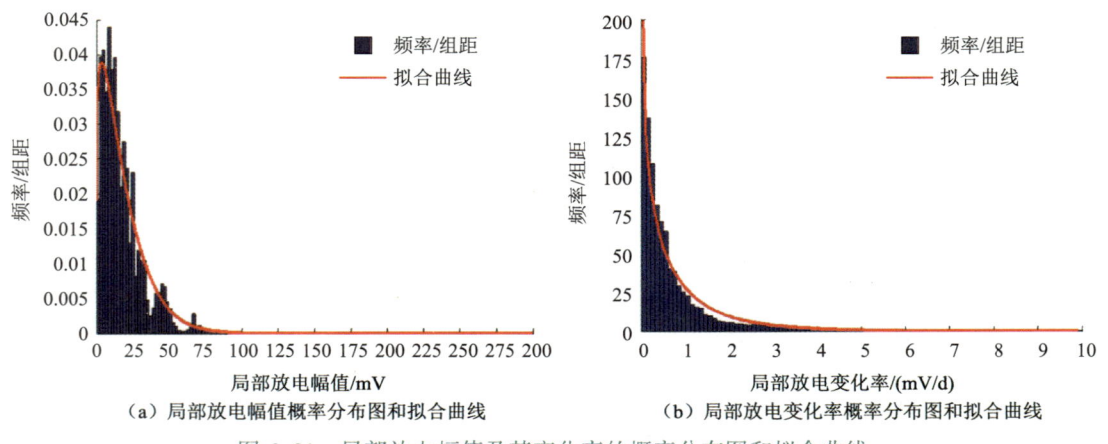

(a) 局部放电幅值概率分布图和拟合曲线　　(b) 局部放电变化率概率分布图和拟合曲线

图 6-31　局部放电幅值及其变化率的概率分布图和拟合曲线

参考电缆局部放电注意值和警示值计算流程，得到 35kV 开关柜局部放电幅值及其变化率的注意值和警示值。基于该注意值和警示值，构建适应于 35kV 开关柜的绝缘状态评估策略。威布尔分布模型的累积故障率、缺陷率关联图和绝缘状态评估策略同图 6-25、图 6-27 所示，不再另行赘述。

35kV 开关柜绝缘状态评价方法的流程图如图 6-32 所示。

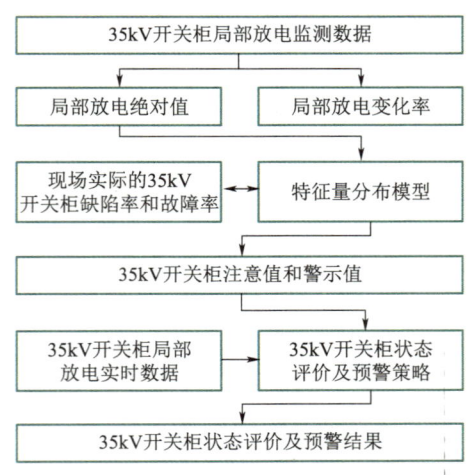

图 6-32　35kV 开关柜绝缘状态评价方法的流程图

2. 开关柜运行状态评价模块界面与输入输出说明

35kV 开关柜运行状态评价模块基于开关柜局部放电幅值和脉冲个数的数据实现对

35kV 开关柜运行状态的评价，一体化平台中的开关柜运行状态评价模块的界面如图 6-33 所示，模块的输入输出说明见表 6-11。

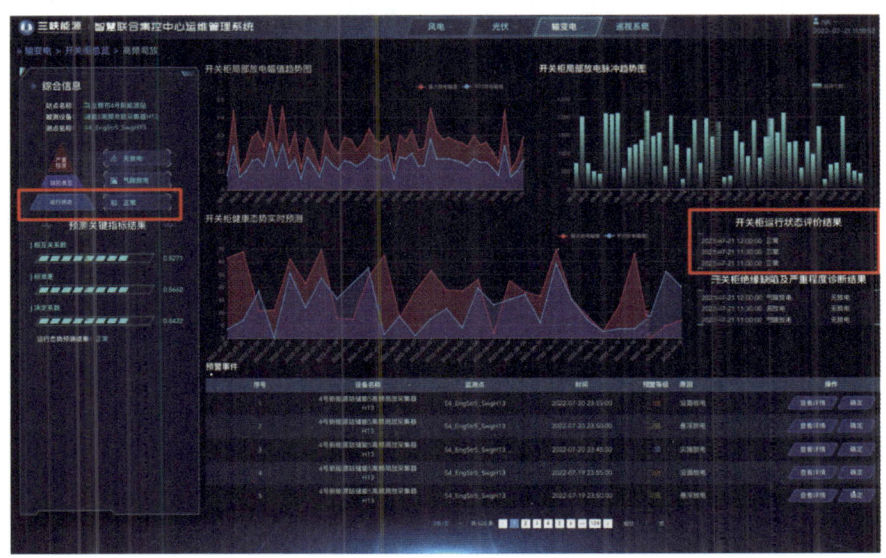

图 6-33 开关柜运行状态评价模块界面

表 6-11 35kV 开关柜运行状态评价模块输入输出说明

类型	说　明	数据类型	解　释　说　明
输入量	当前测点局部放电最大放电量幅值	double [ ]	需要获取从投运到当前时间节点的所有局部放电最大放电量幅值、局部放电平均放电量幅值以及局部放电脉冲次数数据（若计算能力和内存有限，则选择从当前时间节点开始向前的 12 个月的数据）。每天获取一个数据，如果在一天中有多个测量值，则采用这些测量值的平均值
	当前测点局部放电平均放电量幅值		
	当前测点局部放电脉冲次数		
输出量	局部放电最大放电量幅值注意值	double	每计算一次得到 13 个值，算法建议每天触发一次，则每天均计算得到 13 个值，并将计算结果存储在"开关柜状态评价结果"数据库中。页面仅解析并展示最后一个值，即开关柜状态评价结果。开关柜状态评价结果的输出与解析对应关系为：0 表示正常状态；1 表示注意状态；2 表示异常状态；3 表示严重状态；99 表示阈值异常
	局部放电最大放电量幅值警示值		
	局部放电最大放电量幅值变化率注意值		
	局部放电最大放电量幅值变化率警示值		
	局部放电平均放电量幅值注意值		
	局部放电平均放电量幅值警示值		
	局部放电平均放电量幅值变化率注意值		
	局部放电平均放电量幅值变化率警示值		
	局部放电脉冲次数注意值		
	局部放电脉冲次数警示值		
	局部放电脉冲次数变化率注意值		
	局部放电脉冲次数变化率警示值		
	开关柜状态评价结果		

6.2.2 缺陷严重程度诊断模块

6.2.2.1 35kV 电缆绝缘缺陷及严重程度诊断模块

1. 电缆绝缘缺陷及严重程度诊断方法设计与开发说明

35kV 电缆绝缘缺陷及严重程度诊断模块基于深度信念网络实现对电缆局部放电的缺陷类型及严重程度的分层识别。在 35kV 电缆绝缘缺陷及严重程度诊断模块中，首先利用大量的带有标签的历史局部放电数据训练用于缺陷类型识别的深度信念网络分类器和用于严重程度识别的深度信念网络分类器，之后，对分类器进行分层嵌套形成最终的用于对局部放电进行分层识别的分类器。35kV 电缆绝缘缺陷及严重程度诊断模块中预置了利用历史数据训练得到的分类器，在实际应用时，在获取到最新的监测数据之后，调用预置的分类器即可实现对缺陷类型和严重程度的识别。35kV 电缆绝缘缺陷及严重程度诊断模块的设计图如图 6-34 所示。

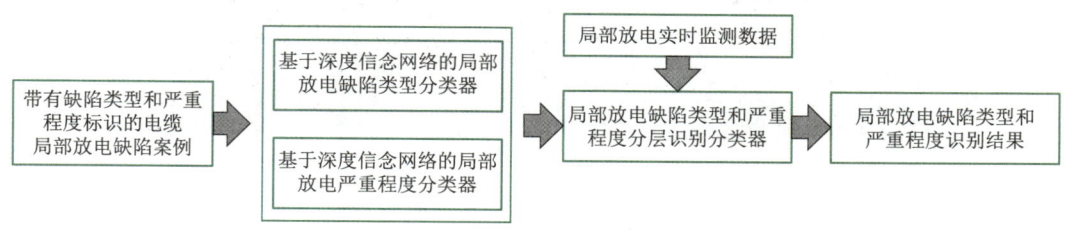

图 6-34　35kV 电缆绝缘缺陷及严重程度诊断模块的设计图

35kV 电缆绝缘缺陷全劣化过程试验模拟平台如图 6-35 所示，该平台模拟了电缆在不同绝缘缺陷及不同严重程度下的局部放电情况，采用特高频检测方法、超声检测方法以及宽带电流检测方法获得局部放电信号与谱图，包括统计谱图、波形谱图等，如图 6-36、

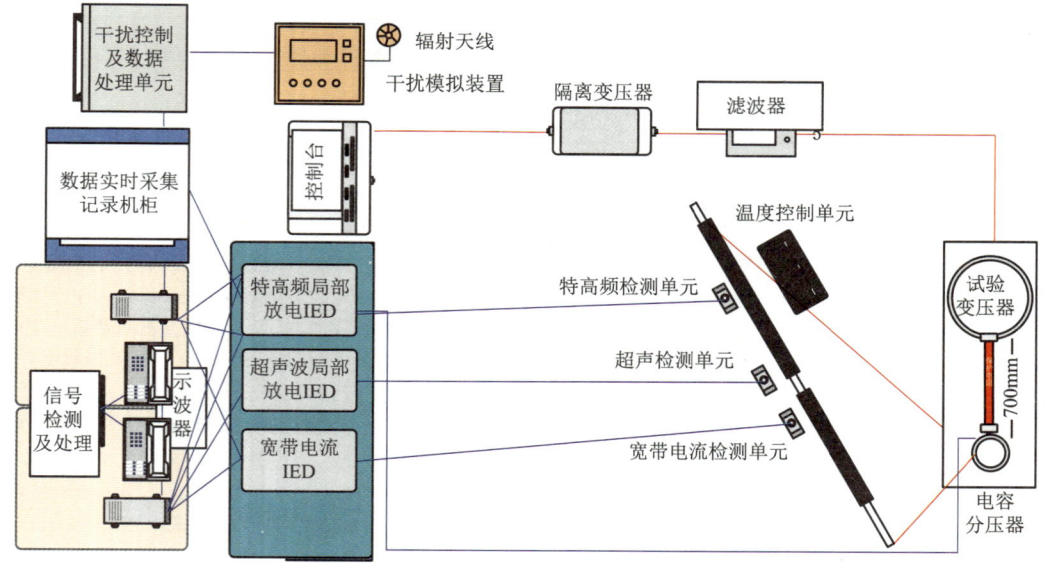

图 6-35　35kV 电缆绝缘缺陷全劣化过程试验模拟平台

图 6-37 所示。

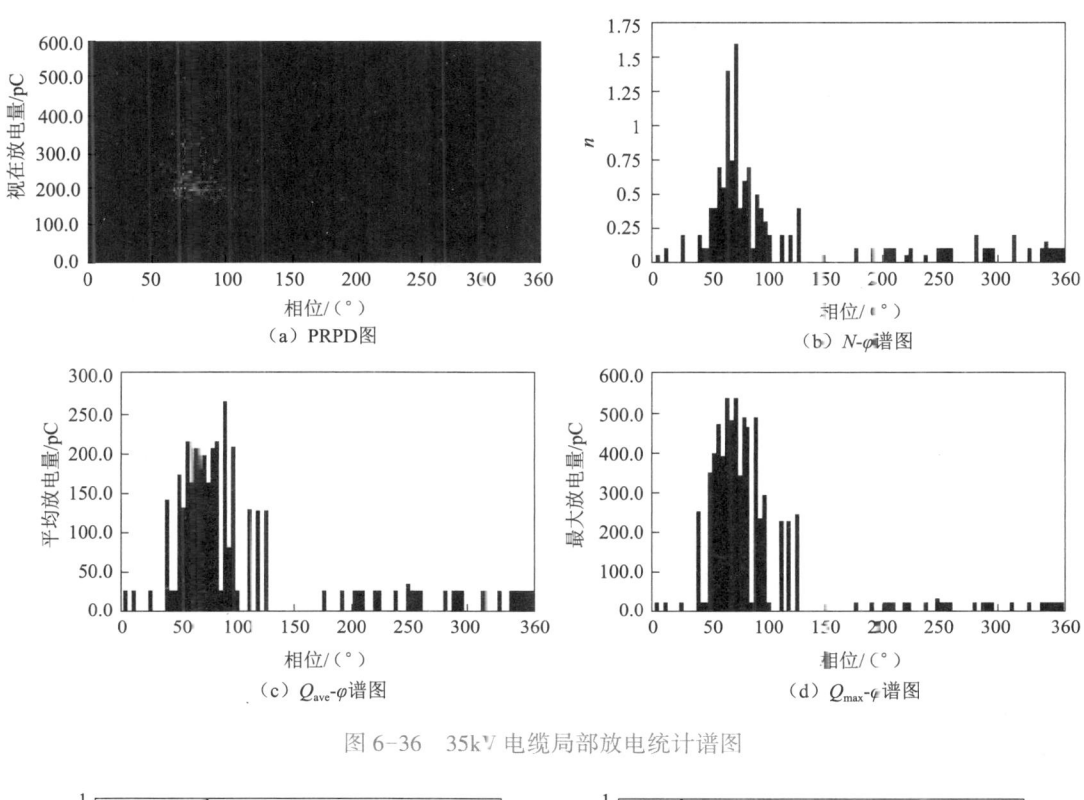

图 6-36　35kV 电缆局部放电统计谱图

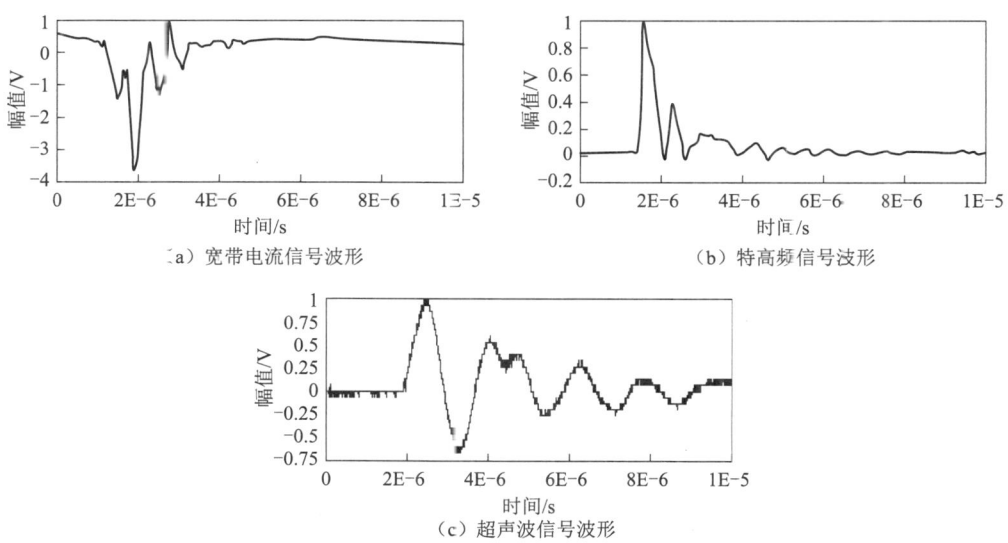

图 6-37　35kV 电缆局部放电波形谱图

由于上述特征量较多，维数也较高，在已提取的众多特征量中，冗余的特征将影响缺陷识别的效率和精度。因此，需基于特征空间降维方法剔除冗余特征，获取指纹特征。特征空间降维方法使用基于主成分分析的方法，计算过程如下：

(1) 原始特征空间标准化处理。

设 $Y=(y_1, y_2, \cdots, y_m)^T$ 为 $m\times n$ 的原始特征空间矩阵，其中 m 为样本个数，n 为特征参数个数。对原始特征空间矩阵进行如下的标准化处理：

$$x_i = \frac{y_i - \mu_i}{\sqrt{\sigma_i}} \tag{6-6}$$

式中：x_i 为标准化处理后的第 i 个特征参数；μ_i 为第 i 个特征参数的均值；σ_i 为第 i 个特征参数的方差。标准化处理后的局部放电特征空间为 $X=(x_1, x_2, \cdots, x_m)^T$。

求取标准化处理后的特征空间的协方差矩阵：

$$C = \frac{1}{m-1}\sum_{j=1}^{m}(x_j - \bar{x})(x_j - \bar{x})^T \tag{6-7}$$

式中：$\bar{x} = \frac{1}{m}\sum_{j=1}^{m}x_j$。

(2) 计算协方差矩阵 C 的特征值与特征向量。

计算协方差矩阵 C 的特征根 $\lambda_i (i=1,2,\cdots,m)$ 与特征向量 $U_{m\times m}$。将特征根按照由大至小的顺序排序，即 $\lambda_1 > \lambda_2 > \cdots > \lambda_m$，并将特征向量 U 的各列按照与特征根大小相应的顺序重新排列，得到变换矩阵 T。最后根据公式 $Y = XT$ 计算新的特征参数矩阵 Y。

(3) 确定主成分个数 r。

依据累积贡献率大小确定主成分个数，累积贡献率的计算如式（6-8）所示：

$$P = \frac{\sum_{j=1}^{r}\lambda_j}{\sum_{j=1}^{m}\lambda_j} \tag{6-8}$$

若累积贡献率大于设定的阈值，如 0.85，则认为 Y 的前 r 列为提取主成分。

在提取特征量之后，构建基于深度信念网络分类器的识别模型，其结构示意图如图 6-38 所示。

深度信念网络分类器的训练包括预训练和调优两个训练阶段。预训练过程采用无监督方法，从第一层 RBM 层开始使用 CD 算法进行逐层训练，直到所有 RBM 层训练完成，得到初始网络参数。调优过程对所有 RBM 和分类层通过标签样本进行微调，最终使整个网络判别性能达到最优。

电缆的局部放电模式识别包括缺陷类型和严重程度的识别两方面。当同时对缺陷类型和严重程度识别时，由于分类对象较多，对分类器的性能造成直接影响。为了能够最大限度地发挥分类器性能，提升局部放电模式识别准确率，提出基于深度信念网络分类器的分层模式识别方法。分层模式识别模型整体上由缺陷识别层和严重程度识别层构成。电缆缺陷类型分为电晕放电、气隙放电和沿面放电 3 种，并将 3 种不同的缺陷类型按照放电的发展过程划分为起始阶段、发展阶段、击穿阶段。对于同一个待测样本，首先进行缺陷类型

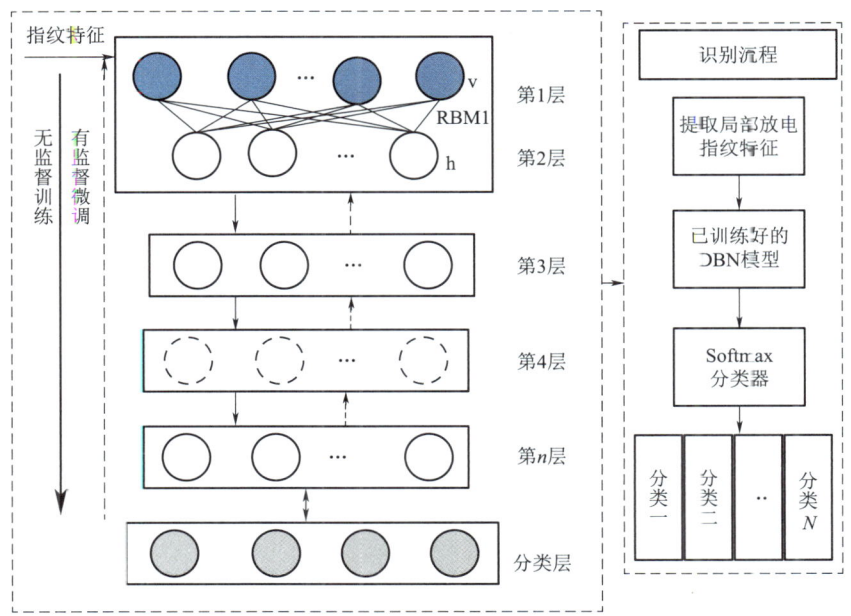

图 6-38 深度信念网络分类器结构示意图

的识别,然后缩小识别范围,进行严重程度的识别,最终得到识别结果。采用这种识别方法可以在一定程度上减小分类器负担,提高识别率。如图 6-39 所示为基于深度信念网络分类器的分层模式识别方法模型图。由图可知,对于同一类特征空间,分层模式识别模型由 3 个独立的深度信念网络分类器组成。诊断时先由第一层深度信念网络分类器识别缺陷类型,再根据缺陷类型识别结果选取对应的第二层深度信念网络分类器识别严重程度,最终获得识别结果。

2. 电缆绝缘缺陷及严重程度诊断模块界面与输入输出说明

35kV 电缆绝缘缺陷及严重程度诊断模块基于电缆首端和末端的局部放电传感器采集的局部放电幅值以及接地电流幅值数据实现对 35kV 电缆的绝缘缺陷及严重程度的诊断,一体化平台中的绝缘缺陷及严重程度诊断模块界面如图 6-40 所示,模块的输入输出说明见表 6-12。

表 6-12 电缆绝缘缺陷及严重程度模块输入输出说明

类型	说明	数据类型	解释说明
输入量	电缆故障诊断案例数据		存储电缆故障诊断案例的表格,后期可以更新该表格
	当前测点局部放电最大放电量幅值	double [ ]	需要获取从当前时间节点往前至少 7 天的局部放电最大放电量幅值、局部放电平均放电量幅值以及局部放电脉冲次数数据(例如,在 2021-02-21 日进行诊断,则需要 2021 年 2 月 15—21 日这 8 天的数据)
	当前测点局部放电平均放电量幅值		
	当前测点局部放电脉冲次数		

续表

类型	说　明	数据类型	解　释　说　明
输出量	电缆故障类型诊断结果	double	每计算一次得到 1 个值，算法建议每天触发一次，则每天均计算得到 1 个值，并将计算结果存储在"电缆故障诊断结果"数据库中。页面解析展示该结果时的对应关系为：0 表示无放电；1 表示电晕放电；2 表示气隙放电；3 表示沿面放电
	电缆严重程度诊断结果		每计算一次得到 1 个值，算法建议每天触发一次，则每天均计算得到 1 个值，并将计算结果存储在"电缆故障诊断结果"数据库中。页面解析展示该结果时的对应关系为：0 表示无放电；1 表示起始阶段；2 表示发展阶段；3 表示严重阶段

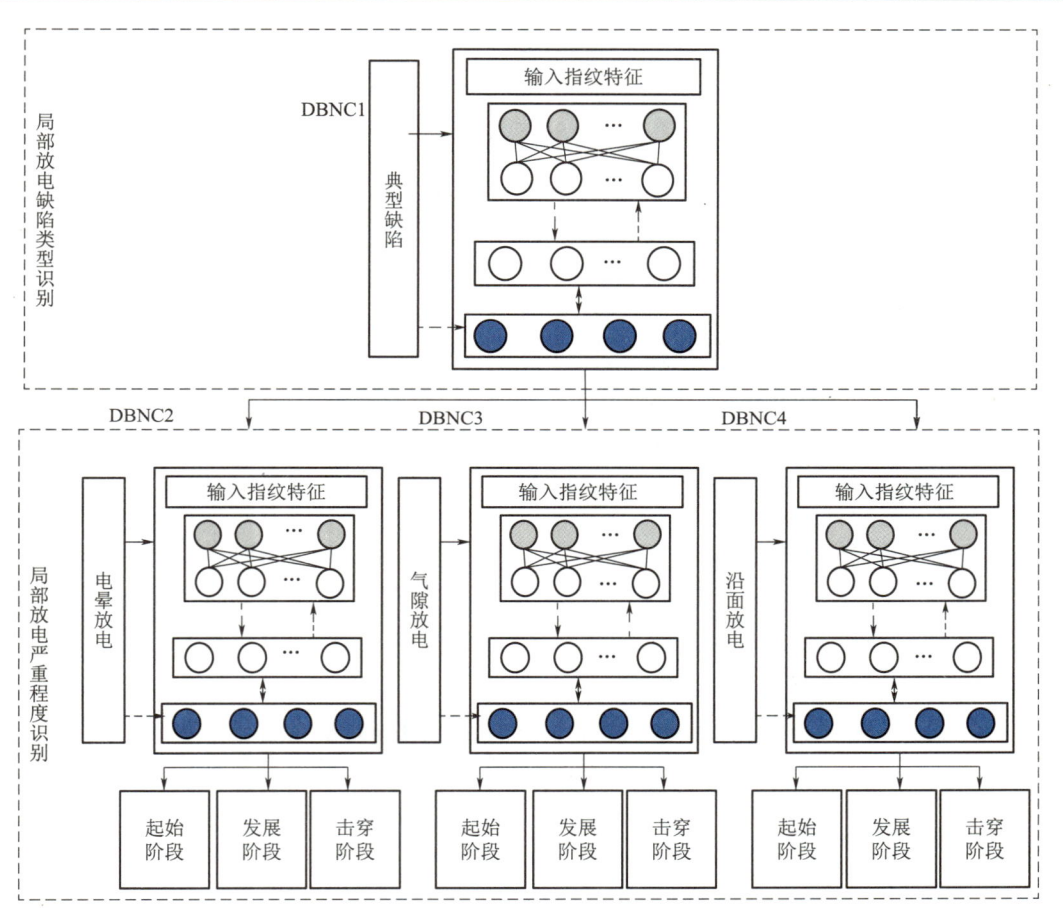

图 6-39　基于深度信念网络分类器的分层模式识别方法模型图

6.2.2.2　35kV 开关柜绝缘缺陷及严重程度诊断模块

1. 开关柜绝缘缺陷及严重程度诊断方法设计与开发说明

35kV 开关柜绝缘缺陷及严重程度诊断模块的设计理念与 35kV 电缆相同。参考

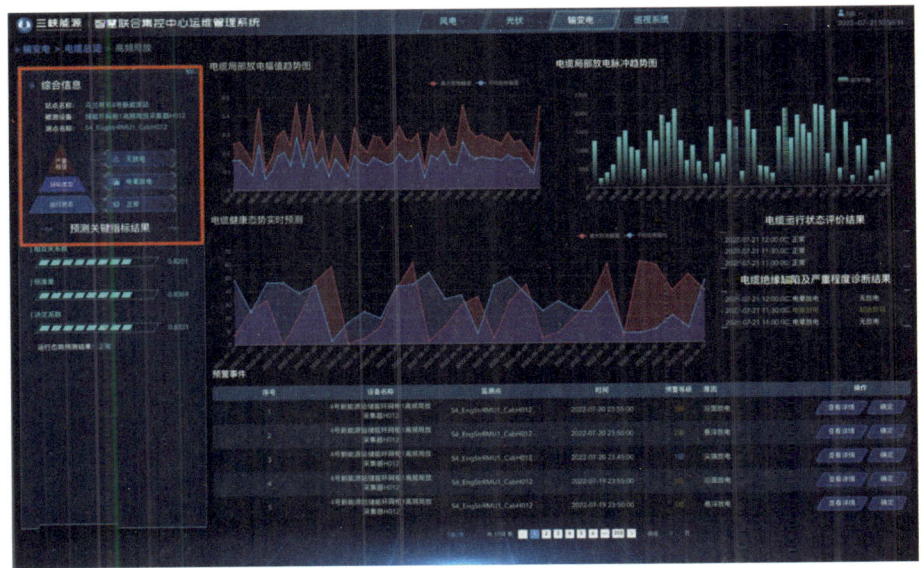

图 6-40 绝缘缺陷及严重程度诊断模块界面

图 6-34，利用 35kV 开关柜的历史数据训练得到用于对局部放电进行分层识别的分类器，并在 35kV 开关柜诊断模块中预置该分类器。实际应用时，在获取到最新的 35kV 开关柜监测数据之后，调用预置的分类器即可实现对缺陷类型和严重程度的识别。

35kV 开关柜绝缘缺陷全劣化过程试验模拟平台如图 6-41 所示，该平台模拟了开关柜在不同绝缘缺陷及不同严重程度下的局部放电情况，采用特高频检测方法、超声检测方法以及宽带电流检测方法获得局部放电信号与谱图，包括统计谱图、波形谱图等，如图 6-42、图 6-43 所示。

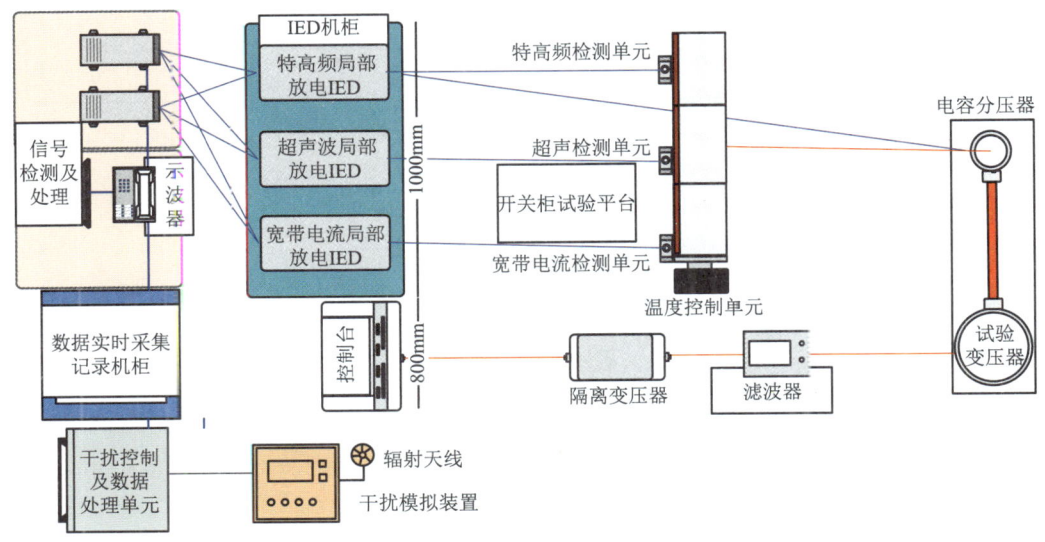

图 6-41 35kV 开关柜绝缘缺陷全劣化过程试验模拟平台

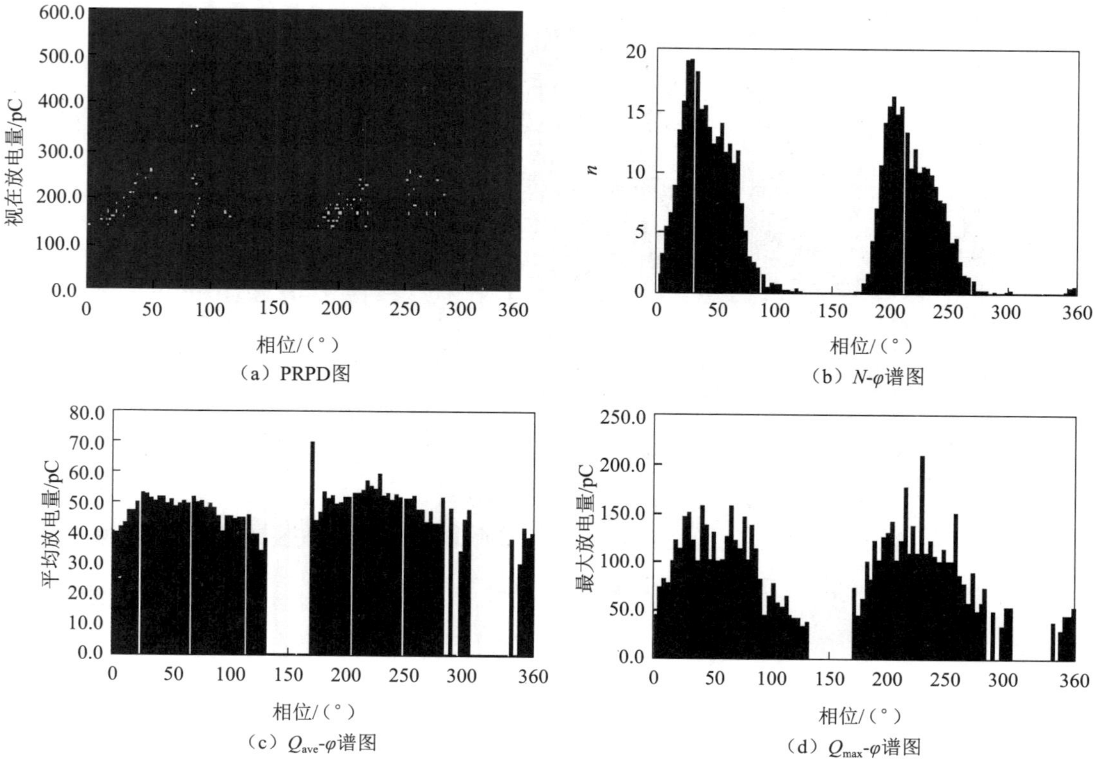

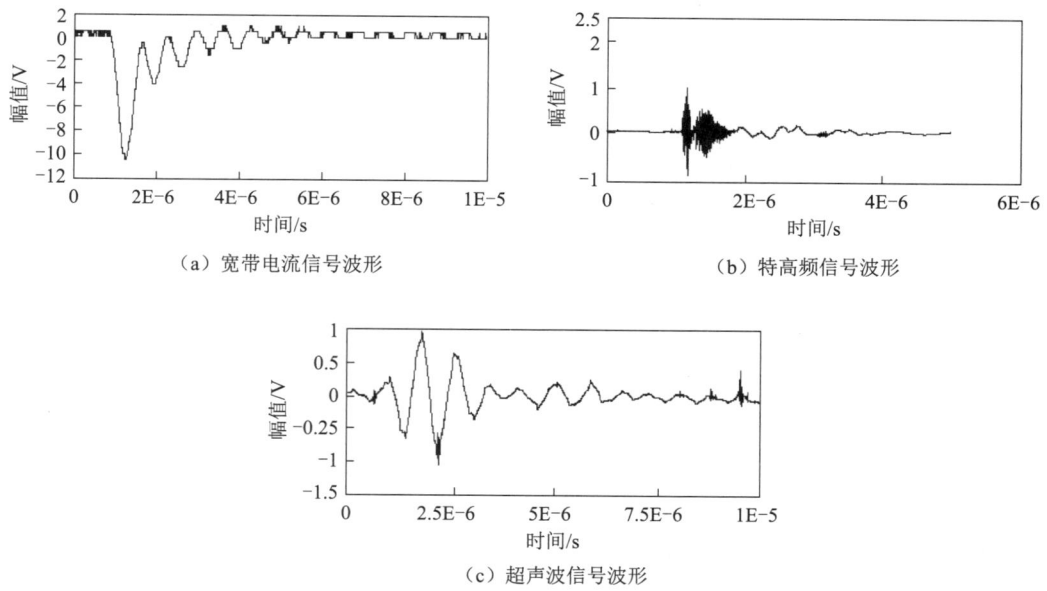

图 6-42 35kV 开关柜局部放电统计谱图

图 6-43 35kV 开关柜局部放电波形谱图

第6章 规模化风光储电站输变电设备局部放电监测系统研制与应用

由于上述特征量较多,维数也较高。在已提取的众多特征量中,冗余的特征将影响缺陷识别的效率和精度。因此,需基于特征空间降维方法剔除冗余特征,获取指纹特征。特征空间降维方法使用基于主成分分析的方法,计算过程如式(6-6)~式(6-8)所示。

同样若累积贡献率大于设定的阈值,如 0.85,则认为 Y 的前 r 列为提取主成分。

在提取特征量之后,构建基于深度信念网络分类器的识别模型,其基本结构在图 6-38 中已经介绍,此处不再赘述。

与电缆的局部放电模式识别类似,开关柜的局部放电模式识别包括缺陷类型和严重程度的识别两方面,其中缺陷类型分为电晕放电、气隙放电和沿面放电 3 种,并将 3 种不同的缺陷类型按照放电的发展过程划分为起始阶段、发展阶段、击穿阶段。利用如图 6-39 所示的基于深度信念网络分类器的分层模式识别方法同样可以实现对开关柜缺陷类型和严重程度的准确识别。

2. 开关柜绝缘缺陷及严重程度诊断模块界面与输入输出说明

35kV 开关柜绝缘缺陷及严重程度诊断模块基于开关柜局部放电幅值和脉冲个数的数据实现对 35kV 开关柜绝缘缺陷及严重程度的诊断。一体化平台中的开关柜绝缘缺陷及严重程度诊断模块界面如图 6-44 所示,模块的输入输出说明见表 6-13。

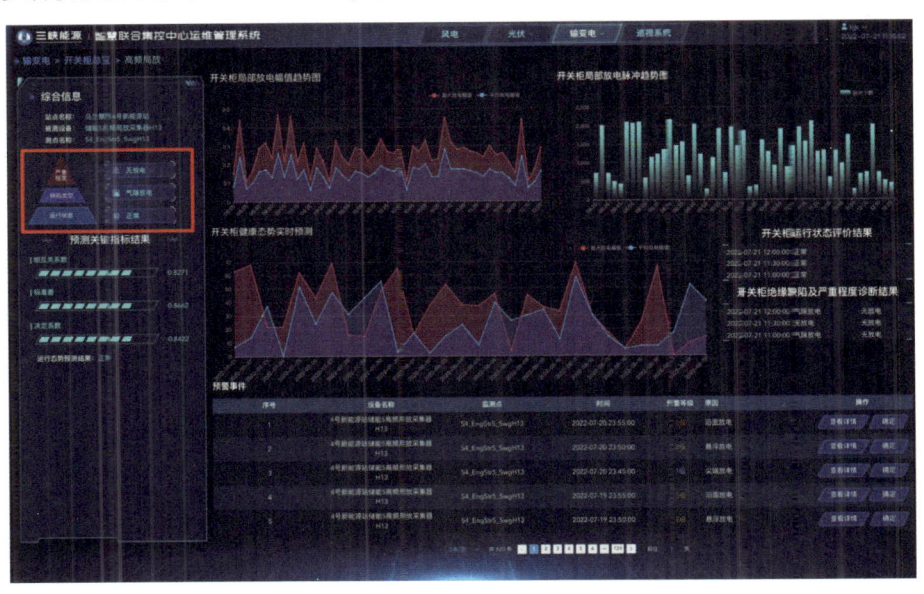

图 6-44 开关柜绝缘缺陷及严重程度诊断模块界面

表 6-13 开关柜绝缘缺陷及严重程度诊断模块输入输出说明

类型	说明	数据类型	解释说明
输入量	开关柜故障诊断案例数据	double [ ][ ]	存储开关柜故障诊断案例的表格,后期可以更新该表格
	当前测点局部放电最大放电量幅值	dcuble [ ]	需要获取从当前时间节点往前至少 7 天的局部放电最大放电量幅值、局部放电平均放电量幅值以及局部放电脉冲次数数据(例如,在 2021 年 2 月 2 日进行诊断,则需要 2021 年 2 月 15—21 日这 8 天的数据)
	当前测点局部放电平均放电量幅值		
	当前测点局部放电脉冲次数		

续表

类型	说　　明	数据类型	解　释　说　明
输出量	开关柜故障类型诊断结果	double[]	每计算一次得到1个值，算法建议每天触发一次，则每天均计算得到1个值，并将计算结果存储在"开关柜故障诊断结果"数据库中。页面解析展示该结果时的对应关系为：0表示无放电；1表示电晕放电；2表示气隙放电；3表示沿面放电；4表示悬浮放电
	开关柜严重程度诊断结果	double	每计算一次得到1个值，算法建议每天触发一次，则每天均计算得到1个值，并将计算结果存储在"开关柜故障诊断结果"数据库中。页面解析展示该结果时的对应关系为：0表示无放电；1表示起始阶段；2表示发展阶段；3表示严重阶段

6.2.3 健康状态预测模块

6.2.3.1 35kV 电缆健康状态预测模块

1. 电缆健康状态预测方法设计与开发说明

35kV 电缆健康状态预测模块融合 35kV 电缆的监测、试验、评价以及实际运行数据形成可以同时反映 35kV 电缆运行趋势和运行状态的态势量，根据态势量的结构特征，使用深度学习模型对态势量进行预测，即可实现对 35kV 电缆未来一段时间健康状态的预测。35kV 电缆健康状态预测模块的输入为电缆的监测、试验、评价以及实际运行信息，模块内部采用态势量提取方法与深度学习预测方法，模块的输出为未来一段时间的 35kV 电缆健康状态。35kV 电缆健康状态预测模块的设计图如图 6-45 所示。

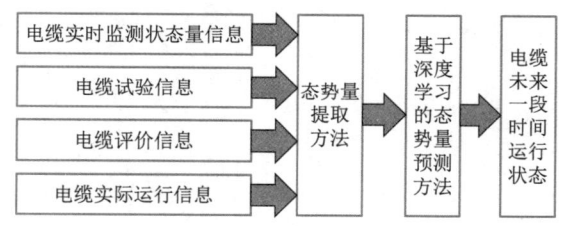

图 6-45　35kV 电缆健康状态预测模块的设计图

在对 35kV 电缆的健康状态进行预测时，为了克服预测方法与诊断方法的误差迭加问题，提出了基于态势量的健康状态预测方法，该预测方法主要包含态势量提取和态势量预测两个部分。

在提取态势量之前，首先，基于 35kV 电缆的实时监测信息、离线或在线试验信息、评价信息以及实际运行信息构建高维状态量空间。之后，从空间中提取状态量时序关系、状态量间关联关系、传统经验导则以及评价结果和实际运行结果之间的模糊关系，将这些关系进行融合，形成一个高维的态势量，态势量的数学表达是一个高维的稀疏矩阵。35kV 电缆的态势量结构如图 6-46 所示。

在提取态势量之后，需要根据态势量特殊的结构，构建面向态势量的预测方法。在

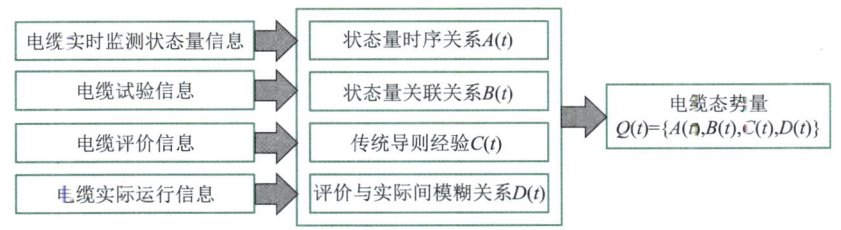

图 6-46　35kV 电缆的态势量结构图

35kV 电缆健康状态预测模块中基于 Attention 算法进行优化，使得 Attention 预测方法适用于态势量。在优化后的 Attention 预测算法中，不仅实现了态势量在时间维度上的训练，还有态势量中多个关系之间的训练，保证了健康状态预测模型的准确性。优化后的 Attention 预测算法结构如图 6-47 所示。

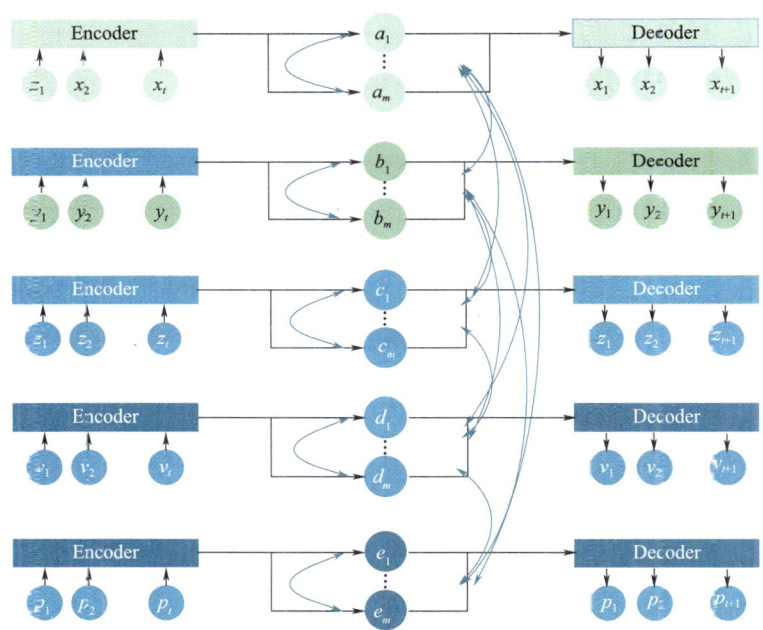

图 6-47　优化后的 Attention 预测算法结构图

2. 电缆健康状态预测模块界面与输入输出说明

35kV 电缆健康状态预测模块基于电缆首端和末端的局部放电传感器采集的局部放电幅值以及接地电流幅值数据实现对 35kV 电缆健康状态的实时预测，一体化平台中的电缆运行状态评价模块界面如图 6-48 所示，模块的输入输出说明见表 6-14。

6.2.3.2　35kV 开关柜健康状态预测模块

1. 开关柜健康状态预测方法设计与开发说明

35kV 开关柜健康状态预测模块融合 35kV 开关柜的监测、试验、评价以及实际运行数据形成可以同时反映 35kV 开关柜运行趋势和运行状态的态势量，根据态势量的结构特征，使用深度学习模型对态势量进行预测，即可实现对 35kV 开关柜未来一段时间健康状态的预测。35kV 开关柜健康状态预测模块的输入为开关柜的监测、试验、评价以及实际运行信息，模块内部采用态势量提取方法和深度学习预测方法，模块的输出为未来一段时间的 35kV 开关柜的健康状态。35kV 开关柜健康状态预测模块的设计图如图 6-49 所示。

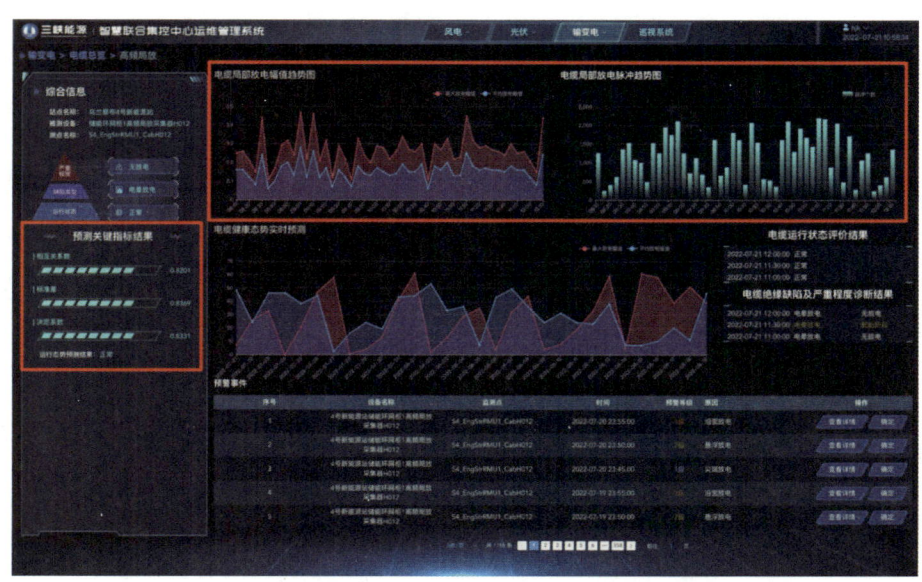

图 6-48　电缆运行状态评价模块界面

表 6-14　电缆健康状态预测模块输入输出说明

类型	说　　明	数据类型	解　释　说　明
输入量	当前测点局部放电最大放电量幅值	double [ ]	需要从投运到当前时间节点的所有局部放电最大放电量幅值、局部放电平均放电量幅值以及局部放电脉冲次数数据（若计算能力和内存有限，则选择从当前时间节点开始向前的 12 个月的数据）。每天获取一个数据，如果在一天中有多个测量值，则采用这些测量值的平均值
	当前测点局部放电平均放电量幅值		
	当前测点局部放电脉冲次数		
输出量	第 i 天的状态预测结果	double	每次预测得到从算法运行之后的 30 天的结果，将结果存储在电缆状态预测结果数据库中，解析算法运行后一天的结果展示在"运行态势预测结果"中，输出与状态的对应关系为：0 表示正常状态；1 表示注意状态；2 表示异常状态；3 表示严重状态；99 表示预测异常
	第 i 天的局部放电最大放电量幅值预测结果		每次预测得到从算法运行之后的 30 天的结果，将结果存储在电缆状态预测结果数据库中
	第 i 天的局部放电平均放电量幅值预测结果		
	第 i 天预测的互相关系数 double		
	第 i 天预测的标准差		
	第 i 天预测的决定系数		

第 6 章　规模化风光储电站输变电设备局部放电监测系统研制与应用

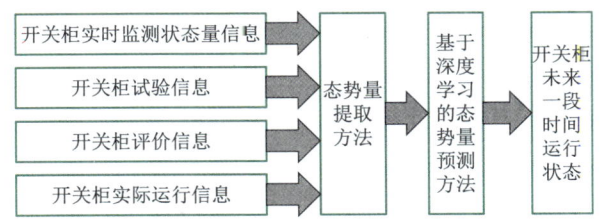

图 6-49　35kV 开关柜健康状态预测模块的设计图

在对 35kV 开关柜的健康状态进行预测时，为了克服预测方法与诊断方法的误差迭加问题，提出了基于态势量的健康状态预测方法，该预测方法主要包含态势量提取和态势量预测两个部分。

在提取态势量之前，首先，基于 35kV 开关柜的实时监测信息、离线或在线试验信息、评价信息以及实际运行信息构建高维状态量空间。之后，从空间中提取状态量时序关系、状态量间关联关系、传统的经验导则以及评价结果和实际运行结果之间的模糊关系，将这些关系进行融合，形成一个高维的态势量，态势量的数学表达是一个高维的稀疏矩阵。35kV 开关柜的态势量结构如图 6-50 所示。

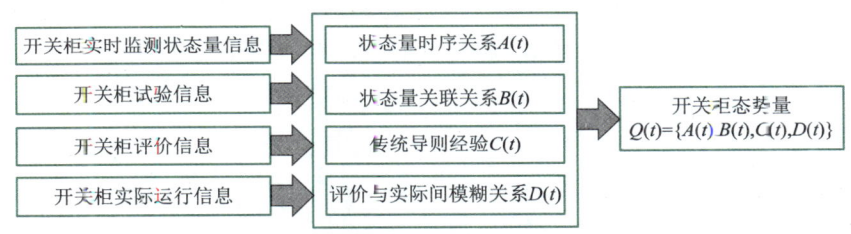

图 6-50　35kV 开关柜的态势量结构图

在提取态势量之后，需要根据态势量特殊的结构，构建面向态势量的预测方法。参考电缆健康状态预测模块构建方法，同样可以使用优化后的 Attention 预测算法，使其适用于开关柜的态势量。优化后的 Attention 预测算法结构参考图 6-47，此处不再赘述。

2. 开关柜健康状态预测模块界面与输入输出说明

35kV 开关柜健康状态预测模块基于开关柜局部放电幅值和脉冲个数的数据实现对 35kV 开关柜健康状态的实时预测，一体化平台中的开关柜健康状态预测诊断模块界面如图 6-51 所示，模块的输入输出说明见表 6-15。

表 6-15　开关柜健康状态预测模块输入输出说明

类型	说　明	数据类型	解　释　说　明
输入量	当前测点局部放电最大放电量幅值	double [ ]	需要获取从投运到当前时间节点的所有局部放电最大放电量幅值、局部放电平均放电量幅值以及局部放电脉冲次数数据（若计算能力和内存有限，则选择从当前时间节点开始向前的 12 个月的数据）。每天获取一个数据，如果在一天中有多个测量值，则采用这些测量值的平均值
	当前测点局部放电平均放电量幅值		
	当前测点局部放电脉冲次数		

续表

类型	说 明	数据类型	解 释 说 明
输出量	第 i 天的状态预测结果	double	每次预测得到从算法运行之后的 30 天的结果,将结果存储在开关柜状态预测结果数据库中,解析算法运行后一天的结果展示在"运行态势预测结果"中,输出值与绝缘状态的对应关系为:0 表示正常状态;1 表示注意状态;2 表示异常状态;3 表示严重状态;99 表示预测异常
	第 i 天的局部放电最大放电量幅值预测结果		
	第 i 天的局部放电平均放电量幅值预测结果		每次预测得到从算法运行之后的 30 天的结果,将结果存储在开关柜状态预测结果数据库中
	第 i 天预测的互相关系数		
	第 i 天预测的标准差		
	第 i 天预测的决定系数		

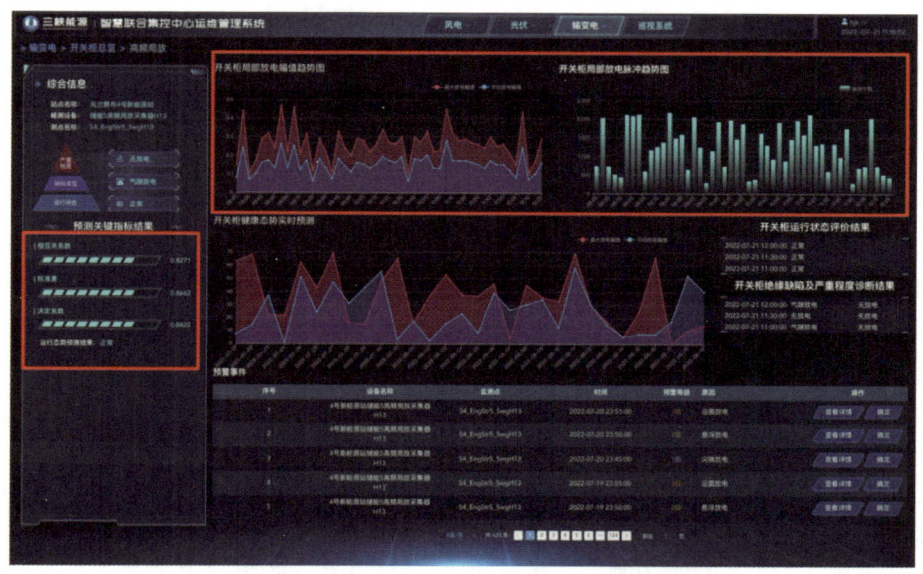

图 6-51 开关柜健康状态预测诊断模块界面

6.3 局部放电监测系统现场测试

现场测试包含状态感知装置测试、总汇集节点监测软件测试和状态诊断预测高级应用模块功能测试。

6.3.1 状态感知装置测试

6.3.1.1 感知终端测试

在二次设备室内安装感知终端的总汇集节点,如图 6-52 所示。将现场状态感知装置的数据传输光缆接入主控室内总汇集节点屏柜中。光缆采用预制 LC 接头裸尾线缆。对传感器外观、采集器、线缆外观进行检查,判断各部件是否出现破损或屏蔽良好。

图 6-52　二次设备室总汇集节点

检查结果显示:开合式传感器开口处扣合紧密,外观无较大损伤(可能影响传感器性能指标的缺陷),传感器接口处无水渍,无水浸泡;各采集器机箱门、机柜门处于关闭状态,外壳无明显损伤。上电运行 24h 后,用测温枪测量机柜表面温度,温度高于环境温度并低于 70℃,动力电缆、光纤、射频信号电缆金属波纹管外观无明显损伤,屏蔽良好。

6.3.1.2　总汇集节点通信测试

现场设备基础性能调试包括设备基础运行状态调试、通信和网络拓扑调试、数据链路调试三个方面。设备基础运行状态调试包括检查设备通电是否正常、工作指示灯是否正常、传感端通道接口与配置是否正常、输入输出线缆连接是否正常。通信和网络拓扑调试包括检查现场网线插接是否就位、光纤链路光信号是否通畅、采集装置 IP 配置是否正确、二次设备室主控机与现场各采集点网路是否通畅。数据链路调试包括检查各个传感器是否可以正常上传数据、二次设备主控机与现场各测点握手协议是否正常执行、各个采集点正常采集模式是否可以正确执行、各个采集点配置文件是否完成了正常更新、各个采集点数据字段是否正常上传。

经过现场逐个设备逐个测点的运行调试,已经确认现场 30 台采集设备、74 个高频局部放电测点、50 个故障电流设备基础运行状态调试、通信和网络拓扑调试、数据链路调试均正常。

6.3.2　总汇集节点监测软件测试

6.3.2.1　主页功能调试

主页功能调试包括检查页面信息是否正确、通信状态是否正常、数据图是否正常动态刷新、系统配置预警界面是否正常工作四个方面,总汇集节点主页功能调试界面如图 6-53 所示。

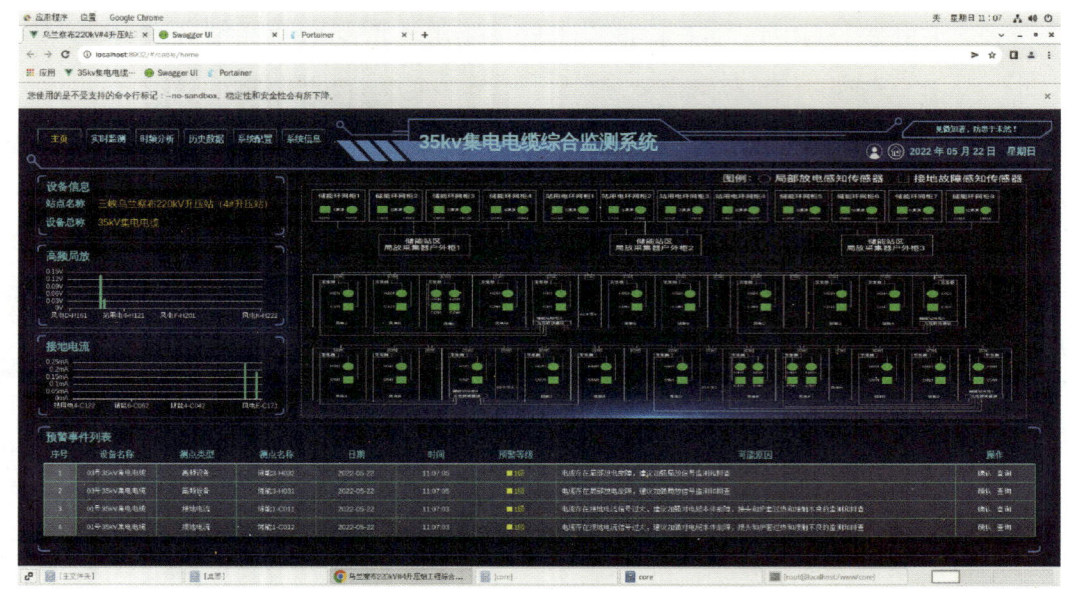

图 6-53 总汇集节点主页功能调试界面

主页功能调试结果显示一切正常,结果显示判断内容包括:

(1) 监测系统运行后,设备信息都设定无误,站点名称、设备名称、型号等内容应与相关负责人核实无误。

(2) 通信状态为"绿色"。

(3) 高频局部放电、接地故障幅值柱状图正常动态刷新。

(4) 通过"系统配置"界面设置超限预警参数,综合预警指示灯能正常预警变色。点击"关闭"按钮,预警指示灯变"绿色"不再预警,点击"复位"按钮,清空当前预警指示,待下一次再正常展示预警信息,同时预警事件列表应针对当前预警监测点显示相关预警信息,点击"查询"可正常弹出二级界面。预警信息弹出界面如图 6-54 所示。

6.3.2.2 实时监测功能调试

对实时监测功能进行调试包括检查"实时监测"界面是否可以快速加载、各类型谱图数据是否正常刷新显示而无中断、"系统层级"各项是否可以快速响应并显示对应的界面谱图三个方面,实时监测功能调试界面如图 6-55 所示。

实时监测功能调试结果显示一切正常,调试结果判断内容包括:

(1) 点击"实时监测"界面谱图数据及系统层级可以快速加载完成。

(2) 高频局部放电 PRPD 谱图、PRPS 谱图、脉冲数趋势、幅值趋势、接地故障全电流趋势、基波电流趋势等谱图数据能正常刷新显示而无中断,且根据现场钳形电流表的数值,验证了接地故障电流值的正确性,根据现场实际的干扰情况和高频电流信号的情况,验证了高频局部放电监测的正确性。

(3) 点击"系统层级"各父项、子项,系统快速响应,并显示对应的界面谱图。

6.3.2.3 时频分析界面调试

对时频分析功能进行调试包括检查"实时监测"界面是否可以快速加载、"触发通

第 6 章　规模化风光储电站输变电设备局部放电监测系统研制与应用

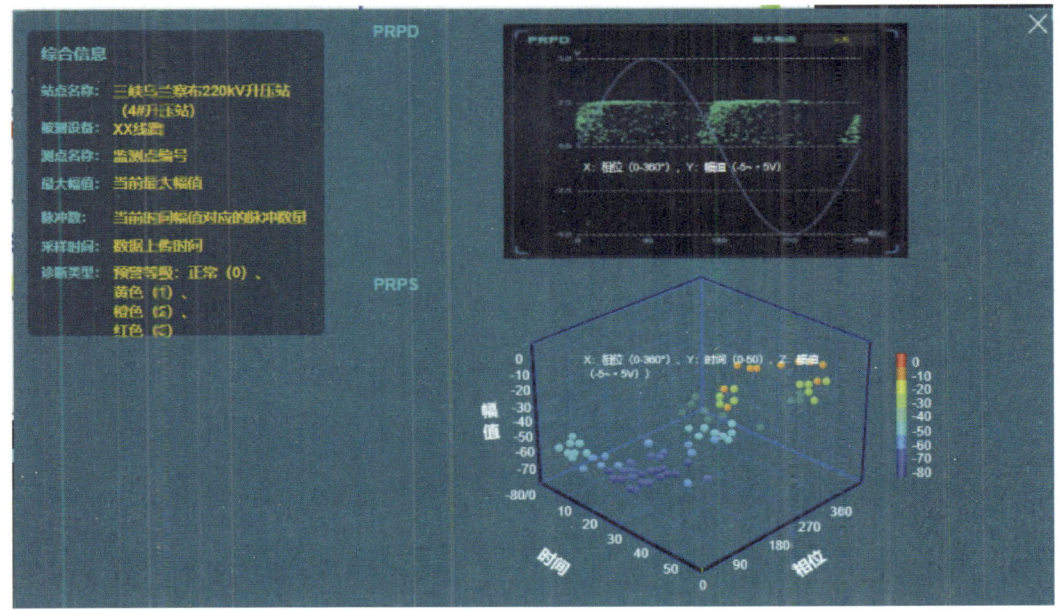

图 6-54　系统预警信息弹出界面

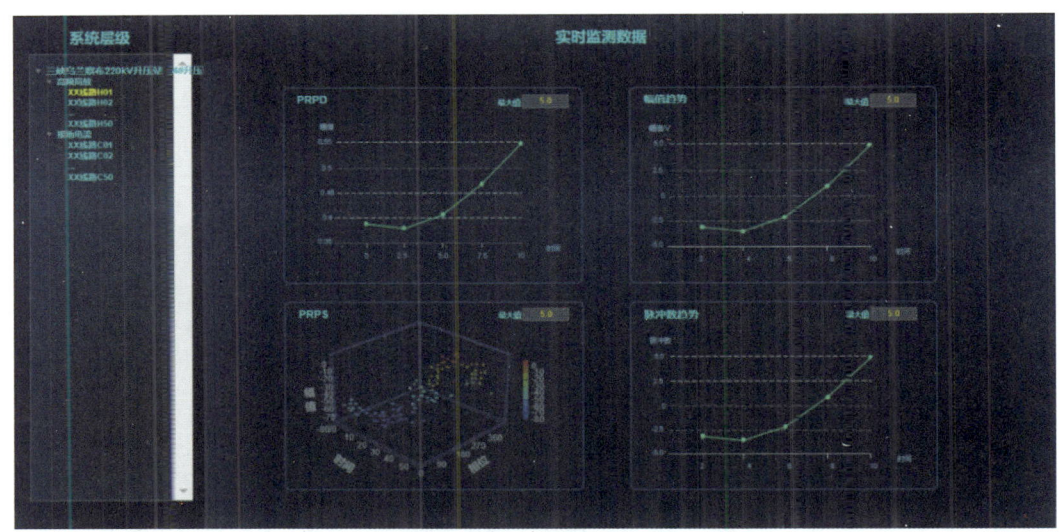

图 6-55　实时监测功能调试界面图

道"是否可以连续触发而无中断并正确保存数据至指定路径、"系统层级"各条监测点是否可以正确切换并显示三个方面，时频分析界面调试如图 6-56 所示。

时频分析界面调试结果显示一切正常，调试结果判断内容包括：

（1）点击"实时监测"界面谱图数据及系统层级应快速加载完成。

（2）选择"触发通道"，时域波形可以自动并连续触发，显示无中断。点击"单次触发"，时域波形只触发一次并显示在时域波形界面。点击"连续触发"，时域波形应连续触发，并连续显示在时域波形界面上。点击"保存至数据库"，当前时域波形数据可以正

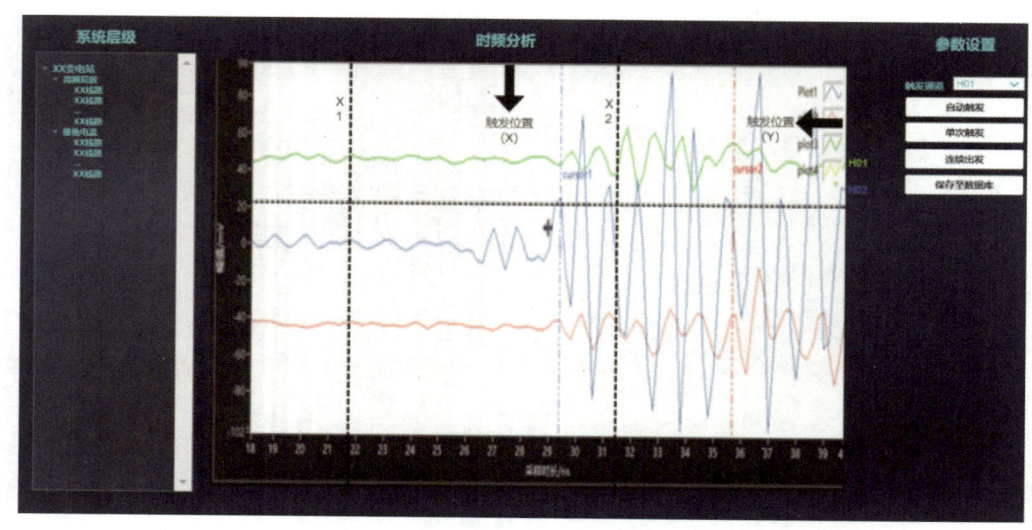

图 6-56　时频分析界面调试图

确保保存至指定路径数据库。

（3）点击"各条线路监测点"，时域波形谱图可以正确切换至已选择监测点，并正确显示。

6.3.2.4　预警历史数据查询调试

对预警历史数据查询进行调试包括检查"预警数据"界面是否可以快速加载、"模式选择"是否可以正常切换而无错误或失败、设定好的"模式选择"预警信息是否可以正确显示并诊断三个方面，预警历史数据查询界面如图 6-57 所示。

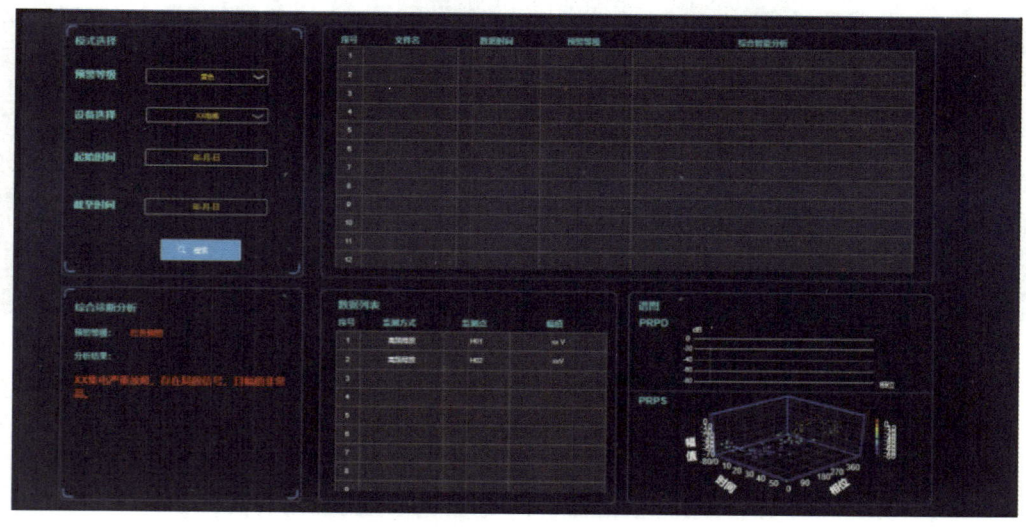

图 6-57　预警历史数据查询界面

预警历史数据查询调试结果显示一切正常，调试结果判断内容包括：

（1）点击"预警数据"界面谱图数据及系统层级可以快速加载完成。

(2) 点击"模式选择"各个选择文本框可以正确切换,无切换错误或失败等问题。

(3) 设定好"模式选择"的查询条件后,系统可以正确显示当前预警等级、查询时间等条件下的所有预警信息,点击某一条预警信息,综合诊断分析栏应能正确显示相应的预警等级及分析结果,数据列表及谱图应能正确显示当前预警事件的谱图及幅值数据。

6.3.2.5 历史统计数据查询调试

对历史统计数据查询进行调试包括检查"历史数据"界面是否可以快速加载、"时间选项"是否可以正常切换而无错误或失败、设定好"时间选择"的查询条件后系统是否可以正确显示数据信息三个方面,历史数据统计调试界面如图 6-58 所示。

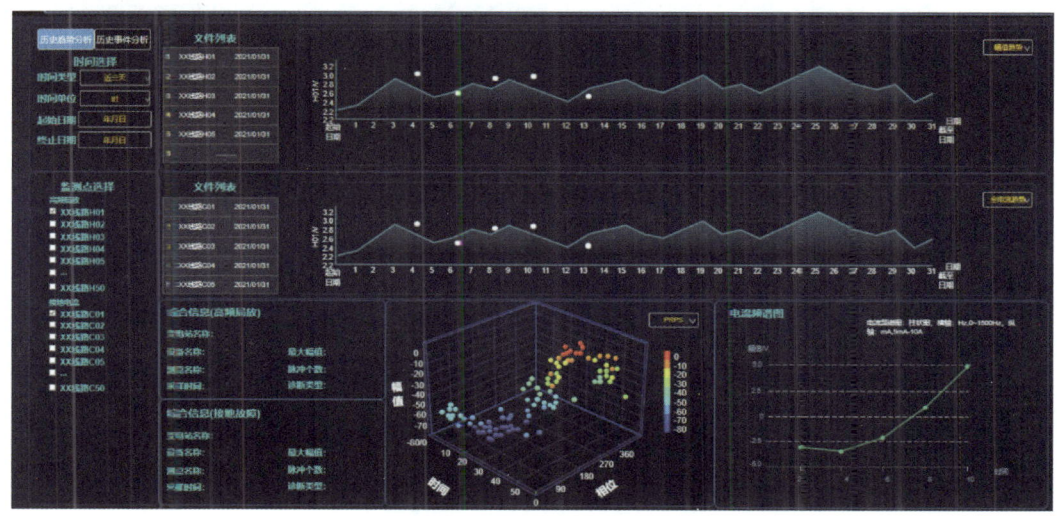

图 6-58 历史数据统计调试界面

历史统计数据查询调试结果显示一切正常,调试结果判断内容包括:

(1) 点击"历史数据"界面谱图数据及系统层级可以快速加载完成。

(2) 点击"时间选择"各个选择文本框,可以正确切换,无切换错误或失败等问题。

(3) 设定好"时间选择"的查询条件后,系统可以正确显示当前查询时间、监测点等条件下的趋势谱图及文件列表,点击趋势谱图的某一时间点或某一文件,综合诊断分析栏应能正确显示相应的典型数据结果,数据谱图应能正确显示当前已选数据文件的谱图及幅值数据。

6.3.2.6 系统配置调试

对系统配置进行调试包括检查"系统配置"界面是否可以快速加载、"系统配置"界面各参数设置项是否可以正常切换而无错误或失败两个方面,系统配置界面如图 6-59 所示。

系统配置调试结果显示一切正常,调试结果判断内容包括:

(1) 点击"系统配置"界面谱图数据及系统层级可以快速加载完成。

(2) 点击"系统配置"界面各参数设置项,各设置文本框可以快速准确响应,参数设置完成后,可结合时频分析、实时监测、主页等界面验证滤波、预警等参数设置的正确性。

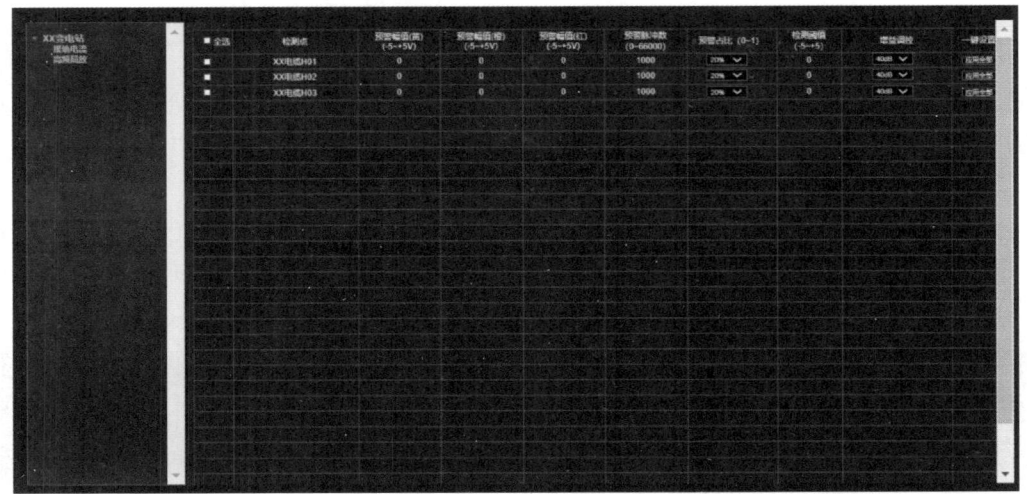

图 6-59 系统配置界面

6.3.2.7 系统稳定性调试

对系统稳定性进行调试包括检查系统硬件在运行 72h 后是否可以正常运行而无异常波动信号、系统软件在运行 72h 后是否可以流畅运行而无卡顿或通讯异常、系统在运行 72h 后数据库是否可以正常保存三个方面。

系统稳定性测试结果显示一切正常,测试结果判断内容包括:

(1) 系统硬件长期稳定性测试。连续 72h 长期拷机测试中,系统各供电组件温度正常而无异常发热点,各关键组件功能运行正常而无异常波动信号。

(2) 系统软件长期运行稳定性测试。在前端传感器、采集装置、后台工控机整套硬件系统及相应检测软件部署就位后,进行连续 72h 长期拷机测试,在 72h 连续运行过程中,软件无卡涩、延迟、闪退等异常现象,系统通信功能正常,UI 界面各个元素数据刷新正常。

(3) 系统数据稳定性测试。连续 72h 长期拷机测试中,系统数据存储功能正常,数据存储按照预期设置的保存策略可以正常本地保存,且本地保存的数据可以正常回放查看。

6.3.3 状态诊断预测高级应用模块功能测试

6.3.3.1 总汇集节点至一体化平台 IEC61850 通信功能测试

首先,对部署在二次设备室主控机电脑的 IEC61850 服务端软件进行系统的通信功能测试。

其次,对提供的 PICS、PIXIT 和 MICS 中标明的 CMU 的每一项进行一致性测试,包括以下 3 个方面:

(1) 文件和设备控制版本的检查。

(2) 按标准的句法(Schema 模式)进行设备配置文件的测试。

(3) 按设备有关的对象模型进行设备配置文件的在线测试。

(4) 依据标准检验 CMU 的各种模型的正确性。

(5) 按适用的 SCSM(DL/T 860.81、DL/T 860.91 和 DL/T 860.92)进行通信栈实现

的测试。

(6) 按 ACSI 定义进行 ACSI 服务的测试。

(7) 按 DL/T 860 标准给出的一般规则，进行设备特定扩展的测试。

经过系统的一致性测试，华电 IEC 61850 服务端功能符合 DL/T 860 实施技术规范。

最后，针对本次项目要更新的数据项进行逐一测试，测试项包括以下 3 个方面：

(1) 电缆高频测点的数据字段，包括通信状态、局放告警、最大放电幅值、平均放电幅值、脉冲个数、相位、诊断类型、局部放电定位状态、局部放电定位位置。

(2) 开关柜高频测点的数据字段，包括通信状态、局放告警、最大放电幅值、平均放电幅值、脉冲个数、相位、诊断类型。

(3) Comtrade 谱图文件上传，包括电缆高频检测的 PRPD 谱图文件和 PRPS 谱图文件、开关柜高频检测的 PRPD 谱图文件和 PRPS 谱图文件、电缆故障电流检测的波形文件。

经过系统测试，电缆高频测点的数据字段、电缆故障电流测点的数据字段、电缆故障电流测点的数据字段、开关柜高频测点的数据字段、Comtrade 谱图文件均可以正确上传。

6.3.3.2　35kV 集电电缆绝缘状态诊断预测高级应用模块

对 35kV 集电电缆绝缘状态诊断预测高级应用模块的软件功能进行逐项测试，测试项包括以下几个方面：

(1) 定位算法输入数据库字段是否缺失。

(2) 定位算法输入数据库各字段的数据格式是否正确。

(3) 定位算法输入数据库中存储的数据长度是否满足要求。

(4) 对定位算法的读入数据功能进行测试，确认是否存在错读、漏读、溢出等情况。

(5) 测试定位算法的运行情况，获取算法的运行日志，确定是否异常。

(6) 定位算法运行结果数据库字段是否缺失。

(7) 定位算法运行结果数据库的数据格式是否正确。

(8) 定位界面展示部分的内容是否正确对应运行结果数据库中的各个字段。

(9) 评价算法输入数据库字段是否缺失。

(10) 评价算法输入数据库各字段的数据格式是否正确。

(11) 评价算法输入数据库中存储的数据长度是否满足要求。

(12) 对评价算法的读入数据功能进行测试，确认是否存在错读、漏读、溢出等情况。

(13) 测试评价算法的运行情况，获取算法的运行日志，确定是否异常。

(14) 评价算法运行结果数据库字段是否缺失。

(15) 评价算法运行结果数据库的数据格式是否正确。

(16) 评价界面展示部分的内容是否正确对应运行结果数据库中的各个字段。

(17) 诊断算法输入数据库字段是否缺失。

(18) 诊断算法输入数据库各字段的数据格式是否正确。

(19) 诊断算法输入数据库中存储的数据长度是否满足要求。

(20) 对诊断算法的读入数据功能进行测试，确认是否存在错读、漏读、溢出等情况。

(21) 测试诊断算法的运行情况，获取算法的运行日志，确定是否异常。

(22) 诊断算法运行结果数据库字段是否缺失。

（23）诊断算法运行结果数据库的数据格式是否正确。
（24）诊断界面展示部分的内容是否正确对应运行结果数据库中的各个字段。
（25）预测算法输入数据库字段是否缺失。
（26）预测算法输入数据库各字段的数据格式是否正确。
（27）预测算法输入数据库中存储的数据长度是否满足要求。
（28）对预测算法的读入数据功能进行测试，确认是否存在错读、漏读、溢出等情况。
（29）测试预测算法的运行情况，获取算法的运行日志，确定是否异常。
（30）预测算法运行结果数据库字段是否缺失。
（31）预测算法运行结果数据库的数据格式是否正确。
（32）预测界面展示部分的内容是否正确对应运行结果数据库中的各个字段。

经过人员的联合调试，上述所有关键环节均正确无误，数据展示和字段值均正常。

6.3.3.3　35kV 开关柜绝缘状态诊断预测高级应用模块

对 35kV 集电电缆绝缘状态高可靠感知与诊断高级应用模块的软件功能进行逐项测试，测试项包括以下几个方面。

（1）评价算法输入数据库字段是否缺失。
（2）评价算法输入数据库各字段的数据格式是否正确。
（3）评价算法输入数据库中存储的数据长度是否满足要求。
（4）对评价算法的读入数据功能进行测试，确认是否存在错读、漏读、溢出等情况。
（5）测试评价算法的运行情况，获取算法的运行日志，确定是否异常。
（6）评价算法运行结果数据库字段是否缺失。
（7）评价算法运行结果数据库的数据格式是否正确。
（8）评价界面展示部分的内容是否正确对应运行结果数据库中的各个字段。
（9）诊断算法输入数据库字段是否缺失。
（10）诊断算法输入数据库各字段的数据格式是否正确。
（11）诊断算法输入数据库中存储的数据长度是否满足要求。
（12）对诊断算法的读入数据功能进行测试，确认是否存在错读、漏读、溢出等情况。
（13）测试诊断算法的运行情况，获取算法的运行日志，确定是否异常。
（14）诊断算法运行结果数据库字段是否缺失。
（15）诊断算法运行结果数据库的数据格式是否正确。
（16）诊断界面展示部分的内容是否正确对应运行结果数据库中的各个字段。
（17）预测算法输入数据库字段个数是否缺失。
（18）预测算法输入数据库各字段的数据格式是否正确。
（19）预测算法输入数据库中存储的数据长度是否满足要求。
（20）对预测算法的读入数据功能进行测试，确认是否存在错读、漏读、溢出等情况。
（21）测试预测算法的运行情况，获取算法的运行日志，确定是否异常。
（22）预测算法运行结果数据库字段是否缺失。
（23）预测算法运行结果数据库的数据格式是否正确。
（24）预测界面展示部分的内容是否正确对应运行结果数据库中的各个字段。

经过人员的联合调试，上述所有关键环节均正确无误，数据展示和字段值均正常。

6.3.3.4 高级应用模块软件界面测试

针对上述测试步骤，经过系统基础数据、字段逐一调试后，高级应用模块主要界面如图 6-60~图 6-67 所示。

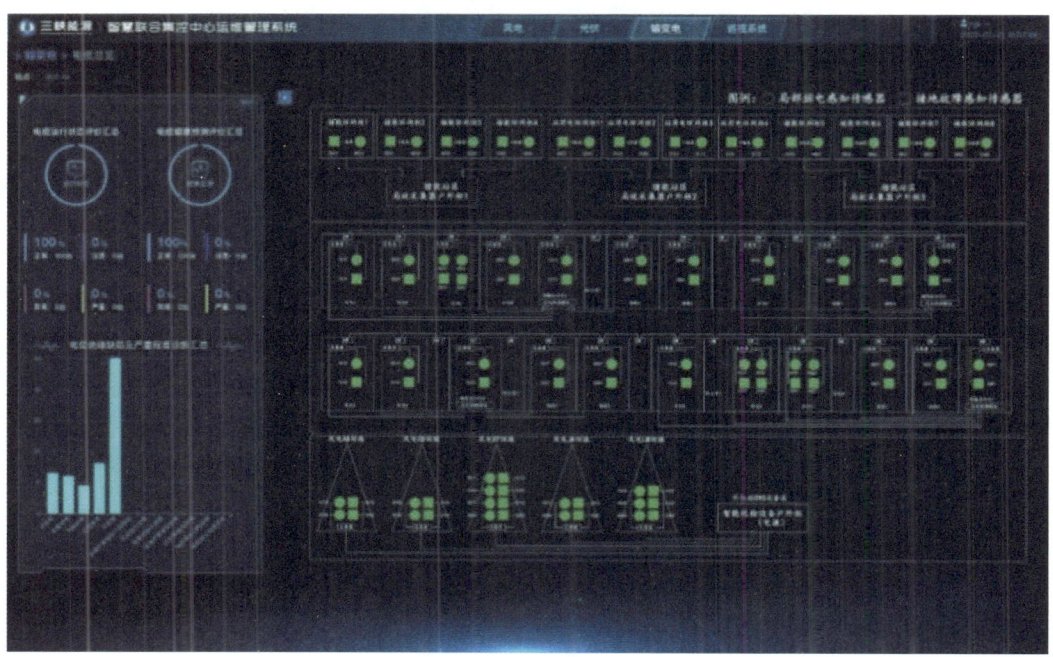

图 6-60　电缆绝缘监测主界面

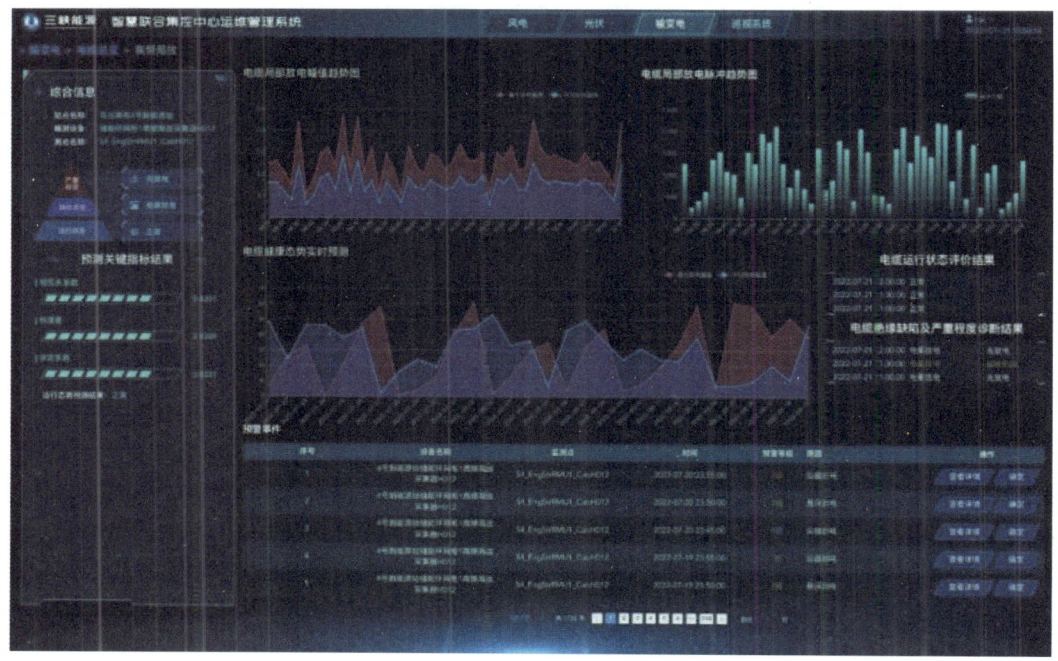

图 6-61　电缆高频局部放电二级界面

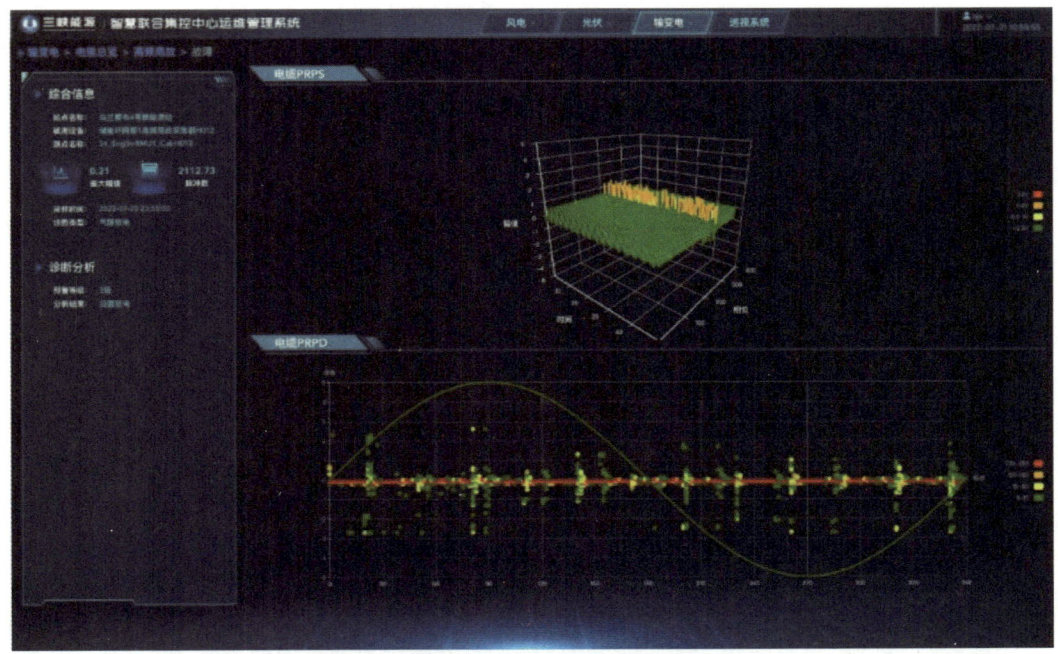

图 6-62　电缆高频局部放电三级界面

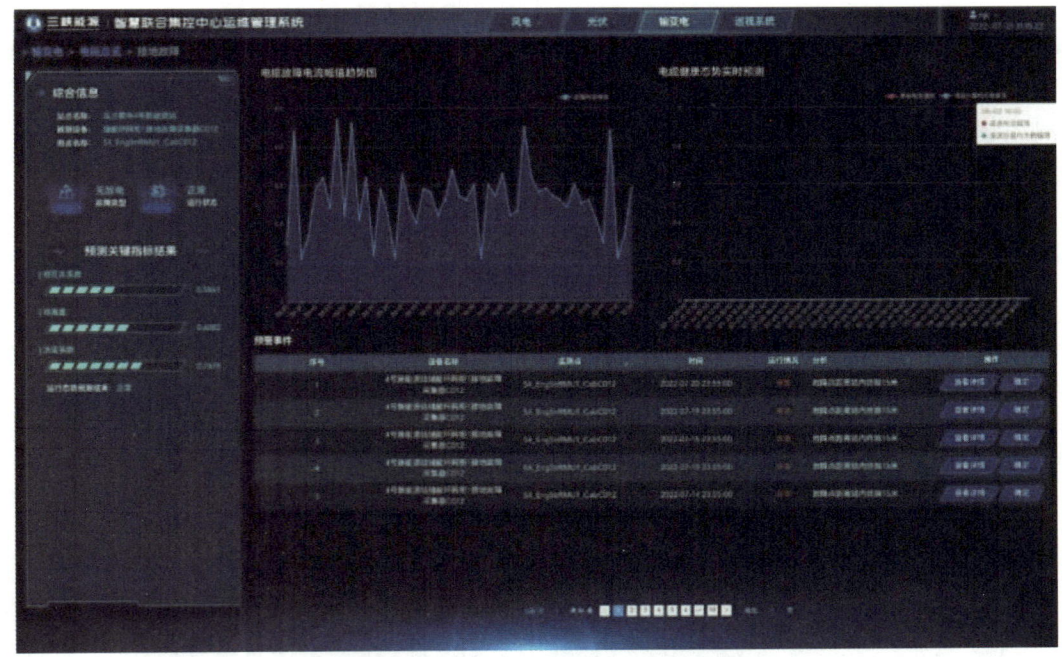

图 6-63　电缆故障电流二级界面

第 6 章　规模化风光储电站输变电设备局部放电监测系统研制与应用

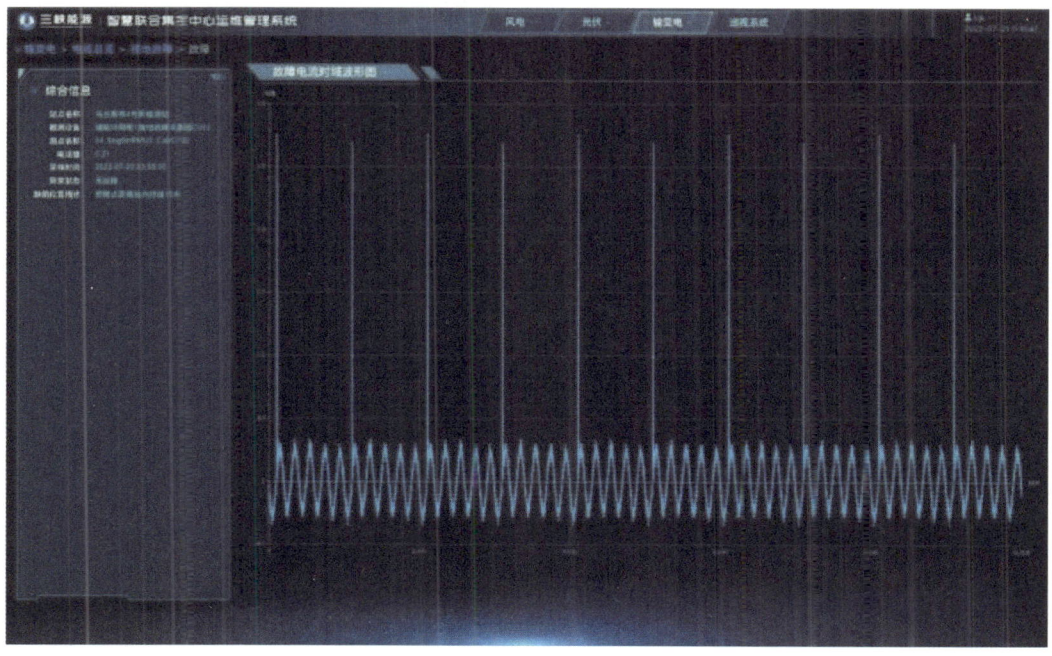

图 6-64　电缆故障电流三级界面

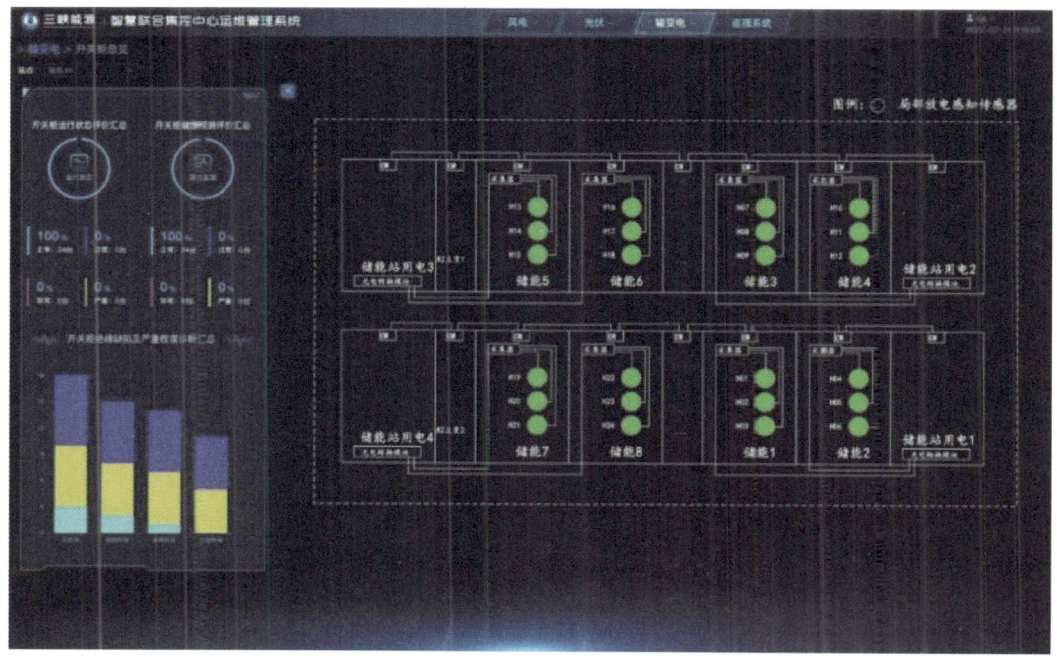

图 6-65　开关柜绝缘监测主界面

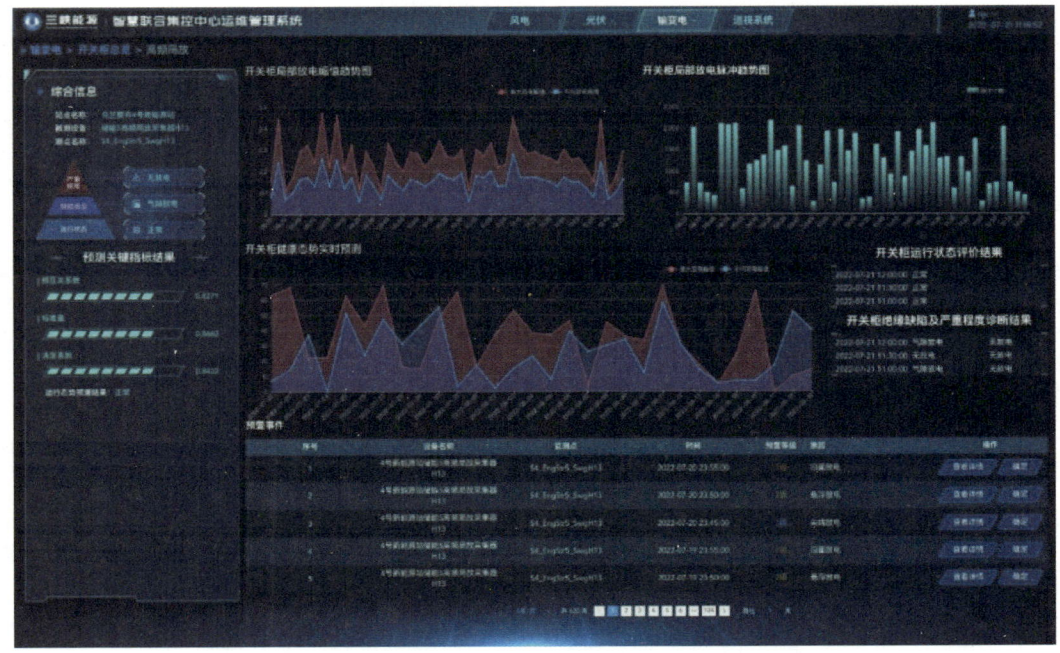

图 6-66 开关柜绝缘监测二级界面

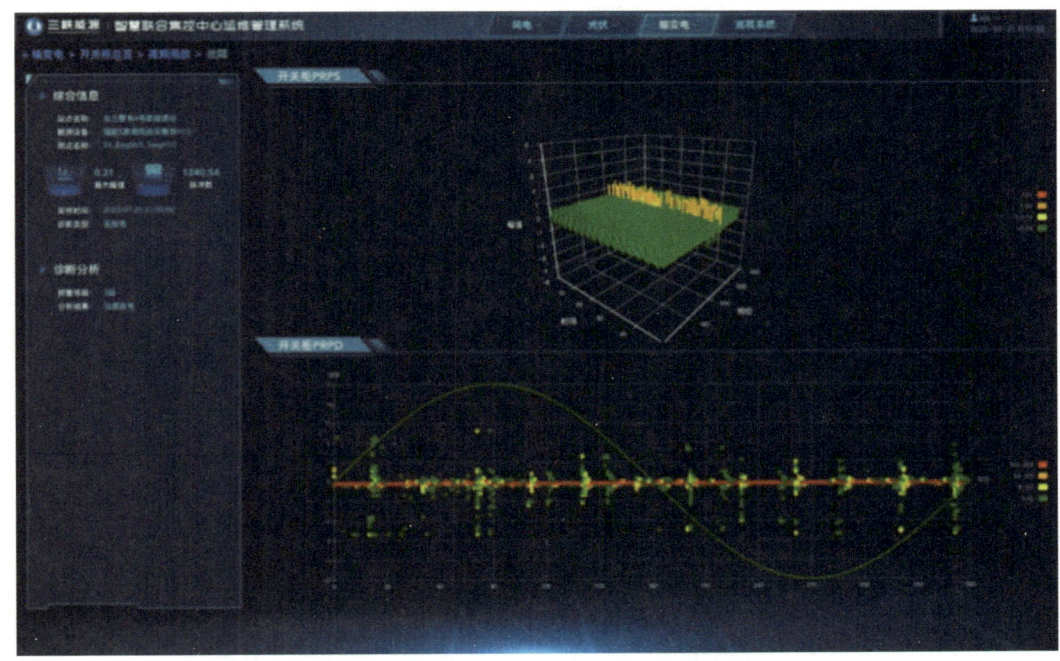

图 6-67 开关柜绝缘监测三级界面

电缆绝缘监测主界面包括电缆运行状态评价汇总、电缆健康预测评价汇总、电缆绝缘缺陷及严重程度诊断汇总信息实时展示；电缆高频局部放电二级界面包括电缆局部放电幅值趋势图、电缆局部放电脉冲趋势图、电缆健康态势实时预测、电缆运行状态评价结果预警事件信息实时展示；电缆高频局部放电三级界面包括电缆 PRPS 及 PRPD 谱图实时展示；电缆故障二级电流界面和三级电流界面分别包括电缆故障电流幅值趋势图及时域波形图实时展示。

开关柜绝缘监测主界面包括开关柜运行状态评价汇总、开关柜健康预测评价汇总、开关柜绝缘缺陷及严重程度诊断汇总信息实时展示；开关柜高频局部放电二级界面包括开关柜局部放电幅值趋势图、开关柜局部放电脉冲趋势图、开关柜健康态势实时预测、开关柜运行状态评价结果预警事件信息实时展示；开关柜高频局部放电三级界面包括电缆 PRPS 及 PRPD 谱图实时展示。

经过调试，本节提出的高级应用模块软件界面均可正常显示及工作。基于此界面可以实现规模化风光储电站内 35kV 电缆及 35kV 开关柜多设备、多节点健康状态的实时监测。

第 7 章 总结与展望

本章对规模化风光储电站输变电设备局部放电在线监测技术进行了总结与展望。从规模化风光储电站输变电设备局部放电检测传感技术的研制、规模化风光储电站输变电设备局部放电诊断与预测及规模化风光储电站输变电设备监测系统现场安装与应用三个方面对本书的研究成果进行了总结；从传感技术提升和规模化风光储电站示范性应用两个方面对未来规模化风光储电站输变电设备局部放电在线监测技术进行了展望。

7.1 总结

针对现有规模化风光储电站输变电设备绝缘状态感知灵敏度低、抗干扰能力弱、检测装置可靠性差、故障诊断和状态预测准确率不高等一系列技术难题，本书所述技术突破了高温差恶劣环境下，规模化风光储电站关键输变电设备绝缘缺陷发展演化规律和特征表达瓶颈，提出了绝缘状态高可靠感知方法和绝缘状态诊断方法。依托本书所述技术研发的一套输变电设备绝缘状态高可靠感知与诊断预测系统，已成功应用于三峡乌兰察布新一代电网友好绿色电站示范项目 35kV 集电电缆、35kV 开关柜、220kV 电力变压器和 220kV GIS 核心主设备。该系统研制了适用于示范项目恶劣环境条件下的高可靠传感器和智能就地监测装置，开发了规模化风光储电站输变电设备健康状态差异化评价、故障诊断、发展态势预测高级应用模块。通过长时间、全工况实际运行考验，系统运行稳定，其具备的绝缘状态精准感知、实时预警诊断与预测功能及性能得到了验证，实现了输变电设备绝缘状态的高可靠感知、高实时采样、高准确判断、高智能预警。

在规模化风光储电站输变电设备局部放电检测传感技术方面，UHF 电磁波和 HF 电流传播特征是规模化风光储电站输变电设备局部放电传感技术设计的基础，本书首先基于 UHF 电磁波和 HF 电流传播特征，实际输变电设备局部放电检测场景的结构、尺寸限制，以及传感器自身的参数指标进行优化设计；其次，分别提出适应于规模化风光储电站的 220kV 电力变压器、220kV GIS、35kV 集电电缆、35kV 开关柜的传感技术；最后，通过实测并分析规模化风光储电站中电磁波和脉冲电流干扰源及统计特征，提出适应于规模化风光储电站电磁波和脉冲电流干扰的抑制技术。

在规模化风光储电站输变电设备局部放电诊断与预测方面，本书首先对 220kV 变压器、220kV GIS、35kV 集电电缆、35kV 开关柜开展典型故障模拟缺陷实测，丰富完善现有规模化风光储电站输变电设备局部放电 UHF 及 HF 典型谱图库，为本书后续模式识别、状态评估及状态预测算法提供了理论依据和数据支撑；其次从局部放电模式识别算法、输变电设备状态评估算法、输变电设备状态预测算法三个方面展开研究，从算法原理、优化方式、测试结果方面详细阐述针对规模化风光储电站输变电设备局部放电诊断与预测技术。

在规模化风光储电站输变电设备监测系统现场安装与应用方面，本书首先从输变电设备状态感知与故障诊断预测系统总体架构、功能框架、组件主要技术参数及现场工程实施与安装方面进行详细阐述；其次重点研究了对于输变电设备局部放电状态评价模块、缺陷严重程度诊断模块及健康状态评价模块的设计、开发、系统界面及输出输入，提出了适用于规模化风光储电站输变电设备高准确的局部放电诊断与预测高级应用模块；最后介绍了现场测试场景、测试内容、测试步骤及测试结果，完成了规模化风光储电站输变电设备局部放电监测系统的现场应用。

本书研究的规模化风光储电站输变电设备状态感知与诊断预测技术成果，从绝缘状态高可靠感知、状态信息时空演变规律、状态诊断与预测三个方面攻克技术难关，将极大地降低示范项目输变电设备的故障率，减少停电损失，提升风光储电站输变电设备的安全可靠性和经济运行水平，实现少人乃至无人化的值守、设备的状态检修及智能运维，有力地支撑新能源业务高质量发展。

7.2 展望

在未来的研究中，将根据传感材料、传感技术、数据算法、设备故障典型谱图库的发展，融合特种传感器结构设计与新材料研发，研制适用于规模化风光储电站输变电设备更高可靠性、更快响应的全景式传感系统；构建新型数字孪生体系，推动输变电设备绝缘状态智能化、精细化评估；革新现有评价和预警体系，形成针对规模化风光储电站"检测—评价预测—智能运维—故障切除"的一体化操作。

基于现有研究成果及现场经验提出的适合不同运行区域、不同运行工况的三峡乌兰察布新一代电网友好绿色电站示范项目输变电设备绝缘故障诊断预测关键技术和研制的输变电设备绝缘状态感知装置已趋成熟。下一步，根据现场应用情况，对该技术和产品进行迭代完善，可在更大规模风光储电站或者水力发电站输变电设备上进行推广和应用，在全面提升输变电设备的安全可靠性和经济运行水平的同时，促进国家能源行业输变电设备智慧运维能力再上新台阶。

附　表

附表　特征指纹符号含义

序　号	符　　号	放电指纹特征
1	φ_w	局部放电相位宽度/(°)
2	N^+/N^-	正负半周放电次数之比
3	$\mu(V^+)/\mu(V^-)$	正负半周平均放电幅值之比
4	$E_n(V)$	放电幅值熵值
5	$E_n(V_{max})$	最大放电幅值熵值
6	$V_{max}-\varphi_{sk-}$	$V_{max}-\varphi$ 谱图负半周偏斜度
7	$\mu\Delta t$	放电时间间隔的均值
8	$\Delta u_i(DB)$	Δu_i 分布谱图的盒维数
9	$\mu(N)$	平均放电次数
10	ΔT_{ave}	平均放电间歇
11	$PRPD(DB+)$	PRPD 灰度图正半周盒维数
12	$PRPD(DI+)$	PRPD 灰度图正半周信息维数
13	$PRPD(DB-)$	PRPD 灰度图正半周盒维数
14	$PRPD(DI-)$	PRPD 灰度图正半周信息维数
15	$\mu(V_{max})$	最大幅值分布的均值
16	$N-\varphi_{cc}$	$N-\varphi$ 谱图相关系数
17	$V_{max}-\varphi_{cc}$	$V_{max}-\varphi$ 谱图修正的相关系数
18	$\mu(V)$	归一化放电幅值均值
19	$\mu[N(v)]$	放电幅值分布均值
20	$\sigma(N)$	放电次数标准差
21	$\max(N\Delta t^+, N\Delta t^-)$	正负半周脉冲间隔数最大值
22	$\mu\Delta u$	电压梯度序列均值
23	$\sigma[N(v)]$	放电幅值分布的标准差

参 考 文 献

[1] 王国利, 郝艳捧, 李彦明. 电力变压器局部放电检测技术的现状和发展 [J]. 电工电能新技术, 2001 (2): 52-57.

[2] 马卫平, 董旭柱, 王忠东, 等. 大型变压器局部放电检测系统研究 [J]. 中国电力, 2000, 33 (4): 35-37.

[3] DETECTION P D, INSTALLED I N, EXTRUDED H V. Partial discharge detection in installed hv extruded cable systems [J]. 2001.

[4] 张蕾, 高胜友, 谈克雄. 油中局部放电超声信号模式识别的研究 [J]. 电工电能新技术, 2002, 21 (3): 32-35.

[5] BROSCHE T, HILLER W, FAUSER E, et al. Novel characterization of PD signals by real-time measurement of pulse parameters [J]. IEEE Transactions on Dielectrics and Electrical Insulation, 1999, 6 (1): 51-59.

[6] CAVALLINI A, MONTANARI G C, PULETTI F, et al. A new methodology for the identification of PD in electrical apparatus: properties and applications [J]. IEEE Transactions on Dielectrics and Electrical Insulation, 2005, 12 (2): 203-215.

[7] 王昌长, 李福祺, 高胜友. 电力设备的在线检测与故障诊断 [M]. 北京: 清华大学出版社, 2006.

[8] CAVALLINI A, MONTANARI G C, CONTIN A, et al. A new approach to the diagnosis of solid insulation systems based on PD signal inference [J]. IEEE Electrical Insulation Magazine, 2003, 19 (2): 23-30.

[9] 中华人民共和国国家质量监督检验检疫总局. GB 7252—2001 变压器油中溶解气体分析和判断导则 [S]. 北京: 中国标准出版社, 2002.

[10] 王国利, 郝艳捧, 刘味果, 等. 电力变压器超高频局部放电测量系统 [J]. 高电压技术, 2001, 27 (4): 23.

[11] 覃剑, 王昌长, 邵伟民. 特高频在电力设备局部放电检测中的应用 [J]. 电网技术, 1997, 21 (6): 33.

[12] CAVALLINI A, CONTIN A, MONTANARI G C, et al. Advanced PD inference in on-field measurements. I. Noise rejection [J]. IEEE Transactions on Dielectrics and Electrical Insulation, 2003, 10 (2): 216-224.

[13] 邱毓昌. 用超高频法对 GIS 绝缘进行检测 [J]. 高压电器, 1997 (4): 35-40.

[14] 王国利, 郝艳捧, 李彦明. 变压器油中局部放电信号超高频特性的研究 [J]. 电工电能新技术,

2002, 21 (1): 49-53.

[15] 王国利, 郑毅, 沈嵩, 等. AGA-BP 神经网络用于变压器超高频局部放电模式识别 [J]. 电工电能新技术, 2003, 22 (2): 6-9, 55.

[16] 王国利, 袁鹏, 单平, 等. 变压器典型局部放电模型超高频放电信号分析 [J]. 高电压技术, 2002, 28 (11): 28-31.

[17] 王国利, 袁鹏, 单平, 等. 变压器超高频局部放电自动识别系统 [J]. 电工电能新技术, 2003, 22 (1): 28-31.

[18] 陈庆国, 恭细秀, 高文胜, 等. 变压器油中局部放电超高频检测的试验研究 [J]. 高电压技术, 2002, 28 (12): 23-25.

[19] 钱勇, 黄成军, 江秀臣, 等. 超高频法的 GIS 局部放电检测研究现状及展望 [J]. 电网技术, 2005, 29 (1): 40-43.

[20] 唐炬, 朱伟, 孙才新, 等. GIS 局部放电的超高频检测 [J]. 高电压技术, 2003, 29 (12): 22-24.

[21] CAVALLINI A, CONTI M, CONTIN A, et al. Advanced PD inference in on-field measurements. Ⅱ. Identification of defects in solid insulation systems [J]. IEEE Transactions on Dielectrics and Electrical Insulation, 2003, 10 (3): 528-538.

[22] CONTIN A, CAVALLINI A, MONTANARI G C, et al. Digital detection and fuzzy classification of partial discharge signals [J]. IEEE Transactions on Dielectrics and Electrical Insulation, 2002, 9 (3): 335-348.

[23] 覃剑, 王昌长, 邵伟民. 特高频在电力设备局部放电检测中的应用 [J]. 电网技术, 1997, 21 (6): 33-36.

[24] 郑重, 谈克雄, 王猛, 等. 基于脉冲波形时域特征的局部放电识别 [J]. 电工电能新技术, 2001 (2): 23-27.

[25] CAVALLINI A, CONTI M, MONTANARI G C, et al. Indexes for the recognition of insulation system defects derived from partial discharge measurements [C]. Conference Record of thethe 2002 IEEE International Symposium on Electrical Insulation (Cat. No. 02CH37316). IEEE, 2002: 511-515.

[26] 王猛, 谈克雄, 高文胜, 等. 局部放电脉冲波形的时频联合分析特征提取方法 [J]. 电工技术学报, 2002, 17 (2): 76-79.

[27] 司文荣, 李军浩, 黎大健, 等. 基于宽带检测的局放脉冲波形快速特征提取技术 [J]. 电工电能新技术, 2008, 27 (2): 21-25.

[28] 司文荣, 李军浩, 杨景刚, 等. 局部放电脉冲群的实用快速分类技术及应用 [J]. 西安交通大学学报, 2008, 42 (8): 1021-1025.

[29] 中华人民共和国国家标准. GB/T 7354—2018. 局部放电测量 [S]. 北京: 中国标准出版社, 2018.

[30] HE K, ZHANG X, REN S, et al. Identity mappings in deep residual networks [C]. Computer Vision-ECCV 2016: 14th European Conference, Amsterdam, The Netherlands, October 11-14, 2016, Proceedings, PartⅣ 14. Springer International Publishing, 2016: 630-645.

[31] 穆茂武. 高压交联聚乙烯绝缘电缆线路中的预制式电缆附件 [J]. 广东电力, 2007, 20 (4): 17-24.

[32] 邱关源. 电路 [M]. 北京：高等教育出版社, 1999.

[33] 中华人民共和国技术监督局. GB/T 12706.4—2002 额定电压 1kV（U_m = 1.2kV）到 35kV（U_m = 40.5kV）挤包绝缘电力电缆及附件第 4 部分：额定电压 6kV（U_m = 7.2kV）到 35kV（U_m = 40.5kV）电力电缆附件试验要求 [S]. 北京：中国标准出版社, 2002.

[34] KIM P. Matlab deep learning [J]. With Machine Learning, Neural Networks and Artificial Intelligence, 2017.

[35] 王辉. 变压器油纸绝缘典型局部放电发展过程的研究 [D]. 北京：华北电力大学, 2008.

[36] 王彩雄. 局部放电特高频检测抗干扰与诊断技术的研究 [D]. 北京：华北电力大学, 2009.

[37] 李信. GIS 局部放电特高频检测技术的研究 [D]. 北京：华北电力大学, 2005.

[38] Y. TAIGMAN, M. YANG, M. RANZATO, et al. Deep face: closing the gap to human-level performance in face verification [C]. 2014 IEEE Conference on Computer Vision and Pattern Recognition, Columbus, USA, 2014：1701-1708.

[39] 周远翔, 聂琼, 姜绿先, 等. 针尖曲率半径对硅橡胶电树枝老化特性的影响 [J]. 中国电机工程学报, 2008, 28 (34)：27-32.

[40] 廖瑞金, 周天春, 刘玲, 等. 交联聚乙烯电力电缆的电树枝化试验及其局部放电特征 [J]. 中国电机工程学报, 2011, 31 (28)：136-143.

[41] 以田, 郑晓泉, G. Chen, 等. 聚合物聚集态和残存应力对交联聚乙烯中电树枝的影响 [J]. 电工技术学报, 2004, 19 (7)：44-48.

[42] 张强. X 射线激励下 GIS 中典型绝缘缺陷局部放电特性和机理研究 [D]. 北京：华北电力大学, 2020.

[43] 王国利, 郝艳捧, 李彦明. 变压器油中局部放电信号超高频特性的研究 [J]. 电工电能新技术, 2002, 21 (1)：49-53.

[44] PINTO N, COX D D, DICARLO J J. Why is real-world visual object recognition hard? [J]. PLoS Computational Biology, 2008, 4 (1)：e27.

[45] YOSINSKI J, CLUNE J, BENGIO Y, et al. How transferable are features in deep neural networks? [J]. Advances in Neural Information Processing Systems, 2014, v4, January：3320-3328.

[46] LONG M, CAO Y, WANG J, et al. Learning transferable features with deep adaptation networks [C]. International Conference on Machine Learning. PMLR, 2015：97-105.

[47] 高建平, 张芝贤. 电波传播 [M]. 西安：西北工业大学出版社, 2002.

[48] 罗勇芬, 李彦明, 刘丽春. 变压器局部放电的超声波和射频联合检测技术的现状和发展 [J]. 变压器, 2003, 40 (12)：28-30.

[49] SZEGEDY C, VANHOUCKE V, IOFFE S, et al. Rethinking the inception architecture for computer vision [C]. Proceedings of the IEEE Conference on Computer Vision and Pattern Recognition. 2016：2818-2826.

[50] HE K, ZHANG X, REN S, et al. Deep residual learning for image recognition [C]. Proceedings of the IEEE Conference on Computer Vision and Pattern Recognition. 2016：770-778.

[51] 黄兴泉, 康书英, 李泓志, 等. GIS 局部放电超高频电磁波的传播特性研究 [J]. 高电压技术, 2006 (10)：32-35.

[52] YU Q, CAVALLINI A, MONTANARI G C. Frequency and time-domain analysis of partial discharge measurements in PWM inverter-fed induction motors [C]. The 4th International Power Electronics and Motion Control Conference, 2004, 2: 661-663.

[53] DONOHO D L. De-noising by soft-thresholding [J]. IEEE Transactions on Information theory, 1995, 41 (3): 613-627.

[54] WARREN L, STUTZMAN, GARY A. THIELE. 天线理论与设计 [M]. 朱守正, 等, 译. 北京: 人民邮电出版社, 2006.

[55] 刘宝宝, 张高潮. GIS 局部放电内置 UHF 传感器灵敏度的仿真研究 [J]. 现代电力, 2013, 30 (5): 60-63.

[56] LECUN. Y, BENGIO Y, HINTON G. Deep learning [J]. Nature, 2015, 521 (7553): 436.

[57] KRIZHEVSKY A, SUTSKEVER I, HINTON G E. Imagenet classification with deep convolutional neural networks [J]. Communications of the ACM, 2017, 60 (6): 84-90.

[58] SIMONYAN K, ZISSERMAN A. Very deep convolutional networks for large-scale image recognition [C]. 3rd International Conference on Learning Representations, 2015.

[59] 翟小社, 王颖, 林莘. 基于 Rogowski 线圈电流传感器的研制 [J]. 高压电器, 2002, 38 (3): 19-22, 26.

[60] 王浩, 焦清介. 罗果夫斯基线圈测试技术研究 [J]. 电子工业专用设备, 2005 (10): 71-74.

[61] WANG Z, ZHU D, TAN K, et al. PD monitor system for power generators [J]. IEEE Transactions on Dielectrics and Electrical Insulation, 1998, 5 (6): 850-856.

[62] TANG J, LIU F, ZHANG X, et al. Partial discharge recognition through an analysis of SF_6 decomposition products part 1: decomposition characteristics of SF_6 under four different partial discharges [J]. IEEE Transactions on Dielectrics and Electrical Insulation, 2012, 19 (1): 29-36.

[63] 陈海南. 基于 Rogowski 线圈和虚拟仪器的电流传感器研究 [D]. 南京: 南京理工大学, 2007.

[64] 邹积岩, 段雄英, 张铁. 罗柯夫斯基线圈测量电流的仿真计算及实验研究 [J]. 电工技术学报, 2001, 16 (1): 81-84.

[65] BORSI H, GOCKENBACH E, WENZEL D. Separation of partial discharges from pulse-shaped noise signals with the help of neural networks [J]. IEE Proceedings-Science, Measurement and Technology, 1995, 142 (1): 69-74.

[66] DOWNIE T R, SILVERMAN B W. The discrete multiple wavelet transform and thresholding methods [J]. IEEE Transactions on Signal Processing, 1998, 46 (9): 2558-2561.

[67] MA X, ZHOU C, KEMP I J. Automated wavelet selection and thresholding for PD detection [J]. IEEE Electrical Insulation Magazine, 2002, 18 (2): 37-45.

[68] 张宁. 基于网格和密度的聚类算法研究 [D]. 大连: 大连理工大学, 2007.

[69] 梁钊, 杨晔闻, 叶彦杰. 电力变压器局部放电检测方法探讨 [J]. 南方电网技术, 2011, 5 (1): 85-89.

[70] RAY P, BASURAY A, MAITRA A K. Optimum wavelet bases selection for wavelet based de-noising in partial discharge measurement [C]. 2013 IEEE Conference on Information & Communication Technologies. IEEE, 2013: 1110-1113.

[71] RAY P, MAITRA A K, BASURAY A. A new threshold function for de-noising partial discharge signal based on wavelet transform [C]. 2013 International Conference on Signal Processing, Image Processing & Pattern Recognition. IEEE, 2013: 185-189.

[72] LI J, JIANG T, GRZYBOWSKI S, et al. Scale dependent wavelet selection for de-noising of partial discharge detection [J]. IEEE Transactions on Dielectrics and Electrical Insulation, 2010, 17 (6): 1705-1714.

[73] 白国兴. 局部放电脉冲极性鉴别法在变压器高压绝缘故障定位分析中的应用 [C]. 中国电工技术学会电工测试专业委员会. 中国电工技术学会, 2002: 94-96.

[74] 罗新, 牛海清, 胡日亮, 等. 一种改进的用于快速傅里叶变换功率谱中的窄带干扰抑制的方法 [J]. 中国电机工程学报, 2013, 33 (12): 167-175, 200.

[75] NAGESH V, GURURAJ B I. Automatic detection and elimination of periodic pulse shaped interferences in partial discharge measurements [J]. IEE Proceedings-Science, Measurement and Technology, 1994, 141 (5): 335-342.

[76] 杨永明. 电力变压器局部放电检测中干扰识别和抑制方法的研究 [D]. 重庆: 重庆大学, 1999.

[77] 孙才新, 罗兵, 杜林, 等. 变压器局部放电检测中抗电磁干扰的定向耦合差动平衡法的研究 [J]. 中国电机工程学报, 1998, 18 (5): 340-344.

[78] MEIJER S, AGORIS P, SMIT J J. UHF PD sensitivity check on power transformers [C]. 14th International Symposium on High Voltage Engineering, Beijing, China. Tsinghua University Press, 2005: 1-4.

[79] WARD B H. A survey of new techniques in insulation monitoring of power transformers [J]. IEEE Electrical Insulation Magazine, 2001, 17 (3): 16-23.

[80] JUDD M D, PRYOR B M, KELLY S C, et al. Transformer monitoring using the UHF technique [C]. 1999 Eleventh International Symposium on High Voltage Engineering. IET, 1999, 5: 362-365.

[81] 王彩雄. 基于特高频法的 GIS 局部放电故障诊断研究 [D]. 北京: 华北电力大学, 2013.

[82] 蒋佟佟. 变电站局放监测的电磁干扰特征及标准化测试研究 [D]. 北京: 华北电力大学, 2017.

[83] JUDD M D, HAMPTON B F, BROWN W L. UHF partial discharge monitoring for 132kV GIS [C]. Proc. 10th International Symposium on High Voltage Engineering. 1997.

[84] LAPP A, KRANZ H G, HUCKER T, et al. On-site application of an advanced PD defect identification system for GIS [C]. 1999 Eleventh International Symposium on High Voltage Engineering. IET, 1999, 5: 252-255.

[85] 董旭柱. 变压器放电监测系统及放电脉冲在变电站传播的仿真研究 [D]. 北京: 清华大学, 1998.

[86] JUDD M D, YANG L, CRADDOCK I. Locating partial discharges using UHF measurements: a study of signal propagation using the finite difference time domain method [C]. 14th International Symposium on High Voltage Engineering. 2005.

[87] HUECKER T, GORABLENKOV J. UHF partial discharge monitoring and expert system diagnosis [J]. IEEE Transactions on Power Delivery, 1998, 13 (4): 1162-1167.

[88] 李剑, 程昌奎, 江天炎, 等. 遗传算法用于局部放电小波自适应阈值去噪 [J]. 高电压技术, 2009, 35 (9): 2114-2119.

[89] 司文荣, 李军浩, 黎大健, 等. 基于宽带检测的局部放电脉冲波形快速特征提取技术 [J]. 电工电能新技术, 2008, 27 (2): 21-25, 76.

[90] W A, NISHIGOUCHI K, KHAYAM U, et al. Sensitivity verification and determination of the best location of external UHF sensors for PD measurement in GIS [C]. 2012 IEEE International Conference on Condition Monitoring and Diagnosis. IEEE, 2012: 698-701.

[91] JUDD M D, PRYOR B M, KELLY S C, et al. Transformer monitoring using the UHF technique [C]. 1999 Eleventh International Symposium on High Voltage Engineering. IET, 1999, 5: 362-365.

[92] 汪可, 廖瑞金, 王季宇, 等. 局部放电UHF脉冲的时频特征提取与聚类分析 [J]. 电工技术学报, 2015, 30 (2): 211-219.

[93] 胡青. 基于电力变压器故障特征气体分层特性的诊断与预测方法研究 [D]. 重庆: 重庆大学, 2010.

[94] JUDD M D, FARISH O, PEARSON J S, et al. Power transformer monitoring using UHF sensors: installation and testing [C]. Conference Record of the 2000 IEEE International Symposium on Electrical Insulation (Cat. No. 00CH37075). IEEE, 2000: 373-376.

[95] YANG L, JUDD M D. Propagation characteristics of UHF signals in transformers for locating partial discharge sources [C]. 13th International Symposium on High Voltage Engineering. 2003.

[96] 郑元兵. 变压器故障诊断与预测集成学习方法及维修决策模型研究 [D]. 重庆: 重庆大学, 2011.

[97] JUDD M D, FARISH O. A pulsed GTEM system for UHF sensor calibration [J]. IEEE Transactions on Instrumentation and Measurement, 1998, 47 (4): 875-880.

[98] JUDD M D. Transient calibration of electric field sensors [J]. IEE Proceedings-Science, Measurement and Technology, 1999, 146 (3): 113-116.

[99] BENNOCH C J, JUDD M D. A UHF system for characterising individual PD sources within a multi-source environment [C]. 2003 13th International Symposium on High Voltage Engineering (ISH). 2003.

[100] RAJA K, DEVAUX F, LELAIDIER S. Recognition of discharge sources using UHF PD signatures [J]. IEEE Electrical Insulation Magazine, 2002, 18 (5): 8-14.

[101] 宋光慧. 基于迁移学习与深度卷积特征的图像标注方法研究 [D]. 杭州: 浙江大学, 2016.

[102] 黄亮, 唐炬, 凌超, 等. 基于多特征信息融合技术的局部放电模式识别研究 [J]. 高电压技术, 2015, 41 (3): 947-955.

[103] ZONDERVAN J P, GULSKI E, SMIT J J, et al. Comparison of on-line and off-line PD analysis on stator insulation of turbogenerators [C]. Conference Record of the 1998 IEEE International Symposium on Electrical Insulation (Cat. No. 98CH36239). IEEE, 1998, 1: 270-273..

[104] ZHANG H, BLACKBURN T R, PHUNG B T, et al. A novel wavelet transform technique for on-line partial discharge measurements. 1. WT de-noising algorithm [J]. IEEE Transactions on Dielectrics and Electrical Insulation, 2007, 14 (1): 3-14.

[105] 沈花玉, 王兆霞, 高成耀, 等. BP神经网络隐含层单元数的确定 [J]. 天津理工大学学报, 2008 (5): 13-15.

[106] CHANG C, CHANG C S, JIN J, et al. Source classification of partial discharge for gas insulated sub-

station using waveshape pattern recognition [J]. IEEE Transactions on Dielectrics and Electrical Insulation, 2005, 12 (2): 374-386.

[107] 梁妍, 夏乐天. 时间序列 ARMA 模型的应用 [J]. 重庆理工大学学报（自然科学），2012, 26 (8): 105-109.

[108] JUDD M D, HAMPTON B F, BROWN W L. UHF partial discharge monitoring for 132kV GIS [C]. Proc. 10th International Symposium on High Voltage Engineering. 1997. 25-29.

[109] RAJA K, FLORIBERT T. Source characterization of discharges in transformers using UHF PD signatures [C]. Proceedings of the IEEE Power Engineering Soliety Transmission and Distribution Conference, vol. 2, 1383-1388, 2022.